Radiologische Differentialdiagnostik in der Inneren Medizin

Vom Befund zur Diagnose thorakaler und abdomineller Bildmuster

Aus dem Standardwerk
„Röntgenologische Differentialdiagnostik" von

Francis A. Burgener und Martti Kormano

Deutsche Übersetzung von Gertrud Gollmann

391 Abbildungen
29 Tabellen

1996
Georg Thieme Verlag Stuttgart · New York

Francis A. Burgener, M.D.
Professor of Radiology,
University of Rochester
Medical Center,
Rochester, N. Y. 14642, USA

Martti Kormano, M.D.
Professor and Chairman
Department of Diagnostic Radiology
University Central Hospital
20520 Turku, Finland

Dr. med. Gertrud Gollmann
Facharzt für Innere Medizin
Seefeld 60, A-4853 Steinbach/Attersee

Wichtiger Hinweis:

Wie jede Wissenschaft ist die Medizin ständigen Entwicklungen unterworfen. Forschung und klinische Erfahrung erweitern unsere Erkenntnisse, insbesondere was Behandlung und medikamentöse Therapie anbelangt. Soweit in diesem Werk eine Dosierung oder eine Applikation erwähnt wird, darf der Leser zwar darauf vertrauen, daß Autoren, Herausgeber und Verlag große Sorgfalt darauf verwandt haben, daß diese Angabe **dem Wissensstand bei Fertigstellung des Werkes** entspricht.

Für Angaben über Dosierungsanweisungen und Applikationsformen kann vom Verlag jedoch keine Gewähr übernommen werden. **Jeder Benutzer ist angehalten,** durch sorgfältige Prüfung der Beipackzettel der verwendeten Präparate und gegebenenfalls nach Konsultation eines Spezialisten festzustellen, ob die dort gegebene Empfehlung für Dosierungen oder die Beachtung von Kontraindikationen gegenüber der Angabe in diesem Buch abweicht. Eine solche Prüfung ist besonders wichtig bei selten verwendeten Präparaten oder solchen, die neu auf den Markt gebracht worden sind. **Jede Dosierung oder Applikation erfolgt auf eigene Gefahr des Benutzers.** Autoren und Verlag appellieren an jeden Benutzer, ihm etwa auffallende Ungenauigkeiten dem Verlag mitzuteilen.

Die Deutsche Bibliothek – CIP-Einheitsaufnahme

Burgener, Francis A.:
Radiologische Differentialdiagnostik in der inneren Medizin : vom Befund zur Diagnose thorakaler und abdomineller Bildmuster ; aus dem Standardwerk „Röntgenologische Differentialdiagnostik" ; 29 Tabellen / von Francis A. Burgener und Martti Kormano. Dt. Übers. von Gertrud Gollmann. – Stuttgart ; New York : Thieme, 1996
Einheitssacht.: Differential diagnosis in conventional radiology <dt.>
NE: Kormano, Martti:

Die englische Originalausgabe erschien unter dem Titel: Differential Diagnosis in Conventional Radiology, 2nd edition.

Geschützte Warennamen (Warenzeichen) werden **nicht** besonders kenntlich gemacht. Aus dem Fehlen eines solchen Hinweises kann also nicht geschlossen werden, daß es sich um einen freien Warennamen handele.

Satz: Druckhaus Götz GmbH, Ludwigsburg
Gesetzt auf Linotron 202

Druck: Grammlich, Pliezhausen

ISBN 3-13-106481-1 1 2 3 4 5 6

Vorwort

Trotz der Einführung neuer, faszinierender bildgebender Verfahren wie der Sonographie, der Computertomographie und neuerdings der Magnetresonanz ist und bleibt die konventionelle Radiographie das Rückgrat unseres Faches. Im Gegensatz zu vielen dieser neueren Methoden wird die konventionelle Radiologie nicht nur von Radiologen, sondern auch von zahlreichen Klinikern und Chirurgen praktiziert. Bei jedem Röntgenbild wird man mit röntgenologischen Zeichen konfrontiert, die man interpretieren muß, um zu einem diagnostischen Gesamteindruck und einer vernünftigen Differentialdiagnose zu gelangen. Um mitzuhelfen, daß der Interpret beim Lesen der Bilder dieses Ziel erreicht, geht unser Buch von Röntgenbefunden aus, anders als die meisten Lehrbücher der Radiologie, die sich nach Krankheiten orientieren. Da sich viele Krankheiten radiographisch in vielfältigen Manifestationen präsentieren, sind einige Überschneidungen im Text unvermeidlich. Um möglichst wenig Wiederholungen zu bringen, wird die Differentialdiagnose eines Röntgenbefundes so oft es geht in Tabellenform dargestellt. In den Tabellen werden nicht nur die verschiedenen Krankheiten aufgelistet, die sich röntgenologisch in spezifischer Weise präsentieren können, sondern es werden auch die typischen radiographischen Begleitbefunde und die einschlägigen klinischen Daten in Kurzform beschrieben. Die besprochenen radiographischen Zeichen werden mit beigefügten Röntgenbildern und Zeichnungen visuell demonstriert.

Dieses Buch ist für Ärzte mit einiger Erfahrung in der Radiologie bestimmt, die ihren diagnostischen Scharfblick fördern wollen. Es bietet einen umfassenden Abriß radiographischer Befunde, und wir hoffen, daß es besonders für in Ausbildung stehende Ärzte in Röntgenabteilungen, die sich für ihre Facharztqualifikation vorbereiten, nützlich ist. Jeder mit der Interpretation von Röntgenbildern befaßte Arzt sollte – direkt proportional zu seiner Wißbegierde – aus diesem Buch Gewinn ziehen können.

In diesem Buch werden Befunde der konventionellen Radiographie beschrieben und ihre differentialdiagnostischen Möglichkeiten analysiert. Die Listen der Krankheiten, die mit ähnlichen radiographischen Veränderungen in Erscheinung treten, werden von Beschreibungen anderer radiographischer Begleitbefunde und relevanten Angaben über klinische Besonderheiten bestimmter Krankheitsbilder ergänzt.

Darüber hinaus wird auf den Wert nichtkonventioneller bildgebender Verfahren, nämlich Sonographie, CT und MRT, in der weiteren Abklärung des Falles eingegangen.

Wir hoffen, daß dieses Buch allen Ärzten, die Röntgenaufnahmen beurteilen, bei ihrer Arbeit helfen wird.

Francis A. Burgener
Martti Kormano

Inhaltsverzeichnis

Thorax

1 Herzvergrößerung

Die meisten Erkrankungen des Herzens verursachen eine allgemeine oder umschriebene Vergrößerung des Herzens oder der großen Gefäße. Ein kleines Herz steht in der Regel in Zusammenhang mit der allgemeinen körperlichen Verfassung (Asthenie, Senium, Marasmus) und ist nur selten Ausdruck einer Krankheit (Abb. 1.**1**). Ausnahmen davon sind *Nebenniereninsuffizienz, konstriktive Perikarditis, Dehydratation* oder ein *Asthmaanfall mit Emphysem,* bei denen die relative Kleinheit des Herzens als Ausdruck der Auswirkungen des Krankheitsprozesses selbst angesehen werden kann.

Die Einschätzung der Herzgröße kann auf mehrere Arten erfolgen. Ein einfacher Weg ist die Bestimmung des *Herz-Lungen-Quotienten (Herz-Thorax-Index),* das ist das Verhältnis des gesamten Querdurchmessers des Herzschattens zum Innendurchmesser des Brustkorbs (Abb. 1.**1 a**). Nach dem 5. Lebensjahr schwankt dieser Quotient normalerweise zwischen 0,4 und 0,5. Bei kleineren Kindern und Neugeborenen kann er bis zu 0,6 betragen, während des 2. Lebensmonats sogar 0,65.

Das Herzvolumen läßt sich durch Messung des *relativen Herzvolumens* nach der folgenden Gleichung ziemlich genau schätzen:

$$\text{Relatives Herzvolumen} = \frac{L \times B \times S \times 0{,}44}{\text{Körperoberfläche (m}^2\text{)}}$$

L = längster Durchmesser des Herzens im p.-a. Bild, B = Breitendurchmesser des Herzens (senkrecht auf L),

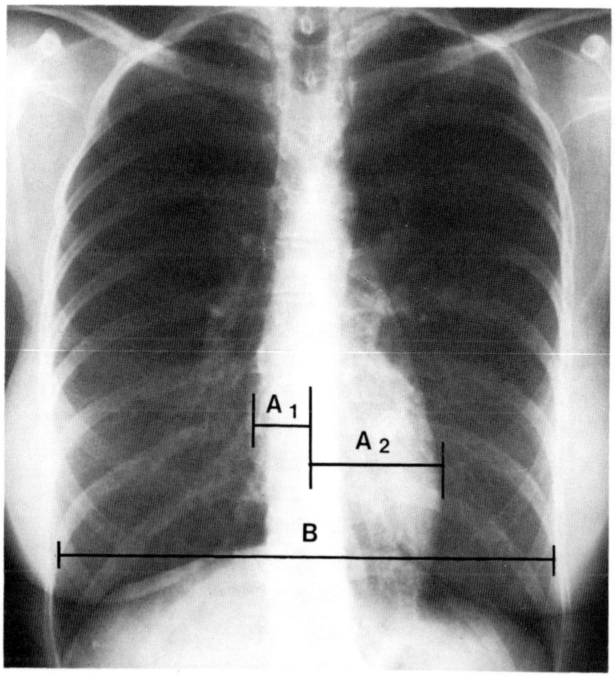

Abb. 1.**1 a** **Kleines Herz** bei einer 20jährigen Asthenikerin. Methode zur Messung des Herz-Lungen-Quotienten:

$$\text{Herzlungenquotient} = \frac{(A_1 + A_2)}{B}$$

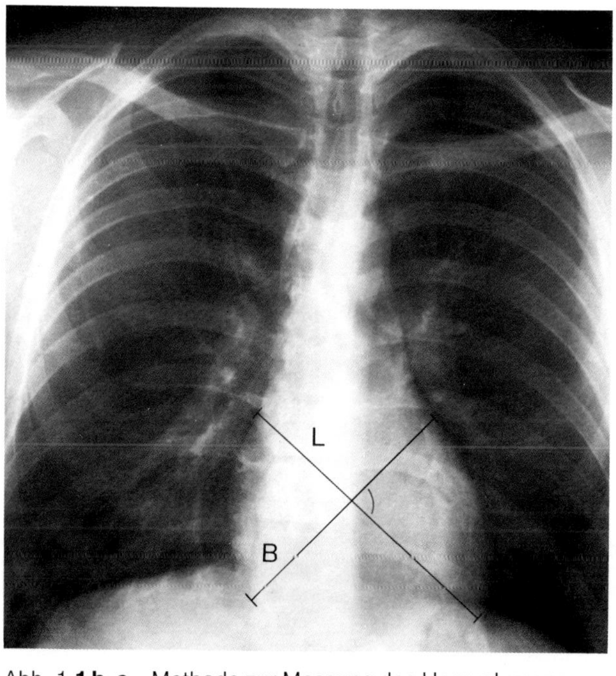

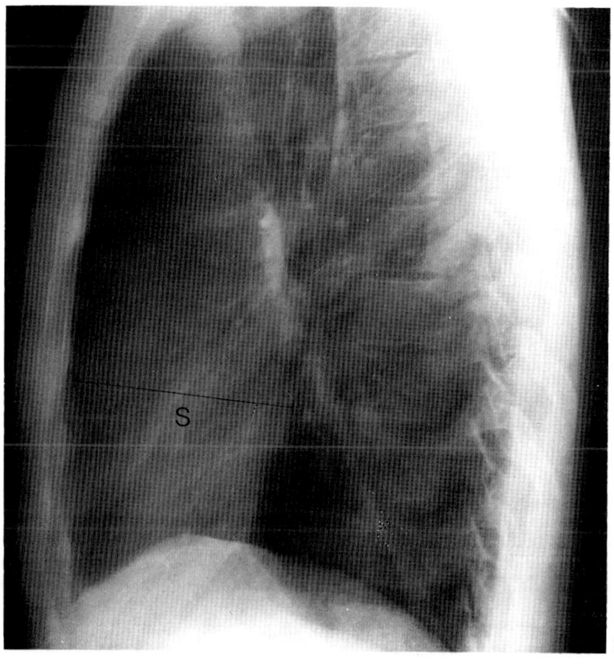

Abb. 1.**1 b, c** Methode zur Messung des Herzvolumens.

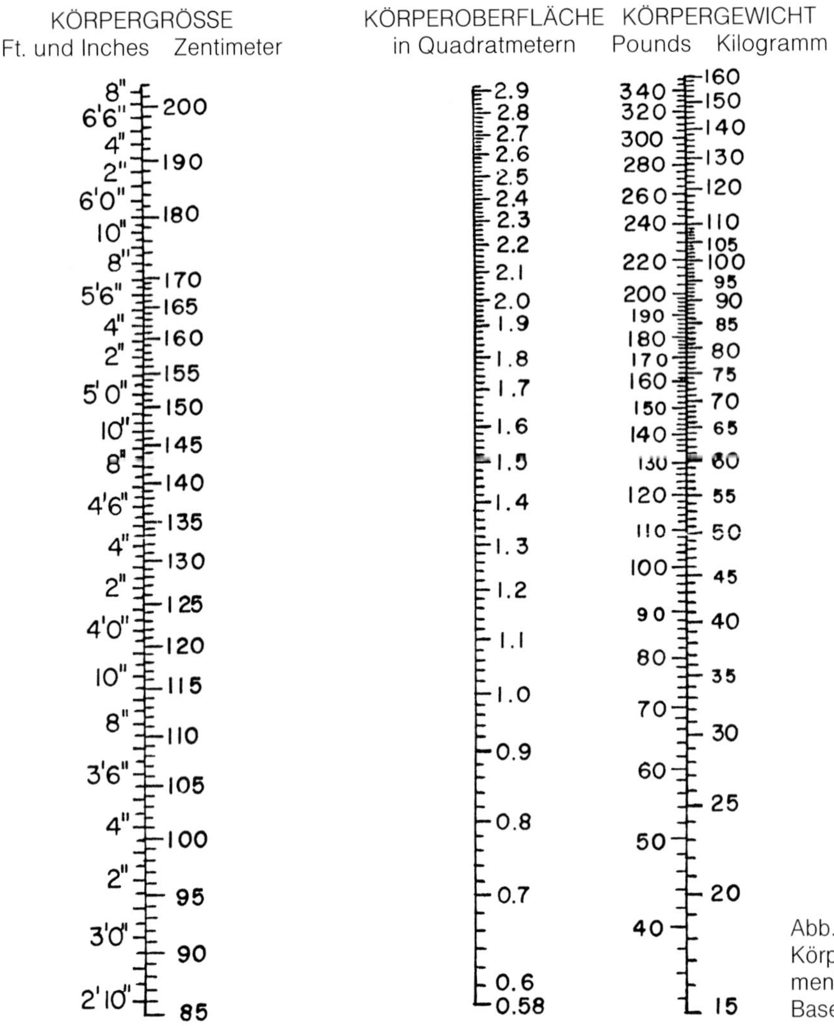

Abb. 1.2 **Nomogramm** zur Bestimmung der Körperoberfläche von Erwachsenen (nach Documenta Geigy, Wissenschaftliche Tabellen, Basel).

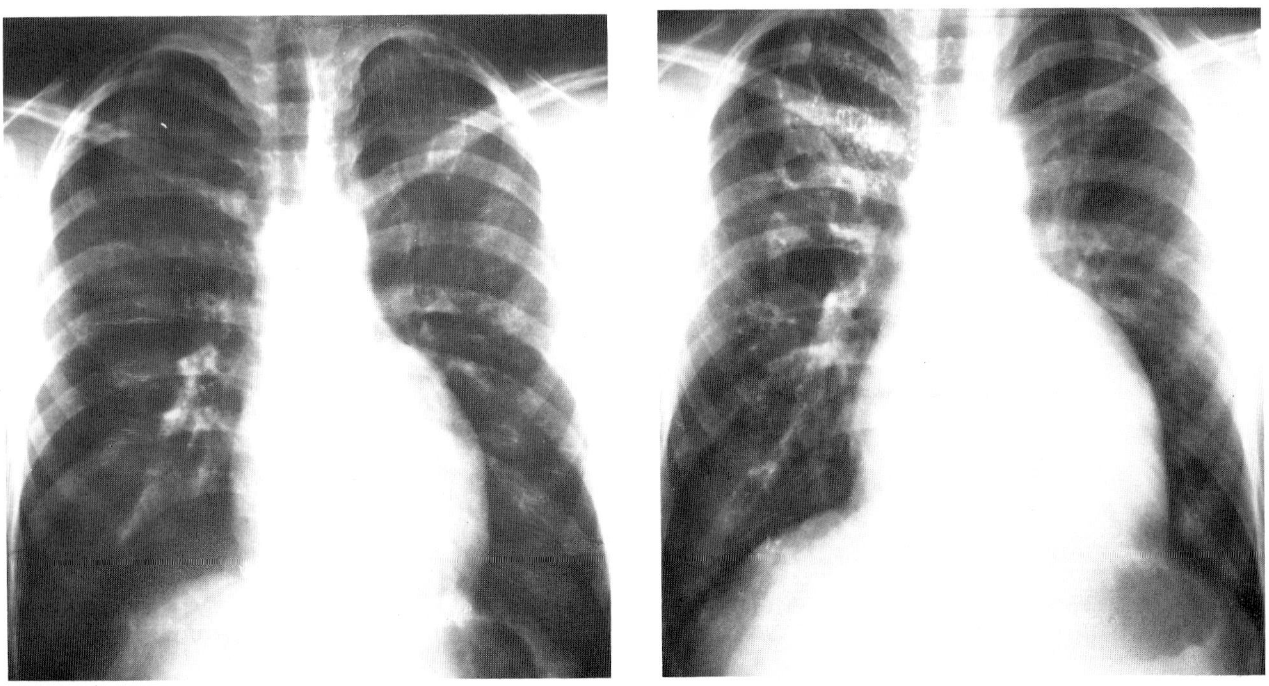

a b

Abb. 1.3 a, b **Scheinbare starke Änderung der Herzgröße,** bedingt durch den Valsalva-Effekt. Die beiden Aufnahmen wurden in einem Abstand von ein paar Minuten gemacht.

S = längster Sagittaldurchmesser des Herzens im Seitenbild (Abb. 1.**1 b, c**).

Der Faktor 0,44 gilt für die Film-Fokus-Distanz von 2 m. Wenn dieser Abstand 1,5 m beträgt, sollte statt dessen der Faktor 0,42 eingesetzt werden. Wenn Körpergröße und -gewicht bekannt sind, kann das Oberflächenareal des Körpers aus Tabellen entnommen werden (Abb. 1.**2**). Das relative Herzvolumen ist von Individuum zu Individuum sehr verschieden. Beim Mann gelten Werte zwischen 350 cm^3/m^2 und 500 cm^3/m^2 als normal. Bei der Frau sind sie eher etwas kleiner. Eine einzelne Messung des relativen Volumens hat daher wenig diagnostischen Wert, doch können Messungen bei ein und demselben Patienten zur Verlaufskontrolle nützlich sein, weil dann viele interindividuelle Variable wegfallen. Die intraindividuellen Schwankungen des intrathorakalen Drucks und anderer Faktoren haben aber immer noch großen Einfluß (Abb. 1.**3**).

Eine Vergrößerung einzelner Herzkammern kann zu typischen Konfigurationen führen, wie Abb. 1.**4** demon-

Linker Ventrikel:
- Ausladen der Herzspitze nach links unten
- positives Hoffman-Rigler-Zeichen im Seitenbild: Der hintere Rand des linken Ventrikels reicht 1,8 cm oder mehr über den hinteren Rand der unteren Hohlvene nach dorsal, 2 cm kranial von ihrer Kreuzung gemessen.

Linker Vorhof:
- Ösophagus nach dorsal verdrängt
- vorspringendes linkes Herzohr
- dichter Schatten des linken Vorhofs, rechts Doppelkontur
- angehobener linker Hauptbronchus
- Atelektase des linken Unterlappens im Extremfall aufgrund einer Obstruktion des linken Unterlappenbronchus.

Rechter Ventrikel:
- Vergrößerung des Herzens nach links mit Anhebung der Herzspitze
- Ausfüllung des retrosternalen Raums
- eventuell Verdrängung des rechten Vorhofs nach rechts
- eventuell Verdrängung des linken Ventrikels nach dorsal
- die Vergrößerung ist oft schlecht zu erkennen, außer bei Pulmonalstenose, Fallot-Tetralogie usw.

Rechter Vorhof:
- der rechte Herzrand ragt über mehr als ein Drittel der rechten Thoraxhälfte hinaus
- eventuell Ausfüllung des retrosternalen Raums
- wird selten als einzige Veränderung gefunden.

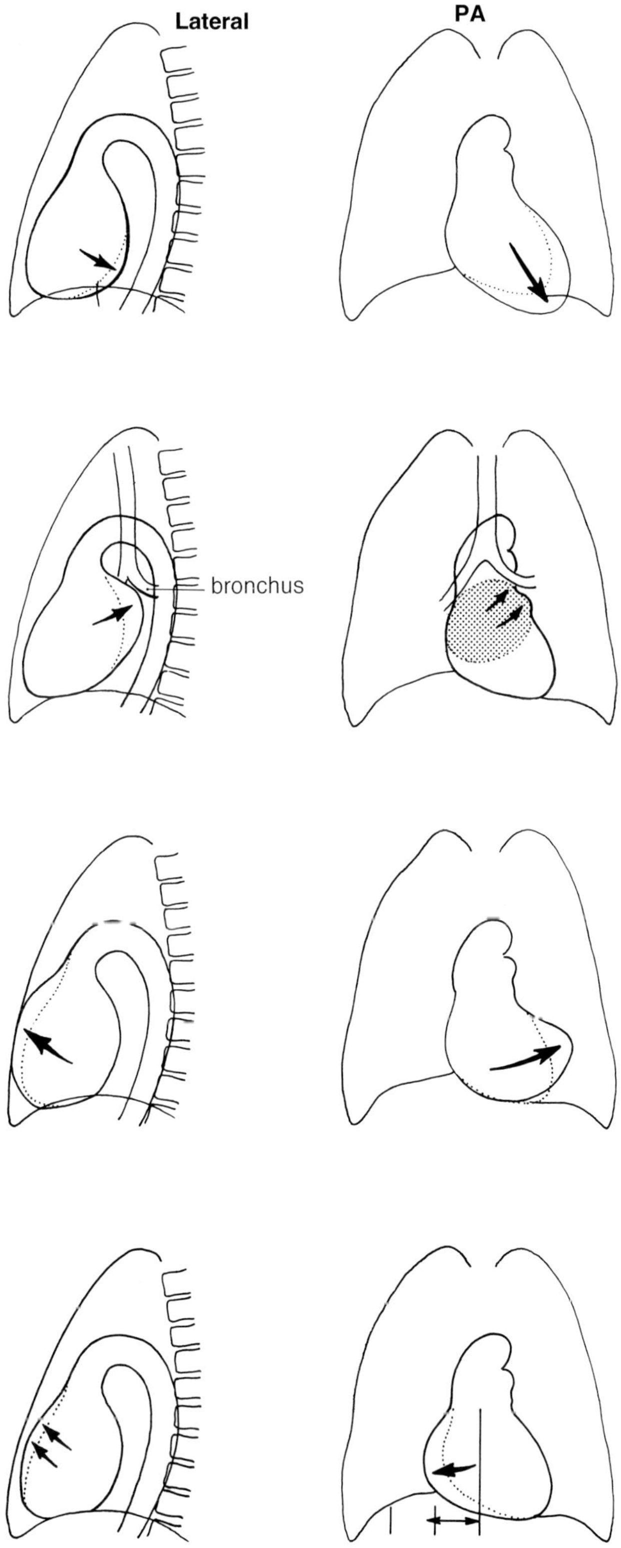

Abb. 1.**4** **Typische Manifestationen einer Vergrößerung der einzelnen Herzkammern.**

striert. Wenn mehrere Kammern vergrößert sind, wird das Bild komplizierter und ist evtl. schwer zu interpretieren. Zusätzlich zur Beurteilung der Konfiguration der Herzränder selbst muß man genau auf die Lage und relative Größe des Truncus pulmonalis und der Aorta sowie der Pulmonalgefäße achten. Ebenso muß der Effekt pathologischer Veränderungen des Brustkorbs berücksichtigt werden. Das Herz kann in frontaler Projektion vergrößert erscheinen, wenn der Sagittaldurchmesser des Brustkorbs verkleinert ist. Dies ist beim *Syndrom des geraden Rückens* und bei der *Trichterbrust* der Fall.

Die Beurteilung eines vermuteten angeborenen Herzfehlers ist eine schwierige Aufgabe, und es ist oft unmöglich, ohne Ultraschalluntersuchung, Katheterisierung oder Angiographie eine spezielle Diagnose zu stellen. Auch eine dynamische MRT kann die Diagnose ermöglichen. Bei der Analyse von Nativaufnahmen sollten die folgenden morphologischen Zeichen in jedem Fall beurteilt werden:

1. Herzvergrößerung – welche Kammern sind vergrößert?
2. Größenverhältnisse der Aorta – klein, weit, eng, dilatiert?
3. Gefäßstiel – eng oder weit?
4. Rechtsläufiger Aortenbogen?
5. Kerbe im Aortenbogen, die das Bild einer 3 erzeugt?
6. Pulmonalgefäße – sind die zentralen Hauptäste der A. pulmonalis weit oder ungewöhnlich eng? Besteht eine Oligämie oder Hyperämie der Lunge?
7. Pulmonalissegment am linken Herzrand – groß und konvex oder klein und konkav?
8. Rippenkerben?

Folgende klinische Informationen sind für die Beurteilung eines vermuteten angeborenen Herzfehlers wichtig: 1. Besteht eine Zyanose oder nicht? 2. Findet sich im EKG eine Rechts- oder Linksdominanz? 3. Bestehen typische Geräusche?

Mit Hilfe der radiographischen und klinischen Informationen ist es möglich, die angeborenen Herzfehler des Kindesalters in verschiedene Gruppen einzuteilen, wie in Tab. 1.**1** (S. 8) angegeben, oder oft die richtige Diagnose vorherzusagen, wenn nicht multiple Defekte vorhanden sind.

Beim Neugeborenen können nur zwei angeborene Herzfehler mit großer Sicherheit anhand ihres charakteristischen Aussehens im Thoraxröntgenbild diagnostiziert werden, nämlich die *komplette Fehlmündung der Lungenvenen* (Schneemannherz) und die *Pulmonalstenose mit Vorhofseptumdefekt* (vorspringender Truncus pulmonalis mit verminderter Blutfülle der Lunge). In anderen Fällen sind für die Einengung der differentialdiagnostischen Möglichkeiten weitere klinische Informationen eine große Hilfe.

Ausgehend vom Zeitpunkt des Auftretens einer Herzinsuffizienz und Zyanose können die Patienten in folgende Gruppen eingeteilt werden:

1. Frühe Manifestation der Herzinsuffizienz (bei der Geburt oder während der ersten Woche), aber keine Zyanose: *Linksherzhypoplasie, Atresie der Aortenklappe (und eventuell der Mitralklappe), Coarctatio aortae.*
2. Spätere Entwicklung der Herzinsuffizienz: *Ventrikelseptumdefekt, offener Ductus arteriosus (Botalli), Truncus arteriosus, komplette Fehlmündung der Lungenvenen.*
3. Entwicklung einer Zyanose bei der Geburt oder binnen einer Woche: *Transposition der großen Gefäße, Rechtsherzhypoplasie, Ebstein-Anomalie, Trikuspidalatresie, obstruktiver Typ der kompletten Fehlmündung der Lungenvenen.*
4. Entwicklung einer Zyanose später während des Kindesalters: *Fallot-Tetralogie, Pulmonalstenose mit Vorhofseptumdefekt.*

In Tabelle 1.**3** (S. 9) wird die ungefähre relative Häufigkeit der angeborenen Herzfehler angegeben. In Tab. 1.**5** (S. 10) werden die Krankheiten nach ihren dominierenden, häufigsten oder frühesten Symptomen in Gruppen geordnet. Die differentialdiagnostischen Gruppierungen in Tab. 1.**2** (S. 9) können eine Hilfe für die Einengung der Differentialdiagnose angeborener Herzfehler bei Kindern bieten.

Bei Erwachsenen mit Verdacht auf angeborene Herzfehler sind folgende Zeichen von besonderer Bedeutung: Zwerchfellstand (hoch oder tief), Grad der Inspiration, Verkalkungen, Kerley-B-Linien, Erscheinungsbild der Pulmonalarterienäste, mögliche arteriovenöse Malformationen im Lungenparenchym oder über das Lungenfeld ziehende anomale Venen.

Beurteilung des Blutdurchflusses und des Blutdrucks in der Lunge

Wenn die Blutzirkulation durch die Lunge verstärkt ist, sind sowohl Arterien als auch Venen prall mit Blut gefüllt. Das kommt beim Links-rechts-Shunt (Tab. 1.**1**) und in leichterem Grad bei hyperkinetischen Zuständen vor *(Hypervolämie, Anämie, Polyzythämie, Gravidität, Hyperthyreose)*. Eine eindeutige Minderdurchblutung kann das Ergebnis eines Rechts-links-Shunts oder einer Verengung oder Obliteration der pulmonalen arteriellen Gefäßbahnen sein *(enge Pulmonalarterie, Thromboembolie* oder *Emphysem)*. Der pulmonale Blutdurchfluß kann auf das Zwei- bis Dreifache ansteigen, bevor der arterielle Druck zunimmt. Wenn der präkapillare Druck steigt, erscheinen die peripheren Pulmonalarterienäste eng, die zentralen Hauptäste sind aber weit.

Eine Erhöhung des pulmonalen Venendrucks verursacht charakteristische Veränderungen der Blutverteilung in der Lunge. Auf Röntgenaufnahmen im Stehen bei einem erwachsenen unbehandelten Patienten spiegeln diese Veränderungen relativ genau den Pulmonalvenendruck und den Druck im linken Vorhof wider, wie es in Abb. 1.**5** schematisch dargestellt wird. Diese Veränderungen im Verein mit den weniger sensitiven Veränderungen der Herzgröße und -konfiguration sind der Eckpfeiler der radiographischen Diagnose der Stauungsherzinsuffizienz. Die radiographischen Befunde bei den häufigsten Krankheiten, die mit einer Überlastung des linken Ventrikels einhergehen, werden in Tab. 1.**4** (S. 9) vorgestellt.

Für den Pulmonalvenendruck ist die radiologische Beurteilung zwar relativ genau, aber die Beurteilung des Venendrucks der rechten Seite auf dem Röntgenbild ist schwierig und erfolgt besser anhand der Venenfüllung am Hals des Patienten. Bei Erkrankungen wie dem akuten Myokardinfarkt geben nicht einmal die Werte des zentralen Venendrucks ein verläßliches Bild vom hämodynamischen Zustand des Patienten.

Ein *Perikarderguß* täuscht eine allgemeine Herzvergrößerung vor. Wenn er auch manchmal eine typische (flaschenförmige) Konfiguration des Herzschattens verursacht, sind doch die meisten Fälle auf Nativaufnahmen schwer zu diagnostizieren, und bis zu 200 ml Flüssigkeit im Herzbeutel bleiben bei der ersten Befundung unerkannt. Die Ultraschalluntersuchung ist für die Entdekkung eines Perikardergusses viel empfindlicher als Nativröntgenbilder.

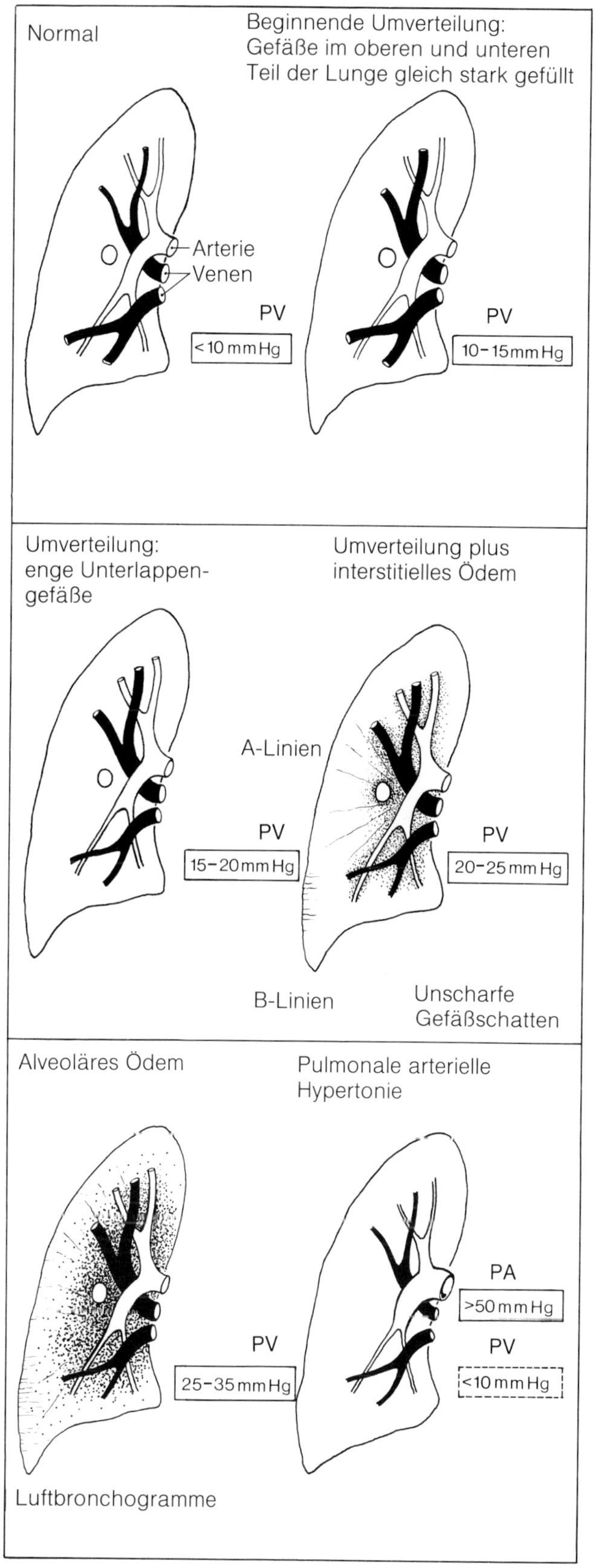

Abb. 1.**5** **Manifestation des erhöhten pulmonalen venösen (PV) und arteriellen (PA) Druckes.**

Tabelle 1.1 Lungengefäßzeichnung bei angeborenen Herzfehlern

Lungengefäßzeichnung	Zyanose	Herzfehler
Vermehrt	Zyanose	Gemischte Anomalien mit Hauptmißbildungen: Komplette Transposition Truncus arteriosus (Typ I) Einzelventrikel Canalis atrioventricularis communis Komplette Fehlmündung der Lungenvenen
	Keine Zyanose	Links-rechts-Shunts: Vorhofseptumdefekt Ventrikelseptumdefekt Offener Ductus arteriosus Aortopulmonales Fenster Partielle Fehlmündung der Lungenvenen
Normal	Keine Zyanose	Coarctatio aortae Aortenstenose Subvalvuläre Aortenstenose Pulmonalstenose Angeborene Mitralstenose Endokardfibroelastose
Vermindert	Zyanose	Fallot-Tetralogie Fallot-Trilogie Truncus (Pseudotruncus) arteriosus Trikuspidalatresie Ebstein-Anomalie Pulmonalstenose mit Vorhofseptumdefekt oder Transposition

Tabelle 1.2 Einige allgemeine differentialdiagnostische Zeichen bei angeborenen Herzfehlern

Ungewöhnliche Kleinheit der Aorta ascendens und des Aortenbogens	Vorhofseptumdefekt Ventrikelseptumdefekt Unkorrigierte Transposition der großen Gefäße
Vergrößerung der Aorta ascendens und des Aortenbogens	Offener Ductus arteriosus Angeborene valvuläre Aortenstenose Coarctatio aortae Truncus arteriosus
Konkaves Pulmonalissegment im p.-a. Bild	Fallot-Tetralogie Trikuspidalatresie Ebstein-Anomalie Pseudotruncus arteriosus Unkorrigierte Transposition der großen Gefäße
Vorspringendes Pulmonalissegment (mäßiges Vorspringen ist vor dem 20. Lebensjahr oder in der Gravidität normal)	Offener Ductus arteriosus Vorhofseptumdefekt Ventrikelseptumdefekt Eisenmenger-Komplex Valvuläre Pulmonalstenose (poststenotische Dilatation) Cor pulmonale
Vergrößerter linker Vorhof beim Kind	Offener Ductus arteriosus Ventrikelseptumdefekt Angeborene Mitalstenose

Tabelle 1.3 Relative Häufigkeit verschiedener Krankheitsbilder unter den angeborenen Herzfehlern

(Wesentliche angeborene Herzfehler kommen bei etwa 1% der Neugeborenen vor)

Häufig	
Ventrikelseptumdefekt	20–25%
Offener Ductus arteriosus	12–15%
Fallot-Tetralogie	11–15%
Pulmonalstenose ohne Ventrikelseptumdefekt	10–15%
Vorhofseptumdefekt	7–14%
Transposition der großen Gefäße	5–9%
Coarctatio aortae	5–9%
Angeborene Aortenstenose	3–6%
Selten	
Trikuspidalatresie	1,2–3%
Truncus arteriosus	1–3%
Einzelventrikel	2–3%
Korrigierte Transposition	1,2–3%
Canalis atrioventricularis communis	2%
Komplette Fehlmündung der Lungenvenen	2%
Aortenatresie	2%
Pulmonalatresie	1–1,7%
Endokardfibroelastose	1%
Ebstein-Anomalie	1%

Die übrigen sind sehr selten (unter 1%)

Tabelle 1.4 Röntgenbefunde bei häufigen Krankheiten, die eine Überlastung des linken Ventrikels verursachen

Lungenvenen	Größe des linken Ventrikels: Normal	Vergrößert
Normal	Keine Herzkrankheit Aortenklappenstenose Bluthochdruck	Sportlerherz Aortale Regurgitation Myokardschädigung
Venöse Stauung	Frischer Myokardinfarkt Mitralstenose Hypervolämie Konstriktive Perikarditis	Stauungsherzinsuffizienz Mitrale Regurgitation
Sowohl Arterien als auch Venen erweitert	Vorhofseptumdefekt Offener Ductus arteriosus Ventrikelseptumdefekt Arteriovenöse Malformation	Eine eventuelle Vergrößerung des linken Ventrikels hängt von der Größe des Shuntstroms ab

Tabelle 1.5 Vorwiegend linksventrikuläre oder allgemeine Herzvergrößerung

Krankheit	Radiographischer Befund	Kommentar
Sportlerherz (keine Krankheit)	Allgemeine Herzvergrößerung mit Betonung des linken Ventrikels, keine Veränderung der Lungengefäße.	Verbunden mit Bradykardie (großes Schlagvolumen); Folge von intensivem Training.
Arteriosklerotische Herzschädigung (Myokardischämie)	Das Thoraxröntgenbild gibt gewöhnlich keinen Aufschluß. Es kann eine allgemeine Herzvergrößerung oder eine Vergrößerung des linken Ventrikels in unterschiedlichem Ausmaß vorkommen.	Eine Verkalkung der Koronararterien zeigt eine Koronaratherosklerose an.
Frischer Myokardinfarkt (Abb. 1.6–1.8)	Das Thoraxröntgenbild sagt oft nichts aus. Häufig tritt eine gewisse Herzdilatation mit verschiedengradiger venöser Lungenstauung auf. Es kann zu einem akuten Lungenödem kommen.	Ein Herzwandaneurysma kann sich früh im infarzierten Muskel oder später in der Narbe entwickeln. Es wird als mitunter verkalkter Buckel oder ungewöhnlicher Vorsprung am linken Herzrand sichtbar.
Postmyokardinfarkt-syndrom (Dressler-Syndrom)	Rasche Zunahme der Herzgröße durch Perikarderguß, immer begleitet von Pleuraerguß und/oder Lungeninfiltraten in der linken Basis oder bilateral.	Kann ein paar Tage oder bis zu zwei Monate nach einem akuten Infarkt auftreten. Ein links- oder beidseitiger Pleuraerguß ist der häufigste Befund (80%), er kann allein vorkommen. Ein Perikarderguß ist in 70% der Fälle vorhanden, Lungeninfiltrate in 60%. Auffallend gutes Ansprechen auf Steroidbehandlung.
Stauungsherzinsuffizienz Linksinsuffizienz (Abb. 1.9)	Herzvergrößerung, abhängig von der Schwere der Insuffizienz und der Herzgröße vor der Stauung. Die Erhöhung des Pulmonalvenendrucks kann wie in Abb. 1.5, S. 7 angegeben beurteilt werden. Pleuraergüsse (beid- oder rechtsseitig).	*Pericarditis constrictiva:* Pulmonale Zeichen der Stauungsinsuffizienz *ohne* wesentliche Herzvergrößerung. Perikardiale Verkalkungen sind in 50% der Fälle zu beobachten. Oft ist die Herzkonfiguration ähnlich wie bei Mitralstenose. Ein unilateraler Erguß links hat wahrscheinlich andere Ursachen als eine Stauungsinsuffizienz.

Fortsetzung auf Seite 12

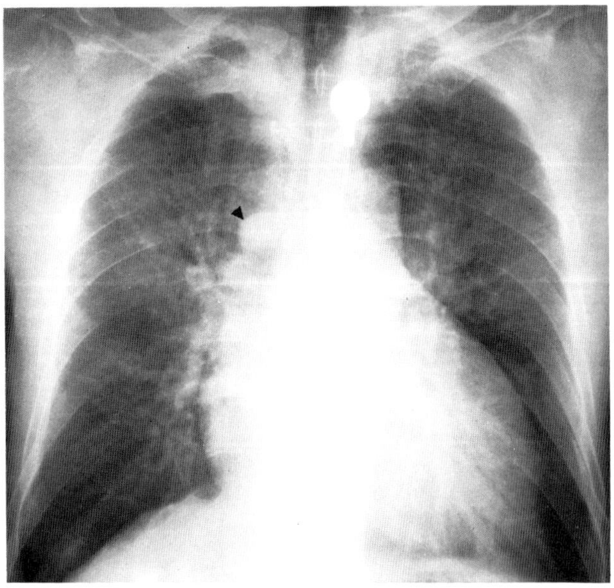

1.**6a**

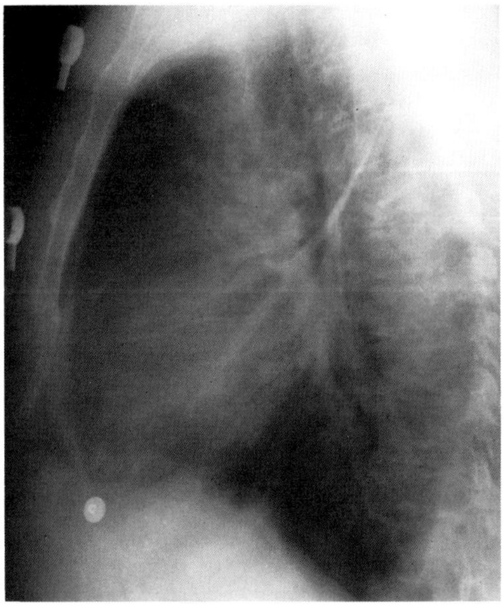

1.**6b**

Abb. 1.**6a, b** **Frischer Myokardinfarkt.** Herzdilatation, Lungenödem und Stauung der V. azygos (Pfeilspitze). Das Seitenbild läßt Flüssigkeitsansammlungen in den Pleuraspalten erkennen (**b**).

Abb. 1.**7a, b** **Aneurysma des linken Ventrikels** nach Myokardinfakrt. In beiden Projektionen ist eine Vorwölbung in der Herzkontur zu erkennen (Pfeile). Die Lungengefäßzeichnung zeigt eine leichte venöse Stauung an.

Abb. 1.**8a, b** **Ein großes Aneurysma des linken Ventrikels** wölbt sich nach dorsal aus; es ist eine Komplikation eines Myokardinfarkts. In der a.-p. Projektion ist ein Summationsschatten sichtbar.

Abb. 1.**9a, b** **Chronische Linksherzinsuffizienz.** Vergrößerung des linken Ventrikels, Lungenstauung und bilaterale Flüssigkeitsansammlungen im Pleuraraum.

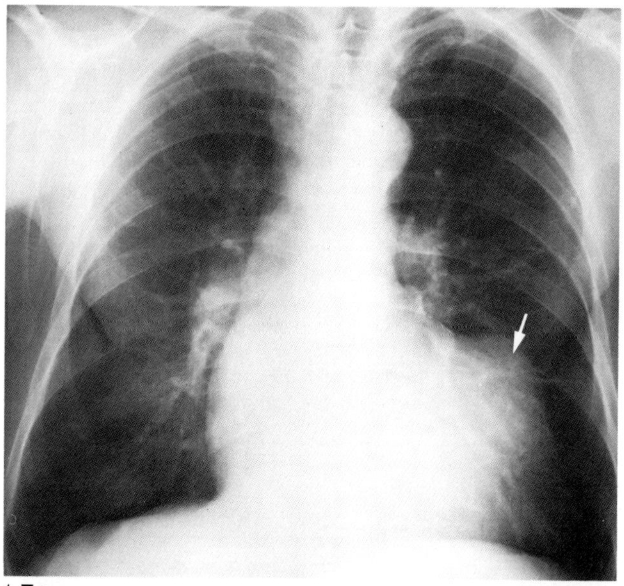

1.7a

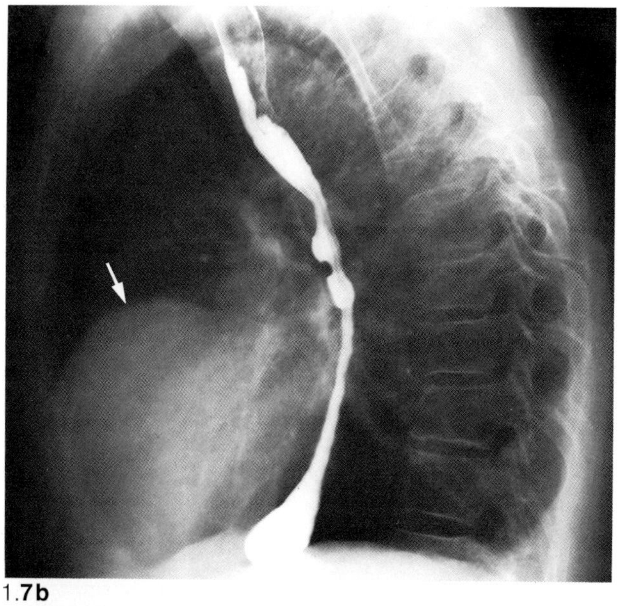

1.7b

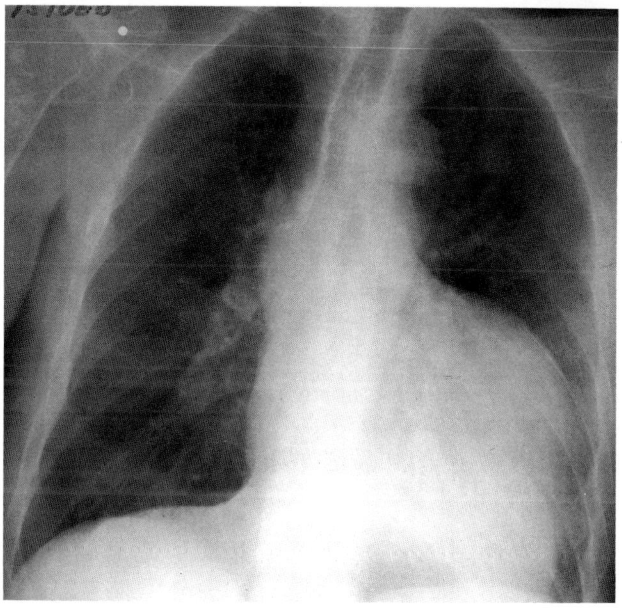

1.8a

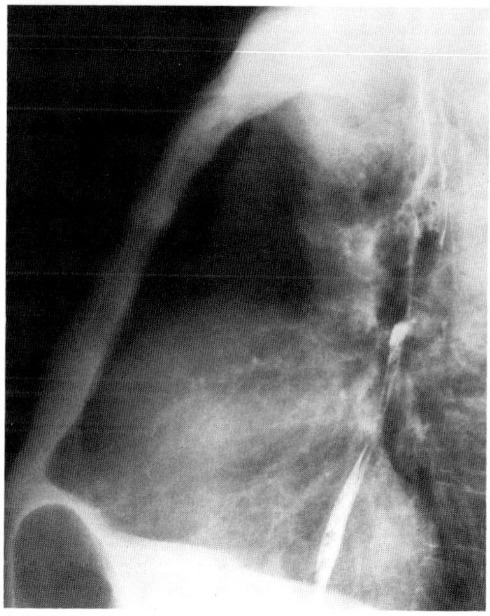

1.8b

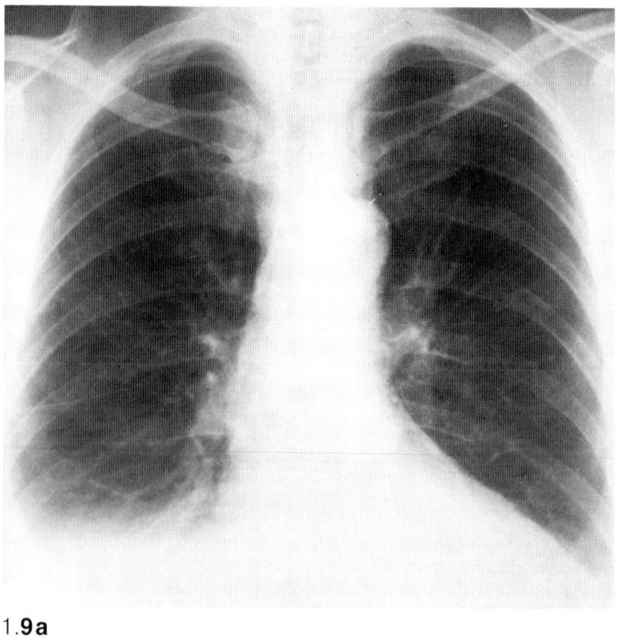

1.9a

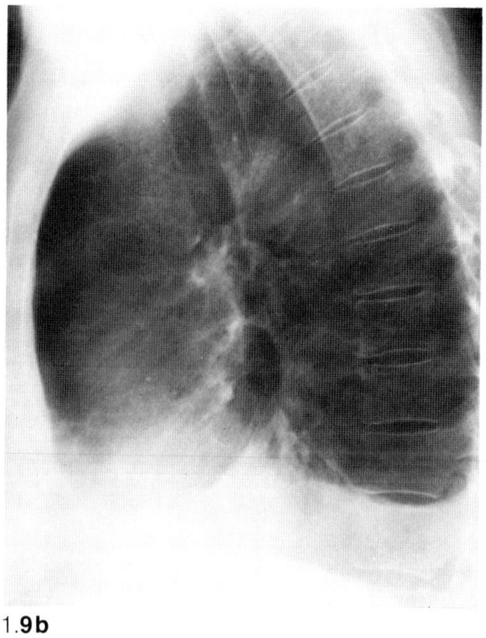

1.9b

Tabelle 1.5 Vorwiegend linksventrikuläre oder allgemeine Herzvergrößerung (Fortsetzung)

Krankheit	Radiographischer Befund	Kommentar
Rechtsinsuffizienz (Abb. 1.10)	Dilatation des rechten Ventrikels und Vorhofs. Verbreiterung der V. cava superior und V. azygos. Lebervergrößerung.	Wenn sich eine Rechtsinsuffizienz im Gefolge einer Linksinsuffizienz entwickelt, wird die durch die Linksinsuffizienz bedingte Lungenstauung geringer.
Chronische arterielle Hypertonie (Hypertonikerherz)	Die Hypertrophie des linken Ventrikels bewirkt eventuell keine radiographischen Veränderungen oder eine etwas vermehrte Rundung des linken Herzrands. Die Dilatation des linken Ventrikels verursacht typische Zeichen einer Vergrößerung des linken Ventrikels. Gleichzeitig vergrößert sich der Aortenknopf. Es kann eine Stauungsinsuffizienz hinzukommen.	Am häufigsten handelt es sich um eine essentielle Hypertonie; der Hochdruck kann aber auch auf einer *renalen oder renovaskulären Krankheit, Coarctatio aortae, Nebennierenerkrankungen mit Nebennierenüberfunktion, Kollagenkrankheiten (Lupus erythematodes, Panarteriitis nodosa)* oder *Hyperthyreose* beruhen.
Aorteninsuffizienz (Aortale Regurgitation) (Abb. 1.11)	Dilatierter linker Ventrikel, konkaver linker Herzrand, leichte Dilatation der Aorta ascendens und manchmal Verkalkung des Aortenrings oder sogar der Klappen. In fortgeschrittenen Fällen kann eine Stauungsinsuffizienz hinzukommen.	Eine Insuffizienz der Aortenklappe kann Folge sein von: 1. primärer Klappenschädigung (z. B. *rheumatische Endokarditis, bakterielle Endokarditis, angeborene Klappendeformation, Syphilis, Spondylitis ankylosans* und *Reiter-Syndrom, Mukopolysaccharidose, spontane oder traumatische Klappenruptur* oder *Degenerationserscheinung*); 2. Erkrankungen der Aortenwand oder des Anulus fibrosus (z. B. *zystische Medianekrose, Marfan-Syndrom, Aneurysma dissecans, Syphilis, Hypertonie*) oder 3. angeborener Malformation der Aortenwurzel (z. B. *Aneurysma des Sinus Valsalvae, angeborene Koronarfistel* oder *hoher Ventrikelseptumdefekt* mit *Prolaps der nichtkoronaren Klappentasche*). Eine *angeborene* Aorteninsuffizienz ist gewöhnlich durch eine bikuspidale Klappe bedingt. Eine *akute* Aorteninsuffizienz kommt bei *bakterieller Endokarditis, Klappenruptur* oder *Aneurysma dissecans* vor.

Fortsetzung auf Seite 14

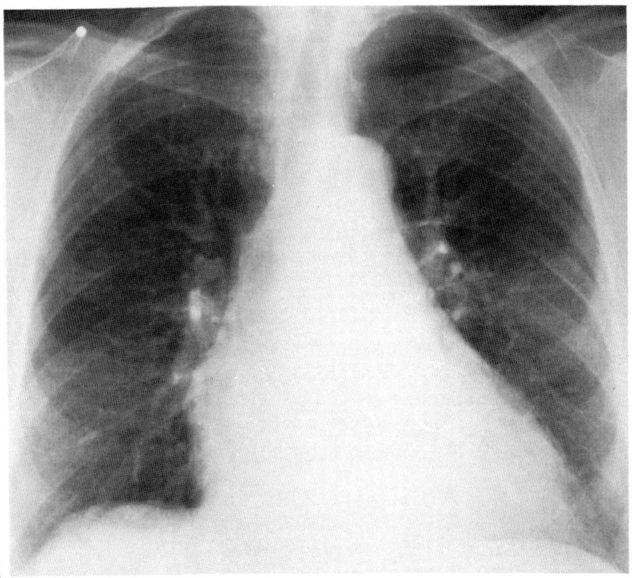

a

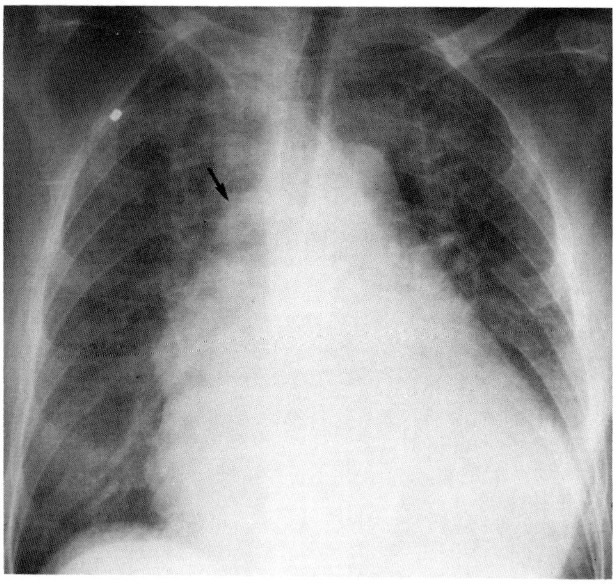

b

Abb. 1.**10 a, b** **Stauungslinksinsuffizienz, die sich zu einer Links- und Rechtsherzinsuffizienz entwickelt.** **a** Vergrößerung des linken Ventrikels und Lungenstauung. **b** Vergrößerung des Herzens einschließlich der rechten Seite, Verbreiterung des Mediastinums (V. cava superior sowie schwere Lungenstauung). Die V. azygos ist ebenfalls gestaut (Pfeil).

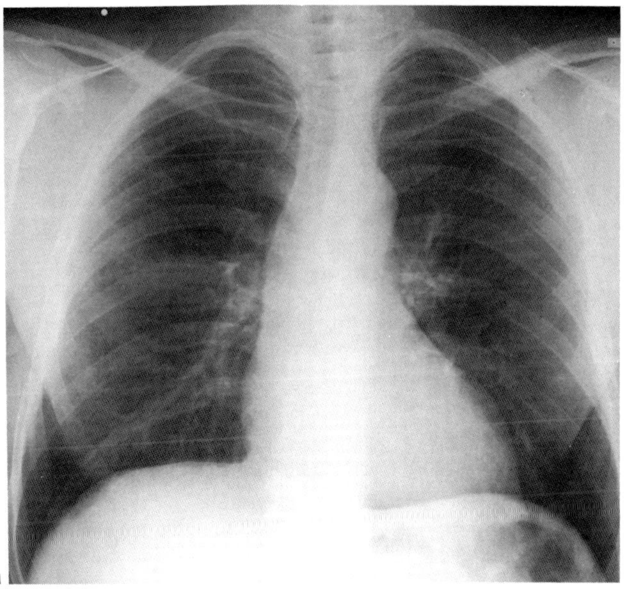

a

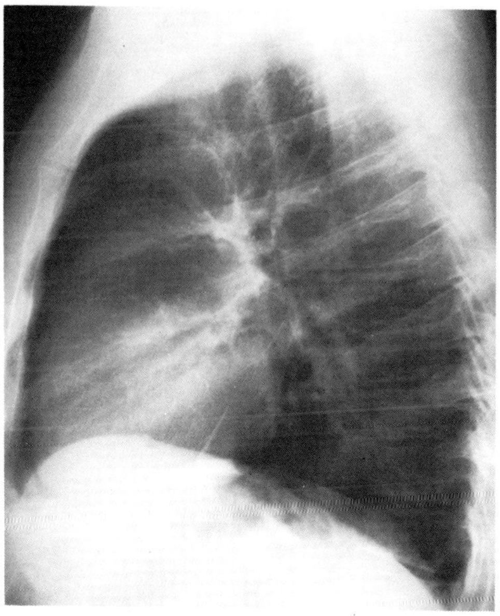

b

Abb. 1.**11** **Arteriosklerotische Aorteninsuffizienz** mit leichter Vergrößerung des linken Ventrikels; keine Stauungsherzinsuffizienz, normal aussehende Aorta.

Tabelle 1.5 Vorwiegend linksventrikuläre oder allgemeine Herzvergrößerung (Fortsetzung)

Krankheit	Radiographischer Befund	Kommentar
Kombinierte Aorteninsuffizienz und -stenose (Abb. 1.12)	Die Dilatation des linken Ventrikels und der Aorta ascendens ist ausgeprägter, und der linke Vorhof kann vergrößert sein. Es kann eine reine Aortenstenose vorgetäuscht werden.	Eine rheumatische Herzerkrankung führt meist zu einer Kombination von Aortenklappenstenose und -insuffizienz.
Subvalvuläre Aortenstenose (idiopathische hypertrophische subaortale Stenose)	Vergrößerter linker Ventrikel, oft vergrößerter linker Vorhof. Eine poststenotische Dilatation der Aorta fehlt.	Einengung des linksventrikulären Ausflußtrakts durch Muskelhypertrophie.
Supravalvuläre Aortenstenose	Das Herz kann vergrößert bis normal sein, die Aorta ist normal oder klein.	Angeborener fibröser Ring oder Verdickung oberhalb der Sinus Valsalvae. Häufig verbunden mit der idiopathischen Hyperkalzämie des Säuglingsalters.
Aortenstenose		Siehe Tab. 1.**9**, S. 32.
Herz mit großem Minutenvolumen	Herzvergrößerung, Dilatation des Truncus pulmonalis, betonte Lungengefäßzeichnung (sowohl Arterien als Venen).	*Vorkommen bei:* Gravidität (physiologisch), schweren Anämien einschließlich Sichelzellenanämie, Leukämie oder primärer Polyzythämie, Beri-Beri (Vitamin-B-Mangel), Hypervolämie, extrapulmonaler arteriovenöser Fistel. Leichte Formen kommen vor bei extremer Obesitas, Thyreotoxikose und Fieber. Eine seltene Ursache ist ein fortgeschrittener Morbus Paget.
Myokardiopathie (Abb. 1.13, 1.14)	Diffuse Vergrößerung des Herzens, vorwiegend des linken Ventrikels. Die Aorta erscheint im Vergleich zur Größe des Herzens klein. Es kann sich eine venöse Lungenstauung entwickeln. Eine mäßige Vergrößerung des linken Vorhofs und starke Füllung Truncus pulmonalis kommen vor. Durch einen hinzutretenden Perikarderguß kann sich der Herzschatten noch weiter vergrößern.	Die zahlreichen Ursachen der Myokardiopathie lassen sich in fünf Gruppen einteilen: 1. Idiopathisch, ohne Zusammenhang mit einer extrakardialen Krankheit: *unspezifische Myokardose, Endokardfibroelastose (Neugeborenes oder Kind); postpartale Kardiopathie.* 2. Infektionsbedingt: *Coxsackie-B- und andere Virusinfektionen, Chagas-Krankheit (Südamerikanische Trypanosomiasis), rheumatisch, septisch, diphtherisch, toxoplasmotisch.* 3. Infiltrativ: *Amyloidose (besonders primäre), generalisierte Glykogenspeicherkrankheit (Pompe-Syndrom, Säugling), Leukämie.* 4. Endokrin: *Hypothyreose, Akromegalie, Morbus Cushing, Thyreotoxikose.* 5. Verschiedene Ursachen: *Ischämie, Urämie, Kollagenkrankheiten, Mangelernährung (Beri-Beri, Alkoholismus, Kalium- oder Magnesiumverarmung), Toxizität (Drogen, Pharmaka, Chemikalien, Kobalt), Sarkoidose, neuromuskuläre Dystrophie.* Die Kombination Herzvergrößerung und normale Lungengefäßzeichnung ist gewöhnlich durch eine der folgenden vier Herzveränderungen bedingt: 1. Myokardiopathie, 2. Aortenstenose, 3. Coarctatio aortae, 4. Sportlerherz.

Fortsetzung auf Seite 16

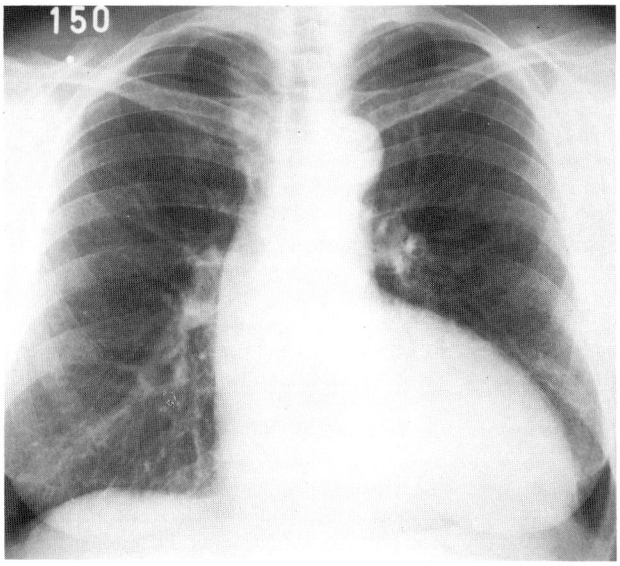

a

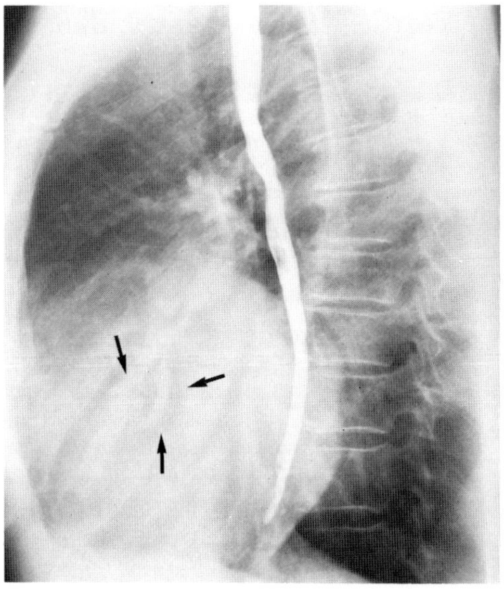

b

Abb. 1.**12 a, b** **Kombinierte Aortenstenose und -insuffizienz rheumatischer Genese.** Enorme Vergrößerung des linken Ventrikels und Dilatation der Aorta ascendens. Verkalkung der Aortenklappe (Pfeile).

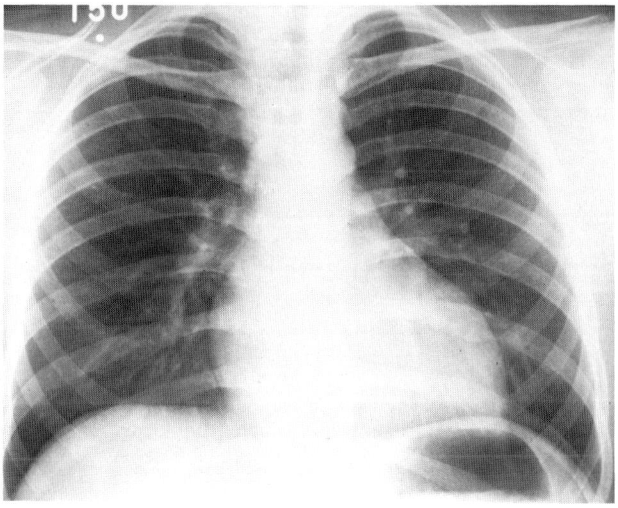

Abb. 1.**13** **Urämische Myokardiopathie.** Vergrößerung des linken Ventrikels ohne Stauungsinsuffizienz. Die Aorta ist relativ klein.

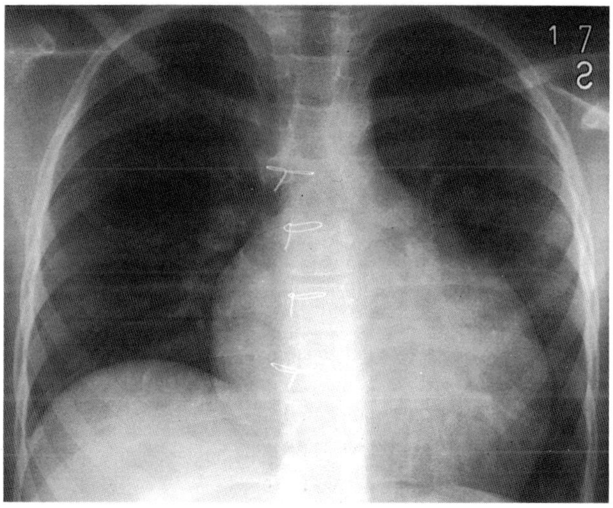

Abb. 1.**14** **Diabetische Kardiomyopathie** bei einem 10jährigen Kind. Das Herz ist groß, der linke Ventrikel sehr stark ausladend. Die Lungengefäßzeichnung ist normal.

Tabelle 1.5 Vorwiegend linksventrikuläre oder allgemeine Herzvergrößerung (Fortsetzung)

Krankheit	Radiographischer Befund	Kommentar
Mitralinsuffizienz **Coarctatio aortae** **Offener Ductus arteriosus** **Ventrikelseptumdefekt**	Eine Vergrößerung des linken Ventrikels gehört bei diesen Zuständen sowie bei einer Anzahl seltener angeborener Herzfehler zum Bild.	Da andere Merkmale für die Differentialdiagnose nützlicher sind, werden sie an anderer Stelle besprochen.
Perikarddefekt **(Abb. 1.15)**	1. Verlagerung des Herzens nach links ohne Verlagerung der Trachea. 2. Unübliche Konfiguration des linken Herzrands (Vorwölbung des Aorten-, Pulmonalis- und linksventrikulären Segments). 3. Die Vorwölbung durch einen partiellen Defekt kann ein Aneurysma des linken Ventrikels vortäuschen, zeigt aber keine paradoxen Pulsationen.	Entweder vollständiges (in 3/4 der Fälle) oder teilweises Fehlen des Perikards, gewöhnlich auf der linken Seite, das gewöhnlich symptomlos ist und durch Zufall entdeckt wird. Durch die Herzverlagerung kann eine Vergrößerung des linken Ventrikels vorgetäuscht werden. Charakteristisch ist eine tiefe Einkerbung zwischen Aorta und Pulmonalis.
Akute Glomerulonephritis bei Kindern	Allgemeine Herzvergrößerung Pleuraergüsse Interstitielles oder alveoläres Lungenödem.	Eine Dilatation des Herzens kommt in über 50% der akuten Fälle bei Kindern vor. Der Mechanismus ist unbekannt. Die radiographischen Veränderungen bilden sich zugleich mit der Heilung der Grundkrankheit zurück.
Perikarderguß **(Abb. 1.16)**	Der vergrößerte Herzschatten täuscht eine allgemeine Herzvergrößerung vor. Große Ergüsse bringen meist die normalen typischen Herzkonturen zum Verschwinden. In der Seitenansicht wird der bariumgefüllte Ösophagus weniger nach dorsal verdrängt, als nach der scheinbaren Herzgröße zu erwarten wäre. Bei aufeinanderfolgenden Aufnahmen verändert sich die Herzsilhouette rasch, die Lungengefäße sind nicht erweitert. Bei Änderung der Körperposition verändern sich die Herzkonturen. Die Lungengefäßzeichnung ist vermindert, und die V. cava superior kann betont sein, wenn eine Tamponade des Einflusses in den rechten Vorhof eintritt.	Übliche Ursachen eines Perikardergusses sind: *Perikarditis* (besonders durch Coxsackie-Virus, aber auch bei anderen Infektionen) *Stauungsinsuffizienz* *Kollagenkrankheiten* *Herzoperation oder Trauma* *Niereninsuffizienz* *Postmyokardinfarktsyndrom* *Tumorinvasion* (von Lymphom der Lunge oder des Mediastinums) oder *Metastasen* (von Lunge, Mamma oder Melanom) *Strahlentherapie*
Transposition der großen Gefäße **(Abb. 1.17)**	1. Herzvergrößerung mit dem Bild eines „auf der Seite liegenden Eis", die während der ersten Woche nach der Geburt zugleich mit einer Stauungsherzinsuffizienz auftritt. 2. Konkaves Pulmonalissegment, obwohl die Lungengefäßzeichnung verstärkt ist, wenn nicht zugleich eine Pulmonalstenose vorhanden ist, die in 15% der Fälle besteht. 3. Ein schmaler Gefäßstiel in frontaler Projektion (Aorta und Truncus pulmonalis überlagern einander) wird in 50% der Fälle beobachtet.	Seltene Anomalie, aber die häufigste Form eines angeborenen Herzfehlers mit Zyanose seit der Geburt. Beruht vermutlich auf dem Ausbleiben der Torsion des normalerweise spiraligen aortopulmonalen Septums: Die Aorta bleibt vorn und entspringt aus dem rechten Ventrikel. Der Truncus pulmonalis liegt hinter der Aorta und entspringt aus dem linken Ventrikel. Lungen- und Körperkreislauf sind durch einen Defekt im Vorhof- und/oder Ventrikelseptum oder durch einen offenen Ductus arteriosus verbunden.
Trikuspidalatresie		Siehe Tab. 1.7, S. 24.
Anomale linke Koronararterie	Identische radiographische Veränderungen wie bei anderen Myokardiopathien wie etwa Endokardfibroelastose (s. unter Myokardiopathie in dieser Tabelle, S. 14).	Ein Abgang der linken Koronararterie vom Truncus pulmonalis ist die häufigste wichtige Anomalie des Koronarkreislaufs.

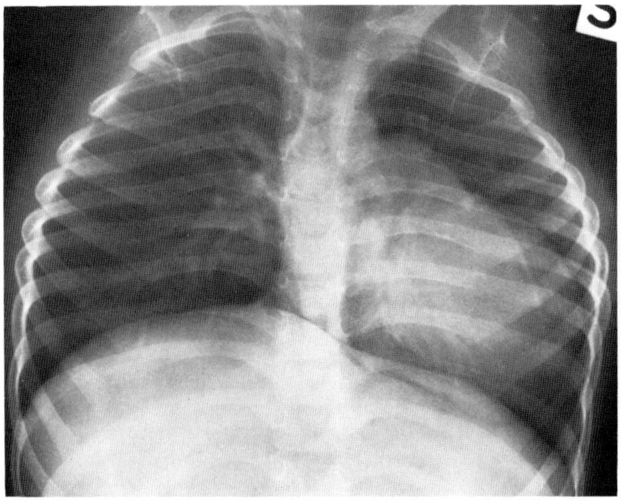

Abb. 1.**15** **Perikarddefekt,** 5jähriges Kind. Das Herz (nicht das Mediastinum) ist nach links verlagert. Das Aorten-, Pulmonalis- und linke Ventrikelsegment sind stark vorgewölbt, eine charakteristische Konfiguration.

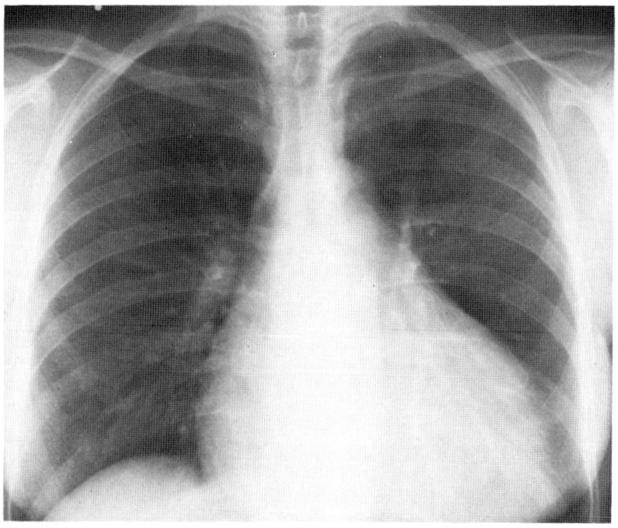

1.**16a**

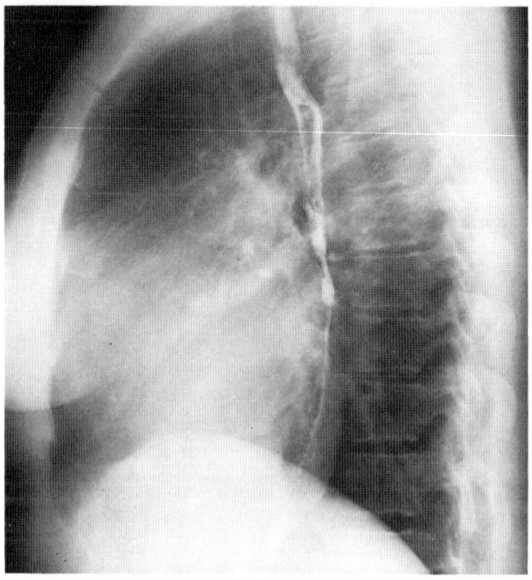

1.**16b**

Abb. 1.**16a, b** **Perikarderguß.** Der Herzschatten ist groß; ▶ im Seitenbild ist der Ösophagus aber nicht dementsprechend nach dorsal verdrängt.

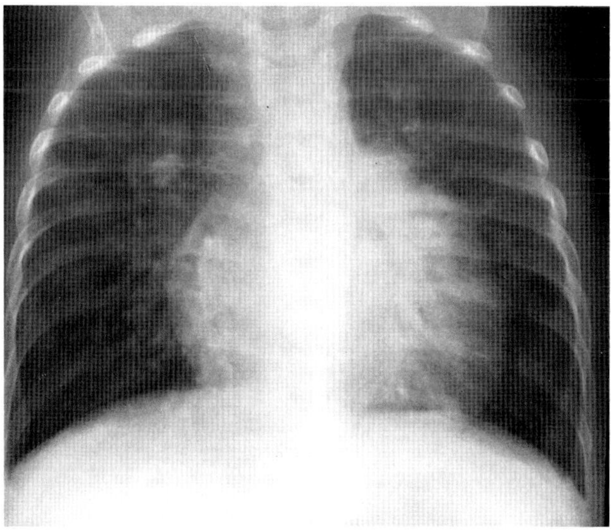

Abb. 1.**17** **Transposition der großen Gefäße.** Herzvergrößerung mit der Konfiguration eines „auf der Seite liegenden Eis" mit konkavem Pulmonalissegment, verbunden mit verstärkter Lungengefäßzeichnung. Schmaler Gefäßstiel. ▶

Tabelle 1.6 Vorwiegend Vergrößerung des linken Vorhofs

Krankheit	Radiographischer Befund	Kommentar
Mitralstenose (erworben oder angeboren) (Abb. 1.18, 1.19)	1. Vergrößerung des linken Vorhofs 2. Eventuell Verkalkung der Mitralklappe, die nicht mit einer massiven Verkalkung des Mitralrings verwechselt werden darf 3. Venöse Lungenstauung 4. Vorspringendes Pulmonalissegment, erweiterte Hilusgefäße 5. Kleiner Aortenknopf 6. Vergrößerung des rechten Ventrikels, normale Größe des linken Ventrikels 7. Dilatation der zentralen Pulmonalarterien und Verengung der peripheren Arterien (pulmonale arterielle Hypertonie) 8. Lungenparenchymveränderungen durch Hämosiderose (granuläre Verschattungen), multiple bis zu 8 mm große Verknöcherungen oder Lungenfibrose (Lungeninfarkte).	Durch die Behinderung der Strömung vom linken Vorhof in den linken Ventrikel während der Diastole kommt es zu einer Druckerhöhung und Vergrößerung des linken Vorhofs. Die Drucksteigerung überträgt sich auf die Lungenvenen und schließlich auf die Lungenarterien und das rechte Herz. Die übliche Ursache ist eine *rheumatische* Klappenschädigung. Die *angeborene Mitralstenose* kann mit der rheumatischen identisch sein (kurze Chordae tendineae, fibrotische Segel und verwachsene Kommissuren). Eine seltene angeborene Form der Mitralstenose ist die *Fallschirmdeformität* (alle Sehnenfäden entspringen von einem einzigen Papillarmuskel). Sie ist mit anderen Anomalien verbunden. In der Frühphase können eine angeborene Mitralstenose und ein Links-rechts-Shunt ähnlich aussehen, aber bei der Mitralstenose sind die Gefäßschatten durch die Venen- und Lymphstauung unschärfer. Eine vergrößerte Konfluenz der rechten Lungenvenen kann eine Vergrößerung des linken Vorhofs oder einen Tumor vortäuschen.

Fortsetzung auf Seite 20

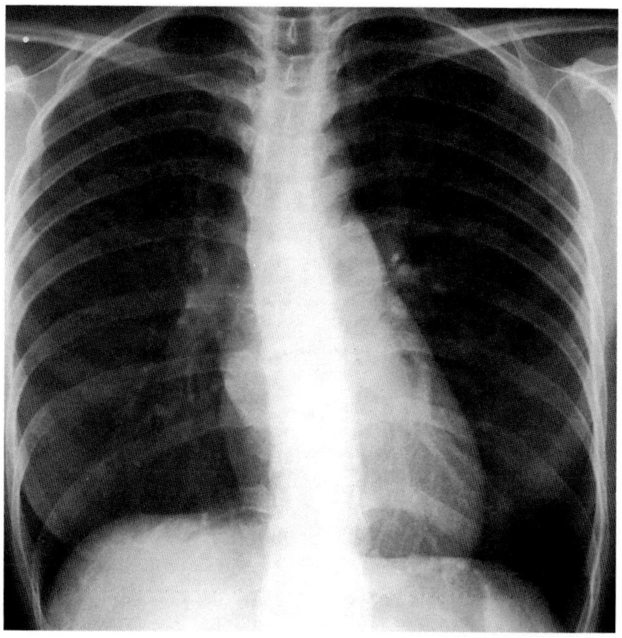
a

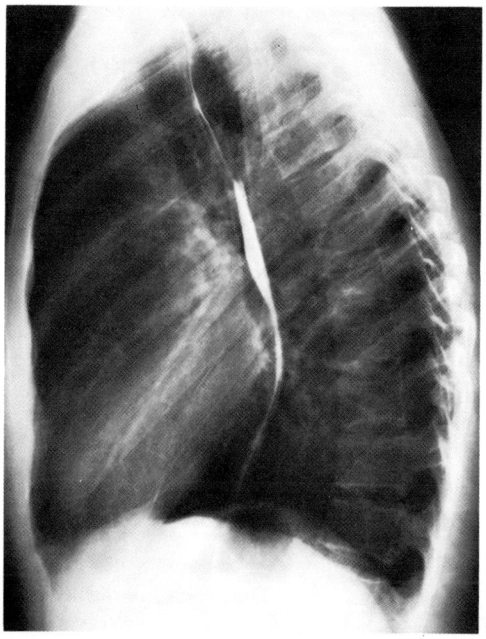
b

Abb. 1.**18 a, b** **Mitralstenose** in der Frühphase. Der linke Vorhof ist vergrößert und wird in der p.-a. Projektion als Summationsschatten sichtbar. Er verdrängt den Ösophagus nach dorsal. Die Lungengefäßzeichnung ist unauffällig.

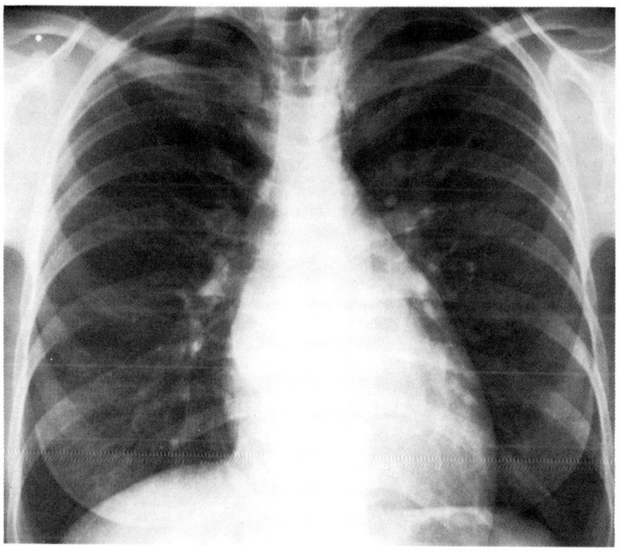
a

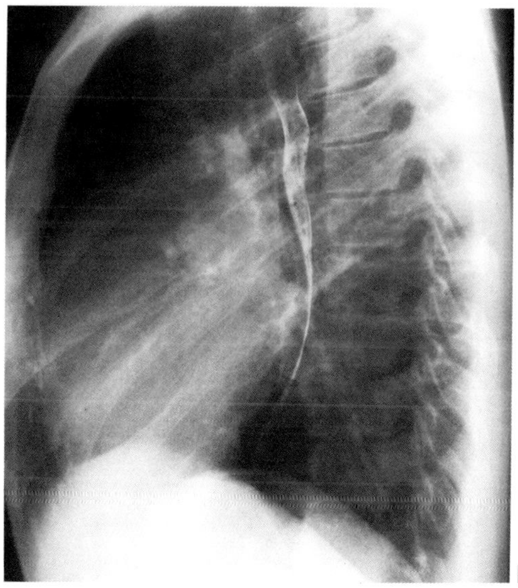
b

Abb. 1.**19 a, b** **Mitralstenose.** Vergrößerung des linken Vorhofs, rechten Ventrikels und Pulmonalissegments, Lungenstauung und kleiner Aortenknopf.

Tabelle 1.6 Vorwiegend Vergrößerung des linken Vorhofs

Krankheit	Radiographischer Befund	Kommentar
Mitralinsuffizienz (mitrale Regurgitation) (Abb. 1.20–1.23)	1. Vergrößerter (manchmal enorm vergrößerter) linker Vorhof. 2. Vergrößerter linker Ventrikel. 3. Kleiner oder normaler Aortenknopf. 4. Normale Lungengefäßzeichnung, manchmal venöse Stauung und vorspringender Pulmonalisbogen.	Am häufigsten Folge einer *rheumatischen Klappenentzündung,* kann aber auch durch funktionelle Erweiterung des Mitralrings infolge anderer Herzkrankheiten *(Stauungsherzinsuffizienz, akutes rheumatisches Fieber, Aortenklappenfehler, Coarctatio aortae)* oder durch *Papillarmuskeldysfunktion* bedingt sein. Der Blutrückstrom während der Ventrikelsystole führt zu einer Überfüllung und Dilatation des linken Vorhofs und Dilatation des linken Ventrikels. In den meisten Fällen sind Stenose und Insuffizienz zugleich vorhanden (kombiniertes Mitralvitum), so daß sich ein gemischtes Bild ergibt. Mitralfehler sind oft mit Aorten- oder Trikuspidalfehlern oder mit beiden verbunden, was zu einem komplizierten radiographischen Bild führt.
Myxom des linken Vorhofs	Das Herz kann wie bei Mitralstenose konfiguriert sein. Eine Verkalkung des Tumors ist selten, aber wenn vorhanden, differentialdiagnostisch gut zu verwerten.	Das Myxom ist der häufigste Herztumor; es kommt gewöhnlich im linken Vorhof vor.
Offener Ductus arteriosus, Ventrikelseptumdefekt, Myokardiopathie, angeborene Koronarfistel, Fallot-Trilogie und Trikuspidalatresie	Eine Vergrößerung des linken Vorhofs kann ein wesentliches Symptom dieser Störungen sein.	Andere radiographische Veränderungen sind aufschlußreicher. Die Besprechung erfolgt an anderer Stelle dieses Kapitels.

Fortsetzung auf Seite 22

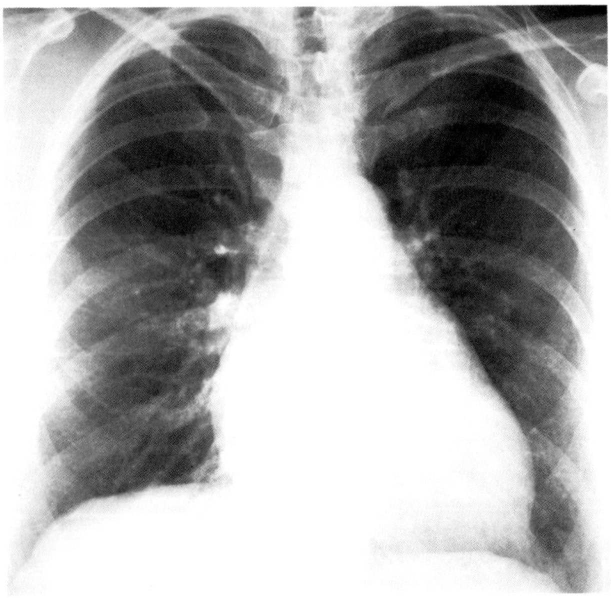

1.20a

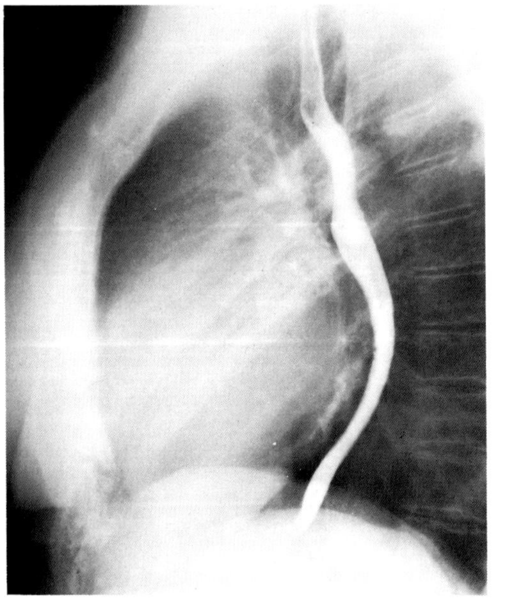

1.20b

Abb. 1.**20 a, b** **Mitralinsuffizienz.** Vergrößerter linker Vorhof und linker Ventrikel, kleiner Aortenknopf. Normale Lungengefäßzeichnung.

Abb. 1.**21 a, b** **Mitralinsuffizienz.** Enormer linker Vorhof, Dilatation des linken Ventrikels und allgemeine Herzvergrößerung, kleiner Aortenknopf. ▶

Abb. 1.**22 a, b** **Kombinierte Mitralstenose und -insuffizienz.** Vergrößerung des linken Vorhofs und beider Ventrikel. Lungenstauung. ▶

Abb. 1.**23 a, b** **Konfluenz der rechten Pulmonalvenen,** die einen vergrößerten linken Vorhof vortäuscht. Es besteht eine Aorten- und Mitralinsuffizienz mit Lungenstauung. Die von der erweiterten Konfluenz der rechten Pulmonalvenen verursachte Auswölbung ist umschriebener als ein vergrößerter linker Vorhof und könnte einen Tumor vortäuschen. **a** Schräg- und **b** Seitenbild. ▶

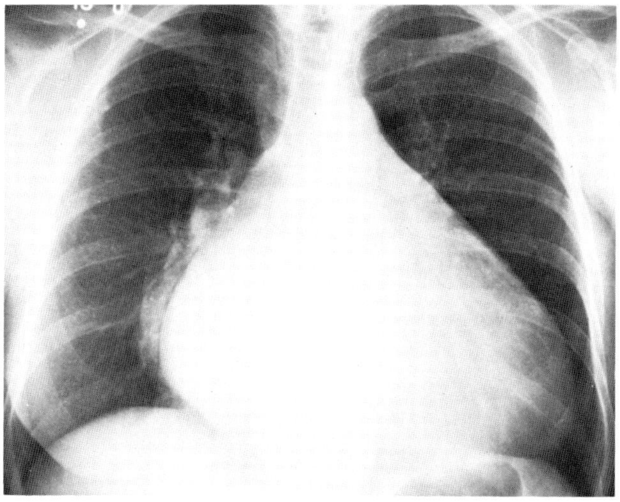
1.**21 a**

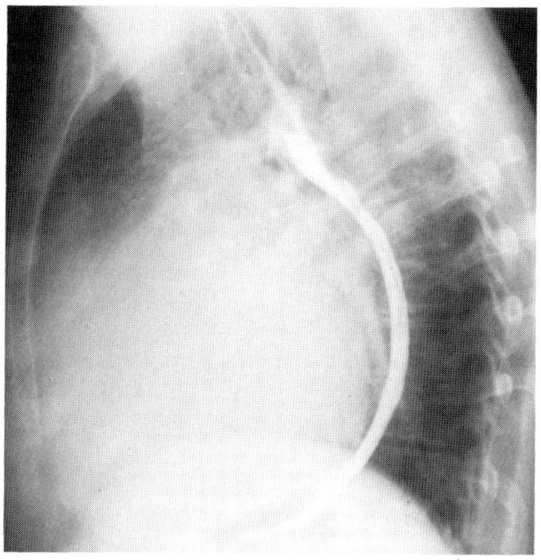
1.**21 b**

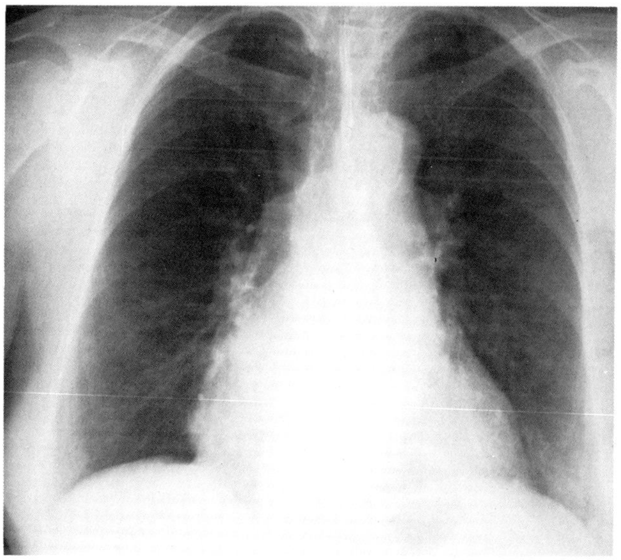
1.**22 a**

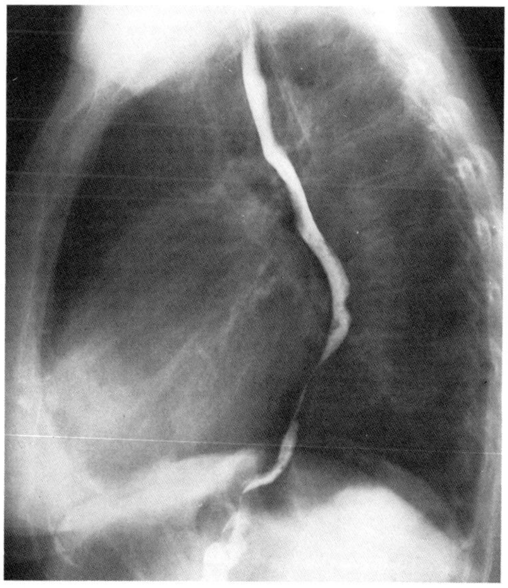
1.**22 b**

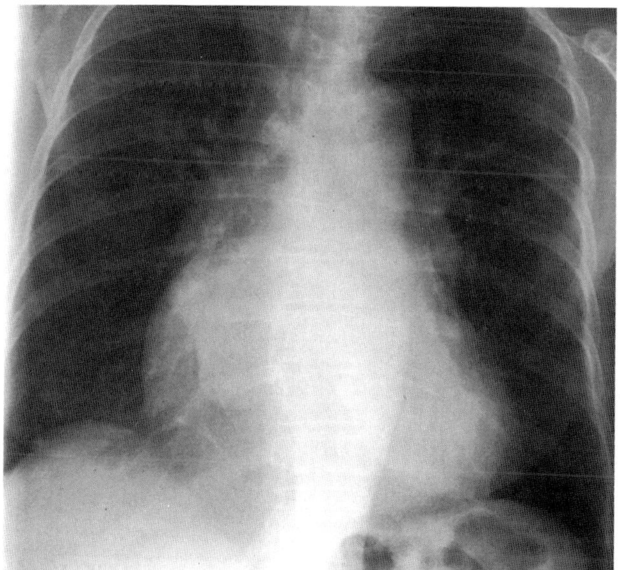
1.**23 a**

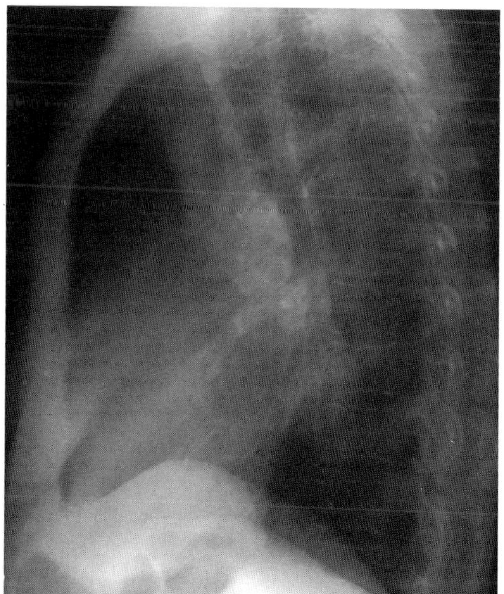
1.**23 b**

Tabelle 1.6 Vorwiegend Vergrößerung des linken Vorhofs (Fortsetzung)

Krankheit	Radiographischer Befund	Kommentar
Pericarditis constrictiva (Abb. 1.24)	Venöse Lungenstauung ohne Herzvergrößerung. Linker Vorhof gewöhnlich vorspringend. Eventuell Perikardverkalkungen. Das Bild imitiert eine Mitralstenose.	Fehlende Verkalkungen schließen eine konstriktive Perikarditis nicht aus. Umgekehrt stehen Perikardverkalkungen in nur 50% der Fälle mit einer konstriktiven Perikarditis in Zusammenhang.
Einzelventrikel (Cor triloculare biatriatum) (Abb. 1.25)	Anhand von Nativaufnahmen kann die Diagnose nicht gestellt werden. Der linke Vorhof ist oft vergrößert und die Lungengefäßzeichnung verstärkt, was manchmal an einen Ventrikelseptumdefekt denken läßt.	Ein funktioneller Einzelventrikel ist in der Regel mit anderen Anomalien verbunden, am häufigsten mit einer Pulmonalstenose.

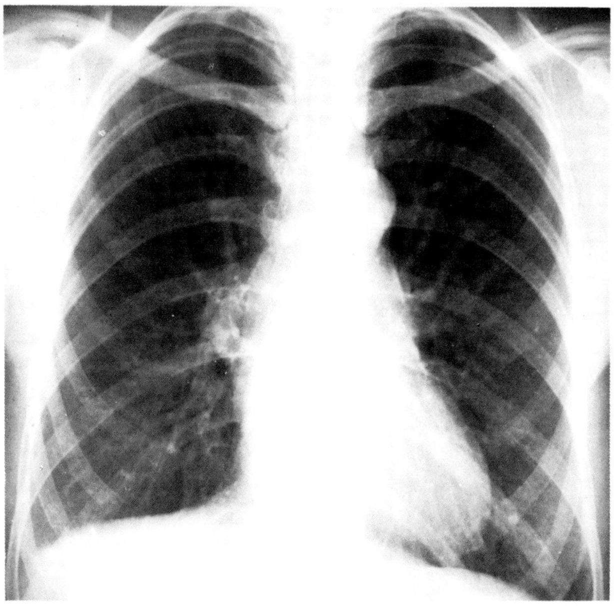
1.**24a**

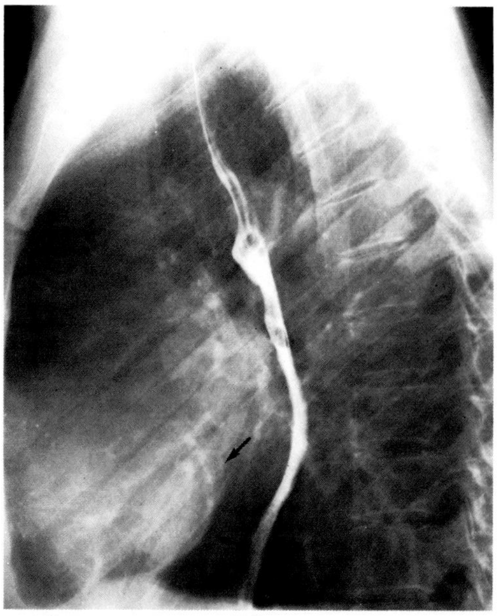
1.**24b**

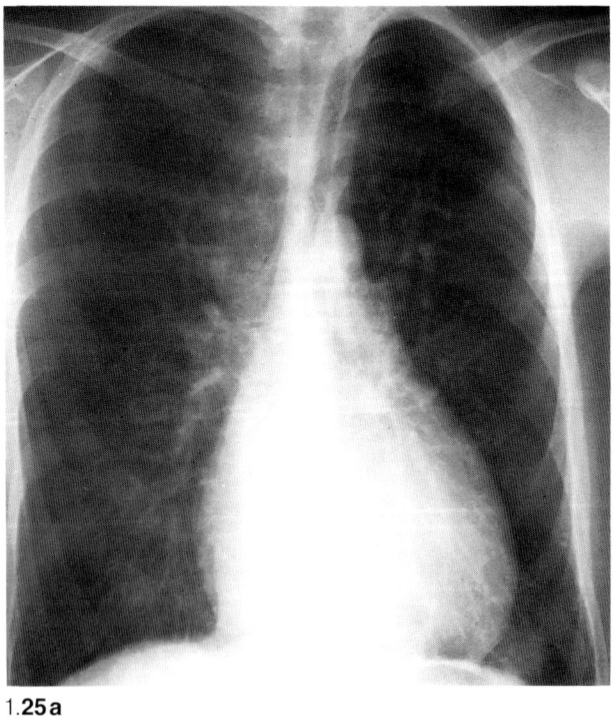
1.**25a**

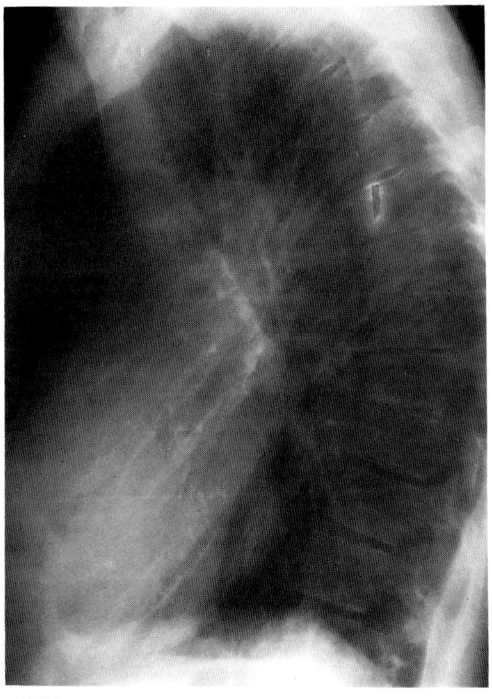
1.**25b**

Abb. 1.**24a, b** **Pericarditis constrictiva.** Der vergrößerte linke Vorhof im Seitenbild und die Lungenstauung bei fehlender allgemeiner Herzvergrößerung täuschen eine Mitralstenose vor. Perikardiale Verkalkungen (Pfeile).

Abb. 1.**25a, b** **Einzelventrikel.** Leichte Herzvergrößerung, vorspringender linker Vorhof, kleine Aorta und verstärkte Lungengefäßzeichnung.

Tabelle 1.7 Vorwiegend Vergrößerung des rechten Ventrikels

Krankheit	Radiographischer Befund	Kommentar
Fallot-Tetralogie (Abb. 1.26, 1.27) *Fortsetzung auf Seite 24*	Die Veränderungen sind abhängig vom Grad der Pulmonalstenose und der Größe des Septumdefekts. 1. Die Vergrößerung des rechten Ventrikels bewirkt eine Anhebung der Herzspitze, aber das Herz ist nicht besonders groß. 2. Die Blutgefäße der Lunge sehen entweder minderdurchblutet oder normal aus. 3. Das Pulmonalissegment ist konkav oder klein. 4. Die Aorta ist entweder von normaler Größe oder vergrößert. In 25% der Fälle besteht ein rechtsläufiger Aortenbogen. 5. Kurze gerade Linien in der Lunge stellen erweiterte Bronchialarterien dar.	Häufigster angeborener Herzfehler mit Zyanose. Primärveränderungen sind die infundibuläre Pulmonalstenose und ein hoher Ventrikelseptumdefekt. Das Reiten der Aorta und die Hypertrophie des rechten Ventrikels sind sekundäre strukturelle Defekte. Die Mischung von venösem mit arteriellem Blut führt nach dem Verschluß des Ductus arteriosus zur Zyanose. Je kleiner die Pulmonalis, um so größer die Aorta. Ein typisches radiographisches Bild ist nur in einem Drittel der Fälle vorhanden. Wenn die Pulmonalstenose minimal ist, entspricht das klinische Bild einem Ventrikelseptumdefekt. Bleibt das Foramen ovale offen, so spricht man von einer *Fallot-Pentalogie*.

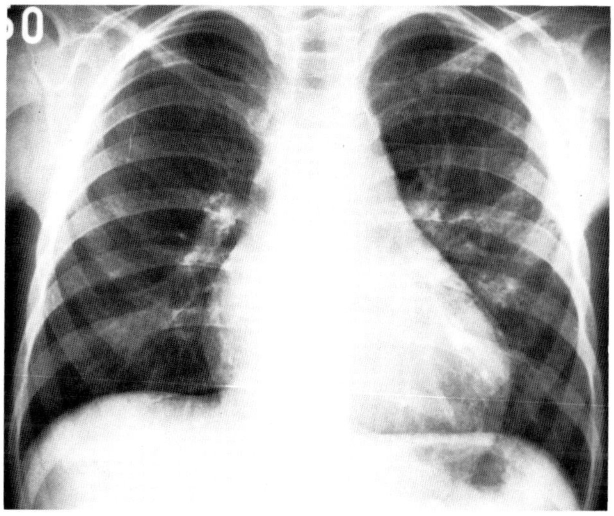

1.**26a**

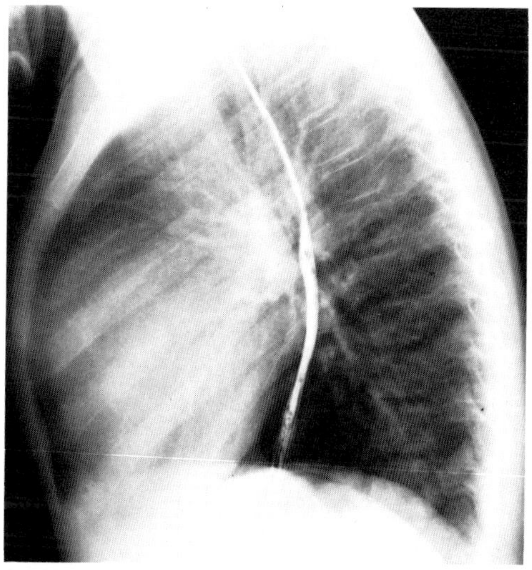

1.**26b**

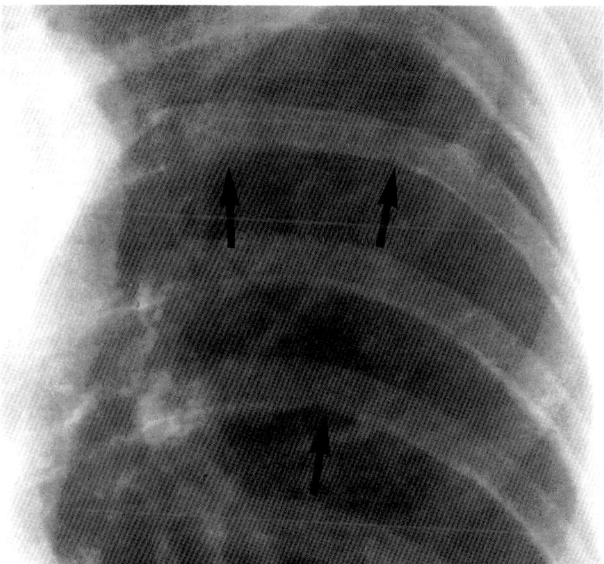

1.**27a**

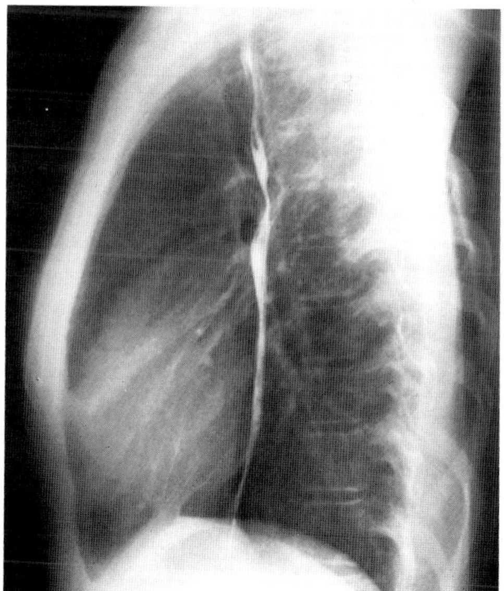

1.**27b**

Abb. 1.**26a, b** **Fallot-Tetralogie bei einem Kind.** Der rechte Ventrikel ist vergrößert, aber das Pulmonalissegment ist konkav, und die Lungengefäße sehen normal aus oder sind etwas unterdurchblutet.

Abb. 1.**27a, b** **Fallot-Tetralogie nach Blalock-Operation,** 17 Jahre. Relativ kleines Herz, aber die Herzspitze noch angehoben und das Pulmonalissegment sehr klein. Rippenkerben nach Blalock-Operation (Pfeile).

Tabelle 1.7 Vorwiegend Vergrößerung des rechten Ventrikels (Fortsetzung)

Krankheit	Radiographischer Befund	Kommentar
Trikuspidalatresie (imitiert Vergrößerung des rechten Ventrikels) (Abb. 1.28)	„Reine“ Trikuspidalatresie 1. Normale Größe oder leichte Vergrößerung des Herzens. 2. Der linke Herzrand ist gerundet und angehoben wie bei einer Vergrößerung des rechten Ventrikels. 3. Konkaves Pulmonalissegment. 4. Minderdurchblutung der Lunge eventuell mit retikulären Verdichtungen, die Bronchialarterien entsprechen. 5. Rechtsläufiger Aortenbogen (in 20% der Fälle). 6. Vergrößerung des linken Vorhofs (in 50% der Fälle). Wenn zugleich eine Transposition der großen Gefäße besteht (in mehr als 1/4 der Fälle), ist das Bild anders: 1. Die Aorta ist klein. 2. Die Lungengefäßzeichnung ist verstärkt. 3. Das abnorm situierte rechte Herzohr wölbt sich am linken oberen Herzrand vor.	Angeborene Aplasie oder Undurchgängigkeit der Trikuspidalklappe, die früh zur Zyanose führt. Das Blut, das in den rechten Ventrikel fließen sollte, wird durch einen Vorhofseptumdefekt oder das Foramen ovale in den linken Vorhof und den vergrößerten linken Ventrikel umgeleitet. Das Röntgenbild kann eine Fallot-Tetralogie imitieren, aber das EKG zeigt eine Abweichung der elektrischen Herzachse nach links (bei Fallot-Tetralogie nach rechts). Gewöhnlich verbunden mit Obstruktion der Pulmonalis (infundibuläre Stenose oder Pulmonalklappenatresie). Eine Trikuspidalatresie mit Transposition der großen Gefäße kann mit oder ohne Obstruktion der Pulmonalis vorkommen.
Truncus arteriosus (communis persistens) (gemeinsamer Aorta-Pulmonalis-Stamm) (Abb. 1.29)	1. Vergrößerung des rechten Ventrikels bei leicht vergrößertem Herzen. 2. Fehlen des normalen Truncus pulmonalis (konkaves Pulmonalissegment). 3. Hypervaskuläre Lunge (Typ I–III). Wenn die Pulmonalarterien hypoplastisch sind, ist die Lunge hypovaskulär (Typ IV). 4. Rechtsläufiger Aortenbogen in einem Viertel der Fälle.	Fehlende Septierung des Trunkus in der Embryonalentwicklung, die gewöhnlich letal ist. Es gibt mehrere Formen des Abgangs der Pulmonalarterien vom Truncus communis, einschließlich eines Fehlens der Pulmonalarterien (Typ IV), das ein radiographisches Bild wie bei Fallot-Tetralogie erzeugt.
Pseudotruncus arteriosus	1. Großer rechter Ventrikel. 2. Konkaves Pulmonalissegment. 3. Minderdurchblutung der Lunge (eventuell sind Bronchialarterien zu sehen). 4. Rechtsläufiger Aortenbogen. Das Bild des Pseudotrunkus auf der Nativaufnahme ist identisch mit dem der Fallot-Tetralogie.	Mit dem Ausdruck Pseudotrunkus wird eine Atresie der Pulmonalklappe oder des Truncus pulmonalis in Verbindung mit einem Ventrikelseptumdefekt bezeichnet. Es besteht ein intrakardialer Rechts-links-Shunt (Ventrikelseptumdefekt) und ein Links-rechts-Shunt am offenen Ductus arteriosus.
Chronische Linksherzinsuffizienz (Myokardiopathie, Mitralinsuffizienz) Mitralstenose	Zu einer Vergrößerung des rechten Ventrikels kommt es bei diesen Zuständen oft infolge einer pulmonalen arteriellen Hypertonie.	Siehe Tab. 1.**5** u. 1.**6**, S. 10, 18.
Cor pulmonale Links-rechts-Shunt Pulmonalstenose	Der erhöhte Blutdurchfluß oder Druck verursacht bei diesen Zuständen eine Vergrößerung des rechten Ventrikels.	Die Vergrößerung des Pulmonalissegments ist ein sensitiveres und leichter erkennbares Zeichen. Diese Zustände werden daher unter dem Titel „Dilatation des Pulmonalissegments“ abgehandelt (Tab. 1.**10**, S. 35).

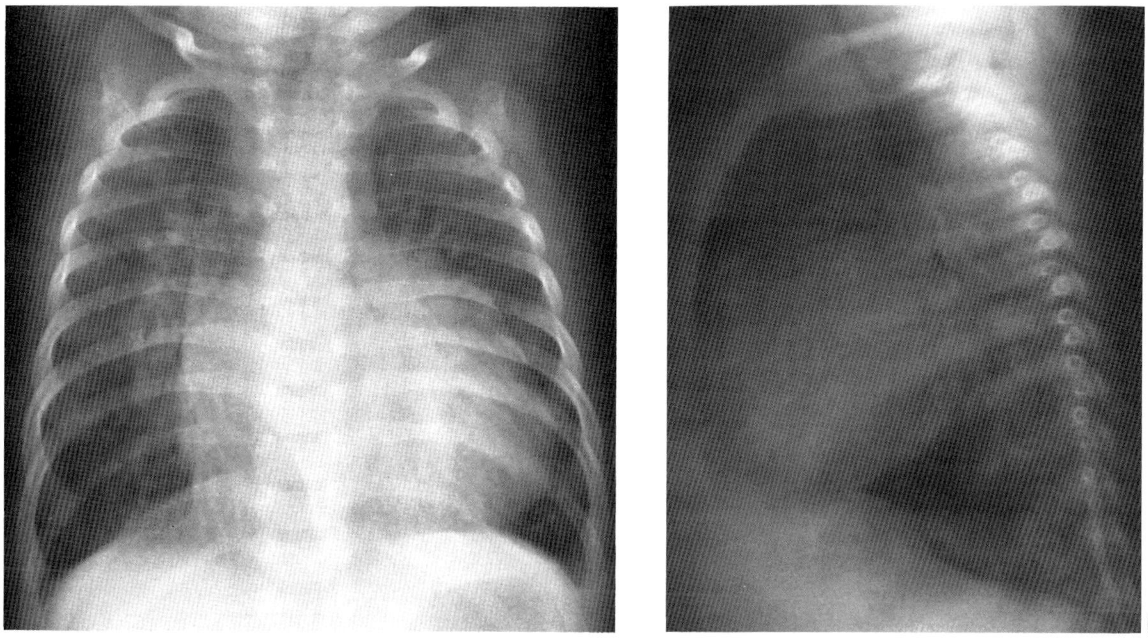

Abb. 1.**28 a, b** **Trikuspidalatresie.** Alter 2 Monate. Das Herz ist vergrößert und rundlich, das Pulmonalissegment konkav und der linke Vorhof vergrößert. Die retikuläre Gefäßzeichnung ist Ausdruck erweiterter Bronchialarterien.

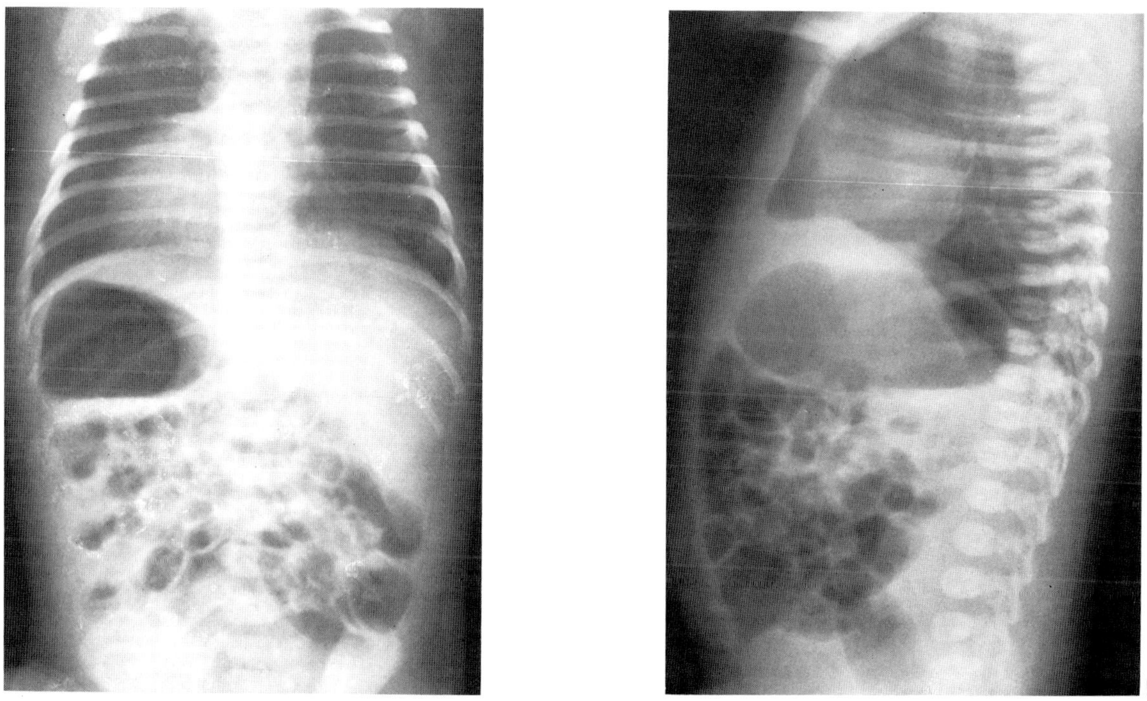

Abb. 1.**29 a, b** **Truncus arteriosus,** 10 Tage altes Kind. Fehlen des Truncus pulmonalis (konkaves Segment), angehobene Herzspitze, verminderte Lungengefäßzeichnung und rechtsläufiger Aortenbogen.

Tabelle 1.8 Vergrößerung des rechten Vorhofs oder vorspringender rechter Herzrand

Krankheit	Radiographischer Befund	Kommentar
Perikardzyste oder -lipom (Abb. 1.30, 1.31)	Umschriebene Vorwölbung gewöhnlich im Herz-Zwerchfell-Winkel, keine abnormen kardiovaskulären Verhältnisse.	Fett oder flüssiger Inhalt ist mit CT nachweisbar.
Hypoplasie des rechten Lungenflügels und/oder der rechten A. pulmonalis (Abb. 1.32)	Verlagerung des normal großen Herzschattens nach rechts. Die Gefäße des rechten Lungenflügels können abnorm klein sein (Arterienhypoplasie). Eventuell Zwerchfellhochstand, kleinere rechte Thoraxhälfte und abnorme, über das Unterfeld der rechten Lunge ziehende Vene (Szimitar-Syndrom; Lungenhypoplasie).	
Trikuspidalstenose und -insuffizienz	1. Rundung des rechten Herzrands. 2. Vorspringende V. cava superior. 3. Hochstand der rechten Zwerchfellhälfte infolge Lebervergrößerung.	Gewöhnlich rheumatische Schädigung der Trikuspidalklappe. Trikuspidalstenose und -insuffizienz erzeugen identische radiographische Zeichen. Fast immer bestehen zugleich Mitral- und/oder Aortenklappenfehler, die für die generelle Herzvergrößerung verantwortlich sind. Die seltene solitäre Trikuspidalstenose kann bei *Karzinoidsyndrom, Lupus erythematodes* oder *Endomyokardfibrose* vorkommen.

Fortsetzung auf Seite 28

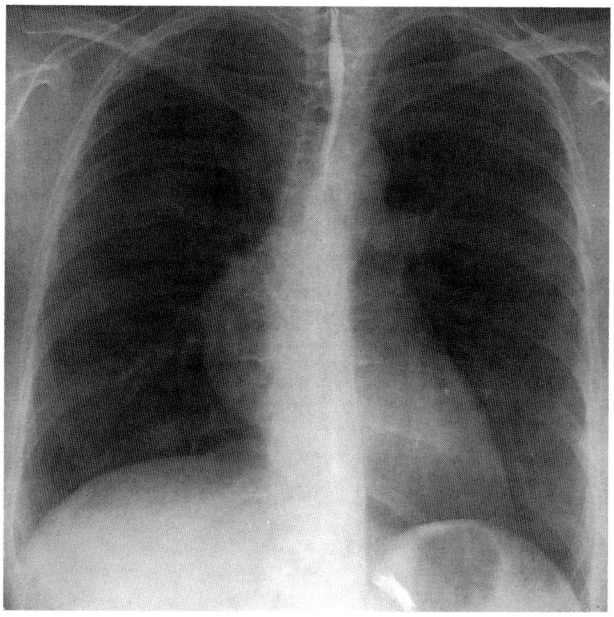

1.**30 a**

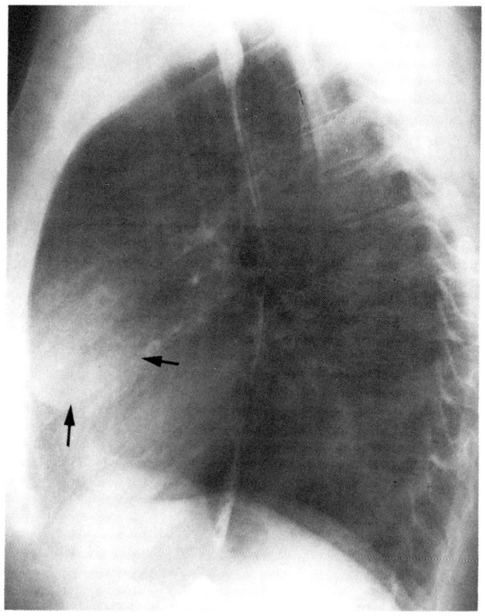

1.**30 b**

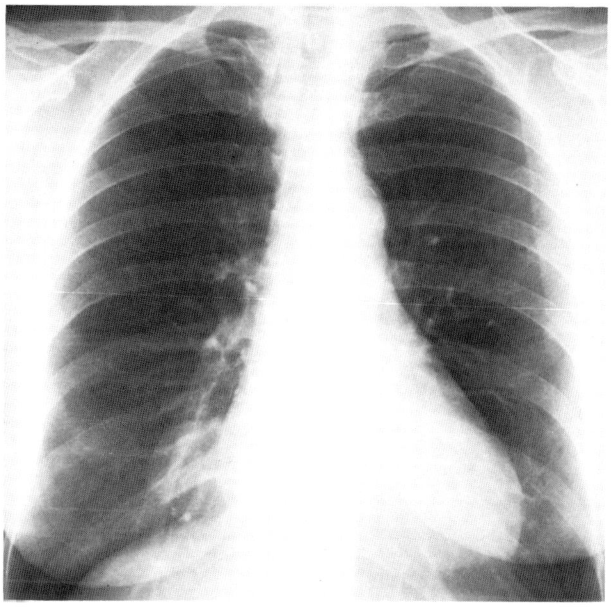

1.**31 a**

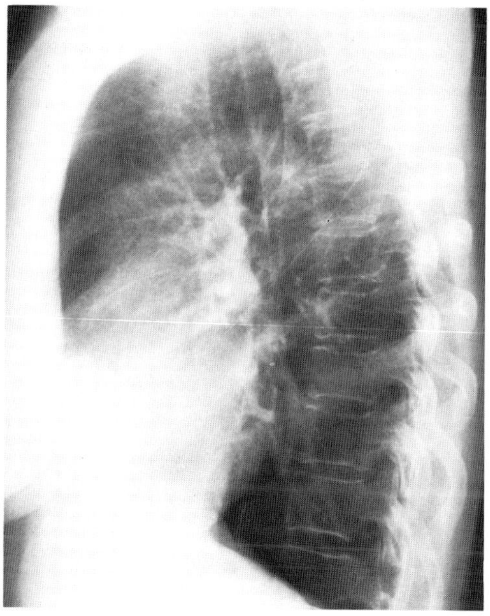

1.**31 b**

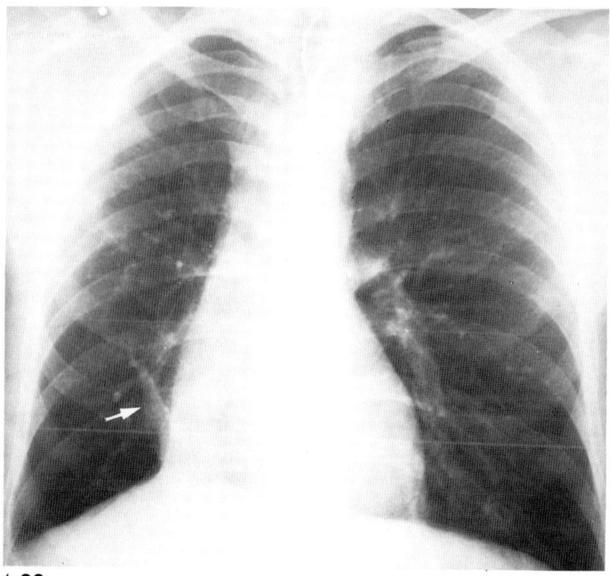

1.**32**

Abb. 1.**30 a, b** **Perikardzyste.** Eine weichteildichte Verschattung am rechten Herzrand täuscht eine Vergrößerung des rechten Vorhofs auf, aber im Seitenbild (**b**) sieht man, daß sie weiter vorn ist als der rechte Vorhof (Pfeile).

Abb. 1.**31 a, b** **Perikardlipom.** Wenig dichte Verschattung im rechten vorderen Herz-Zwerchfell-Winkel.

Abb. 1.**32** **Hypoplasie des rechten Lungenflügels** mit partieller Fehlmündung der Venen. Mediastinum und rechter Herzrand sind nach rechts verlagert. Die Herzgröße ist normal. Eine anomale Vene, die in die V. cava inferior mündet (Szimitar-Zeichen), ist im rechten Unterfeld der Lunge sichtbar (Pfeil).

Tabelle 1.8 Vergrößerung des rechten Vorhofs oder vorspringender rechter Herzrand (Fortsetzung)

Krankheit	Radiographischer Befund	Kommentar
Ebstein-Anomalie (Abb. 1.33, 1.34)	1. Großes kugel- oder schachtelförmiges Herz. 2. Starke Vergrößerung des rechten Vorhofs 3. Konkaves Pulmonalissegment, kleine Pulmonalarterienäste. 4. Eine Vorwölbung unterhalb des linken Hilus täuscht eine Vergrößerung des linken Vorhofs vor, wird aber durch das dilatierte, nach links verlagerte rechtsventrikuläre Ausflußsegment verursacht. 5. Schmaler Gefäßstiel	Abwärtsverlagerung der korbartigen, schlußunfähigen und stenotischen Trikuspidalklappe. Aus diesem Grund gehört ein großer Teil des rechten Ventrikels funktionell zum rechten Vorhof. Es ist immer ein Rechts-links-Shunt durch einen Vorhofseptumdefekt vorhanden, der die behinderte Entleerung des rechten Vorhofs entlastet.
Links-rechts-Shunt in den rechten Vorhof (meist Vorhofseptumdefekt)		Siehe Tab. 1.**10**, S. 36.
Pulmonalstenose oder -atresie, Rechtsherzinsuffizienz beliebiger Ursache, Fallot-Tetralogie und andere Ursachen einer Vergrößerung des rechten Ventrikels	Krankheiten, die eine primäre Vergrößerung des rechten Vorhofs verursachen, sind zwar selten, doch kann eine starke Vergrößerung des rechten Ventrikels zu einer sekundären Vergrößerung des rechten Vorhofs führen.	Diese Krankheiten werden unter „Vergrößerung des rechten Ventrikels“, „allgemeine Herzvergrößerung“ und „Dilatation des Pulmonalissegments“ vorgestellt (Tab. 1.**5**, S. 10, 1.**7**, S. 23, 1.**10**, S. 35).

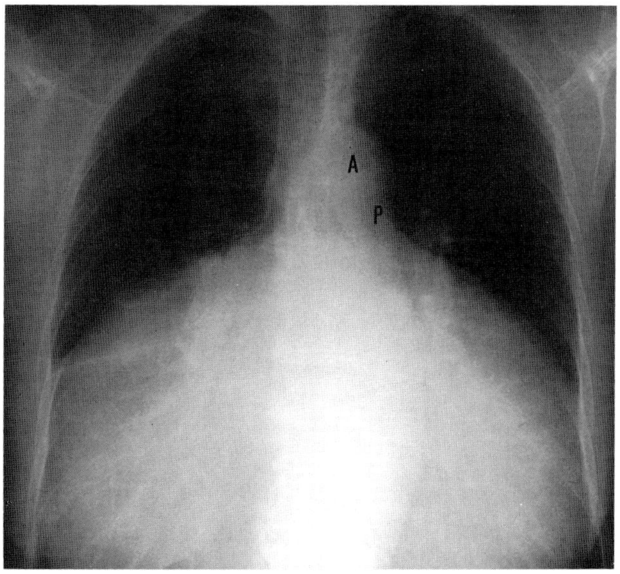

1.**33**

Abb. 1.**33** **Ebstein-Anomalie.** Massive Vergrößerung des rechten Vorhofs und großes, kugeliges Herz. Die Pulmonalis (P) ist im Vergleich zur Aorta (A) disproportional klein, und der Gefäßstiel ist schmal.

Abb. 1.**34 a, b** **Ebstein-Anomalie.** Ausweitung des rechten Herzrands durch den vergrößerten rechten Vorhof; dieser ist im Seitenbild als Areal von erhöhter Schattendichte sichtbar.

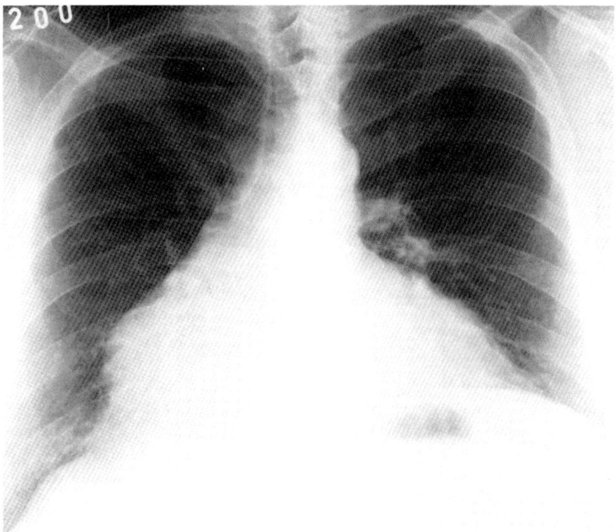

1.**34a**

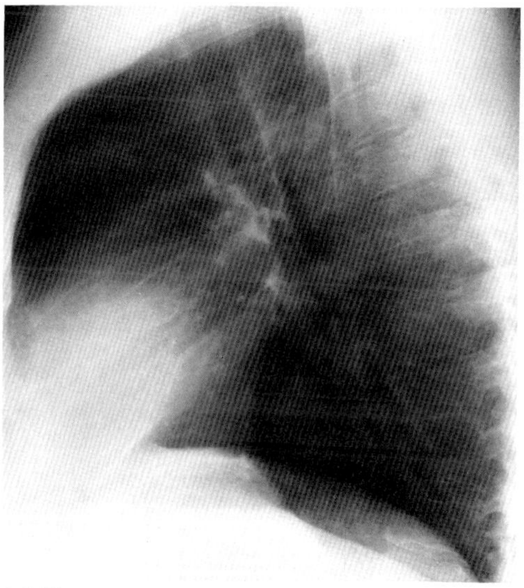

1.**34b**

Tabelle 1.9 Vorspringen oder Fehlposition der Aorta ascendens und/oder des Aortenbogens

Krankheit	Radiographischer Befund	Kommentar
Atherosklerose Hypertonikerherz	1. Mäßige Dilatation der Aorta, eventuell mit Intimaverkalkung. 2. Mäßiges Vorspringen der Aorta ascendens, die als Vorwölbung oberhalb des rechten Herzrands sichtbar sird.	Eine geringgradige Elongation und Sklerose der Aorta gilt im höheren Alter als physiologisch. Durch Abknickung einer elongierten Aorta in der Gegend des Lig. arteriosum kann eine ähnliche Konfiguration wie bei *angeborener Pseudokoarktation* entstehen oder ein Aortenaneurysma vorgetäuscht werden.
Aneurysma der Aorta oder der Sinus aortae (Valsalvae) (Abb. 1.35, 1.36)	Aortenaneurysma: 1. Scharf begrenzte sakkuläre oder fusiforme Verschattung von homogener Dichte. 2. Bogenförmige Verkalkung in der Außenwand des Aneurysmas. 3. Dilatation der Aorta.	Zu den Krankheiten, die mit einem Aneurysma der Aorta ascendens oder des Aortenbogens in Zusammenhang stehen können, gehören: *Atherosklerose, zystische Medianekrose, Syphilis, Trauma, Pilzinfektion.* Bei der syphilitischen Aorteninsuffizienz ist die Aorta ascendens gewöhnlich dilatiert und verkalkt, während die *rheumatisch bedingte Aorteninsuffizienz* keine Verkalkung der Aortenwand und eine geringere Dilatation verursacht. Eine Dilatation der Aorta ascendens und Verschlußkrankheit mehrerer großer Aortenäste bei jüngeren Frauen spricht für *Takayasu-Arteriitis. Traumatische Aneurysmen* treten meist unmittelbar distal vom Abgang der linken A. subclavia auf (sogar Wochen oder Jahre nach einem stumpfen Trauma).
	Aneurysma des Sinus Valsalvae: 1. Kleine Aneurysmen sind intrakardial und auf Nativaufnahmen nicht erkennbar. 2. Große Aneurysmen verursachen eine glatte Vorwölbung am rechten Herzrand, selten in der linken suprakardialen Region. 3. Eine bogenförmige Verkalkung ist bei erworbenen Aneurysmen häufig. 4. Akute Zeichen eines Links-rechts-Shunts können eine Ruptur anzeigen.	*Angeborene* Aneurysmen sind gewöhnlich klein und symptomlos. Große symmetrische Aneurysmen kommen bei *zystischer Medianekrose* mit oder ohne Marfan-Syndrom vor. Erworbene Aneurysmen sind meist asymmetrisch und verkalken. Sie sind Folge einer *Syphilis, Atherosklerose* oder (selten) einer *nichtsyphilitischen Infektion.* Eine häufige Komplikation ist eine Aorteninsuffizienz.
Aneurysma dissecans der Aorta ascendens (Abb. 1.37)	1. Fortschreitende Verbreiterung des Aortenschattens. 2. Vergrößerter Abstand (mehr als 4 mm) zwischen äußerer Aortenwand und präexistenten Intimaverkalkungen, die das ursprüngliche Gefäßlumen von der Dissektion trennen.	Zu den prädisponierenden Faktoren für ein Aneurysma dissecans gehören: *Atherosklerose, Hypertonie, zystische Medianekrose (einschließlich Marfan-Syndrom), Aortenstenose, Koarktation oder Trauma; Ehler-Danlos-Syndrom (Cutis laxa).*

Fortsetzung auf Seite 32

Abb. 1.**35 a, b** **Syphilitisches Aneurysma der Aorta ascendens.** Der Durchmesser der Aorta ascendens wird durch Verkalkungen gut erkennbar (Pfeilspitzen). Oberhalb des rechten Herzrands tritt eine Vorwölbung hervor. Es besteht auch eine Vergrößerung des linken Ventrikels. ▶

Abb. 1.**36 a, b** **Aneurysma des Sinus Valsalvae und Aorteninsuffizienz bei Marfan-Syndrom. a** Große, glatte Vorwölbung oberhalb des rechten Herzrands und **b** hinter dem Sternum. Es besteht auch eine Vergrößerung des linken Ventrikels. ▶

Abb. 1.**37 a, b** **Aneurysma dissecans der Aorta** im Bereich des Aortenbogens. Es ist eine zunehmende Verbreiterung des Aortenschattens von der Aufnahme **a** zur Aufnahme **b**, die im Abstand von zwei Wochen gemacht wurden, zu beobachten. Intimaverkalkungen sind nicht vorhanden (39jähriger Patient). ▶

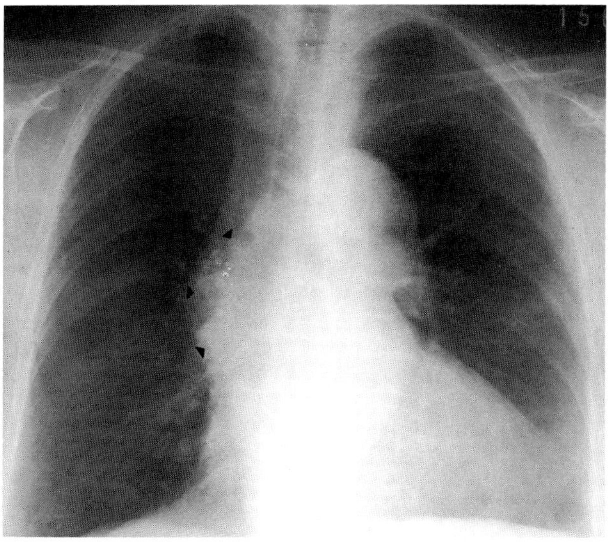

1.**35a**

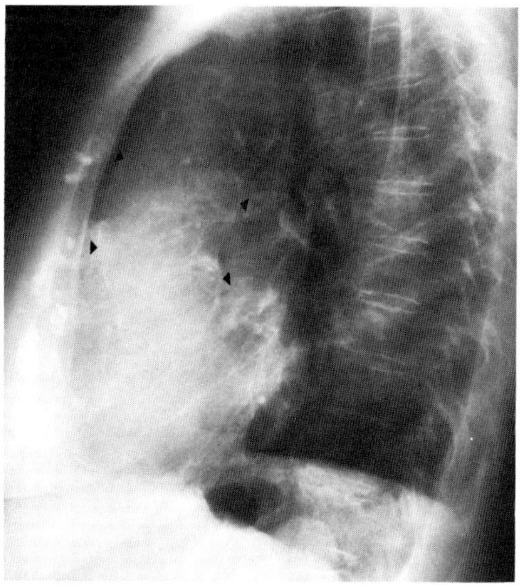

1.**35b**

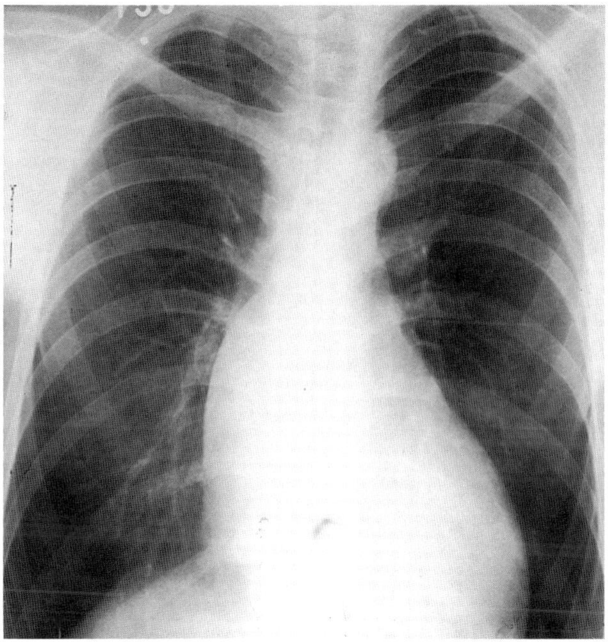

1.**36a**

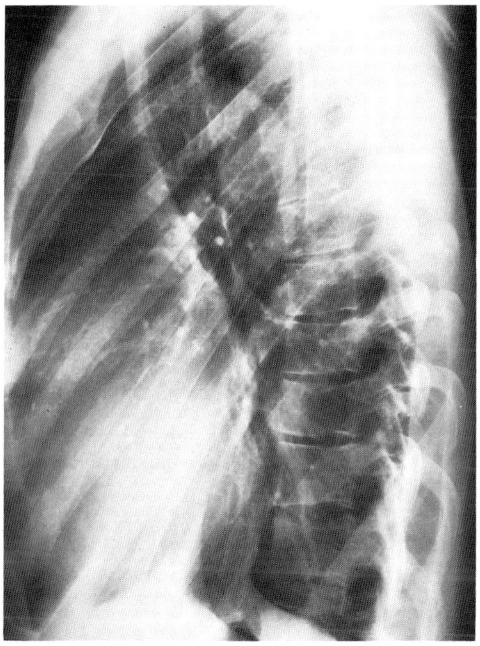

1.**36b**

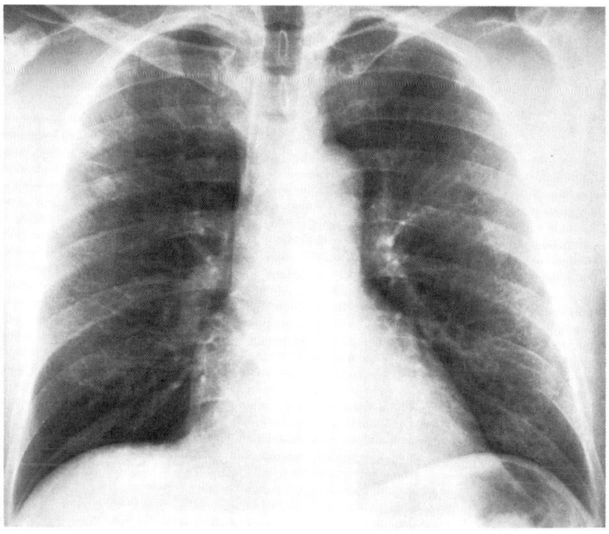

1.**37a**

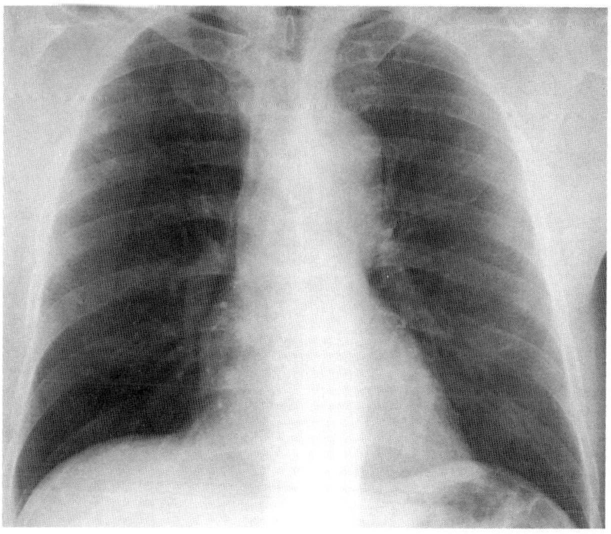

1.**37b**

Tabelle 1.9 Vorspringen oder Fehlposition der Aorta ascendens und/oder des Aortenbogens (Fortsetzung)

Krankheit	Radiographischer Befund	Kommentar
Aortenklappenstenose (angeboren oder erworben) (Abb. 1.38)	1. Geringe oder keine Herzvergrößerung, aber der linke Herzrand kann eine konvexe Wölbung aufweisen. 2. Poststenotische Dilatation der Aorta ascendens, während der Aortenknopf normal oder klein ist. 3. Verkalkungen der krankhaft veränderten Aortenklappe nehmen mit steigendem Alter zu, bleiben aber eventuell auf Hartstrahlaufnahmen unentdeckt. 4. Eine Dilatation des linken Ventrikels findet sich erst spät, oft folgt ihr eine Stauungsherzinsuffizienz.	Die angeborene valvuläre Stenose findet sich gewöhnlich bei bikuspidalen Klappen. Die radiographischen Veränderungen sind gleichartig wie bei der erworbenen Stenose. Die erworbene Aortenstenose entwickelt sich gewöhnlich auf rheumatischer Basis und geht oft mit dem Befall anderer Klappen, besonders der Mitralklappe, einher. Eine Aortenstenose kann sich auch auf atherosklerotischer Basis entwickeln, meist handelt es sich aber um eine Kombination von Stenose und Insuffizienz (s. Tab. 1.**5**, S. 14).
Aorteninsuffizienz	Siehe Tab. 1.**5**, S. 12.	
Coarctatio aortae (Abb. 1.39–1.41)	1. Dilatierte oder vorspringende Aorta ascendens. 2. Das verengte Segment erscheint als Einkerbung in der Kontur der Aorta descendens gleich unter dem Aortenknopf. 3. Die dilatierte linke A. subclavia erzeugt häufig eine Vorwölbung oberhalb des Aortenknopfs. 4. Durch die poststenotische Dilatation unmittelbar unterhalb des verengten Segments kann die Aorta descendens die Form einer „3" annehmen. 5. Dilatierte Aa. thoracicae internae können auf dem Seitenbild als weichteildichte Schatten sichtbar werden. 6. Selten stärkere Herzvergrößerung, die gewöhnlich den linken Ventrikel betrifft.	Einkerbungen am unteren Rand der Rippen (3 bis 9) sind der häufigste charakteristische Befund bei über 6 Jahre alten Patienten.
Angeborene Pseudocoarctatio aortae	Zwei Vorwölbungen in der Gegend des Aortenknopfs, die eine Koarktation vortäuschen, wobei andere für eine Koarktation typische Veränderungen fehlen.	Buckel- oder Knickbildung des Aortenbogens in der Gegend des Lig. arteriosum ohne Obstruktion oder hämodynamische Störung. Asymptomatisch, wenn keine anderen Anomalien existieren.

Fortsetzung auf Seite 34

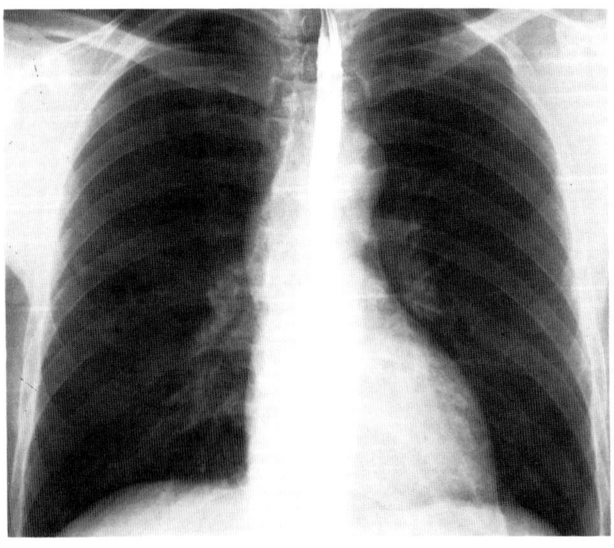

a

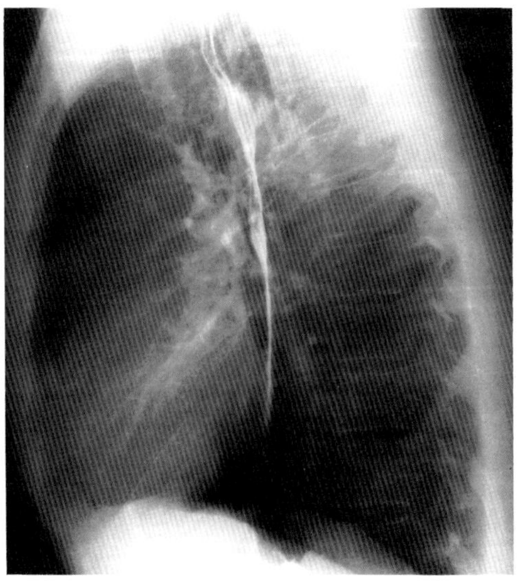

b

Abb. 1.**38 a, b** **Aortenklappenstenose** rheumatischen Ursprungs, 32jähriger Patient. Die Herzgröße ist normal, aber die Aorta ascendens ist in der p.-a. Projektion in Anbetracht des Alters des Patienten zu breit.

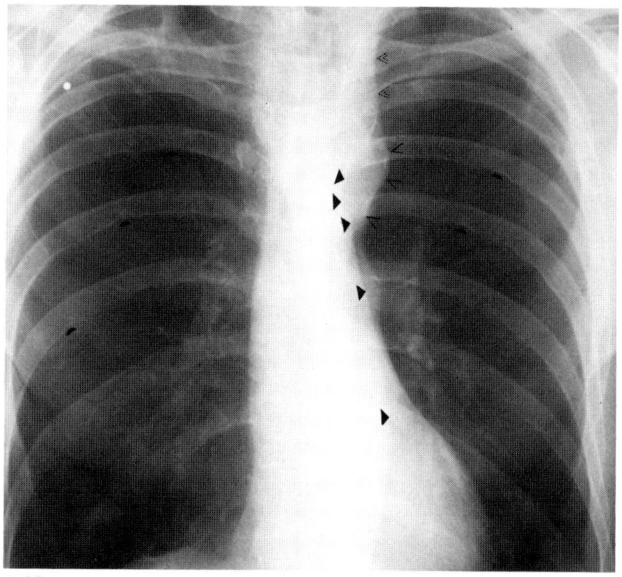

1.**39a**

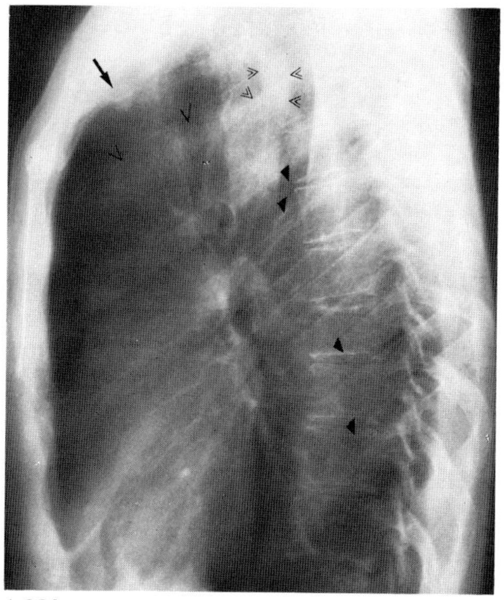

1.**39b**

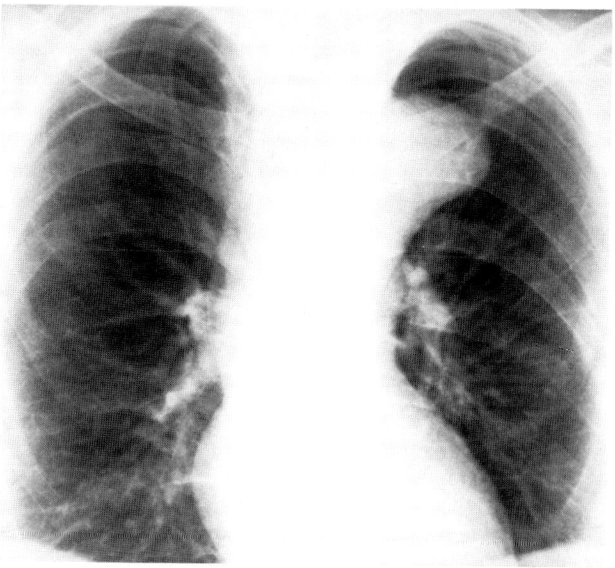

1.40a

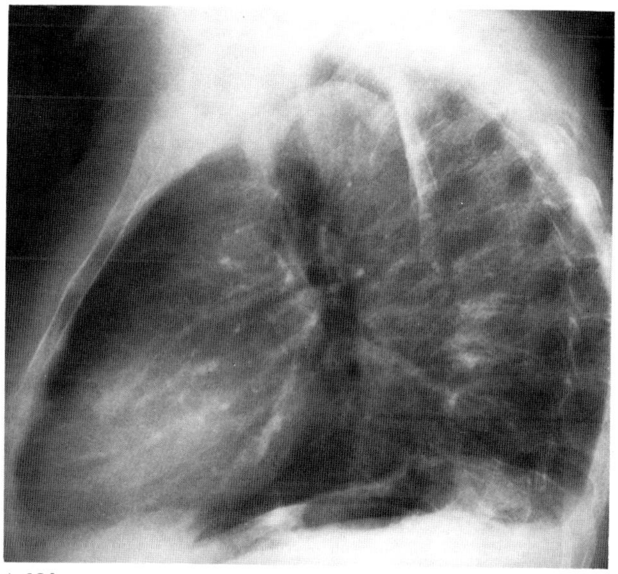

1.**40b**

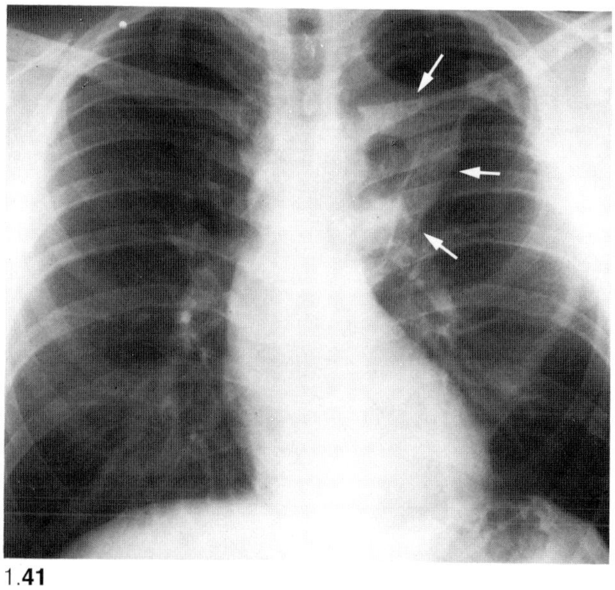

1.**41**

Abb. 1.**39a, b** **Coarctatio aortae,** 59jähriger Patient. Der Aortenknopf (△ △) springt vor. Die Einengung der proximalen Aorta descendens ist auf Nativaufnahmen sichtbar (▲ ▲). Die Dilatation der linken A. subclavia (⩓ ⩓) und die Rippenkerben (- -) sind charakteristisch. Das p.-a. Bild zeigt keine Kontinuität der Aortenkontur zwischen den Segmenten vor und hinter der Einengung. Auf dem Seitenbild sieht man die dilatierte A. thoracica interna (Pfeil) hinter dem Manubrium.

Abb. 1.**40a, b** **Poststenotische Dilatation der Aorta in einem Fall von Coarctatio aortae und Turner-Syndrom** (43 Jahre). Außerdem Verknöcherung der manubriosternalen Verbindung und Trichterbrust.

Abb. 1.**41** **Coarctatio aortae, nach Operation.** Der Prothesenteil ist als weite Schleife, die jedoch normalen Durchmesser hat, sichtbar (Pfeile).

Tabelle 1.9 Vorspringen oder Fehlposition der Aorta ascendens und/oder des Aortenbogens (Fortsetzung)

Krankheit	Radiographischer Befund	Kommentar
Trikuspidalatresie ohne Transposition der großen Gefäße und Truncus arteriosus	Eine Aortenvergrößerung gehört zum Bild dieser seltenen angeborenen Anomalien.	Siehe Tab. 1.**7**, S. 24.
Malformationen des Aortenbogens (Abb. 1.42)	Es kommen mehrere Typen vor: 1. Rechtsläufiger Aortenbogen mit spiegelbildlichem Abgang der Hauptäste. 2. Rechtsläufiger Aortenbogen mit aberranter linker A. subclavia und persistierendem linkem Lig. arteriosum. 3. Anomale rechte A. subclavia. 4. Doppelter Aortenbogen (links, rechts und dorsale Indentation des Ösophagus).	Eine anomale rechte A. subclavia ist die häufigste Fehlbildung. Zu einer *dorsalen Indentation des Ösophagus* kommt es bei allen Formen, außer beim rechtsläufigen Aortenbogen mit spiegelbildlichen Ästen. In diesem Fall liegt die Aorta *ventral von Ösophagus* und Trachea. Fast immer besteht dabei ein angeborener Herzfehler mit Zyanose (Fallot-Tetralogie, Truncus arteriosus, Transposition der großen Gefäße).
Korrigierte Transposition der großen Gefäße	Vertauschte Position der großen Gefäße und vertauschte Funktion der Ventrikel. Eine glatte Vorwölbung am oberen linken Herzrand stammt von der linksseitigen Aorta ascendens.	Eine unkomplizierte korrigierte Transposition ist sehr selten. Zu den Begleitdefekten gehören Ventrikelseptumdefekt, Einzelventrikel oder Pulmonalstenose. Sie modifizieren das radiographische Bild.

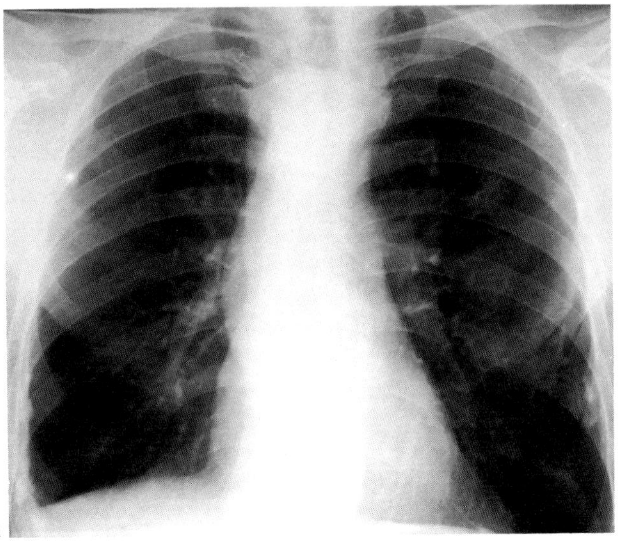

a

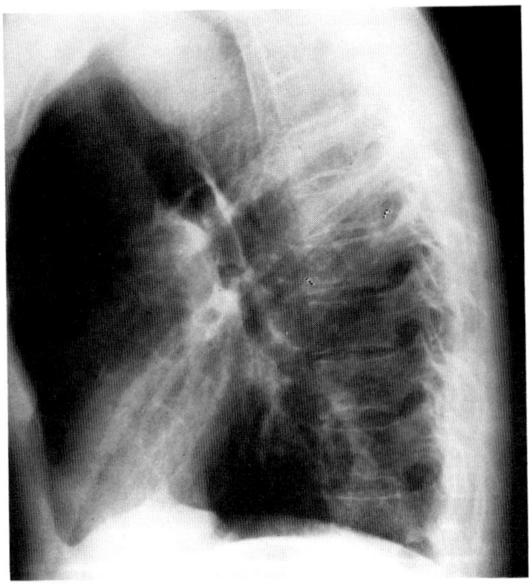

b

Abb. 1.**42 a, b** **Rechtsläufiger Aortenbogen.** Die Aorta zieht hinter dem Ösophagus vorbei und ist als runde Verschattung im oberen Mediastinum sichtbar. Es ist keine begleitende Herzanomalie vorhanden. Ein Nebenbefund sind ausgedehnte Pleuraverkalkungen (Asbestose).

Tabelle 1.10 Dilatation des Pulmonalissegments

Krankheit	Radiographischer Befund	Kommentar
„Idiopathisch" (keine Krankheit)	Konvexität oder mäßiges Vorspringen des Truncus-pulmonalis-Segments („Pulmonalisbogens") ohne pathologische Veränderung.	Physiologische Erscheinung bei jungen Menschen, die persistieren kann. Bei Trichterbrust bedingt die Rotation des Herzens ein relatives Vorspringen des Pulmonalissegments. Auf Aufnahmen in betonter Lordose und in Schrägprojektion erscheint das Pulmonalissegment vorspringend.
Gravidität **Herz mit großem Minutenvolumen** **Stauungsherzinsuffizienz**	Mäßig vergrößertes Pulmonalissegment, bedingt durch den vermehrten Blutdurchfluß oder das vergrößerte Blutvolumen im Lungenkreislauf.	Siehe Tab. 1.**5**, S. 14.
Cor pulmonale und pulmonale arterielle Hypertonie (Abb. 1.43)	1. Starke Füllung und vermehrte Konvexität des Pulmonalissegments. 2. Deutliches Hervortreten der Pulmonalishauptäste. 3. Es kann eine abrupte Kaliberreduktion der peripheren Pulmonalarterienäste vorkommen, die eine pulmonale Hypertonie anzeigt. 4. Normale Herzgröße, später Vergrößerung des rechten Ventrikels. 5. Wenn eine Rechtsinsuffizienz hinzukommt, tritt eine weitere Dilatation des Herzens und der V. cava superior auf, zugleich eventuell Flüssigkeit im Pleuraraum.	Ein Cor pulmonale kann sich sekundär bei verschiedenen Krankheiten entwickeln. 1. Diffuse Lungenerkrankungen: *chronisches Obstruktionsemphysem, interstitielle Fibrose aus verschiedenen Ursachen.* 2. Diffuse Erkrankungen der Lungenarterien: *pulmonale Thromboembolie* (z. B. rezidivierende Embolie, Sichelzellenanämie), *Arteriitis* (z. B. Panarteriitis nodosa, Wegener-Granulomatose, Schistosomiasis), *primäre pulmonale Hypertonie.* 3. Chronische Herzleiden: *Insuffizienz des linken Ventrikels, Mitralklappenfehler, Links-rechts-Shunt.* 4. Extrapulmonale Ursachen einer Hypoventilation *(Kyphoskoliose, Adipositas, neuromuskuläre Störungen, Spondylitis ankylosans).*
Lungenembolie oder -thrombose	Mitunter ist eine starke Füllung des Pulmonalissegments mit oder ohne Dilatation des rechten Ventrikels bei Lungenembolie oder -infarkt vorhanden. In den meisten Fällen sieht das Herz normal aus.	Auf Serienaufnahmen sind Veränderungen im Pulmonalissegment häufiger zu beobachten.

Fortsetzung auf Seite 36

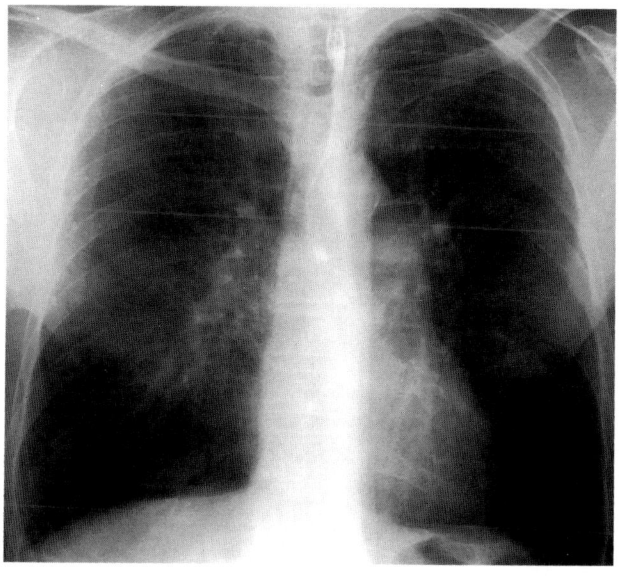
a

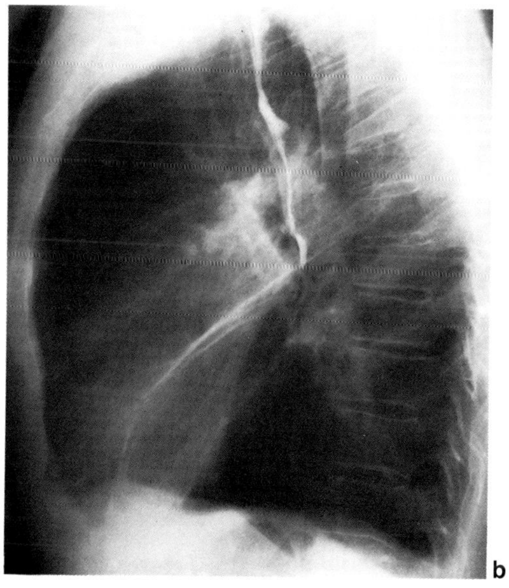
b

Abb. 1.**43 a, b** **Cor pulmonale.** Breites Pulmonalissegment und weite Hauptäste. Enge periphere Lungenarterien. Schweres chronisches Obstruktionsemphysem. Die Herzgröße ist im übrigen normal, doch der rechte Ventrikel ist betont. Außerdem besteht eine Atelektase im linken Unterlappen.

Tabelle 1.10 Dilatation des Pulmonalissegments (Fortsetzung)

Krankheit	Radiographischer Befund	Kommentar
Vorhofseptumdefekt (Abb. 1.44)	Von der Größe des Defekts ist die Blutmenge abhängig, die in den Lungenkreislauf umgeleitet wird. 1. Vergrößerung des Pulmonalissegments und der Pulmonalarterienäste. 2. Dilatation des rechten Ventrikels und des rechten Vorhofs. 3. Der Aortenknopf ist relativ klein. 4. Der linke Vorhof und Ventrikel sind normal.	Der häufigste Defekttyp ist der sog. Ostium-secundum-Defekt im Bereich der Fossa ovalis. Der seltenere Ostium-primum-Defekt liegt direkt oberhalb der Mitralklappe und kann mit Anomalien der Mitral- und Trikuspidalklappe und einem Ventrikelseptumdefekt verbunden sein *(Atrioventrikularseptumdefekt, Endokardkissendefekt, Canalis atrioventricularis communis)*. Dieser Defekt findet sich am häufigsten in Verbindung mit dem *Down-Syndrom* (Mongolismus). Ein Defekt oberhalb der Fossa ovalis ist selten, geht aber oft mit einer rechtsseitigen *Fehlmündung der Lungenvenen* einher (s. S. 38). Eine abrupte Verengung der peripheren Lungenarterien bei weiten zentralen Arterien einschließlich einer fast aneurysmatischen Dilatation des Truncus pulmonalis ist charakteristisch für die *pulmonale Hypertonie (Eisenmenger-Reaktion)*, die u. U. sogar zur Umkehr des Shunts führt.
Ventrikelseptumdefekt (Abb. 1.45)	1. Vorspringendes Pulmonalissegment. 2. Verstärkte Lungengefäßzeichnung. 3. Vergrößerter linker Vorhof und Ventrikel. 4. Kleiner Aortenknopf. 5. Der rechte Ventrikel kann vergrößert sein. Je größer der Shunt, um so größer der linke Vorhof und der linke Ventrikel und um so kleiner der Aortenknopf.	Häufigster angeborener Herzfehler. Größe und Lokalisation des Defekts sind ausschlaggebend für seinen hämodynamischen Effekt. Ein tiefer muskulärer Defekt ist gewöhnlich klein und selten klinisch bedeutsam. Ein hoher Ventrikelseptumdefekt nahe der Aortenklappe hat anatomisch und funktionell ein Reiten der Aorta zur Folge. Der vermehrte Einstrom in den rechten Ventrikel in dieser Situation verursacht eine Vergrößerung des rechten Ventrikels und Erweiterung der Pulmonalarterie. Wenn sich eine pulmonale Hypertonie entwikkelt, nimmt die Vergrößerung des rechten Ventrikels zu, aber der linke Ventrikel kann kleiner erscheinen. Ein hoch im Ventrikelseptum sitzender Defekt kann zu einem Prolaps der nichtkoronaren Semilunarklappe mit resultierender Aorteninsuffizienz und Dilatation der Aorta ascendens führen.
Offener Ductus arteriosus (Abb. 1.46) *Fortsetzung auf Seite 38*	Die radiographischen Veränderungen sind abhängig vom Alter des Patienten und vom Volumen des Shuntstroms: 1. Das Pulmonalissegment und die zentralen Pulmonalarterien sind erweitert. Oft ist der rechte Hilusschatten größer als der linke. 2. Die Lungengefäßzeichnung ist verstärkt. 3. Linker Vorhof und Ventrikel sind vergrößert und bewirken eine mäßige Herzvergrößerung. 4. Eine Erweiterung der Aorta proximal vom Shunt kann vorkommen. Eine konvexe Vorwölbung unterhalt des Aortenknopfs repräsentiert den Abgang des Duktus. Dieses „Infundibulumzeichen" ist bei einem Drittel der Patienten vorhanden.	Wenn der Ductus arteriosus mehr als 3 Monate nach der Geburt noch nicht geschlossen ist, spricht man von einem offenen Ductus arteriosus. Er ist der häufigste extrakardiale Links-rechts-Shunt. Eine verstärkte Lungengefäßzeichnung und ein großer Aortenknopf bei einem jungen Patienten sind ein typisches radiographisches Erscheinungsbild des offenen Ductus arteriosus. Der Duktus kann verkalken. Beim seltenen *aortopulmonalen Fenster* befindet sich der Shunt in der Aorta ascendens, und der Aortenknopf vergrößert sich nicht. Eine pulmonale Hypertonie ist eine häufige Spätkomplikation eines unbehandelten offenen Ductus arteriosus.

Abb. 1.**44 a, b** **Vorhofseptumdefekt,** Alter 24 Jahre. Großes Pulmonalissegment und weite Pulmonalarterienäste. Der dilatierte rechte Ventrikel bildet eine Ausladung des vorderen Herzrands. ▶

Abb. 1.**45 a, b** **Ventrikelseptumdefekt. a** Vorspringen des Pulmonalissegment, verstärkte Lungengefäßzeichnung, kleine Aorta und minimale Vergrößerung des linken Ventrikels. 20jähriger Patient. **b** 40jähriger Patient. Enorm dilatiertes Pulmonalissegment, großer linker Ventrikel, pulmonale arterielle Hypertonie (weite, aber rasch enger werdende Lungenarterien). ▶

Abb. 1.**46 a, b** **Offener Ductus arteriosus,** 40jähriger Patient mit pulmonaler Hypertonie. Das Pulmonalissegment und der Schatten des rechten Hilus sind sehr groß. Der kleinere linke Hilus ist durch das weite Pulmonalissegment hindurch sichtbar. Das linke Herz ist nur wenig vergrößert. ▶

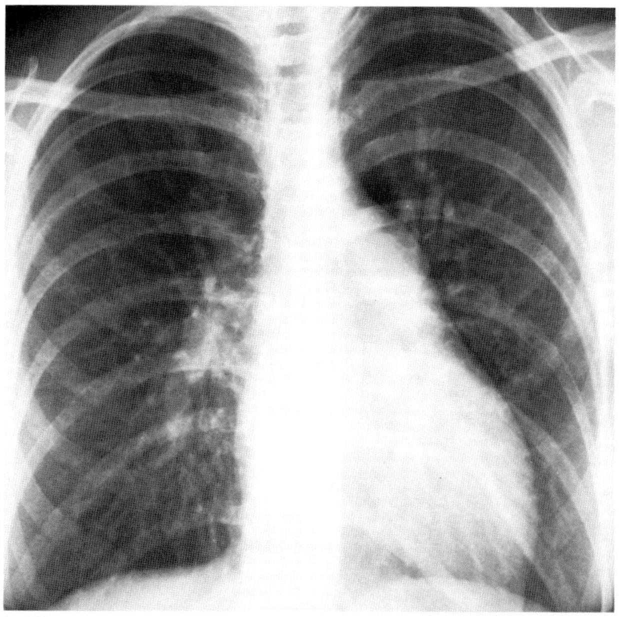

1.**44a**

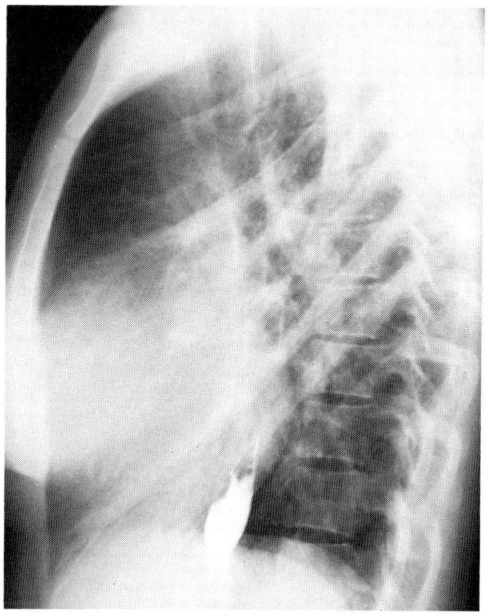

1.**44b**

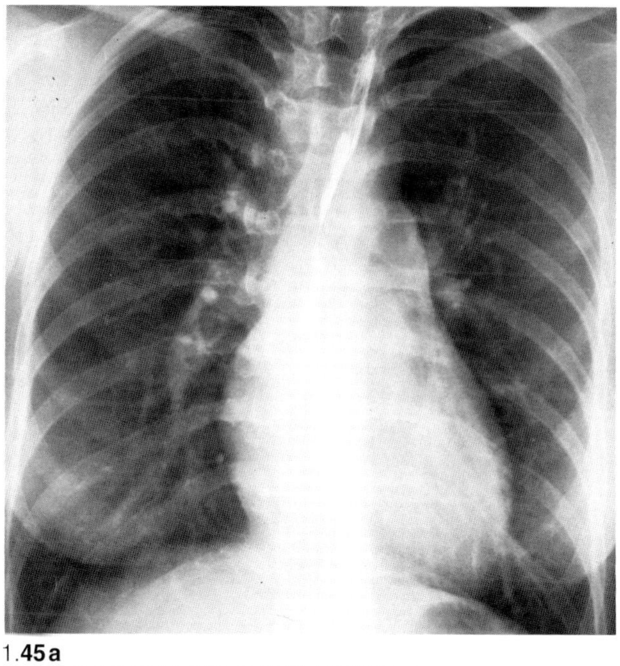

1.**45a**

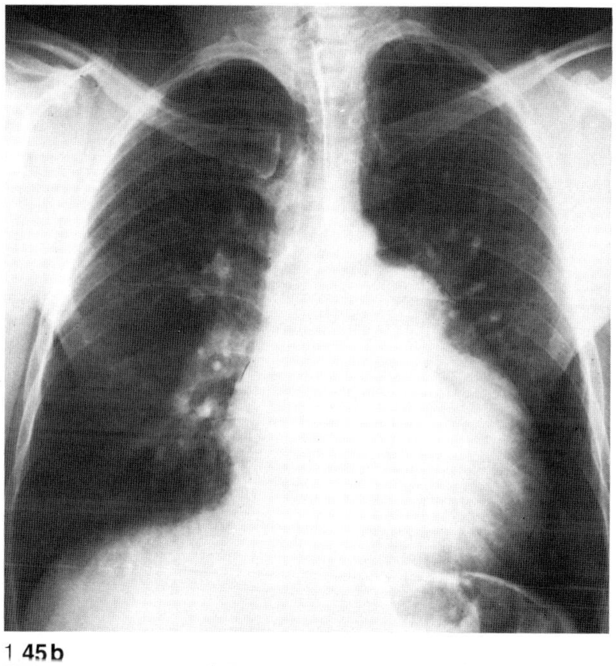

1.**45b**

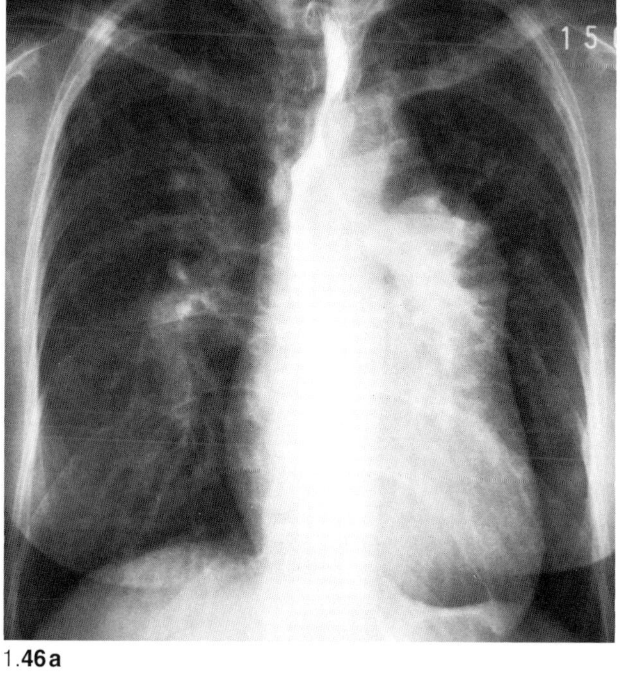

1.**46a**

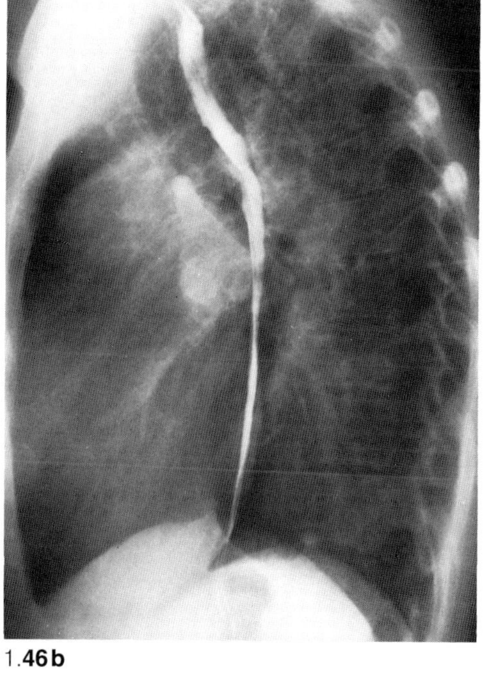

1.**46b**

Tabelle 1.10 Dilatation des Pulmonalissegments (Fortsetzung)

Krankheit	Radiographischer Befund	Kommentar
Komplette Fehlmündung der Lungenvenen (Abb. 1.47)	Nichtobstruktive komplette Fehlmündung der Lungenvenen 1. Wenn die Lungenvenen direkt in den rechten Vorhof münden, kann das Nativbild identisch mit dem des Vorhofseptumdefekts sein. 2. Wenn eine persistierende V. cava sinistra oder eine V. verticalis vorhanden ist, zeigen Herz und Mediastinum die Figur einer „8" oder eines „Schneemanns". 3. Die hypoplastische Aorta und die erweiterte Pulmonalis bilden eine schelfartige Verschattung, die die linken anomalen Venen überlagert. 4. Rechter Vorhof und Ventrikel sind dilatiert, das linke Herz ist hypoplastisch.	Das gesamte venöse Blut gelangt in den rechten Vorhof, entweder direkt oder durch eine Körpervene (V. Cava superior oder inferior, V. portae). Unter diesen Verhältnissen ist ein Vorhofseptumdefekt eine lebensrettende Anomalie. Damit ist ein kombinierter Links-rechts- und Rechts-links-Shunt gegeben. Eine Obstruktion der Lungenvene (z. B. Drainage zur V. portae) geht mit venöser Lungenstauung bei normaler Herzgröße einher.
Partielle Fehlmündung der Lungenvenen (Abb. 1.32, S. 27)	Das Thoraxröntgenbild zeigt eventuell keine Anomalie. Es kann eine verstärkte Lungengefäßzeichnung, eine Vergrößerung des rechten Herzens und ein anomales Gefäß, das an der rechten Seite des Herzens herunterzieht, vorhanden sein.	Die partielle Fehlmündung der Lungenvenen ist häufiger als die totale und meist symptomlos.
Isolierte Pulmonalstenose (s. auch Koarktation der Pulmonalarterien, S. 39) (Abb. 1.48)	In der Mehrzahl der Fälle ist der Thoraxbefund, abgesehen vom Vorspringen des Truncus pulmonalis, vollkommen normal. Die linke A. pulmonalis ist oft stärker erweitert als die rechte.	Eine Pulmonalstenose kann bei *Masern-Syndrom* (transplazentare Infektion), *Karzinoidsyndrom* oder *rheumatischer Herzerkrankung* vorkommen. Die angeborene valvuläre Pulmonalstenose ist eine relativ häufige Anomalie. Die poststenotische Erweiterung des Truncus-pulmonalis-Segments fehlt bei der weniger häufigen *infundibulären* Pulmonalstenose (5% der Pulmonalstenosen).

Fortsetzung auf Seite 39

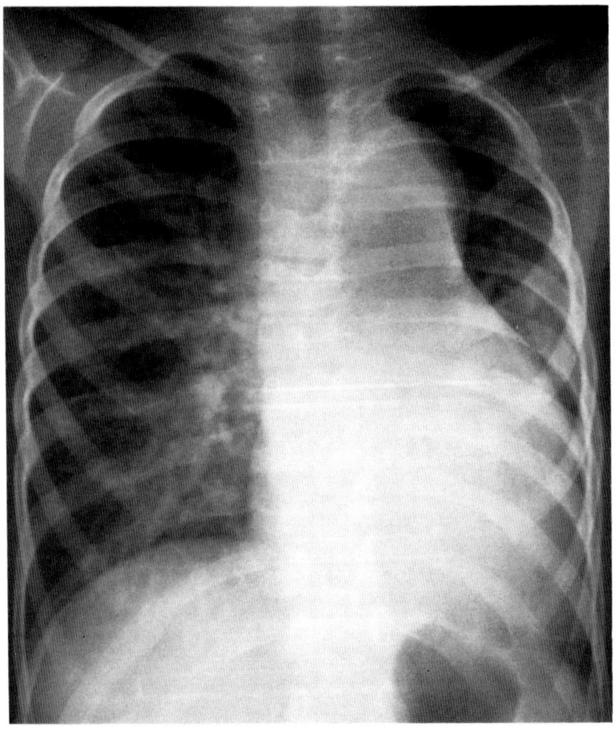

Abb. 1.**47** **Komplette Fehlmündung der Lungenvenen** mit persistierender linker V. cava, die eine „Schneemann"-Figur erzeugt. Verstärkte Lungengefäßzeichnung.

Tabelle 1.10 Dilatation des Pulmonalissegments (Fortsetzung)

Krankheit	Radiographischer Befund	Kommentar
Pulmonalstenose mit Vorhofseptumdefekt (Fallot-Trilogie)	Vorspringendes Pulmonalissegment in Verbindung mit Unterdurchblutung der Lunge. Das ist ein wichtiges Zeichen für die Unterscheidung der Fallot-Trilogie von der Fallot-Tetralogie, dem Pseudotruncus arteriosus und der Trikuspidalatresie. Durch sekundäre Trikuspidalinsuffizienz bei Vergrößerung des rechten Ventikels kann es zu einer Vergrößerung des rechten Vorhofs kommen. Eine Pulmonalklappenverkalkung ist selten zu beobachten.	In den meisten Fällen von Pulmonalstenose besteht ein offenes Foramen ovale, seltener ein echter Vorhofseptumdefekt. Eine Pulmonalstenose in Verbindung mit einem Ventrikelseptumdefekt wird gewöhnlich als Fallot-Tetralogie bezeichnet, auch wenn die Aorta nicht reiten sollte.
Mitralklappenfehler **Trikuspidalatresie** **Truncus arteriosus (Typ I, gemeinsamer Ursprung von Aorta und Truncus pulmonalis)**	Eine Vergrößerung des Pulmonalissegments kommt bei diesen Zuständen vor.	Diese Herzfehler werden in Tab. 1.**6**, S. 18, und Tab. 1.**7**, S. 24, besprochen.
Angeborene Koronarfistel	Nativaufnahmen zeigen einen unspezifischen Links-rechts-Shunt mit vorspringendem Pulmonalissegment, dilatierten Pulmonalgefäßen und dilatiertem linkem Vorhof. Der Aortenknopf ist normal.	Kommunikation zwischen einer Koronararterie und einer Herzhöhle oder einer Pulmonalarterie. Häufiger ist die rechte Koronararterie betroffen, die meist in das rechte Herz oder den Truncus pulmonalis mündet.
Cor triatriatum sinistrum	Zu den an sich uncharakteristischen Befunden auf Nativaufnahmen gehören: Vorspringendes Pulmonalissegment Breite Hilusgefäße Vergrößerung des rechten Ventrikels Gelegentlich venöse Lungenstauung und selten Vergrößerung des linken Vorhofs.	Eine transversale unvollständige fibromuskuläre Scheidewand teilt den linken Vorhof in zwei Kammern; der hämodynamische Effekt ist ähnlich wie bei einer Mitralstenose. Häufig gleichzeitig offenes Foramen ovale und Vorhofseptumdefekt.

Fortsetzung auf Seite 40

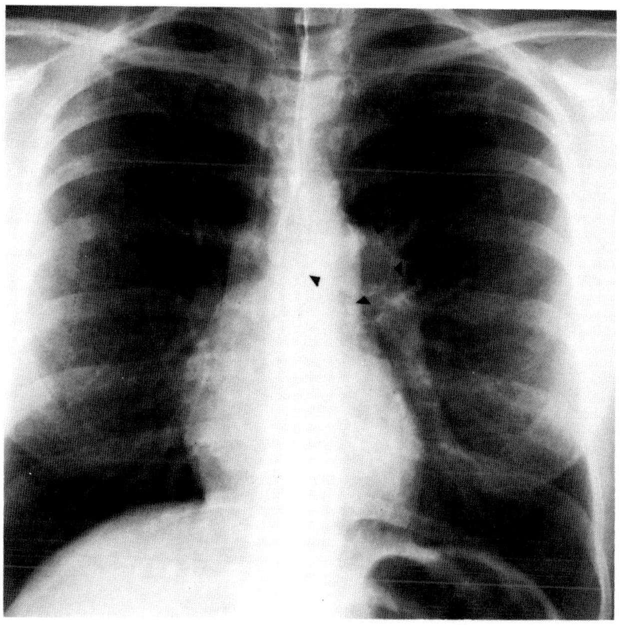
a

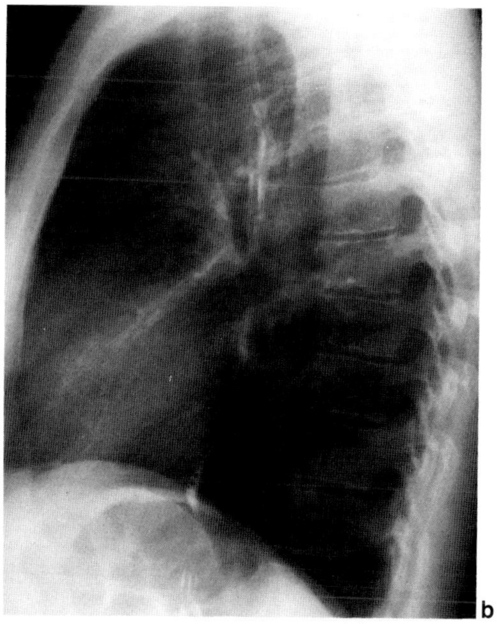
b

Abb. 1.**48** **Isolierte Pulmonalklappenstenose. a** Herzgröße und Lungengefäßzeichnung sind normal, aber der Truncus pulmonalis und sein linker Hauptast sind in der p.-a. Projektion erweitert. **b** Das Seitenbild zeigt nur eine leichte Ausladung des vorderen Herzrands (Hypertrophie des rechten Ventrikels).

Tabelle 1.10 Dilatation des Pulmonalissegments (Fortsetzung)

Krankheit	Radiographischer Befund	Kommentar
Canalis atrioventricularis communis (persistens) (Atrioventrikularseptumdefekt, Endokardkissendefekt)	Herzvergrößerung mit Zeichen, die auf einen unspezifischen Links-rechts-Shunt hinweisen. Bei Erwachsenen entwickelt sich oft ein pulmonale Hypertonie.	Es kommen verschiedene Kombinationen von Ostium-primum-Vorhofseptumdefekt, Spaltbildung in der Mitral- und/oder Trikuspidalklappe und Ventrikelseptumdefekt vor. Eine Pulmonalstenose ist eine häufige Begleitanomalie.
Koarktation der Pulmonalarterien	Die ungewöhnliche Kombination von kleinen Hilusarterien und großen zentralen posthilären Ästen spricht für diese Diagnose. In über der Hälfte der Fälle ist eine begleitende Pulmonalklappenstenose vorhanden.	Seltene Anomalie mit solitären oder multiplen Einengungen in den Pulmonalarterienästen. Unmittelbar distal der Verengung treten die Gefäße aufgrund der poststenotischen Dilatation stärker hervor.

2 Mediastinum- oder Hilusvergrößerung

Das Mediastinum wird als der extrapleurale Raum innerhalb des Thorax, der zwischen den Lungenflügeln liegt, definiert. Die Weichteilstrukturen, die die Ränder des Mediastinums bilden und an die Lunge grenzen, erzeugen gewöhnlich erkennbare Schatten auf Röntgenbildern. Diese Lunge-Mediastinum-Grenzflächen sind Schlüssel zur radiologischen Analyse des Mediastinums. Zur Darstellung der hinter den lateralen Rändern des Mediastinums und dem Herzen liegenden Grenzflächen sind unbedingt Hartstrahlaufnahmen erforderlich. Eine Kontrastfüllung der Speiseröhre kann zusätzlich helfen, die vermutete Läsion abzugrenzen.

Zwar ist die genaue Analyse des Mediastinums auf Nativaufnahmen wohl kein Ersatz für eine Computertomographie bereits bekannter Tumorbildungen, doch ist sie von außerordentlicher Bedeutung für die Entdeckung früher oder nicht vermuteter Veränderungen auf Routinethoraxaufnahme und für die Unterscheidung mediastinaler Erkrankungen von kardialen, perikardialen, pleuralen und pulmonalen.

Nützliche Linien und Zeichen in a.-p. Projektion (Abb. 2.**1**): Die *Paraspinallinie* kann durch Pleuraflüssigkeit, einen paravertebralen Abszeß, eine Blutung von einer Brustwirbelfraktur oder durch extravertebrale Ausbreitung eines Neoplasmas verlagert werden. Je weiter die Aorta, um so breiter ist der Raum zwischen der linken Paraspinallinie und der Wirbelsäule.

Wenn die normale *Paraösophageallinie* und die *hintere Pleuragrenze* sichtbar sind, steht fest, daß keine Weichteile interponiert sind und der Ösophagus nicht erweitert ist.

Eine Verbreiterung der *Paratracheobronchiallinien* (über 2 bis 3 mm) findet sich bei einer Pleuraverdickung oder Flüssigkeitsansammlung im Pleuraraum, bei Mediastinitis oder bei Blutungen. Eine unebene Kontur ist wahrscheinlich durch eine paratracheale Lymphadenopathie oder einen Tumor bedingt. Die normale V. azygos wird als spindelförmige Verdickung der rechten Paratracheobronchiallinie in Höhe der Luftröhrengabelung sichtbar; ihr Querdurchmesser kann sich mit der Körperlage und beim Valsalva-Versuch ändern, was zur Unterscheidung der V. azygos von einem vergrößerten Lymphknoten herangezogen werden kann. In aufrechter Haltung ist sie normalerweise weniger als 1 cm breit. Ein erhöhter Körpervenendruck (Stauungsherzinsuffizienz, akute pulmonale Hypertonie infolge Embolie, konstrik-

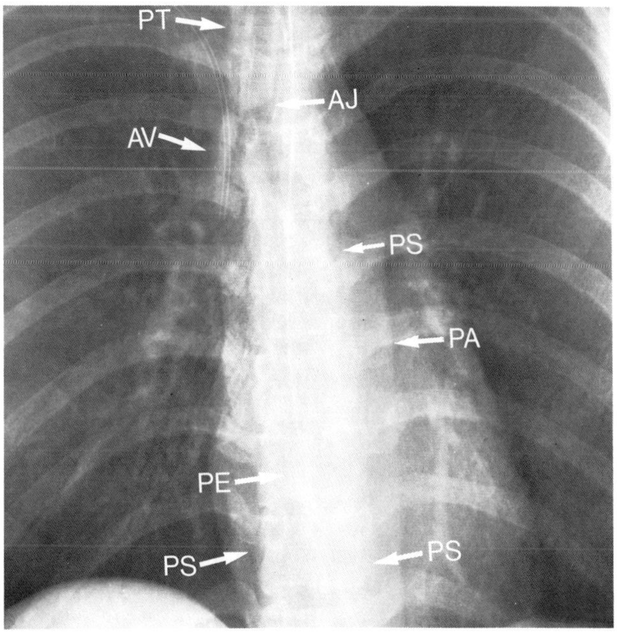

Abb. 2.**1 a** **Mediastinallinien** in der a.-p. Projektion. Die V. cava superior wird durch einen Kavakatheter, die Trachea durch einen Tubus und der Ösophagus durch eine Sonde markiert. PT = Paratracheallinie, AV = V. azygos, AJ = vordere Pleuragrenzlinie, PS = Paraspinallinie, PA = Paraaortallinie, PE = Paraösophageallinie.

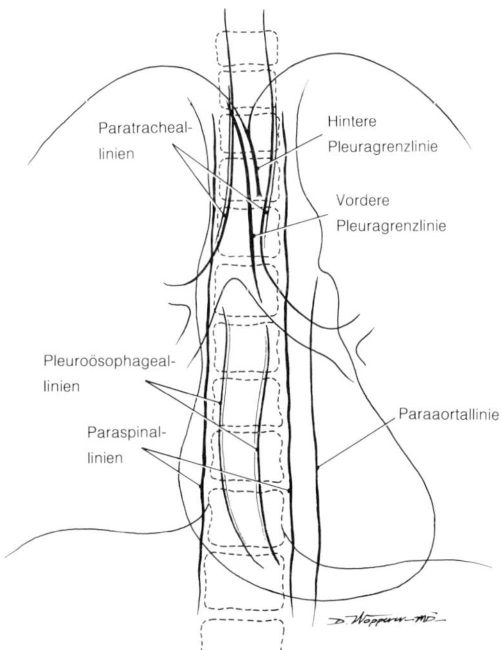

Abb. 2.**1 b** Graphische Darstellung der Mediastinallinien.

tive Perikarditis), eine Pfortaderthrombose, eine aszendierende Thrombose der V. cava oder ein Fehlen des subhepatischen Abschnitts der V. cava können eine Dilatation der V. azygos verursachen.

Die Vorderränder der Oberlappen stoßen direkt hinter dem Manubrium aneinander und bilden die *vordere Pleuragrenzlinie* etwas links von der Mittellinie. Bei Säuglingen und Kleinkindern ist sie wegen der Thymusdrüse nicht sichtbar. An dieser Stelle können sich die erweiterte Aorta, eine Blutung, Adenopathie oder ein Tumor zwischen die Lungenflügel schieben.

Auf der linken Seite ist die Paraösophageallinie nicht immer sichtbar, doch die *Paraaortallinie* geht in die Kontur des Aortenbogens über. Diese Linie ist oft wegen einer Elongation der Aorta gebogen. Eine Unterbrechung kann Ausdruck einer Coarctatio aortae sein (Abb. 1.**39**, S. 33). Eine Koarktation kann auch eine Konvexität der Kontur der linken A. subclavia oberhalb des Aortenknopfs bewirken. Die Winkel zwischen Aorta und A. subclavia sowie die Kerbe zwischen der Aorta und dem oberen Rand der Pulmonalis können durch eine Lymphadenopathie oder einen Tumor ausgefüllt werden. Eine Doppelkontur des Pulmonalissegments ist, wenn sie nicht durch die A. pulmonalis sinistra erklärt wird, wahrscheinlich auf ein Neoplasma zurückzuführen, das gewöhnlich vor der Pulmonalis liegt *(Hilusüberlagerungszeichen,* Abb. 2.**2**).

Zu einer Verbreiterung des ganzen Mediastinums in a.-p. Projektion und einem Verschwinden der normalen mediastinopulmonalen Grenzflächen kommt es besonders bei einer *Hämorrhagie* bzw. *postoperativen Blutung,* aber auch bei ausgedehnter *Neoplasmainfiltration,* mediastinaler *Amyloidose, Fibrose* und *Entzündung.* Da der kraniale Rand des vorderen Mediastinumteils in Schlüsselbeinhöhe liegt, während der hintere Teil weit höher hinauf reicht, muß eine Läsion, die in der Frontalaufnahme deutlich oberhalb der Schlüsselbeine sichtbar ist, vollständig innerhalb des Thorax liegen. Je weiter sich eine Tumorbildung im oberen Mediastinum nach kranial erstreckt und dabei noch sichtbar bleibt, um so dorsaler liegt sie. Eine thorakale Läsion, die in anatomischem Kontakt mit der Halsregion steht oder sich in diese ausbreitet, wird an ihren Seitenrändern oben durch die Halsweichteile verdeckt (*zervikothorakales Zeichen,* Abb. 2.**3**). Thorakoabdominale raumfordernde Veränderungen können durch das Zwerchfell hindurch sichtbar sein, da sie mit den hinteren Partien der Unterlappen in Kontakt stehen. Wenn die unteren Ränder einer solchen Verschattung nicht nach unten konvergieren (*Eisbergzeichen,* Abb. 2.**4**), ist dies ein Zeichen dafür, daß ein erheblicher Teil der Veränderung im Abdomen liegt. Ein Eisbergzeichen findet sich häufig bei thorakoabdominalen *Aneurysmen, ösophagogastrischen Läsionen* und bei *Fortsetzungen der V. cava in die V. azygos.* Auch ein *retroperitonealer* Tumor kann sich in den Thorax ausdehnen und den Paravertebralschatten unten verbreitern.

Bei etwa 9% der Säuglinge und Kleinkinder kann die normale Thymusdrüse einen *Segelschatten* erzeugen, der in der Frontalansicht vom oberen Mediastinum vorspringt (Abb. 2.**5**). Der Segelschatten ist von einer Verdichtung im rechten Oberlappen durch seinen gut abgrenzbaren vertikalen Seitenrand und von einem abgekapselten Pleuraerguß durch seinen spitzen unteren Winkel zu unterscheiden. Die Seitenränder der normalen

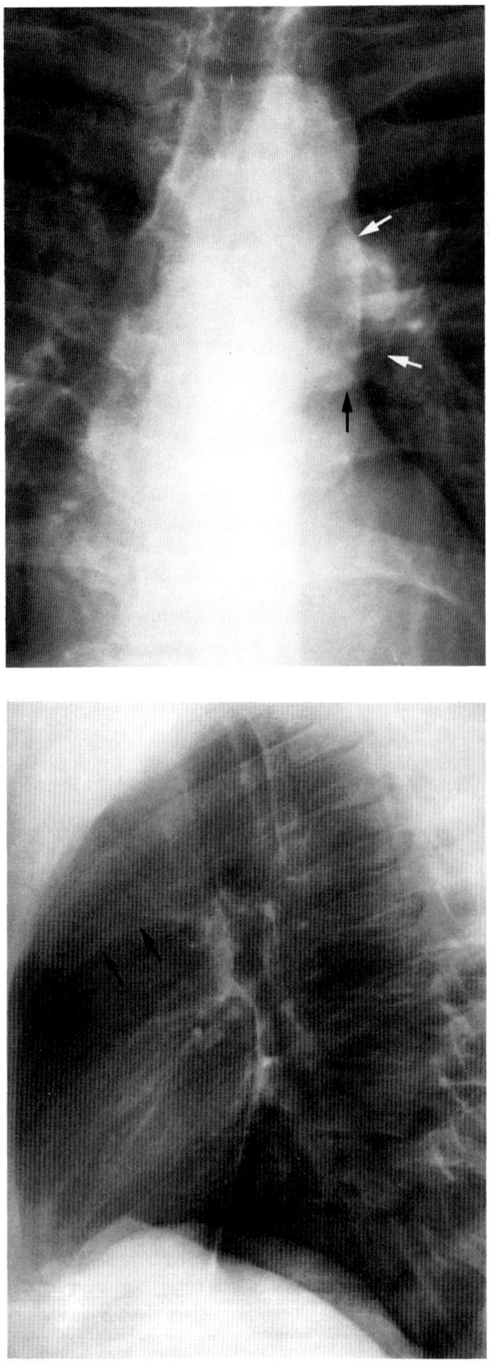

Abb. 2.**2 a, b** **Hilusüberlagerungszeichen.** **a** Doppelkontur des Pulmonalissegments, das vergrößert erscheint (Pfeile). **b** Das Seitenbild zeigt einen Tumor (Lymphom) im vorderen Mediastinum (Pfeil), der sich in der a.-p. Projektion auf den linken Hilus projiziert.

Thymusdrüse können von den anliegenden Rippen eingedellt werden, so daß sich in frontaler Projektion ein leicht welliger Rand ergibt, der bei Thymustumoren und anderen Tumorbildungen im vorderen Mediastinum nicht zu beobachten ist. Beim Säugling kann ein *Pneumomediastinum* die Thymusdrüse vom übrigen Mediastinum trennen und wie ein „Spinnaker" abheben.

Wenn bei einem noch nicht 4 Tage alten Neugeborenen keine Thymusdrüse auf a.-p. oder seitlichen Thoraxaufnahmen sichtbar ist (die retrosternale Zone ist ver-

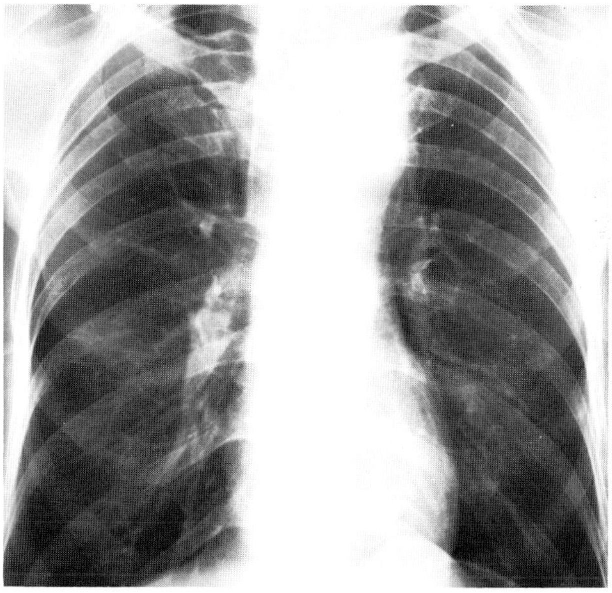

2.**3a**

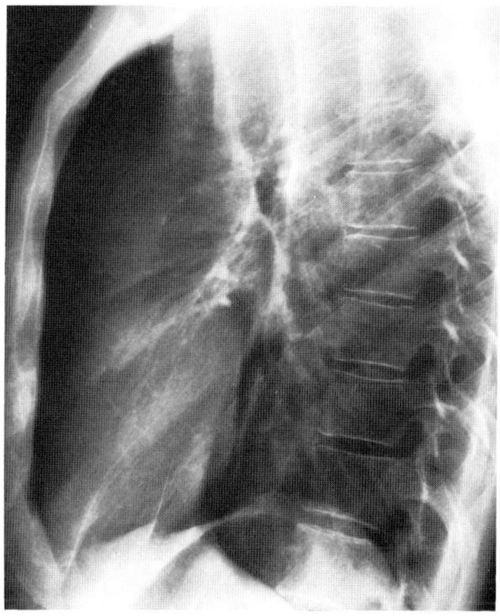

2.**3b**

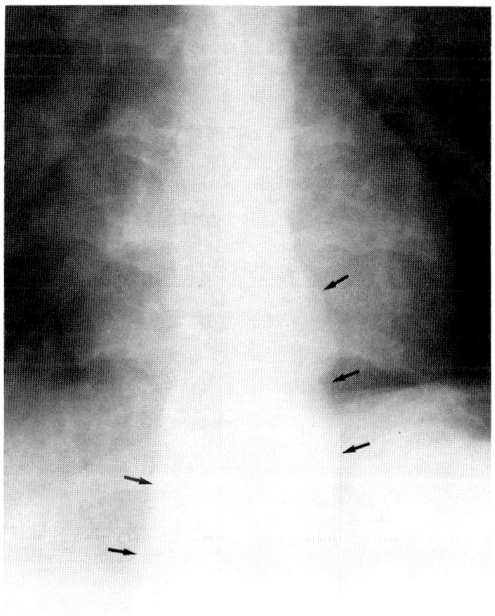

2.**4**

Abb. 2.**3** **Zervikothorakales Zeichen. a** In der frontalen Projektion reicht der Tumor im oberen Mediastinum über die Schlüsselbeine und geht in die Halsweichteile über, ein Zeichen für die dorsale Position des Tumors, die auch das Seitenbild **b** zeigt. Ösophaguskarzinom.

Abb. 2.**4** **Eisbergzeichen.** Mehrbogig begrenzte Verbreiterung der paravertebralen Weichteile (Pfeile), stärker links. Paraaortale Metastasen eines Hodenkarzinoms, die über das Zwerchfell hinaufreichen.

Abb. 2.**5** **Thymussegelschatten. a** Kleines „Segel", das einen scharf begrenzten Rand und spitzen unteren Winkel besitzt (Pfeile). **b** Thymusdrüse, die sich als Tumorbildung im oberen Mediastinum mit spitzem Winkel unten auf der rechten Seite darstellt.

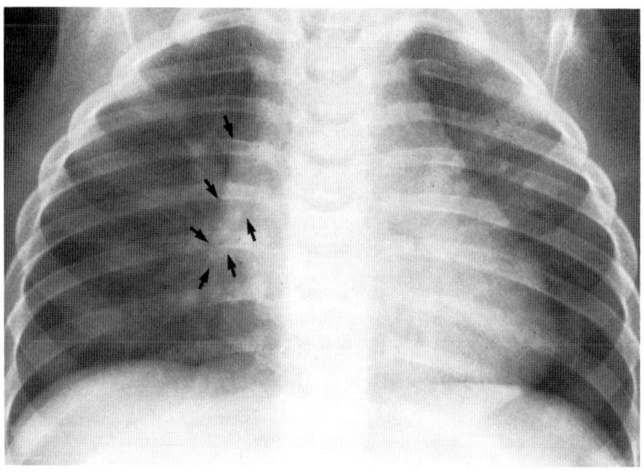

2.**5a**

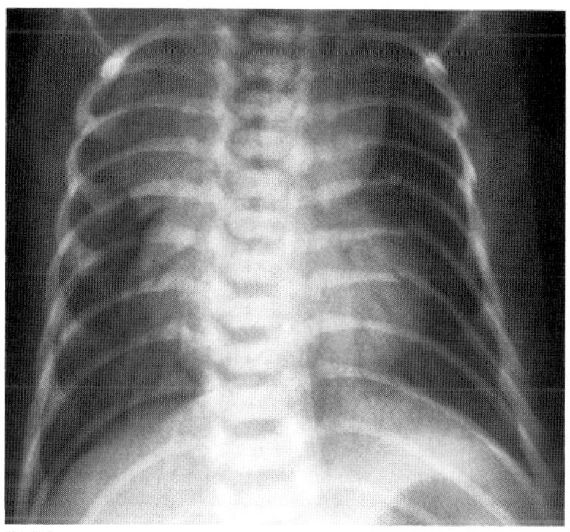

2.**5b**

mehrt strahlendurchlässig, der vordere Rand des Herzens und der großen Gefäße ist gut abgrenzbar, und in der frontalen Projektion ist das Mediastinum schmal), sollte man an eine Thymusaplasie denken. Ein Fehlen der Thymusdrüse und der Epithelkörperchen (Immunschwäche und Tetanie) wird als *DiGeorge-Syndrom* bezeichnet (Abb. 2.**6**). Begleitanomalien können Unterkieferhypoplasie, Ohrdeformierungen und Anomalien des Aortenbogens sein. Eine Thymusaplasie oder -hypoplasie kann auch bei schweren *kombinierten Immunschwächesyndromen* zu beobachten sein.

Auch auf dem Seitenbild hat das Mediastinum charakteristische Konturen (Abb. 2.**7**). Eine Auslöschung der Konturen des Aortenbogens und der Trachealwand spricht für interponierte Weichteile. Das *hintere Trachealband* ist ein 3–5 mm breiter Streifen, der vom oberen Mediastinum bis zu den Unterlappenbronchi reicht. Bei Patienten, die einen ziemlich großen Rezessus zwischen Ösophagus und V. azygos besitzen, der vom Rand des rechten Lungenflügels ausgefüllt wird, ist es gut zu sehen. Durch ein *Ösophaguskarzinom,* andere *mediastinale Neoplasmen,* eine *Blutung* oder *Infektion* kann ein vorher gut sichtbares hinteres Trachealband zum Verschwinden gebracht oder generell oder umschrieben verbreitert werden (Abb. 2.**8**). Der hintere Rand der V. cava inferior ist auf Seitenbildern von guter Qualität immer zu sehen. Sein Fehlen ist selten (Abb. 2.**9**).

Am Hilus wird die Unterscheidung zwischen erweiterten Blutgefäßen und Lymphadenopathie leichter fallen, wenn man daran denkt, daß die Blutgefäße meist parallel zu den Bronchien verlaufen, während Lymphknoten diese eigentlich umgeben und eventuell auf dem Seitenbild die Querschnittschatten der Hauptbronchi hervorheben.

Die oben beschriebenen Linien und Zeichen sind eine Hilfe für die Lokalisation einer Läsion. Für praktische Zwecke ist die Unterteilung des Mediastinums in ein vorderes, mittleres und hinteres brauchbarer als die streng anatomische Unterteilung. Die künstliche Teilung des Mediastinums in einen vorderen, mittleren und hinteren Teil wird von den verschiedenen Autoren unterschiedlich gehandhabt. Die in diesem Buch verwendete Teilung wird in Abb. 2.**10** demonstriert. Die Form, Größe und radiographische Struktur raumfordernder Läsionen im Mediastinum auf konventionellen Aufnahmen liefern oft nicht ausreichende Informationen für eine endgültige Diagnose, und man braucht eine Computertomographie, um die anatomischen Einzelheiten besser unterscheiden zu können. Läsionen unterschiedlichen Typs neigen dazu, in unterschiedlichen a.-p. Abteilungen des Mediastinums aufzutreten. Begleitende Lungen- oder Pleuraveränderungen liefern weitere Aufschlüsse für die Differentialdiagnose.

Die häufigsten Läsionen, die eine Verbreiterung des Mediastinums bewirken, werden in Tab. 2.**1** entsprechend ihrer üblichen Lokalisation zusammengefaßt.

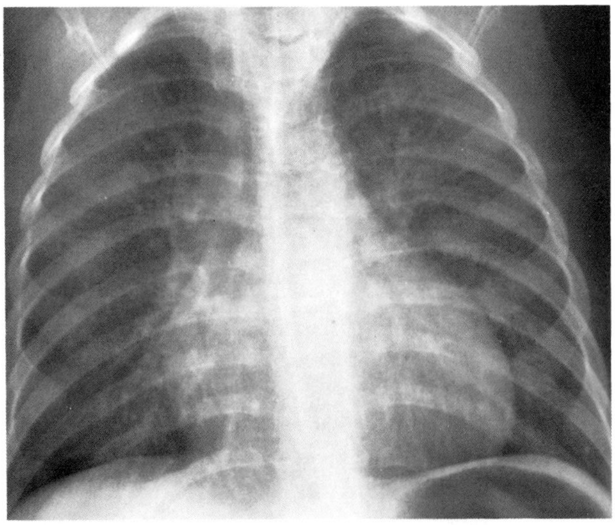

a

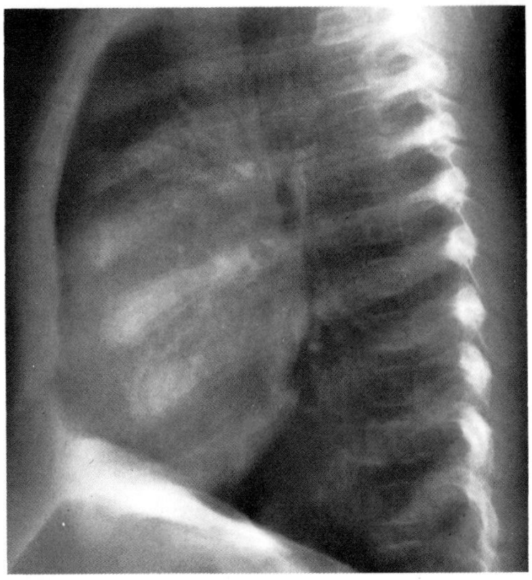

b

Abb. 2.**6 a, b** **DiGeorge-Syndrom.** Für ein Fehlen der Thymusdrüse sprechen **a** das schmale obere Mediastinum, das Vorhandensein der vorderen Pleuragrenzlinie bei einem kleinen Kind und **b** die vermehrte Strahlentransparenz des Retrosternalraums im Seitenbild.

„Lymphknotenvergrößerung" bezieht sich in diesem Rahmen auf Knoten, die auf Nativaufnahmen erkennbar sind; normal große Lymphknoten sind auf solchen Aufnahmen nur sichtbar, wenn sie verkalkt sind. Die Frage, wie die Grenze zwischen normalen und vergrößerten einzelnen Lymphknoten zu definieren ist, die sich im CT häufig stellt, wird daher nicht besprochen. In Tab. 2.**2** werden Krankheiten besprochen, die eine Lymphknotenvergrößerung am Hilus und/oder Mediastinum verursachen, in Tab. 2.**3** dagegen Krankheiten, die eine diffuse Verbreiterung des Mediastinums bedingen.

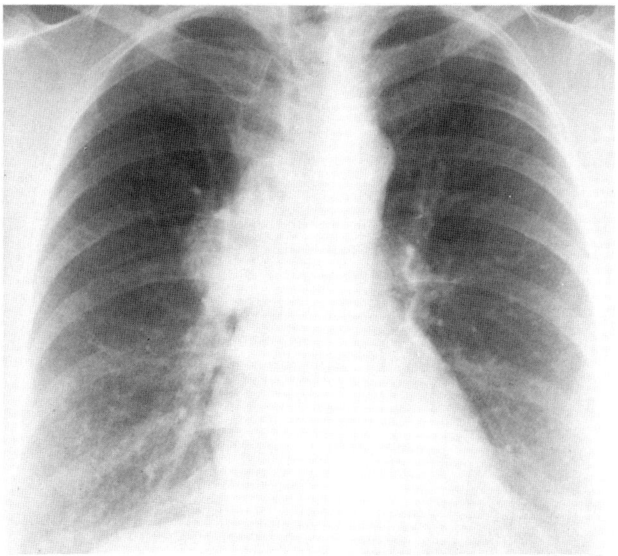
2.**18a**

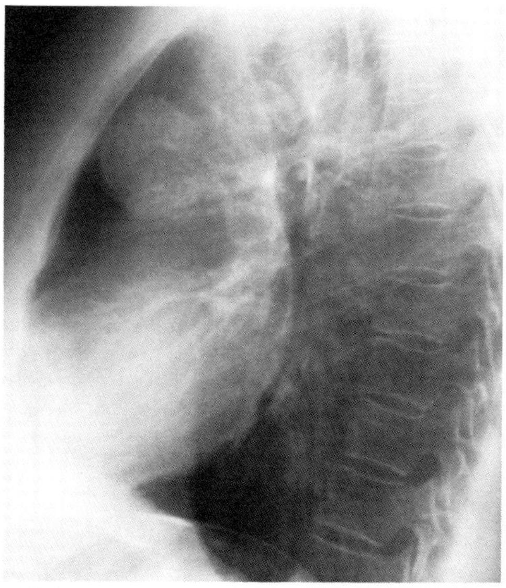
2.**18b**

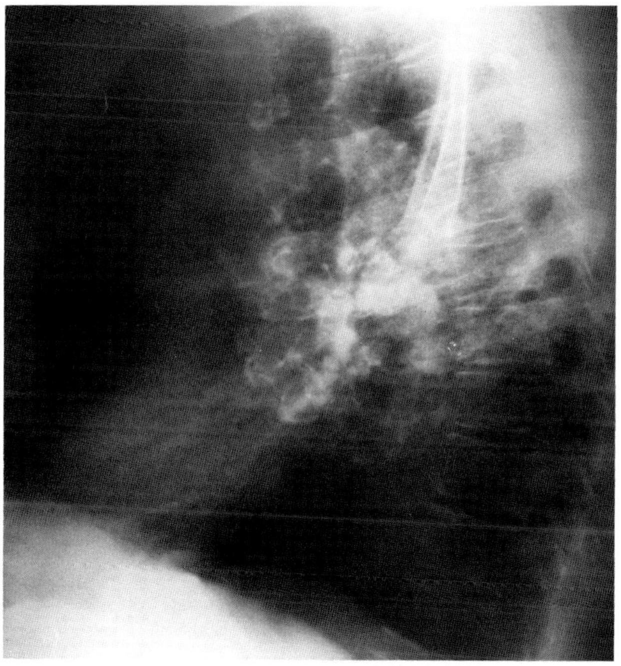
2.**19**

Abb. 2.**18 a, b** **Verkalktes Histoplasmom** rechts im vorderen Mediastinum. Die Hilusknoten sind nicht vergrößert.

Abb. 2.**19** **Silikose.** Vergrößerte Lymphknoten am Hilus und Mediastinum mit eierschalenartiger Verkalkung.

Abb. 2.**20 a, b** **Sarkoidose.** Charakteristische Verteilung der vergrößerten Lymphknoten: bronchopulmonale und tracheobronchiale Knoten (einschließlich des Azygosknotens), mit Freilassung einer Aufhellungszone zwischen den Knoten und dem Herzen.

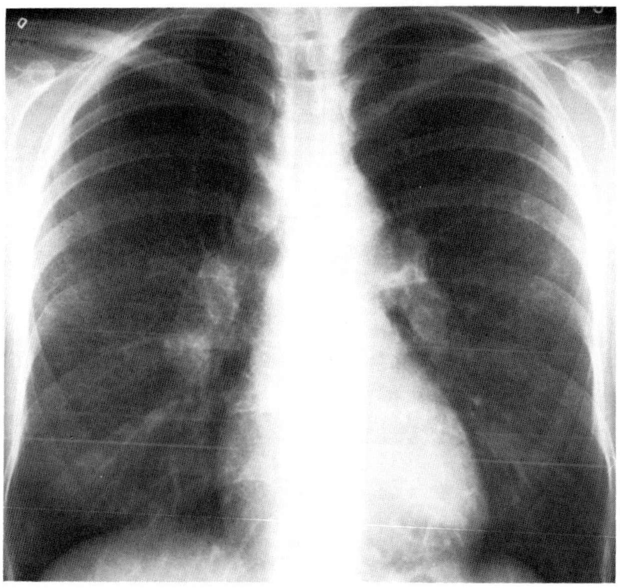
2.**20a**

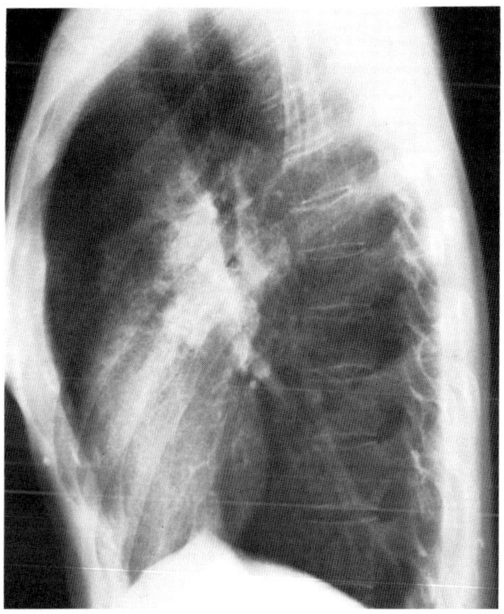
2.**20b**

Tabelle 2.2 Lymphknotenvergrößerung am Hilus und/oder Mediastinum (Fortsetzung)

Krankheit	Radiographischer Befund	Kommentar
Histiozytose X	Eine symmetrische Lymphknotenvergrößerung an Hilus und Mediastinum ist selten eine Manifestation der Histiozytose X.	Eine Lymphknotenvergrößerung bei diffusen interstitiellen Lungenveränderungen spricht für Sarkoidose.
Idiopathische Lungenhämosiderose und Goodpasture-Syndrom	Eine symmetrische Vergrößerung der Hiluslymphknoten kommt vorwiegend im akuten Stadium vor.	Der Grad der diffusen, alveolären und interstitiellen Veränderungen ist von der Anzahl der Blutungsepisoden abhängig.
Zystische Fibrose (Abb. 2.21)	Eine ein- oder beidseitige Vergrößerung der Hiluslymphknoten ist bei der zystischen Fibrose ungewöhnlich. Eine Hilusvergrößerung ist häufiger vaskulären Ursprungs und Folge einer pulmonalen arteriellen Hypertonie.	Vorherrschend Atelektasen- und Bronchiektasenbezirke mit diffus verstärkter Lungenzeichnung; Überblähung und pulmonale arterielle Hypertonie.
Medikamentös bedingt	Bilaterale Lymphknotenvergrößerung an Hilus oder Mediastinum.	Kann während einer Diphenylhydantoin- oder Trimethadiontherapie auftreten.
Pseudovergrößerung	Eine Vergrößerung der Gefäßschatten am Hilus kann eine hiläre Adenopathie vortäuschen. Blutgefäße verlaufen meist parallel zu den Bronchien, Lymphknoten umgeben sie.	Wird oft bei kardiovaskulären Krankheiten (z. B. Shunts, Herzinsuffizienz, Pulmonalklappenstenose, Cor pulmonale, Lungenembolie) beobachtet.

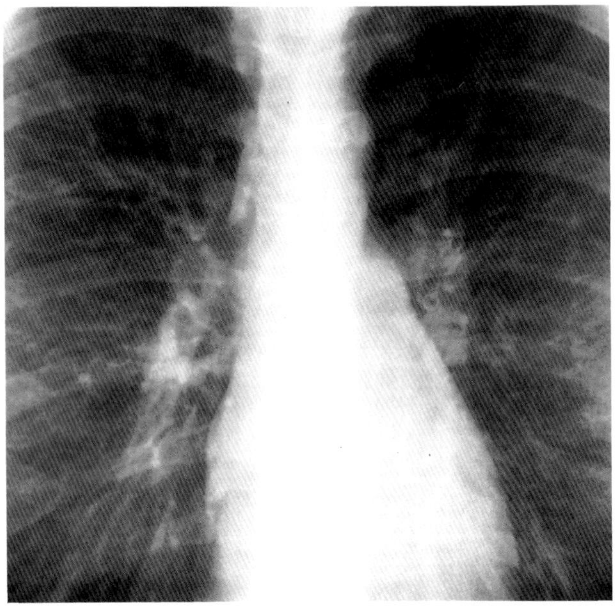
a

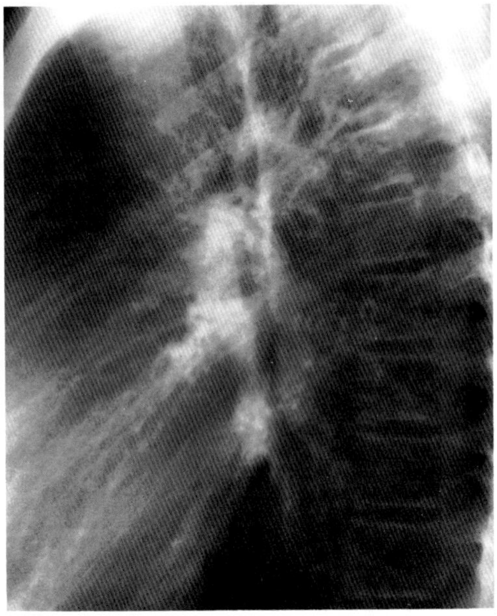
b

Abb. 2.**21 a, b** **Zystische Fibrose.** Alter 14 Jahre. Die Hiluslymphknoten scheinen vergrößert, doch sind die Verschattungen wohl zum Großteil vaskulär bedingt, wie das Seitenbild zeigt. Die Lungenparenchymveränderungen sind augenfällig.

Tabelle 2.3 Verbreiterung des Mediastinums

Krankheit	Radiographischer Befund	Kommentar
Pseudoverbreiterung des Mediastinums	Aufnahme in Exspiration. Skoliose.	Eine scheinbare Verbreiterung des Mediastinums auf Aufnahmen in Exspiration findet sich besonders bei Säuglingen und Kindern (s. Abb. 1.**3,** S. 4).
Normale Thymusdrüse (Abb. 2.5, S. 43)	Verschattung im vorderen Mediastinum beim Neugeborenen.	Bezüglich der differentialdiagnostischen Kriterien wird auf die Einführung zu diesem Kapitel verwiesen.
Vorderdarmzysten (bronchogene, neurenterische usw.) (Abb. 2.22)	Runde oder ovale, meist einzelne gut abgrenzbare Verschattung, die aber multilokulär sein kann. *Bronchogene* Zysten findet man gewöhnlich in Kontakt mit der Trachea oder den zentralen Bronchien; selten enthalten sie Luft. *Neurenterische* Zysten sind im hinteren Mediastinum lokalisiert.	Bronchogene Zysten wachsen u. U. langsam und komprimieren den Tracheobronchialbaum oder Ösophagus. Zysten in der Hilusgegend sind in der Regel symptomlos. Neurenterische Zysten sind häufig mit spinalen Anomalien vergesellschaftet. Die zystische Struktur des raumfordernden Prozesses ist mit kontrastverstärkter CT nachweisbar.
Mesotheliale Zysten (perikardiale oder pleuroperikardiale Zysten und Divertikel) (Abb. 1.30, S. 27)	Glattrandige, runde oder ovale Verschattung im vorderen oder mittleren Mediastinum, meist im rechten Perikard-Zwerchfell-Winkel.	Die laterale Auswölbung und die glatte, scharfe Kontur unterscheiden eine Zyste von einer Läsion im rechten Mittellappen oder von Fett im Herz-Zwerchfell-Winkel. Eine bessere Abgrenzung gelingt mit CT.

Fortsetzung auf Seite 54

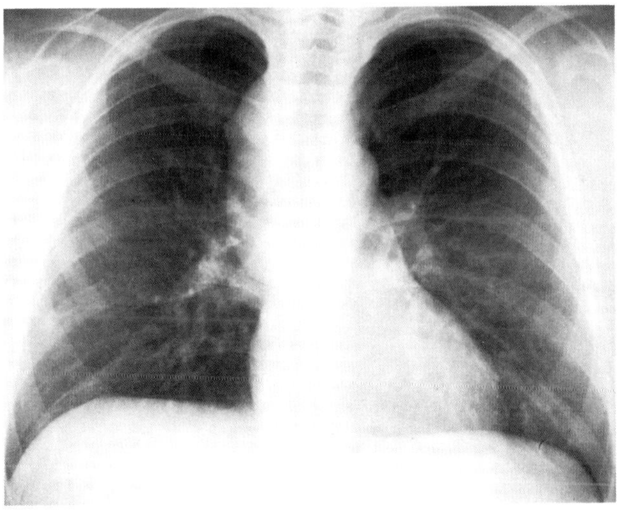
a

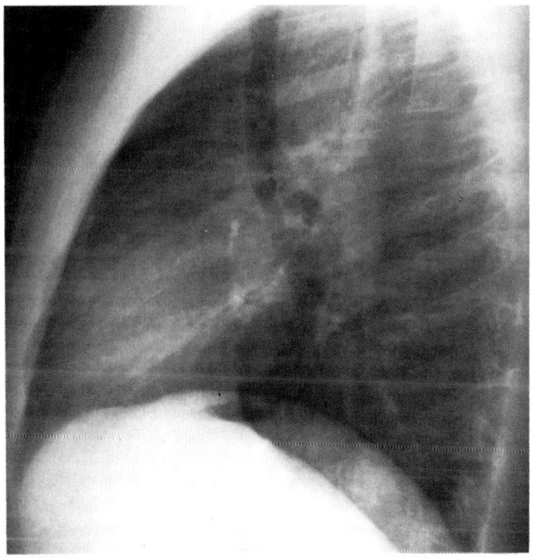
b

Abb. 2.**22 a, b** **Bronchogene Zyste.** Ovale, scharf begrenzte Verdichtung rechts im mittleren Mediastinum mit Verdrängung der Trachea nach vorn

Tabelle 2.3 Verbreiterung des Mediastinums (Fortsetzung)

Krankheit	Radiographischer Befund	Kommentar
Pharynx- oder Ösophagus-divertikel (Abb. 2.23)	Zystenähnliche Gebilde nahe am Pharynx oder Ösophagus. Die Kommunikation mit dem Ösophagus wird mit einem Schluck Barium demonstriert.	Kleine Divertikel sind ohne Barium nicht nachweisbar. Größere Divertikel können den anliegenden Ösophagus verlagern. Komplikation eines Pharynxdivertikels (Zenker-Divertikel) kann eine Aspirationspneumonie sein.
Meningozele	Scharf umschriebene, solitäre oder multiple Verschattung im hinteren Mediastinum.	Wirbelsäulen- oder Rippendeformitäten sind häufig.
Tumoren		
Vergrößerungen und Tumoren der Schilddrüse (Abb. 2.24, 2.25)	Glatt oder mehrbogig begrenzte Verschattung meist im oberen vorderen Mediastinum; sie kann aber hinter die Trachea und den Ösophagus vordringen. Manchmal verkalkt.	Verkalkungen kommen sowohl in benignen als auch malignen Schilddrüsenveränderungen vor. Es kann zu Atem- und Schluckbeschwerden kommen.
Thymom (Abb. 2.26, 2.27)	Glatt oder mehrbogig begrenzte Verschattung im vorderen Mediastinum, selten verkalkt.	Häufig verbunden mit Myasthenia gravis. Schilddrüsen- und Thymustumoren sind röntgenologisch oft nicht unterscheidbar, aber der Ursprungsort ist mit CT besser zu beurteilen.

Fortsetzung auf Seite 56

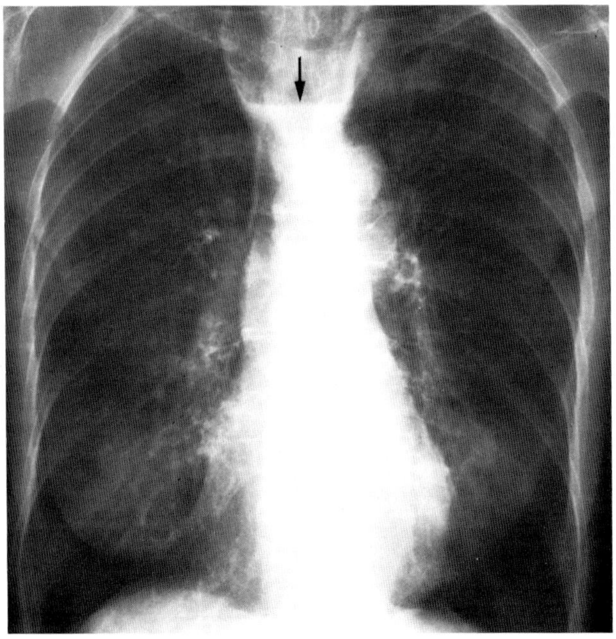

Abb. 2.**23** **Großes Zenker-Divertikel,** das als zystische Ausweitung des oberen Mediastinums mit einem Luft-Flüssigkeitsspiegel (Pfeil) in Erscheinung tritt.

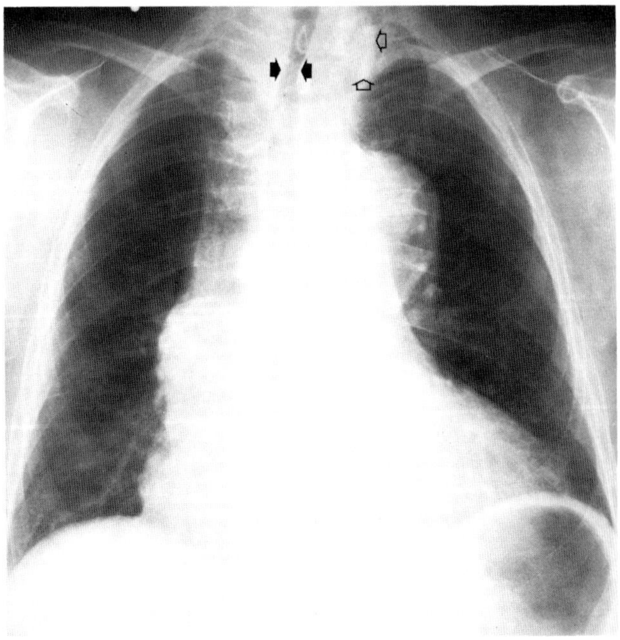

Abb. 2.**24** **Vergrößerte Schilddrüse.** Verschattung im oberen Mediastinum mit Einengung der Trachea (dunkle Pfeilspitzen) und Verkalkungen (helle Pfeilspitzen). Die Aorta ascendens ist als Buckel, der den rechten Hilus überlagert, sichtbar.

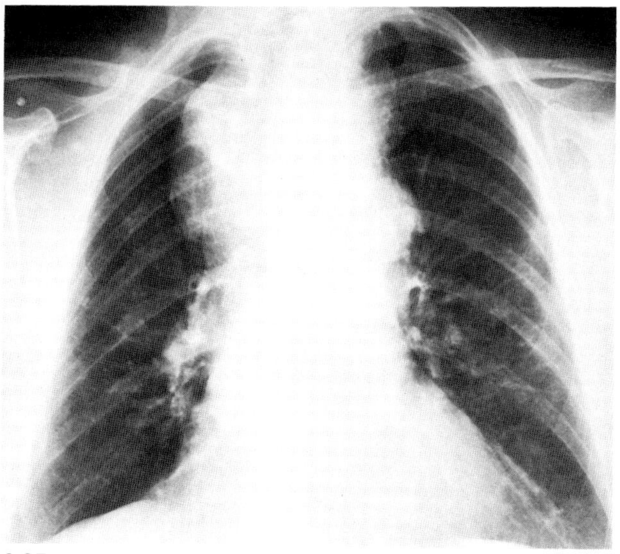

2.**25a**

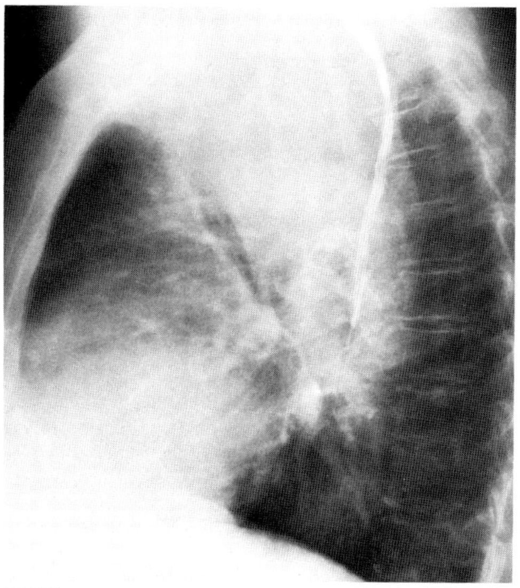

2.**25b**

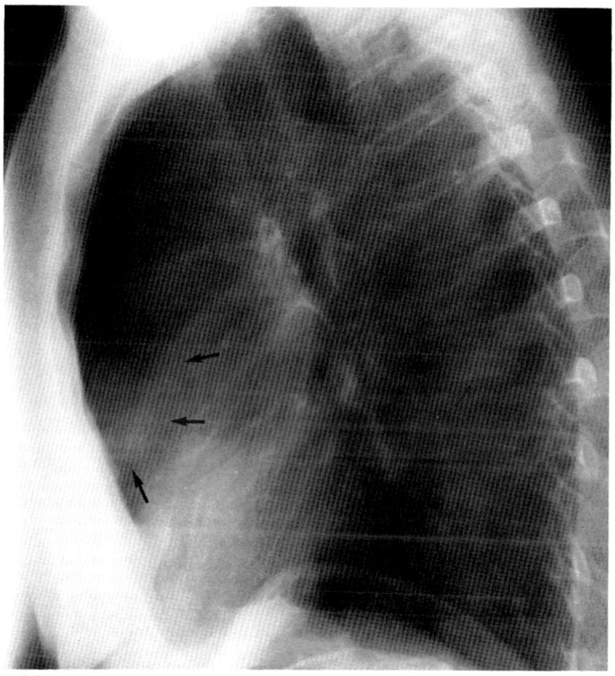

2.**26**

Abb. 2.**25a, b** **Große Schilddrüse,** die eine Verschattung im oberen Mediastinum bildet; auf dem Seitenbild erstreckt sich diese in das mittlere Mediastinum zwischen Trachea und Ösophagus.

Abb. 2.**26** **Thymom.** Glattrandige Verschattung im vorderen Mediastinum, die nur im Seitenbild sichtbar war (Pfeile).

Abb. 2.**27a, b** **Ein großes Thymom** täuscht in der p.-a. Projektion **a** ein vergrößertes Pulmonalissegment vor, aber im Seitenbild **b** ist der Tumor hinter dem Sternum zu erkennen.

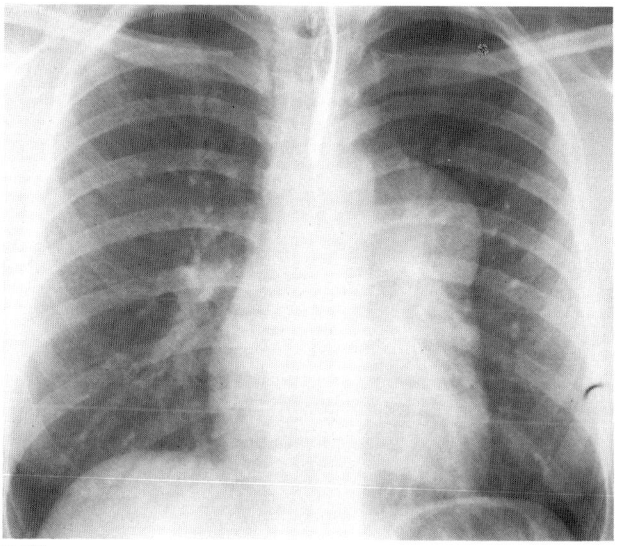

2.**27a**

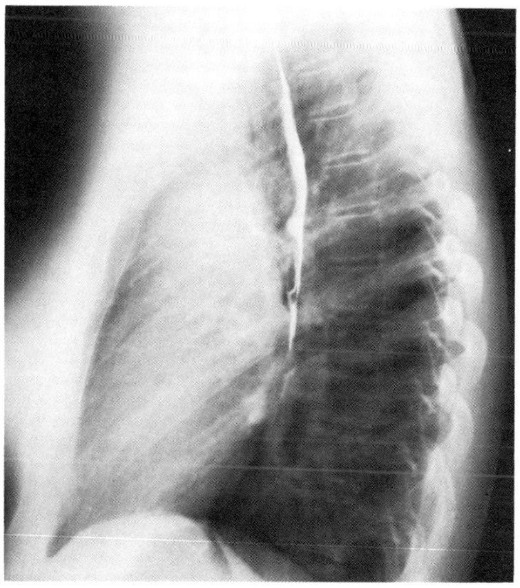

2.**27b**

Tabelle 2.3 Verbreiterung des Mediastinums (Fortsetzung)

Krankheit	Radiographischer Befund	Kommentar
Teratom Germinalzellenneoplasmen (Dermoidzyste, Seminom, Chorionepitheliom, Entodermalsinustumor) (Abb. 2.28, 2.29)	Glatt begrenzte Verschattung, fast ausnahmslos im vorderen Mediastinum. In Teratomen und Dermoidzysten können Verkalkungen, Knochen, Zähne oder Fett zu erkennen sein.	Wird gewöhnlich im Jugend- oder frühen Erwachsenenalter manifest. Am häufigsten sind Teratome, sie erzeugen eher im Kindesalter Symptome. Zystische Tumoren sind meist gutartig, solide bösartig. Fett, Weichteil- und Knochenkomponenten sind oft im CT nachweisbar.
Epithelkörperchentumoren	Die meisten Tumoren sind zu klein, um auf Nativaufnahmen sichtbar zu sein, sind aber eventuell mit einer Ultraschalluntersuchung aufzudecken. Größere Tumoren finden sich im vorderen oberen Mediastinum und können den Ösophagus verdrängen.	Zeichen des Hyperparathyreoidismus in Röntgen-und Laborbefunden können unabhängig von der Größe der Tumoren vorhanden sein.
Lipom, Liposarkom, Lipomatose des Mediastinums (Abb. 1.31, S. 27)	Glatte Vorwölbung an der Seite des Mediastinums, meist vorn. Das Fettgewebe kann aufgrund seiner charakteristischen Dichte sogar auf Nativaufnahmen zu erkennen sein. Computertomogramme zeigen gleichmäßige Fettdichte.	Lipome sind meist symptomlos. Eine symmetrische Verbreiterung des oberen Mediastinums und große epikardiale Fettpolster (Lipomatose) kommen bei langdauernder Kortikosteroidtherapie vor.
Fibrom, Fibrosarkom, Hämangiom, Hämangiosarkom, Hämangioendotheliom, Lymphangiom, Hygrom, Leiomyom (Abb. 2.30, 2.31)	Die meisten treten im vorderen Mediastinum als scharf umschriebene Verschattungen ohne Unterscheidungsmerkmale auf. Fibrosarkome finden sich häufiger im hinteren Mediastinum.	Der Nachweis von Phlebolithen ist für einen Tumor vom Hämangiomtyp beweisend. Das Hygrom kommt bei Säuglingen als zervikomediastinale raumfordernde Veränderung vor.

Fortsetzung auf Seite 58

Abb. 2.**28** **Großes mediastinales Teratom,** radiographisch ähnlich einer Perikardzyste. ▶

Abb. 2.**29** **Maligner epidermoidaler Tumor** am rechten Herzrand. Der Tumor ist etwas gelappt, aber sonst von dem Teratom in Abb. 2.**28** nicht zu unterscheiden. ▶

Abb. 2.**30** **Kavernöses Lymphangiom (zystisches Hygrom)** bei einem 4jährigen Kind. Es erscheint als glattrandiger Tumor links im oberen Mediastinum. ▶

Abb. 2.**31** **Paramediastinales Leiomyom.** Glattrandige Vorwölbung am paraspinalen Ligament, keine Knochenarrosion. ▶

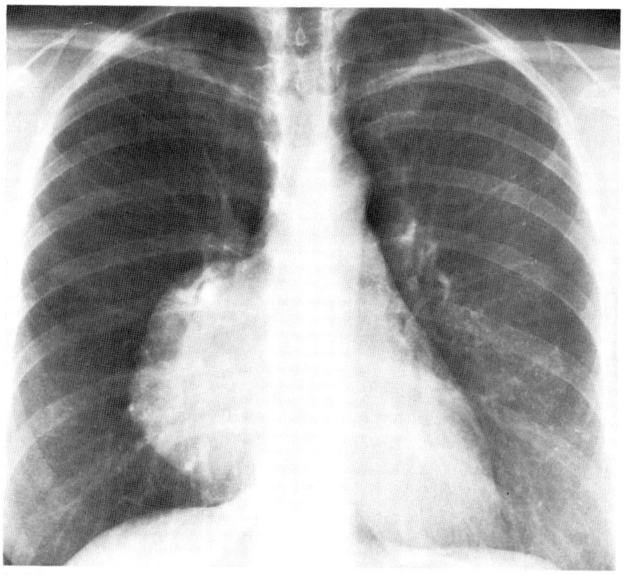
2.28a

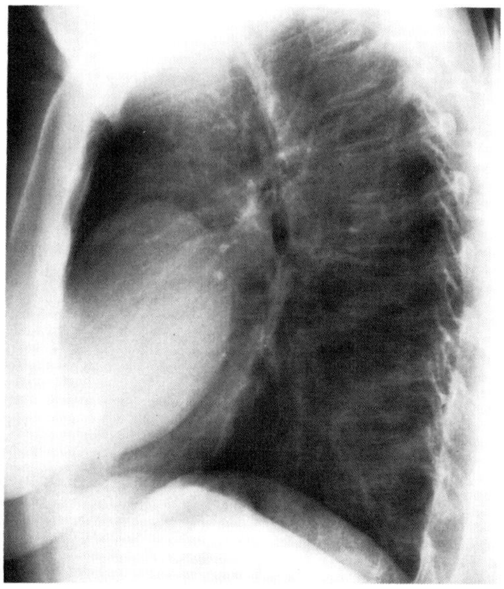
2.28b

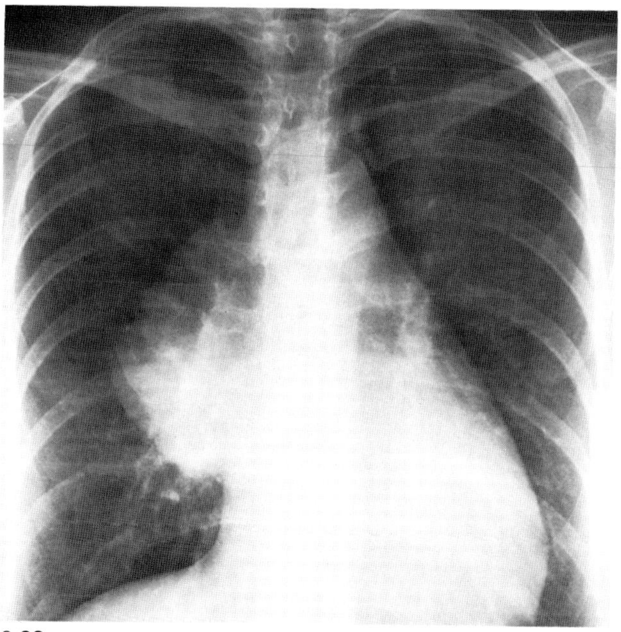
2.29a

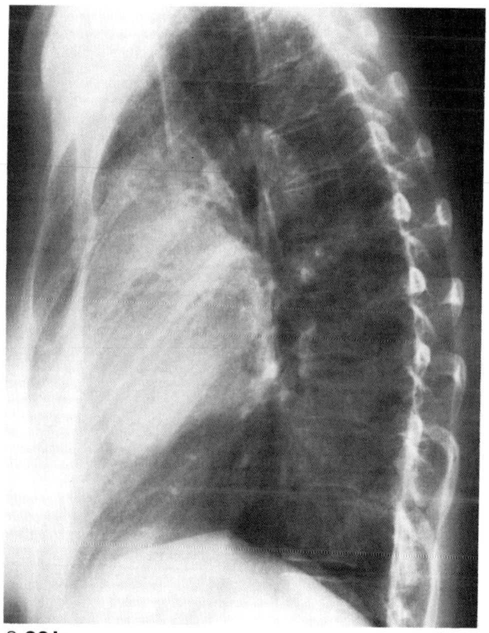
2.29b

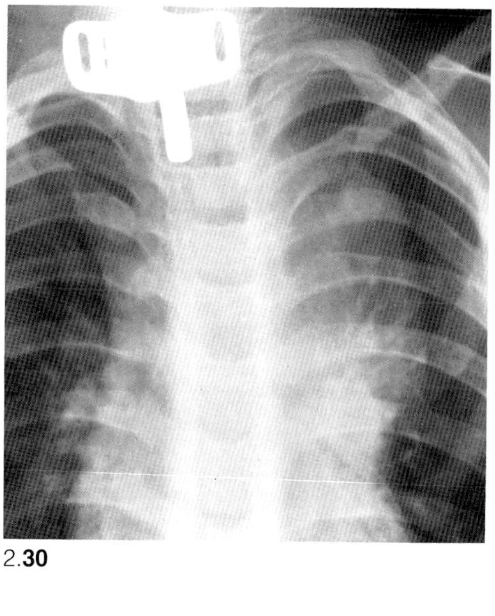
2.30

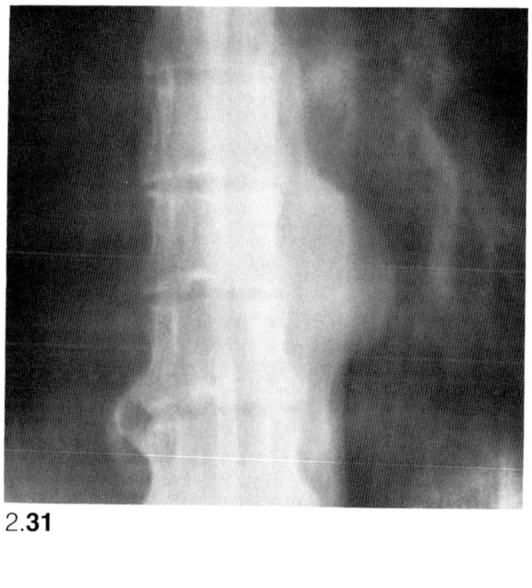
2.31

Tabelle 2.3 Verbreiterung des Mediastinums (Fortsetzung)

Krankheit	Radiographischer Befund	Kommentar
Lymphom (Hodgkin oder Non-Hodgkin), Leukämie (Abb. 2.32, 2.33)	Tumorbildung im mittleren oder vorderen Mediastinum. Solitäre, mehrbogige oder symmetrische Verbreiterung des Mediastinums. Leukämische Tumoren sind eher kleiner als lymphombedingte.	Häufigste raumfordernde Läsionen im Mediastinum (25%). Allgemeine und örtliche Symptome sind häufig, letztere besonders beim Lymphom.
Lymphknotenvergrößerung durch Metastasen (Abb. 2.34)	Meist im mittleren Mediastinum, gewöhnlich unilateral, mit Befall paratrachealer und bronchopulmonaler Knoten.	Der übliche Primärtumor ist das Bronchuskarzinom. Kann auch vom Gastrointestinal- und Urogenitaltrakt ausgehen (Prostata, Niere usw.).
Ösophagusneoplasmen (Abb. 2.3, S. 43, 2.8, S. 45)	Verbreiterung des hinteren Trachealbands oder Verschattung der retrotrachealen Aufhellung. Gutartige Tumoren sind selten (z. B. Leiomyom) und können als rundliche Tumorbildungen im Verlauf des Ösophagus in Erscheinung treten.	Maligne Neoplasmen des Ösophagus werden selten so groß, daß sie als raumfordernde Läsionen sichtbar werden, aber wenn die oberen zwei Drittel des Ösophagus betroffen sind, ist ein abnormes Aussehen des hinteren Trachealbands ein ziemlich sensitiver Indikator.

Fortsetzung auf Seite 59

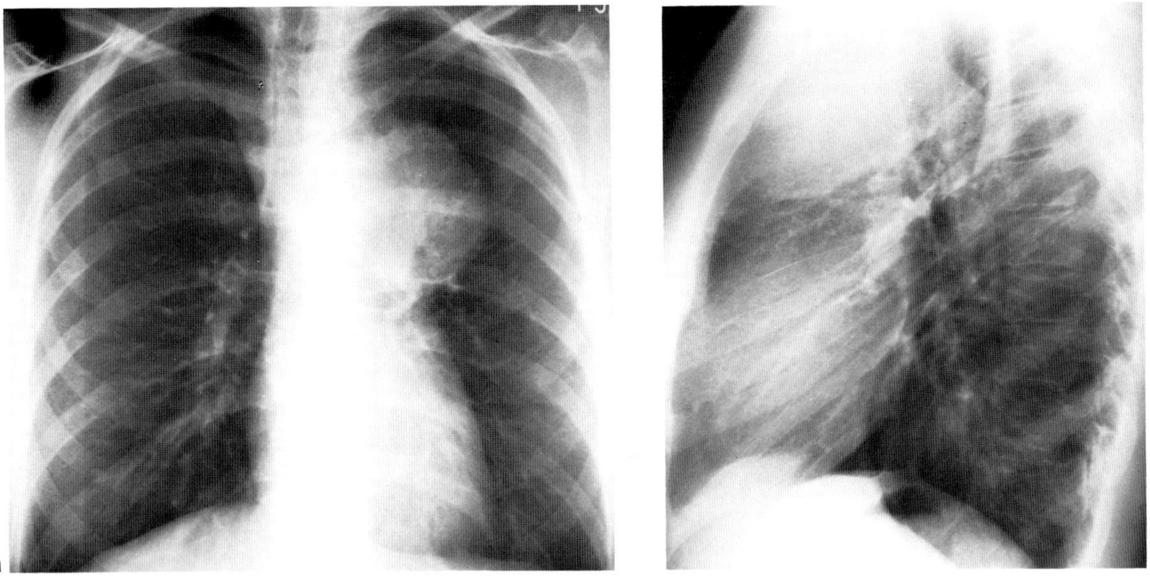

a b

Abb. 2.**32 a, b** **Hodgkin-Lymphom.** Solitärer Tumor im vorderen Mediastinum.

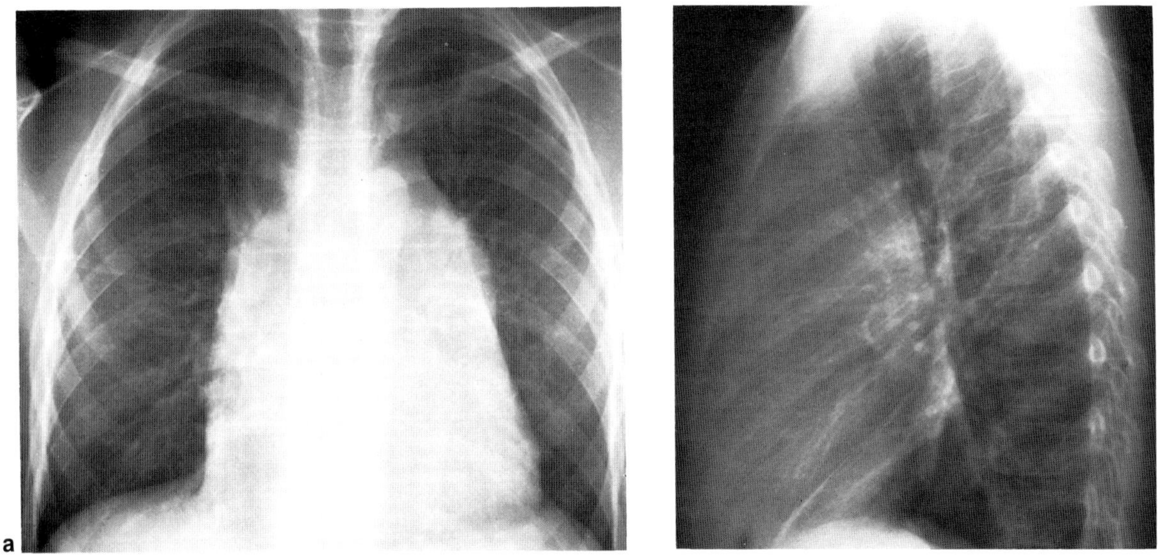

a b

Abb. 2.**33 a, b** **Non-Hodgkin-Lymphom** im vorderen Mediastinum, das eine beidseitige Verbreiterung des vorderen Mediastinums verursacht.

Tabelle 2.3 Verbreiterung des Mediastinums (Fortsetzung)

Krankheit	Radiographischer Befund	Kommentar
Neurogene Neoplasmen (Neurofibrom, Neurofibrosarkom, Neurilemmom, Ganglioneurom, Neuroblastom, Sympathikoblastom, Phäochromozytom, Paragangliom oder Chemodektom) (Abb. 2.35, 2.36; Abb. 2.37, S. 60)	Meist unilaterale runde, ovale oder hantelförmige Verschattung im hinteren Mediastinum. Charakteristisch sind Rippen- oder Wirbelusuren in Verbindung mit einer paravertebralen Läsion, aber richtige Destruktionen kommen nur bei malignen Tumoren vor. Eventuell Pleuraergüsse oder Tumorverkalkungen. Chemodektome treten an beliebiger Stelle im Mediastinum auf.	Fast alle Neuroblastome und einige Ganglioneurome erzeugen reichlich Katecholamine, deren Abbauprodukte (Vanillinmandelsäure oder Metanephrin) im Harn zu finden sind. Ihr Nachweis ist ein sensitiver Test, um den Primärtumor, Metastasen oder Rezidive zu diagnostizieren.
Knochen- und Knorpelneoplasmen	Rundlicher paravertebraler Tumor, verbunden mit Destruktion des befallenen Knochens.	

Fortsetzung auf Seite 60

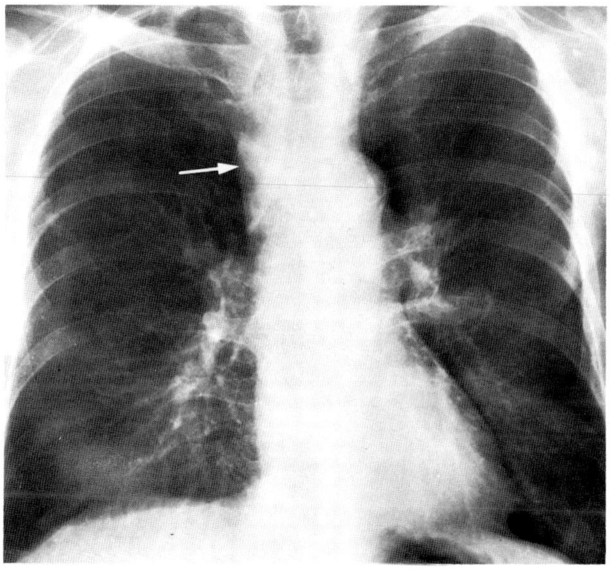

Abb. 2.**34** **Metastasen eines Larynxkarzinoms.** Glattrandige Verbreiterung des oberen Mediastinums. Der Azygosknoten ist besonders groß (Pfeil).

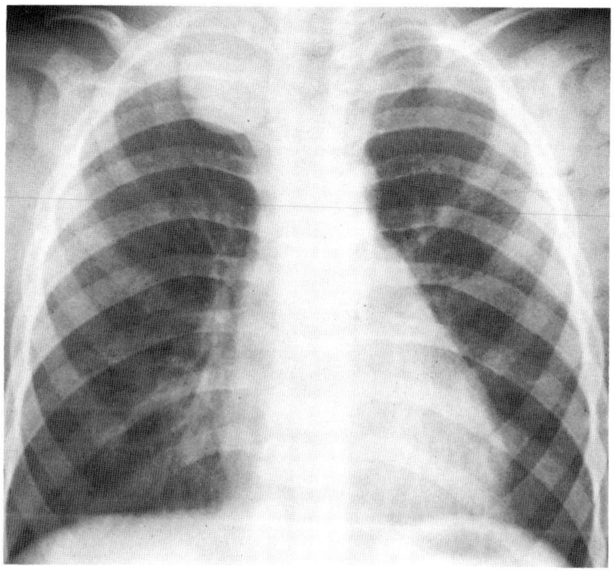

Abb. 2.**35** **Ganglioneurom.** Hantelförmiger Tumor im oberen Teil des Sulcus pulmonalis, keine Knochendestruktion.

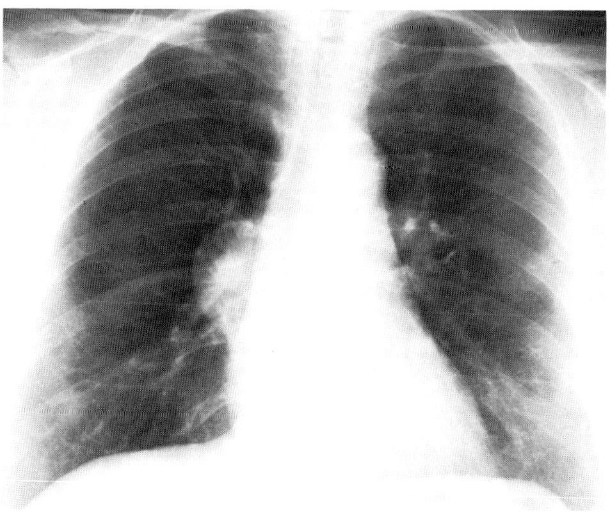

a

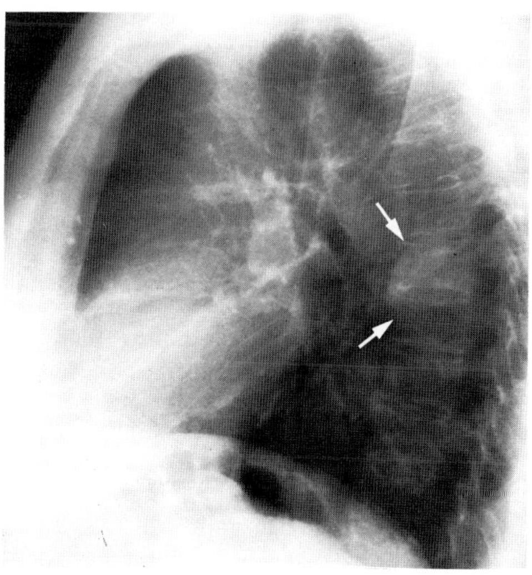

b

Abb. 2.**36 a, b** **Neurilemmom.** Glattrandiger Tumor im hinteren Mediastinum (Pfeile), keine Knochendestruktion.

Tabelle 2.3 Verbreiterung des Mediastinums (Fortsetzung)

Krankheit	Radiographischer Befund	Kommentar
Castleman-Syndrom (massive Lymphknotenhyperplasie)	Solitäre, gewöhnlich große und scharf umschriebene Tumorbildung, meist im mittleren oder hinteren Mediastinum.	Gewöhnlich symptomlos. Kann auch in anderen Teilen des Mediastinums vorkommen. Kann ein „Hamartom" von lymphatischem Gewebe repräsentieren (s. auch Tab. 2.**2**, S. 48).
Extramedulläre Hämatopoese (Abb. 2.**38)**	Mehrbogig oder glatt begrenzte, oft beidseitige paravertebrale Tumorbildung in Höhe des mittleren und unteren Thoraxbereichs bei einem Patienten mit schwerer Anämie und eventuell Hepatosplenomegalie. Begleitende Knochenläsionen werden nicht beobachtet.	Eine extramedulläre Hämatopoese kommt am häufigsten bei den angeborenen hämolytischen Anämien vor *(hereditäre Sphärozytose, Thalassämie, Sichelzellenanämie)*, selten bei anderen Krankheiten *(Myelofibrose, Polyzythämie, Erythroblastosis fetalis, Leukämie, Morbus Hodgkin, Karzinomatose, Hyperparathyreoidismus, Rachitis)* oder ohne bekannte Krankheit.
Chronische granulomatöse oder sklerosierende Mediastinitis (Abb. 2.**39,** 2.**40)**	Mehrbogig begrenzte Tumorbildung, die häufiger in der rechten paramediastinalen Region sichtbar ist. Eventuell Verkalkung. Kann in jedem Teil des Mediastinums vorkommen.	Auf Nativaufnahmen ist die Verkalkung, obwohl im CT vorhanden, u. U. nicht augenfällig. Eine stärkere Kompression der Luftwege oder der V. cava kann Leitsymptom sein. Kann in Zusammenhang mit *Tuberkulose* oder *Sarkoidose* stehen oder Manifestation einer *idiopathischen Fibrosklerose* sein.

Fortsetzung auf Seite 62

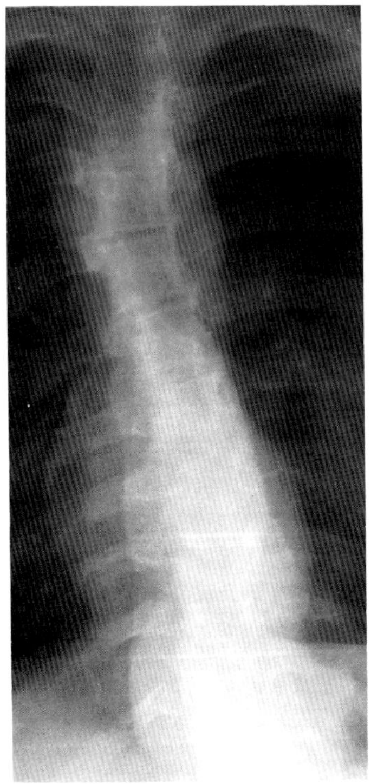

Abb. 2.**37** **Neurofibromatose.** Die multiplen Neurofibrome zeigen sich als bilaterale paravertebrale Verschattungen an der ganzen Brustwirbelsäule, die eine Rotationsskoliose und Arrosionen aufweist.

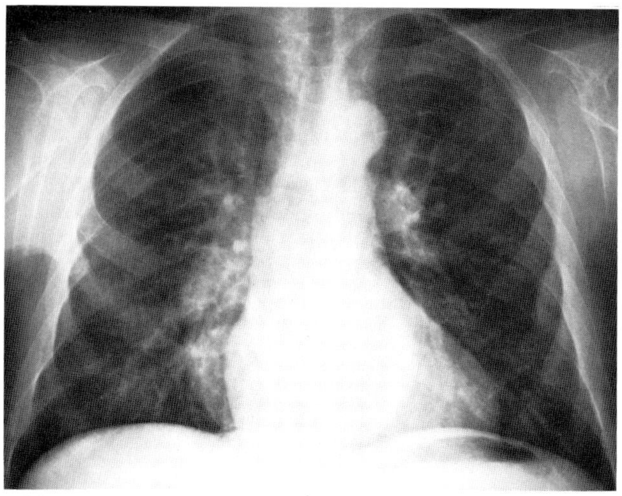

2.**38a**

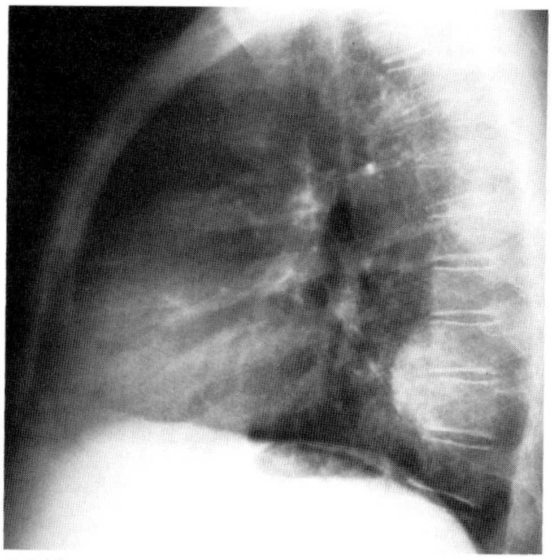

2.**38b**

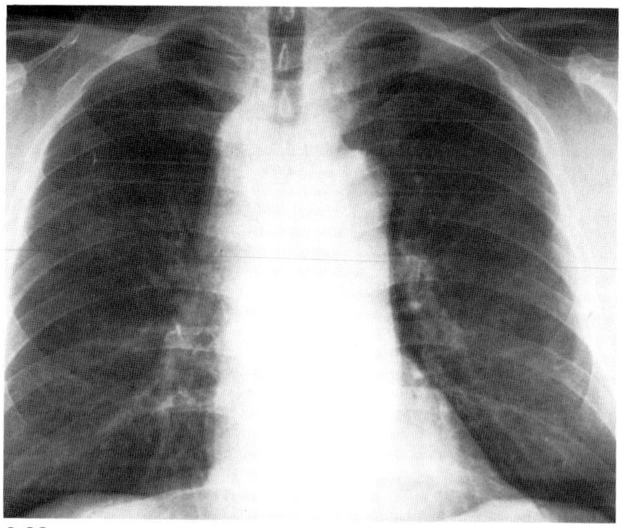

2.**39a**

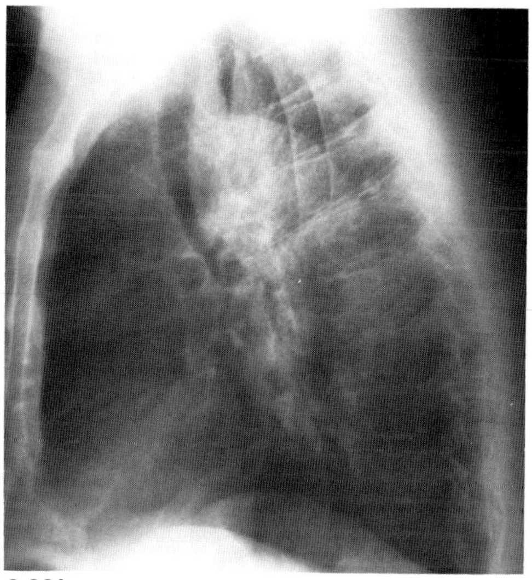

2.**39b**

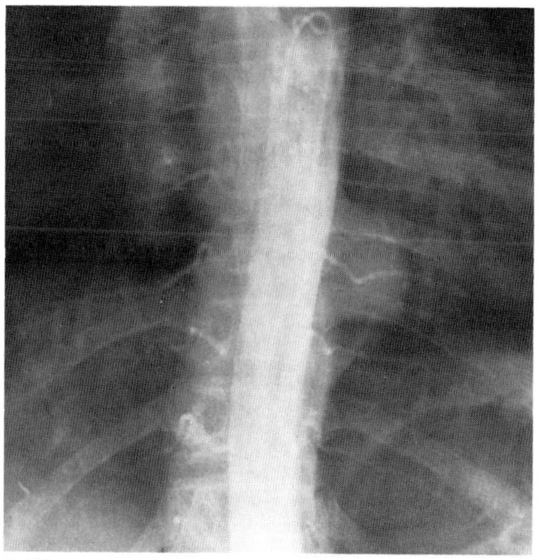

2.**40**

Abb. 2.**38 a, b** **Extramedulläre Hämatopoese** (Thalassämie). Glattrandige paravertebrale Tumorbildung links hinter dem Herzen.

Abb. 2.**39 a, b** **Sklerosierende Mediastinitis.** Beidseitige Verbreiterung des mittleren Mediastinums, stärker rechts. Die Tumorbildung komprimiert die Trachea und erscheint aufgrund der diffusen Verkalkung dicht.

Abb. 2.**40** **Tuberkulöses Granulom.** Glattrandige paravertebrale Tumorbildung, die radiographisch von anderen benignen Tumorbildungen in dieser Region nicht zu unterscheiden ist (s. Abb. 2.**31**, S. 57). Die Aufnahme wurde während einer thorakalen Aortographie gemacht.

Tabelle 2.3 Verbreiterung des Mediastinums (Fortsetzung)

Krankheit	Radiographischer Befund	Kommentar
Akute Mediastinitis (Abb. 2.41, 2.42)	Diffuse symmetrische Verbreiterung des Mediastinums oder umschriebene Läsion (Abszeß) in irgendeinem Teil des Mediastinums, häufiger im oberen Mediastinum.	Ist in den meisten Fällen Folge einer Ösophagusruptur; es kann dabei Luft im Mediastinum sichtbar sein. Die CT ist ein sensitives Verfahren zum Auffinden von Gasblasen im Mediastinum. Es kann auch eine Infektion im Halsbereich auf das Mediastinum übergreifen.
Akuter Anthrax	Symmetrische Verbreiterung des Mediastinums, verbunden mit fleckförmigen Lungenblutungen.	Am häufigsten bei Sortierern und Kämmern in der Wollindustrie.
Wirbelosteomyelitis	Paravertebrale Tumorbildung am unteren Mediastinum, verbunden mit Wirbelarrosion oder -destruktion.	
Aortenaneurysma (Abb. 2.43)	Kann das vordere (Aorta ascendens), mittlere (Aortenbogen) oder hintere Mediastinum (Aorta descendens) betreffen. Sakkuläre Dilatation, gewöhnlich mit Wandverkalkung.	Siehe Kap. 1, S. 30. Eine CT mit Kontrastverstärkung hilft, die Anatomie des Aneurysmas zu bestimmen.
Dilatation oder Aneurysma des Truncus brachiocephalicus (rechts) oder der A. subclavia (links)	Glatte seitliche Vorwölbung oberhalb der Aorta im mittleren Mediastinum.	Kann mit Atherosklerose oder Koarktation der Aorta vergesellschaftet sein. Ist eventuell sonographisch durch ein jugulares oder supraklavikulares Fenster nachweisbar.
Malformation des Aortenbogens (Abb. 1.42, S. 28)	Ein rechtsläufiger Aortenbogen verläuft zwischen Trachea und Ösophagus. Wird meist im Kindesalter entdeckt.	Kann die Trachea oder den Ösophagus komprimieren.
Persistierende linke V. cava superior (Abb. 2.44)	Akzessorische „Para"-Linie durch den Gefäßschatten in der Frontalansicht.	Gewöhnlich koexistent mit einer Fehlmündung der Lungenvenen.
Dilatation des Truncus pulmonalis	Glattrandige Erweiterung des Truncus pulmonalis.	Siehe Kap. 1, S. 35.

Fortsetzung auf Seite 64

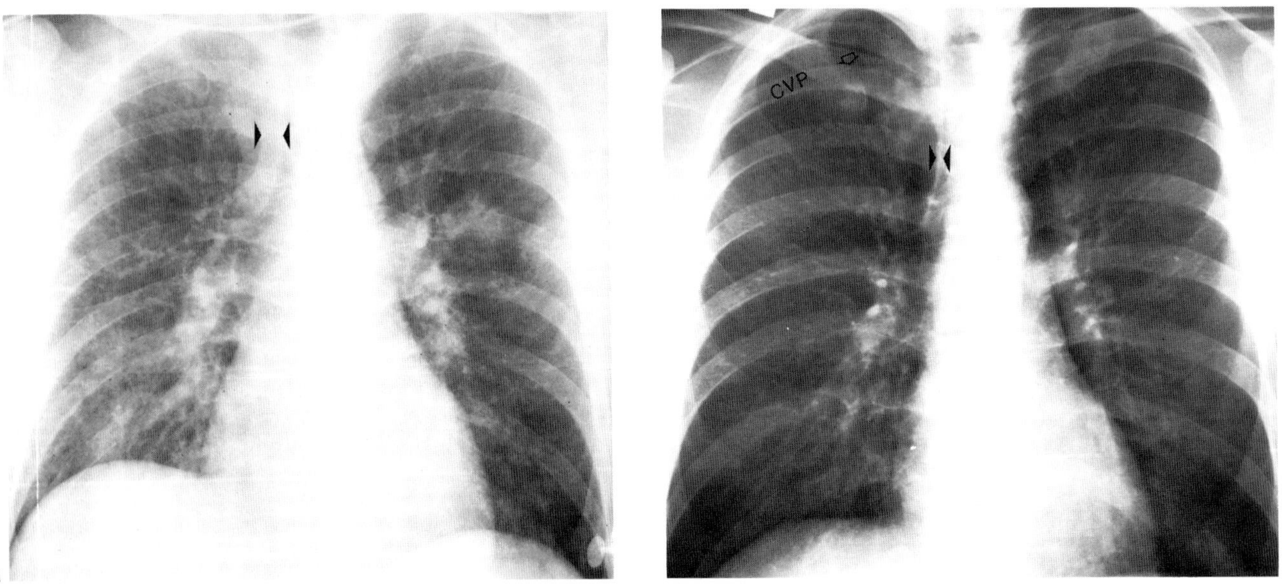

a b

2.**41 a, b Akute Mediastinitis,** ausgehend von einem Zahnabszeß. **a** Die Verbreiterung des Mediastinums erkennt man am besten, wenn man die Breite der Paratracheallinie (Pfeilspitzen) beachtet. Beidseitige Lungeninfiltrate nach Schocklunge. **b** Normale Paratracheallinie beim gleichen Patienten nach Behandlung.

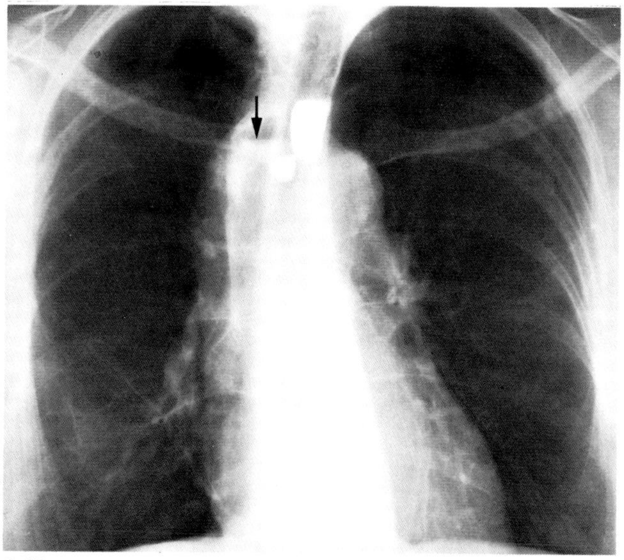

2.**42a**

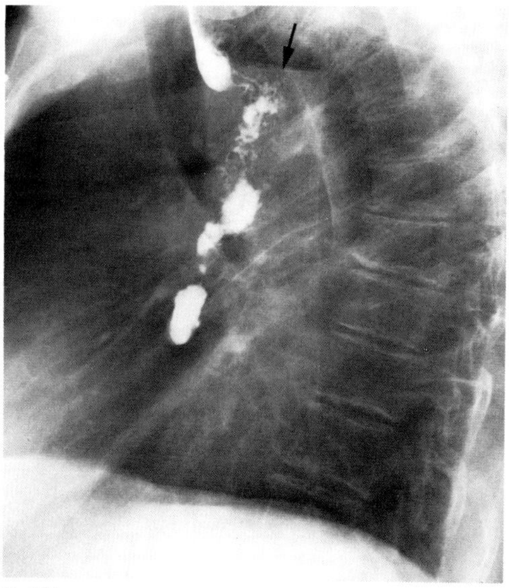

2.**42b**

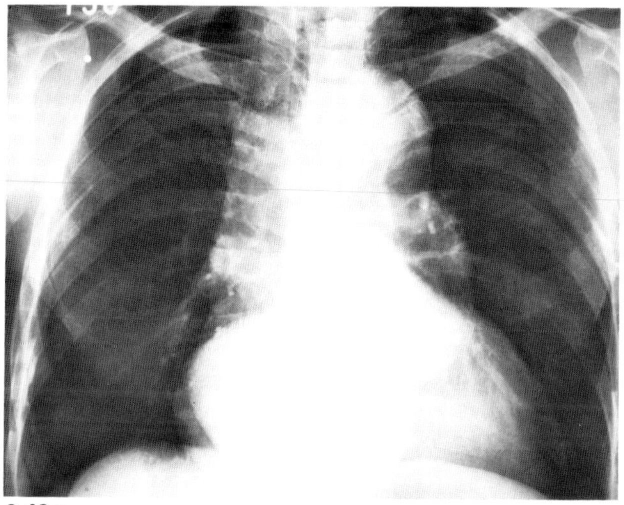

2.**43a**

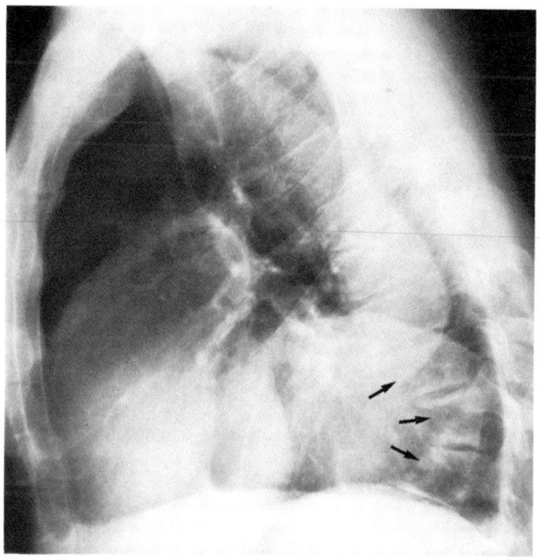

2.**43b**

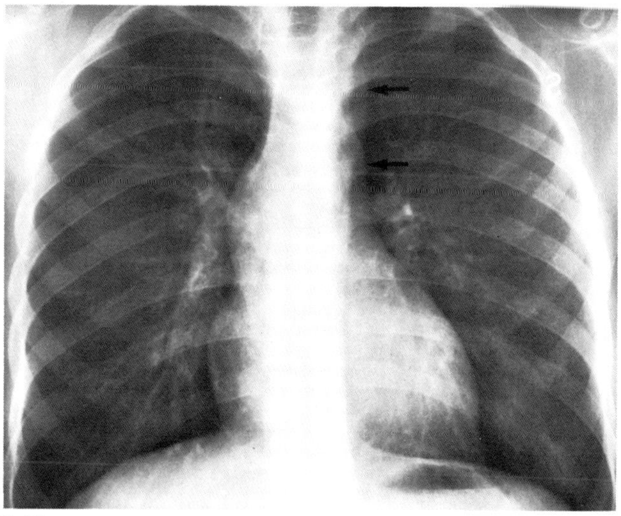

2.**44**

Abb. 2.**42a, b** **Mediastinalabszeß,** Komplikation eines Ösophaguskarzinoms. **a** Verbreiterung des Mediastinums nach rechts. Ein Luft-Flüssigkeitsspiegel überlagert die rechte Klavikula (Pfeil). **b** Die extraösophageale Lage des Luft-Flüssigkeitsspiegels wird mit Barium im Ösophagus demonstriert.

Abb. 2.**43a, b** **Aneurysma der Aorta descendens,** das einen Mediastinaltumor vortäuscht. Das Aneurysma hat drei Brustwirbelkörper vorn usuriert (Th9 – Th11), (Pfeile).

Abb. 2.**44** **Persistierende V. cava superior sinistra** ohne andere Gefäßanomalien. Akzessorische Silhouette, die in den linken Herzrand übergeht und lateral vom Aortenschatten ist (Pfeile).

Tabelle 2.3 Verbreiterung des Mediastinums (Fortsetzung)

Krankheit	Radiographischer Befund	Kommentar
Dilatation der V. cava superior	Glattrandige Verbreiterung der rechten mittleren paramediastinalen Zone, die sich vom Hilus aufwärts erstreckt.	Folge eines erhöhten zentralen Venendrucks (Herzinsuffizienz) oder einer Kompression/ Obstruktion durch einen Mediastinaltumor.
Dilatation der V. azygos	Glattrandige Verschattung im rechten Tracheobronchialwinkel. Ihr Durchmesser ändert sich bei Änderungen der Körperposition oder des intrathorakalen Drucks.	In Zusammenhang mit Herzinsuffizienz, Obstruktion der V. cava oder Fortsetzung der V. cava inferior in die V. azygos.
Pneumomediastinum (Abb. 2.45)	Glatte, meist geringfügige Verbreiterung des Mediastinums, dabei Luft im Mediastinum. Die Luft tendiert zum Aufsteigen bis in die Halsregion.	Gewöhnlich spontan. Kann mit einem Pneumothorax oder einem subkutanen oder interstitiellen Emphysem verbunden sein. Wenn sich Luft im Perikard befindet, steigt sie nicht über die A. pulmonalis hinauf.
Blutung oder Hämatom im Mediastinum (Abb. 2.46)	Fokale oder häufiger diffuse Verbreiterung des Mediastinums.	Die häufigsten Ursachen sind ein Trauma oder eine Operation in der Mediastinumregion (am häufigsten Koronarbypass). Wenn keine Traumaanamnese vorliegt, handelt es sich wahrscheinlich um eine Ruptur eines Aortenaneurysmas.
Brustwirbelfraktur	Beidseitige, glatte paravertebrale Schwellung, verbunden mit Wirbelfraktur(en).	
Hernie durch das Trigonum sternocostale (Foramen Morgagni)	Runde „Beule" am rechten vorderen Herz-Zwerchfell-Winkel; eventuell beidseitig. Kann Darm (Kolon) oder Leber enthalten.	Bei einer Herniation der Leber erscheint der abdominale Teil der Leber klein. Gleichzeitig kann eine Herzmißbildung bestehen.
Hernie durch den Hiatus oesophageus (Abb. 2.47)	Retrokardiale Verschattung von unterschiedlicher Größe, enthält meist einen Luft-Flüssigkeitsspiegel.	Leicht mit der Verabreichung von einem Schluck Barium abzuklären. Häufiger im höheren Alter.
Hernie durch den Hiatus pleuroperitonealis (Foramen Bochdalek)	Runde oder ovale, meist einseitige retrokardiale Verschattung, in 80–90% der Fälle auf der linken Seite. Wenn sie groß ist, kann sie Darmschlingen enthalten, die die gleichseitige Lunge verdrängen.	Häufigster angeborener Zwerchfelldefekt. Eine große Bochdalek-Hernie ist eine seltene Ursache einer akuten Atemnot beim Neugeborenen.
Zwerchfellrelaxation	Breitbasige Verschattung.	Läßt sich meist leicht von einer mediastinalen Läsion unterscheiden.
Zwerchfellruptur	Gewöhnlich auf der linken Seite nach Trauma.	

Fortsetzung auf Seite 66

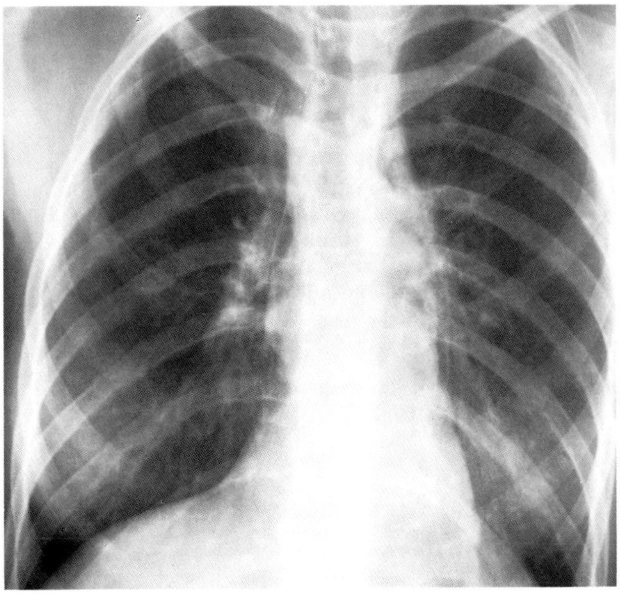

2.45a

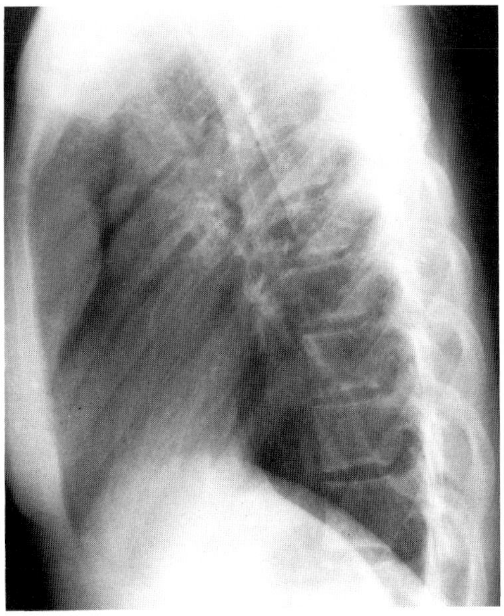

2.45b

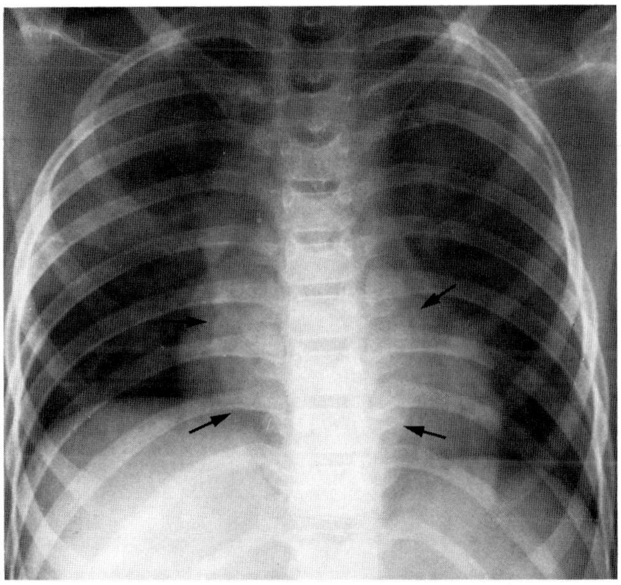

2.46

Abb. 2.**45 a, b** **Spontanes Pneumomediastinum** bei einem Fall von Morbus Hodgkin. **a** Geringfügige Verbreiterung des Mediastinums in frontaler Projektion. **b** Luft läßt die Konturen des retrosternalen Tumors hervortreten.

Abb. 2.**46** **Traumatisches Mediastinalhämatom.** Beidseitig vermehrte Weichteildichte hinter dem Herzen (Pfeile). Sie reicht nicht bis in die dorsalen Recessus costodiaphragmatici, was für eine Lokalisation im mittleren Mediastinum spricht.

Abb. 2.**47 a, b** **Hiatushernie.** Retrokardiale Verschattung mit Luft-Flüssigkeitsspiegel.

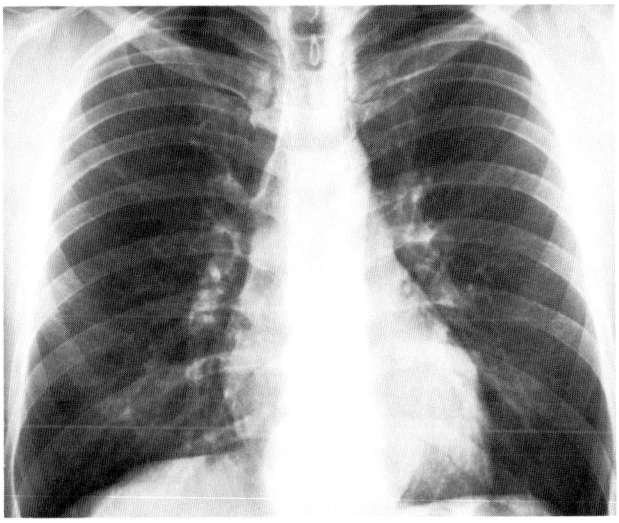

2.47a

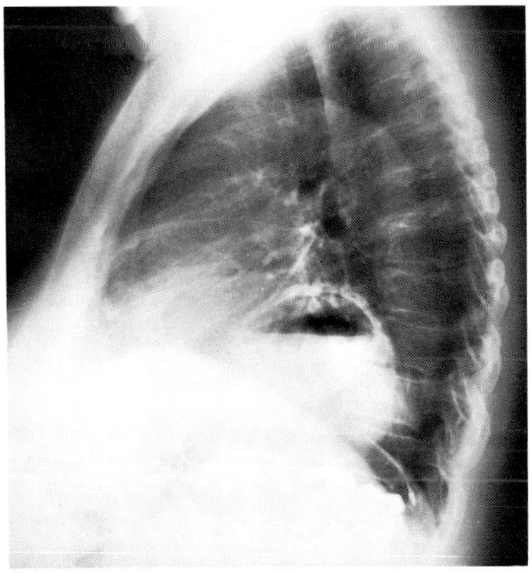

2.47b

Tabelle 2.3 Verbreiterung des Mediastinums (Fortsetzung)

Krankheit	Radiographischer Befund	Kommentar
Megaösophagus (Abb. 2.48)	Breite vertikale Verschattung an der rechten Seite des Mediastinums, die unmittelbar über dem Zwerchfell nach links biegt. Häufig Luft im Lumen und Luft-Flüssigkeitsspiegel.	Häufigste Ursache *Achalasie*. Radiographisch ist die *Chagas-Krankheit* u. U. nicht davon zu unterscheiden. Eine Verengung an der Kardia mit prästenotischer Dilatation (z. B. bei *Sklerodermie*) kann ein ähnliches radiographisches Bild erzeugen. Ein Ösophaguskarzinom verursacht in der Regel keine starke Erweiterung und/oder muskuläre Verdickung des Ösophagus.
Postoperativ (Abb. 2.49, 2.50)	Es können bizarre Bilder entstehen, besonders bei Koloninterposition oder Magenverlagerung im Rahmen der Behandlung eines Ösophaguskarzinoms.	

a
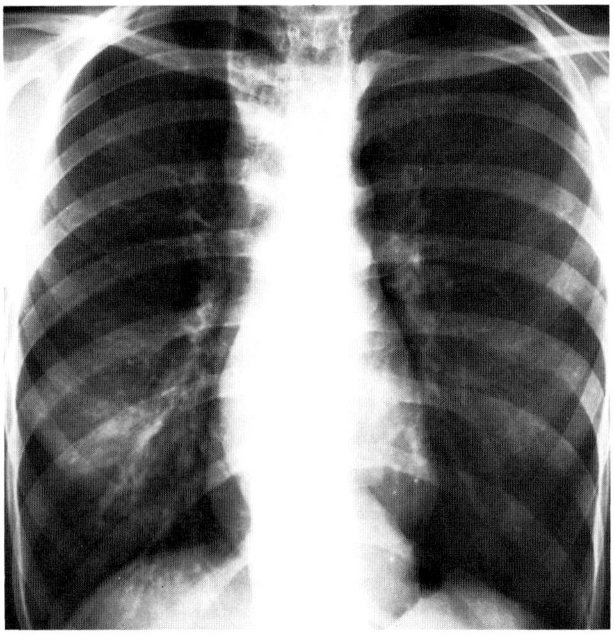
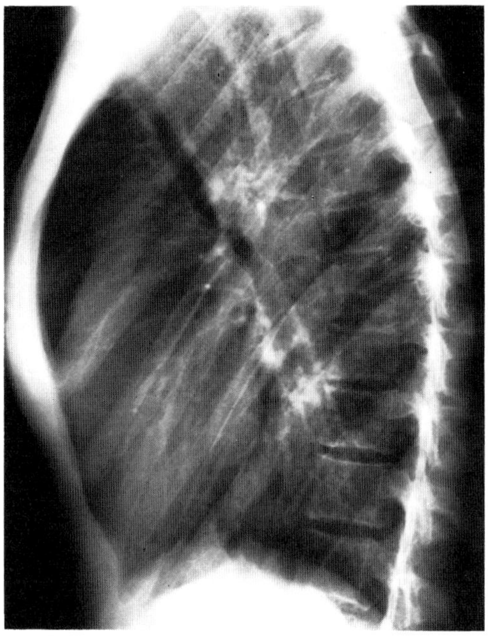
b

Abb. 2.**48 a, b** **Achalasie** (Megaösophagus). Vertikale Verschattung, die oberhalb des Zwerchfells nach links biegt, rechts im mittleren Mediastinum.

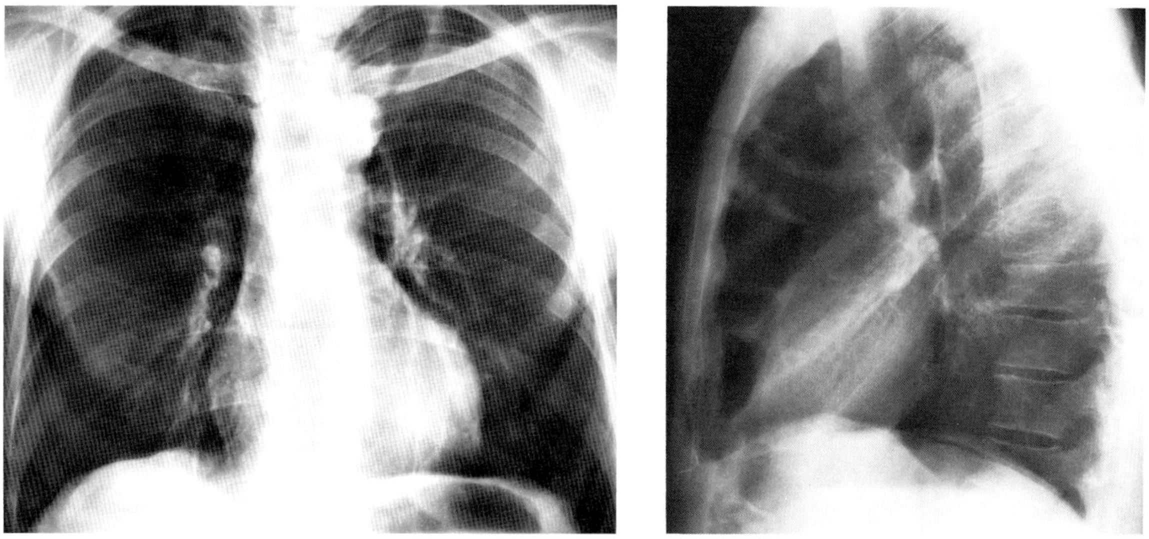

a b

Abb. 2.**49 a, b** **a** Wegen einer Ösophagusstenose durchgeführte **Koloninterposition**, die ein Pneumomediastinum vortäuscht. **b** Im vorderen Mediastinum sind typische Kolonhaustren sichtbar.

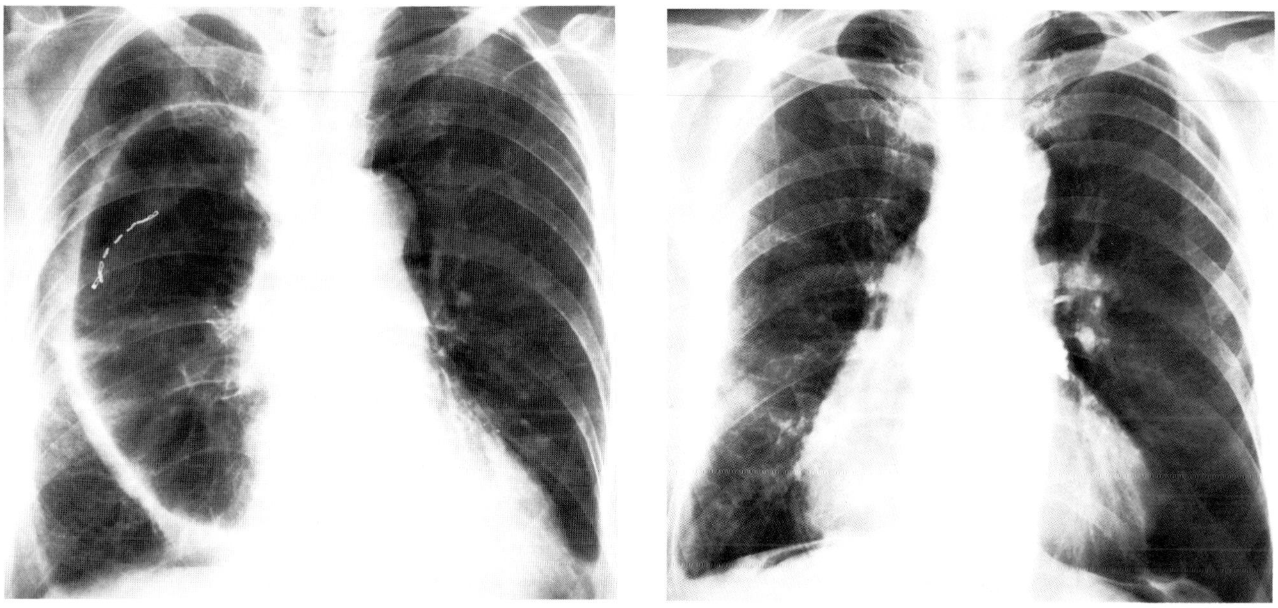

a b

Abb. 2.**50 a, b** Wegen eines distalen Ösophaguskarzinoms **chirurgisch in das Mediastinum verlagerter Magen,** der **a** ein Pneumomediastinum vortäuschen kann, wenn er gasgefüllt ist, oder **b** einen Mediastinaltumor, wenn er nicht durch Gas entfaltet ist.

3 Pleuraerguß

Im Pleuraraum normaler, gesunder Menschen sind bis zu 15 ml Flüssigkeit vorhanden. Diese Menge ist auf normalen Thoraxröntgenbildern nicht sichtbar, kann aber in Seitenlage mit horizontalem Strahlengang nachgewiesen werden; dies ist die empfindlichste Nativaufnahmetechnik für diesen Zweck. Für den radiographischen Nachweis beim Stehenden sind 250–600 ml Pleuraflüssigkeit erforderlich.

Röntgenologische Zeichen des Pleuraergusses

Drei Kräfte bestimmen die Verteilung von freier Flüssigkeit im Pleuraraum. Die Schwerkraft und die Retraktionskraft des Lungengewebes bewirken eine Ansammlung der Flüssigkeit zwischen der Unterfläche der Lunge und dem Zwerchfell, besonders im tiefsten dorsalen Rezessus. Die Flüssigkeitsschicht, die aufsteigend die Lunge mantelartig umgibt, wird immer dünner, bis das parietale und das viszerale Blatt der Pleura wieder zusammentreffen. Das beruht auf dem Einfluß der Kapillarität. Da an der mediastinalen Seite der Lunge die elastische Retraktion geringer ist, sammelt sich an dieser Fläche weniger Flüssigkeit an als um die Konvexität. In p.-a. Projektion wird daher der Flüssigkeitsschatten lateral sehr dicht sein, nach unten und medial einen leichten Bogen bilden und nach oben in einem glatten, *sichelförmigen* Ausläufer enden (Abb. 3.**1**). Die Flüssigkeitsansammlung ist dorsal, lateral und ventral gleich hoch, aber die dünne Flüssigkeitsschicht, die man en face sieht, erzeugt keinen wahrnehmbaren Schatten. Häufig sammeln sich kleine Flüssigkeitsmengen zwischen der Unterfläche des Unterlappens und dem Zwerchfell an, ohne in die Recessus costodiaphragmatici „überzulaufen". Solche infrapulmonalen Flüssigkeitsansammlungen lassen sich mit Aufnahmen in Seitenlage mit horizontalem Strahlengang bestätigen. In dieser Position sammelt sich die Flüssigkeit im tiefsten Teil des lateralen Pleuraraums an. Die typischen radiographischen Zeichen eines freien Pleuraergusses sind: 1. Verschwinden der normalerweise spitzen kostodiaphragmatischen Winkel (zuerst dorsal, dann lateral, zuletzt ventral). 2. Ausbreitung der Flüssigkeit entlang der Brustwand nach oben unter Bildung einer sichelförmigen Verschattung. Wenn ein Pneumothorax besteht, ist die Flüssigkeitsschicht bei Wegfall der Kapillarität lateral streng horizontal begrenzt (Abb. 3.**2**). 3. Verdickung der interlobären Pleurasepten („nasse Pleura"); das findet sich gewöhnlich bei Stauungsherzinsuffizienz. 4. Verdrängungs(Kompressions-)atelektase des gleichseitigen Lungenflügels, Vergrößerung der gleichseitigen Thoraxhälfte, Verlagerung des Mediastinums zur Gegenseite und konkave Einsenkung der gleichseitigen Zwerchfellhälfte sind typische Veränderungen bei massiver Flüssigkeitsansammlung im Pleuraraum. Wenn eine Thoraxhälfte vollständig verschattet, das Mediastinum aber nicht verlagert ist und die Zwerchfellhälfte nicht deutlich tiefer steht, beruhen die Veränderungen nicht primär auf einem raumfordernden Pleura-

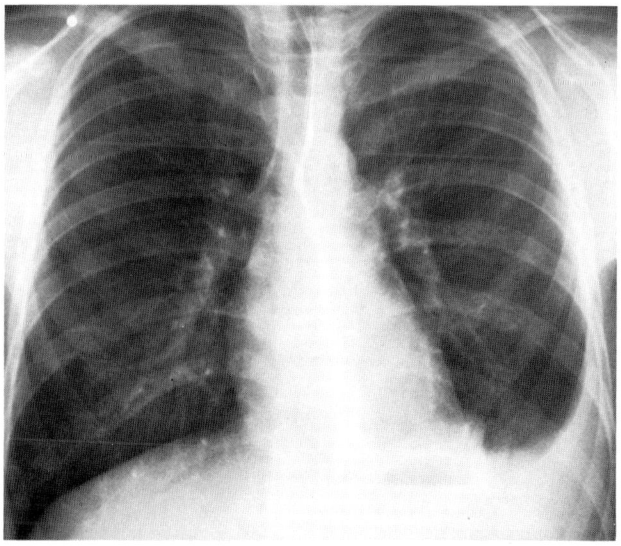

Abb. 3.1 **Linksseitiger Pleuraerguß** (tuberkulöse Pleuritis) mit charakteristischer Sichelform. Keine andere Normabweichung.

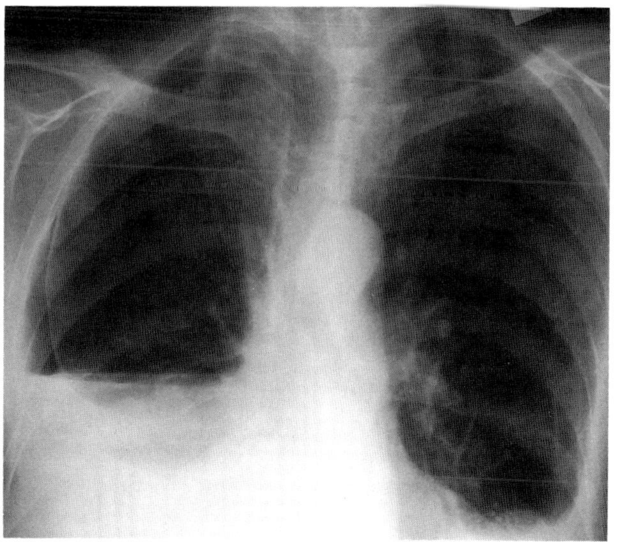

Abb. 3.2 **Beidseitige, frei bewegliche Pleuraergüsse** mit und ohne Pneumothorax. Links hat die Pleuraflüssigkeit Sichelform, rechts hat sie dagegen infolge des Pneumothorax einen streng horizontalen oberen Rand.

erguß, sondern auf der primären Volumenverminderung des gleichseitigen Lungenflügels, also einer Lungenerkrankung. Die wahrscheinlichste Ursache eines solchen Befunds ist eine endobronchiale Obstruktion, etwa durch ein Bronchuskarzinom. Aufnahmen in Rückenlage sind für die Entdeckung eines Pleuraergusses, der sich hinter der Lunge ablagert, nicht aufschlußreich. U. U. sieht man eine vermehrte Dichte der Thoraxhälfte und eine Flüssigkeitsschicht im umgebenden Pleuraraum (Abb. 3.**3**).

Eine atypische Verteilung der Pleuraflüssigkeit kann auf eine umschriebene Parenchym- oder auch Pleuraerkrankung hinweisen. Im Bereich einer Parenchymerkrankung ist die elastische Retraktion vermindert, und die Flüssigkeit verlagert sich in jene Thoraxregionen, wo die Retraktionskraft am größten ist, d. h. wo das Lungengewebe normal ist. Ein Pleuraerguß kann eine Atelektase oder Parenchymverdichtung vortäuschen (Abb. 3.**4** u. 3.**5**). U. U. hilft eine Aufnahme in Seitenlage, durch Umlagerung der Flüssigkeit die Parenchymveränderungen dahinter sichtbar zu machen. Ein infrapulmonaler (subpulmonaler) Pleuraerguß (Abb. 3.**6**) ohne stumpfe kostodiaphragmatische Winkel kann ein Phänomen der beeinträchtigten Retraktion der Lunge darstellen, wird aber auch bei offenbar normaler Lunge beobachtet. Wenn auch die Aufnahme in Seitenlage das beste Mittel zur Demonstration einer infrapulmonalen Flüssigkeitsansammlung ist, sollte man doch die folgenden Zeichen kennen, die gewöhnlich auf Aufnahmen im Stehen vorhanden sind und den Verdacht auf einen infrapulmonalen Erguß lenken:

1. Eine infrapulmonale Flüssigkeitsansammlung ist häufiger rechts; sie kann beidseitig sein.
2. In p.-a. Projektion ist der höchste Punkt der pseudodiaphragmatischen Konfiguration lateral von dem der normalen Zwerchfellkuppe.
3. Auf der linken Seite ist der Abstand zwischen der Lungenbasis und der Magenluftblase vergrößert (das kommt auch bei Magentumoren und bei Interposition der Leber oder Milz vor). Eine Eindellung in der Magenfundusblase entspricht dem tiefstehenden Zwerchfell.
4. Die dorsale kostodiaphragmatische Rinne ist gewöhnlich seicht, wenn auch andere Zeichen einer Flüssigkeitsansammlung in den kostodiaphragmatischen Winkeln fehlen.
5. In der seitlichen Projektion ist die Flüssigkeitskontur gewöhnlich vor dem schrägen Interlobärspalt abgeflacht. Dieses Segment fällt abrupt zum vorderen kostodiaphragmatischen Winkel ab.
6. Auf der a.-p. Aufnahme kann eine dreieckige mediastinale Flüssigkeitsansammlung sichtbar sein.

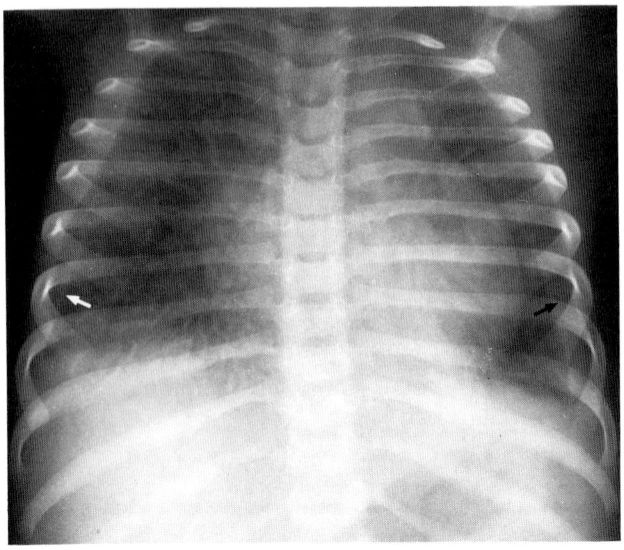

Abb. 3.**3** **Beidseitiger Pleuraerguß** (infolge Herzinsuffizienz) in Rückenlage. Leichte Dichtezunahme in der rechten Thoraxhälfte, wo die Flüssigkeitsmenge größer und die Verdrängungsatelektase ausgeprägter ist. Die Flüssigkeitsschicht im Pleuraraum ist nahe den Lungenspitzen am dicksten. Die schrägen Lappenspalten werden durch Flüssigkeitseintritt in den lateralen Teil der Spalten sichtbar (Pfeile).

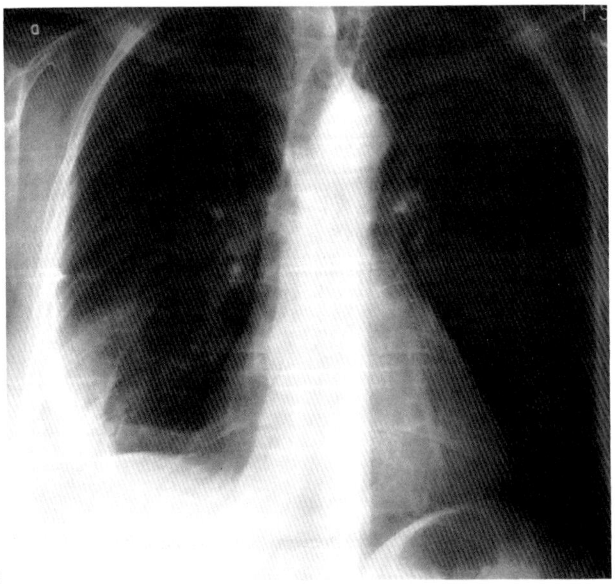

a

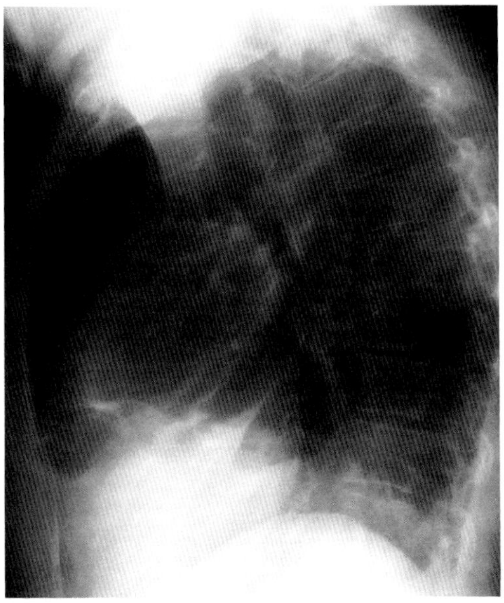

b

Abb. 3.**4 a, b** **Rechtsseitiger Pleuraerguß** (metastasierendes Mammakarzinom nach linksseitiger Mastektomie). Er kann in a.-p. Projektion eine Parenchymverdichtung oder Atelektase vortäuschen. Die Verschattungen entstehen durch Flüssigkeit in den Fissuren, die den Mittellappen umgeben.

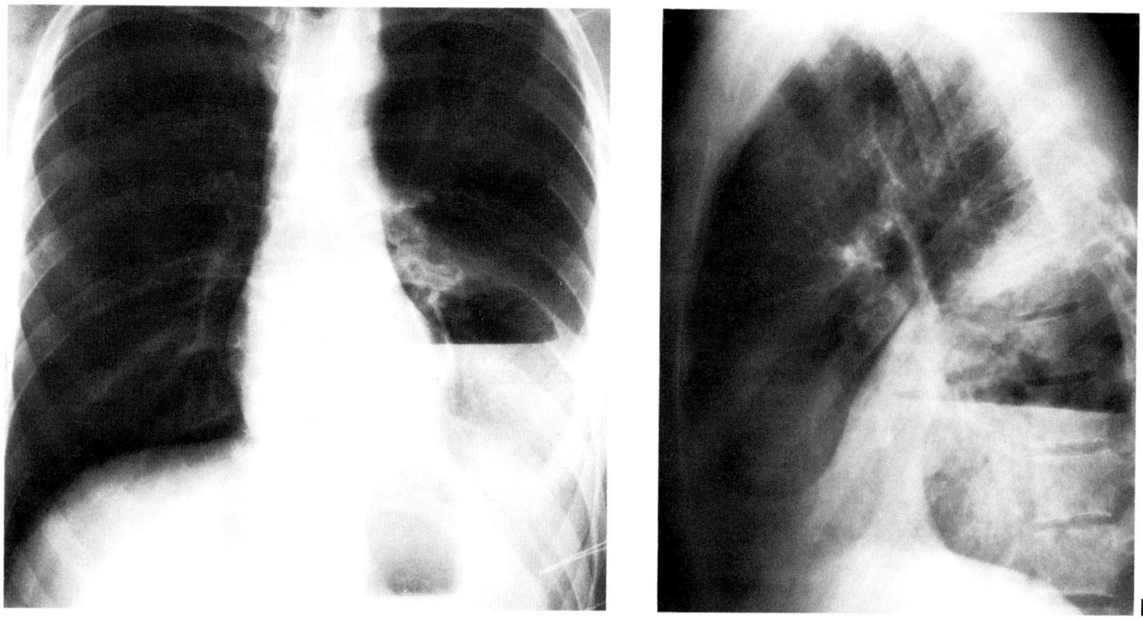

a b

Abb. 3.5 a, b **Atypische Ansammlung eines Pleuraergusses** um den linken Unterlappen, der einen Abszeß mit Luft-Flüssigkeitsspiegel enthält.

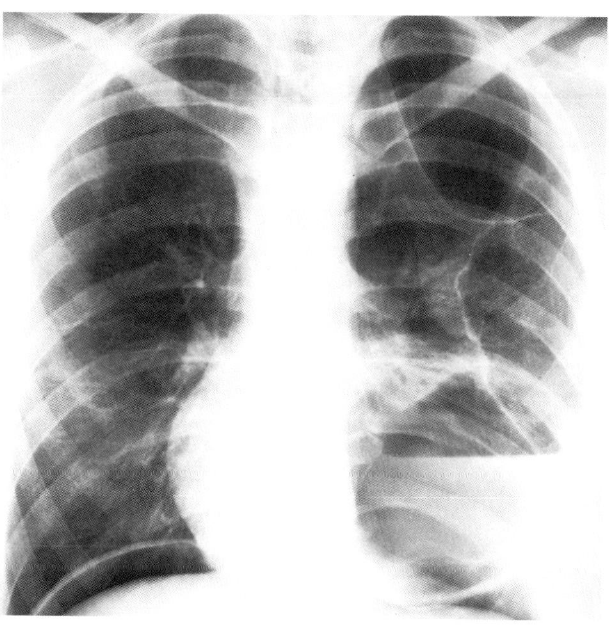

Abb. 3.5 c Nach Thorakozentese. Unbeabsichtigte Entstehung eines Pneumothorax und Pneumoperitoneums. Die Flüssigkeit im Abszeß ist geblieben, die pleurale Flüssigkeitsansammlung ist dagegen verschwunden.

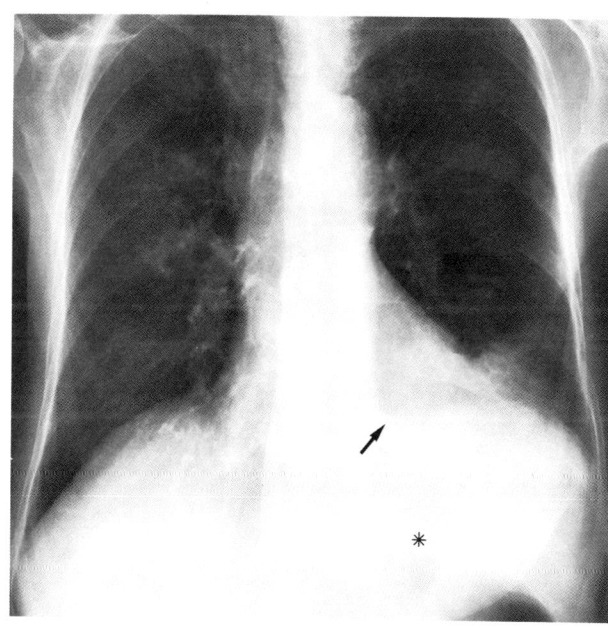

Abb. 3.6 **Infrapulmonaler Pleuraerguß** links (chronische Leukämie). Der höchste Punkt der pseudodiaphragmatischen Konfiguration liegt weiter lateal als der des normalen Zwerchfells, und der Abstand zwischen der Lungenbasis und der Magenluftblase (*) ist vergrößert. Es ist eine dreieckige mediastinale Flüssigkeitsansammlung zu sehen (Pfeil).

Gekammerte oder abgekapselte Flüssigkeitsansammlungen können überall im Pleuraraum vorkommen, wenn Pleuraadhäsionen bestehen. Abb. 3.**7** und 3.**8** zeigen Beispiele für abgekapselte Pleuraergüsse. Ein abgekapselter Erguß in derunteren Hälfte des schrägen Lappenspalts kann eine Atelektase oder Infiltration des rechten Mittellappens vortäuschen. Die abgekapselte Flüssigkeit läßt jedoch nicht den horizontalen Lappenspalt oder den rechten Herzrand verschwinden, wie es eine Atelektase oder Infiltration des Mittellappens tut. Überdies hat der abgekapselte Erguß Spindelform, während der Schatten des pathologisch veränderten Mittellappens gerade oder leicht konkave Ränder hat. Abgekapselte Flüssigkeit bewegt sich bei einem Lagewechsel nicht. Ein abgekapselter Erguß und eine Pleuraverdickung können daher gleich aussehen.

Flüssigkeit im Pleuraraum hat unabhängig von ihrem Charakter (Transsudat, Exsudat, Eiter, Blut) radiographisch meist dasselbe Aussehen. Die Differentialdiagnose eines Pleuraergusses muß sich daher oft auf andere Krankheitsmanifestationen im Thorax, auf die Anamnese und auf die Pleurapunktion stützen.

Die positive Diagnose ergibt sich oft, aber nicht immer aus der Laboruntersuchung der Pleuraflüssigkeit. In Tab. 3.**1** wurde Gewicht auf die radiologischen Begleitbefunde als differentialdiagnostische Kriterien gelegt.

Ein Pleuraerguß, der mit keinen anderen radiographischen Zeichen einer Krankheit im Thorax einhergeht, ist ein uncharakteristischer Befund, und die Differentialdiagnose ist von zusätzlichen klinischen Informationen oder von Röntgenbefunden im übrigen Körper abhängig.

Häufige Ursachen eines Pleuraergusses bei sonst normalem Thoraxbild sind:

1. eine Infektion der Pleura *(Tuberkulose, Viruskrankheiten)* oder des Abdomens *(Pankreatitis, subphrenischer Abszeß);*
2. ein extrathorakales Karzinom, das entweder in die Pleura oder die mediastinalen Lymphknoten metastasiert (meistens ein *Mammakarzinom*) oder über die Lymphwege des Zwerchfells zum Erguß führt *(Pankreaskarzinom* oder *retroperitoneales Lymphom);*
3. Kollagenkrankheiten *(rheumatoide Arthritis, Lupus erythematodes disseminatus);*
4. *Leberzirrhose mit Aszites;*
5. stumpfes *Thoraxtrauma* oder *Abdomenoperation.*

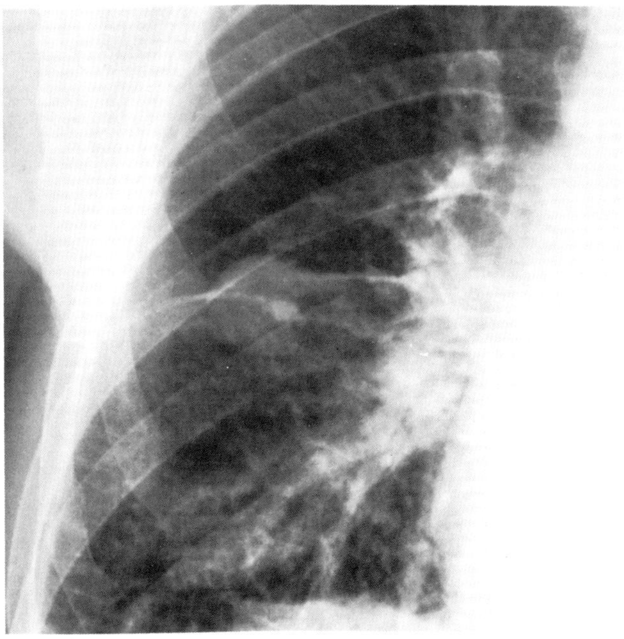
a

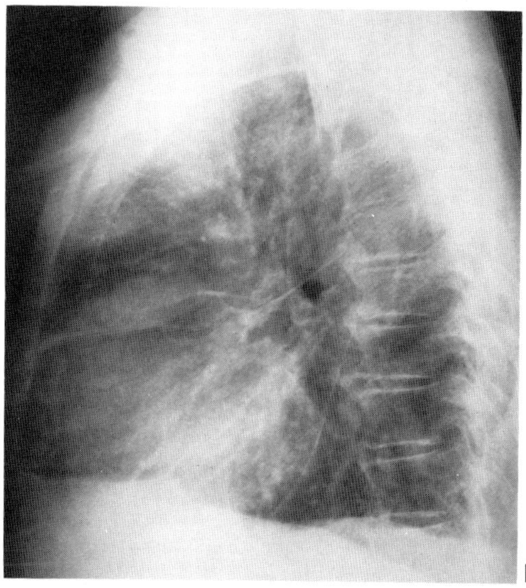
b

Abb. 3.**7 a, b** **Abgekapselte Flüssigkeit in der horizontalen Fissur;** ein Pseudotumor. Der mehrbogig begrenzte Erguß hat typische Spindelform. Schwere Herzinsuffizienz mit interstitiellem Lungenödem.

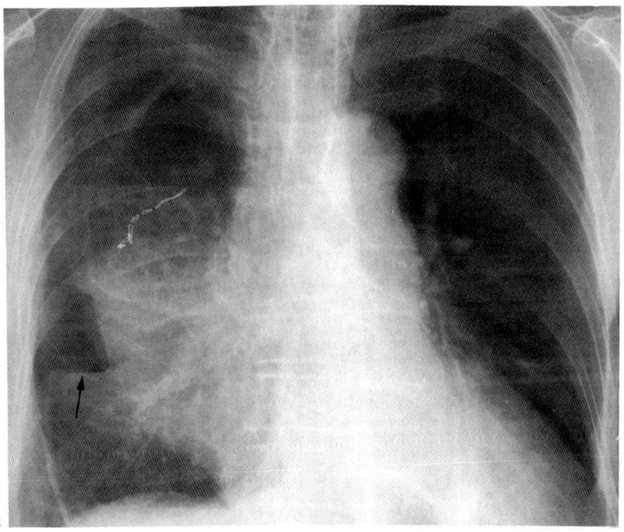
a

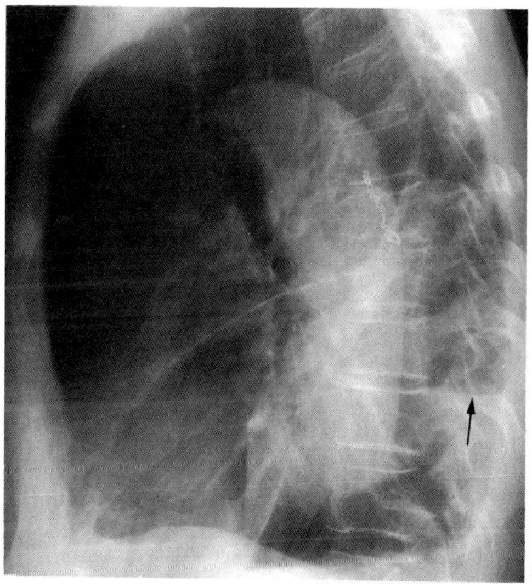
b

Abb. 3.**8 a, b** **Gekammerter Hydropneumothorax rechts dorsal** nach Operation eines Ösophaguskarzinoms. Um den rechten Unterlappen ist ein Luft-Flüssigkeitsspiegel sichtbar (Pfeile), Folge einer Ruptur des verlagerten Magens, der als Verschattung über dem rechten Herzrand zu sehen ist.

Tabelle 3.1 Differentialdiagnose bei Pleuraerguß

Krankheit	Radiographischer Befund	Kommentar
Neoplasmen		
Bronchuskarzinom	Retentionspneumonie, verbunden mit gleichseitigem Pleuraerguß und eventuell hilärer oder mediastinaler Lymphadenopathie.	Ein *Alveolarzellkarzinom* kann Tumormetastasen oder ein weit disseminiertes Lymphom, verbunden mit Pleuraergüssen, imitieren.
Lymphom (Abb. 3.9)	Solitäre oder multiple Verdichtungsbezirke sowie Vergrößerung der Hilus- oder Mediastinumlymphknoten, verbunden mit Pleuraerguß.	Umfaßt Leukämie, Morbus Hodgkin und Non-Hodgkin-Lymphom. Ein Pleuraerguß allein kann besonders beim retroperitonealen Lymphom vorkommen.
Tumormetastasen (Abb. 3.4, S. 70)	Diffuse Verdichtungen in der Lunge und Pleuraerguß bei normaler Herzgröße.	Eine hämatogene Metastasierung führt im allgemeinen zu nodulären Verschattungen, eine lymphogene zu linearen (A- und B-Linien), eventuell mit Lymphknotenvergrößerung. U. U. ist ein Pleuraerguß das einzige Zeichen, das die Erkrankung bietet.
Mesotheliom (Abb. 3.10)	Massiver Pleuraerguß, verbunden mit nodulärer diffuser Pleuraverdickung. Das Volumen der gleichseitigen Thoraxhälfte kann trotz massiver Verschattung reduziert sein.	Bei der diffusen Variante des Mesothelioms ist ein Pleuraerguß charakteristisch. Eine *Asbestose*anamnese ist häufig. Die lokale Variante des Mesothelioms bietet das Bild eines peripheren Tumors, und ein Pleuraerguß ist selten.
Neoplasmen des Ovars (Meigs-Syndrom)	In der Pleuraflüssigkeit lassen sich keine malignen Zellen nachweisen, und andere thorakale Symptome der Krankheit sind dabei nicht vorhanden.	Neoplasmen des Ovars *(Fibrom, Thekazelltumor, Kystadenom, Adenokarzinom, Granulosazelltumor)* oder sogar ein *Fibromyom* des Uterus, verbunden mit Aszites.
Pankreaskarzinom	Keine malignen Zellen in der Pleuraflüssigkeit nachweisbar, außer bei Pleurametastasen.	Ein Erguß kann durch Flüssigkeitstransport in den Thorax über die Lymphbahnen des Zwerchfells zustande kommen. In diesem Fall ist der Pleuraerguß das einzige Krankheitszeichen im Thoraxröntgenbild.
Multiples Myelom	Von der Brustwand ausgehende raumfordernde Weichteilläsion(en), manchmal verbunden mit Flüssigkeitsansammlung im Pleuraraum.	Ein Pleuraerguß ist beim multiplen Myelom ungewöhnlich. Eine Knochendestruktion ist häufig. Die der Krankheit entsprechenden Weichteiltumoren wölben sich meist in die Brusthöhle vor. Ein *primäres Neoplasma* der Brustwand ist selten und kann ein identisches Bild bieten.
Infektionen		
Bakterielle Pneumonie	Es sind verschiedene Bilder, z. T. mit Pleuraergüssen, zu beobachten. Einige typischere Erscheinungsformen werden unten beschrieben.	Das Bild der Lungenparenchymveränderungen ist aufschlußreicher.
Tularämie	Sphärische oder ovale Verdichtungen in der Lunge, vergrößerte Lymphknoten und Pleuraerguß.	Pleuraergüsse sind bei der typhösen Form häufiger (50–77%) als bei der nichttyphösen (8–26%). Entsprechender Tierkontakt in der Anamnese spricht für die Diagnose.
Staphylococcus aureus	Eine Pneumonie mit nachfolgendem Empyem bei Säuglingen und Kindern ist typisch. Abszesse oder Pneumatozelen sind häufig.	Konfluierende, abszedierende segmentäre Pneumonie, gefolgt von Empyem. Ein Empyem tritt in 90% der Fälle bei Kindern und zu 50% bei Erwachsenen auf.
Tuberkulose (Abb. 3.1, S. 69)	Ein Pleuraerguß ist oft die einzige Manifestation; begleitende Parenchymveränderungen sind selten.	Als Manifestation einer Primärtuberkulose öfter bei Erwachsenen als bei Kindern.
Clostridium perfringens	Kombination von Pleuraerguß, Gas in Weichteilen und eventuell segmentärer Bronchopneumonie.	Gas in Weichteilen findet sich häufiger bei postoperativen Zuständen oder in Verbindung mit einem Pneumothorax.
Pilzinfektionen	Eine Kombination aus Pneumonie mit Zerfallshöhlen, Pleuraerguß (Empyem) und Brustwandbeteiligung spricht sehr für *Aktinomykose* oder *Nokardiose.*	Bei anderen Pilzinfektionen des Brustraums ist ein Pleuraerguß selten. Mitunter (2%) kann eine *Histoplasmose* mit einem Pleuraerguß, der von einer tuberkulösen Pleuritis nicht unterscheibar ist, in Erscheinung treten. Eine *Aspergillusinvasion* in eine postoperative Empyemhöhle kann vorkommen.

Fortsetzung auf Seite 76

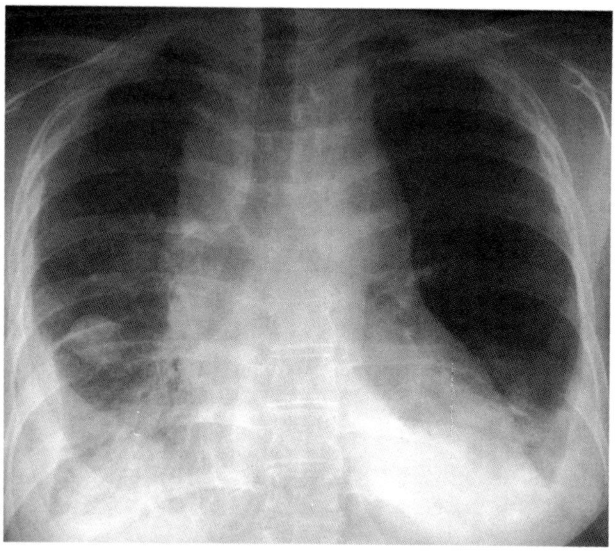

Abb. 3.9 **Bilateraler Pleuraerguß** bei einem Non-Hodgkin-Lymphom mit Befall des Mediastinums. Abgekammerte Flüssigkeit in der Fissura horizontalis. ▶

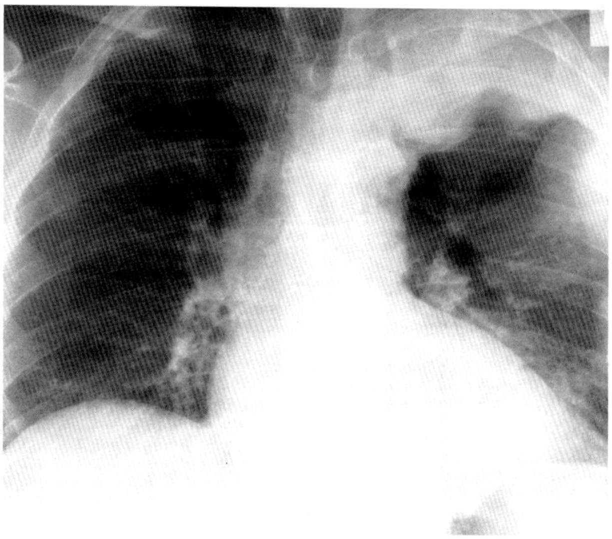

a

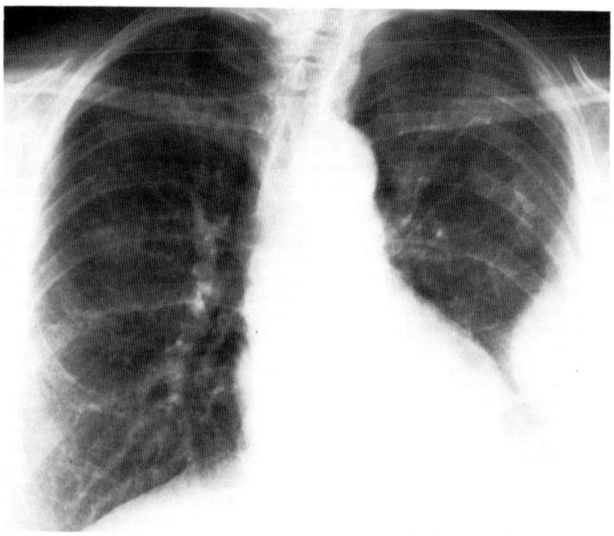

b

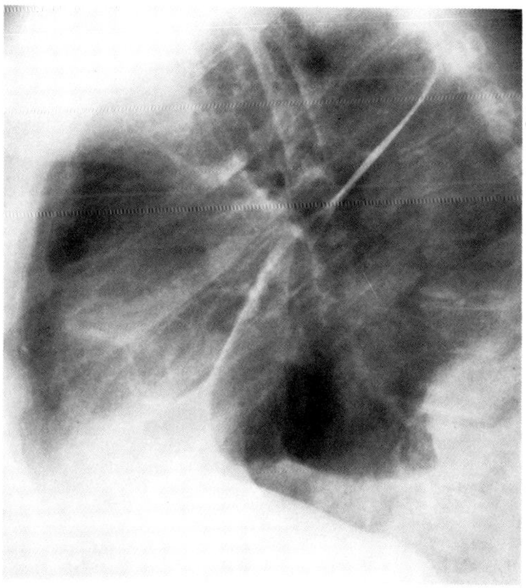

c

Abb. 3.10 **a–c** **Mesotheliom** (zwei Fälle). **a** Charakteristisches Bild eines diffusen Mesothelioms. Noduläre Pleuraverdickungen und Pleuraerguß. **b, c** Der Tumor wird als lokale, etwas unregelmäßige Vorwölbung sowohl in a.-p. als auch in lateraler Projektion sichtbar; er ist demnach ausgedehnter, als bei Aufnahmen in einer einzigen Projektion zu erwarten wäre. Mäßige Flüssigkeitsmenge im Pleuraraum.

Tabelle 3.1 Differentialdiagnose bei Pleuraerguß (Fortsetzung)

Krankheit	Radiographischer Befund	Kommentar
Virusinfektionen und Mycoplasma pneumoniae	Eine kombinierte interstitielle und alveoläre Pneumonie ist eine häufige Erscheinungsform, ein Pleuraerguß ist selten.	Gelegentlich kann ein Pleuraerguß das einzige sich bietende Krankheitszeichen sein.
Amöbiasis (Entamoeba histolytica)	Seltene Kombination von Unterlappenverdichtung, Pleuraerguß und Lebervergrößerung bei einem Patienten mit Diarrhoe.	Die Erreger können vom Leberabszeß durch das Zwerchfell in die Pleura und Lunge einwandern und diese seltene Kombination verursachen. Ein Pleuraerguß entwickelt sich in 3% der Fälle.
Echinokokkose (Hydatidenthorax)	Wenn eine Hydatidenzyste in den Pleuraraum rupturiert, entsteht ein Hydropneumothorax. Schwimmende Membranen der ursprünglichen Blase können das „Wasserlilien"-Zeichen erzeugen.	
Entzündungsprozeß im Abdomen	Gleichseitiger Pleuraerguß bei Zeichen einer abdominellen Erkrankung.	Ein Pleuraerguß tritt bei *Pankreatitis* (typischerweise linksseitig) und bei *subphrenischem Abszeß* auf.
Verschiedenes		
Lupus erythematodes disseminatus	Beidseitiger Pleuraerguß, uncharakteristische Herzvergrößerung und basale Atelektase oder Pneumonie deuten auf die Krankheit.	Die Lungenveränderungen sind nicht spezifisch. Die Herzvergrößerung ist meist durch einen Perikarderguß bedingt.
Rheumatoide Arthritis	Lange bestehender Pleuraerguß mit oder ohne interstitielle Lungenveränderungen.	Der Pleuraerguß ist ebentuell das einzige sich bietende Krankheitszeichen. Der Glukosegehalt des Ergusses ist typischerweise niedrig.
Wegener-Granulomatose	Kombination aus Pleuraerguß und einem einzelnen oder multiplen Lungenknoten, die zerfallen können, verbunden mit Nierenveränderungen.	Ein Erguß kann in etwa 50% der Fälle vorhanden sein.
Makroglobulinämie Waldenström	Pleuraerguß, verbunden mit diffuser retikulonodulärer Lungenzeichnung.	Anämie, monoklonale IgM-Gammopathie und lymphozytäre oder plasmazelluläre Infiltration des Knochenmarks. Ein Pleuraerguß ist in grob 50% der Fälle vorhanden.
Lungenembolie und -infarkt (Abb. 3.11)	Verschiedene Bilder, zu denen lineare Schatten, segmentäre Verdichtung, einseitiger Zwerchfellhochstand, kleine Pleuraergüsse und vermehrte oder verminderte periphere Lungengefäßzeichnung gehören.	Ein positiver Ventilations-Perfusions-Scan spricht sehr für die Diagnose. Ein Pleuraerguß kann zuweilen das einzige sich bietende Symptom sein. Die Lungenangiographie erhärtet die Diagnose.

Fortsetzung auf Seite 77

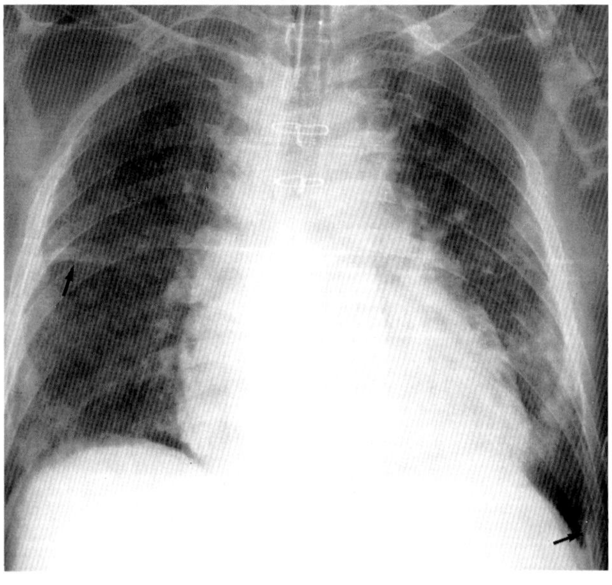

Abb. 3.**11** **Lungenembolie.** Beiderseits kleiner Pleuraerguß (Pfeile), Zeichen eines Lungenödems und Herzvergrößerung.

Tabelle 3.1 Differentialdiagnose bei Pleuraerguß (Fortsetzung)

Krankheit	Radiographischer Befund	Kommentar
Stauungsherzinsuffizienz	Herzvergrößerung, verbunden mit Pleuraerguß und klinischen Symptomen der kardialen Dekompensation (s. Kap. 1, S. 10).	Der Pleuraerguß ist rechts- oder beidseitig.
Postmyokardinfarktsyndrom	Siehe Kap. 1, S. 10. Häufig (80%) besteht ein links- oder beidseitiger Pleuraerguß, oft begleitet von einem Perikarderguß und/oder Lungeninfiltration.	Kann ein paar Tage oder bis zu zwei Monate nach einem akuten Myokardinfarkt auftreten.
Pericarditis constrictiva	Zeichen des erhöhten Venendrucks im großen Kreislauf, verbunden mit perikardialen Verkalkungen (etwa 50%) und Pleuraerguß (etwa 50%).	
Obstruktion der V. cava superior oder der V. azygos	Klinische Symptome des Vena-cava-superior-Syndroms, verbunden mit Verbreiterung des Mediastinums und Pleuraerguß.	Kann durch einen Tumor oder selten durch einen gutartigen Prozeß, etwa eine *sklerosierende Mediastinitis*, verursacht werden.
Asbestose	Es kommen drei Typen pleuraler Veränderungen allein oder in Kombination mit anderen vor: 1. Pleuraplaques, die in etwa einem Drittel der Fälle verkalken. 2. Pleuraverdickung. 3. Pleuraergüsse. Begleitende Lungenmanifestationen können das Herz „struppig" erscheinen lassen.	Sehr häufig verbunden mit Entwicklung eines *Bronchuskarzinoms* und *Mesothelioms*.
Perforierendes oder stumpfes Thoraxtrauma (einschließlich Operationen) (Abb. 3.8, S. 73; Abb. 3.12)	Große Bandbreite von Veränderungen: Rippenbrüche, Lungenblutung oder -hämatom, mediastinales Hämatom, Aortenaneurysma, Pneumothroax, Pneumomediastinum.	Die genaue Diagnose wird meist durch die Vorgeschichte oder durch Begleitbefunde ermöglicht. Nach *Bauchoperationen* und stumpfen Thoraxverletzungen kann ein Pleuraerguß der einzige sich bietende Befund sein. Nach *Thoraxoperation* und versehentlicher Verletzung des Ductus thoracicus kann sich ein *Chylothorax* (chylöser Pleuraerguß), oft erst ein paar Tage später, entwickeln. Ein chylöser Erguß kann auch sekundär durch maligne Prozesse oder durch Parasiten hervorgerufen werden.
Sarkoidose	Ein Pleuraerguß ist bei Sarkoidose selten (Häufigkeit 0,7 bis 4%) und sollte nur nach Ausschluß anderer, häufigerer Krankheiten auf eine Sarkoidose zurückgeführt werden.	Miliare Schatten in derLunge in Verbindung mit einem Pleuraerguß sind eher durch disseminierte Metastasen oder Tuberkulose bedingt.
Nephrotisches Syndrom Verminderter osmotischer Druck im Plasma	Gewöhnlich infrapulmonaler Erguß. Generalisierte Ödeme.	Die biochemische Untersuchung von Serum und Harn erlaubt die Diagnose.

Fortsetzung auf Seite 78

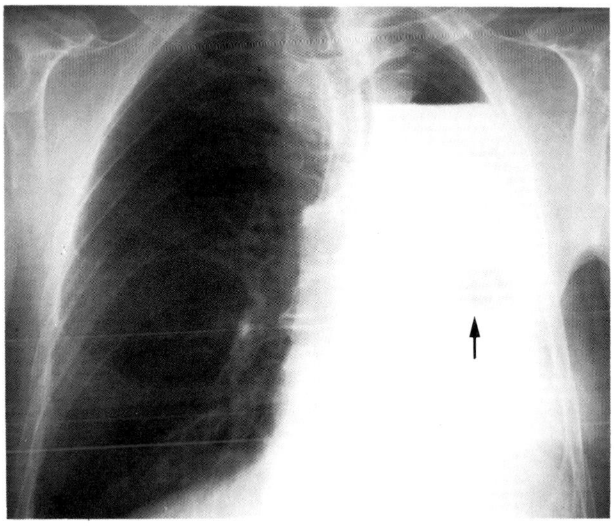

Abb. 3.**12** **Operative Entfernung des linken Lungenflügels.** Die leere linke Thoraxhälfte hat sich allmählich mit Flüssigkeit gefüllt. Die Verlagerung des Mediastinums nach links und der Magenluftblase nach oben (Pfeil) zeigt eine passive Ansammlung von Flüssigkeit in der linken Thoraxhälfte an. Eine aktive Flüssigkeitsansammlung (etwa bei Metastasen) würde die Nachbarorgane von der flüssigkeitsgefüllten Thoraxhälfte weg verdrängen.

Tabelle 3.1 Differentialdiagnose bei Pleuraerguß (Fortsetzung)

Krankheit	Radiographischer Befund	Kommentar
Hydronephrose	Tritt selten mit einem Pleuraerguß ohne thorakale Krankheit in Erscheinung.	Der Erguß steht vielleicht mit einem Flüssigkeitstransport über die Lymphbahnen des Zwerchfells in Zusammenhang.
Urämie, Dialyse (Abb. 3.13)	Pleuraerguß, verbunden mit Perikarderguß und/oder pulmonalen Manifestationen der Urämie (s. Kap. 7, S. 140).	Kann eine Stauungsherzinsuffizienz vortäuschen.
Myxödem	Pleuraerguß ohne besondere Merkmale.	Ein Perikarderguß ist häufiger.
Leberzirrhose mit Aszites	Bietet das Bild eines Pleuraergusses ohne thorakale Erkrankung.	Gewöhnlich sind ein Aszites und andere Zirrhosesymptome vorhanden.
Lymphödem	Pleuraerguß in Verbindung mit klinischen Zeichen eines Lymphödems.	Hypoplasie des lymphatischen Systems.
Familiäres Mitelmeerfieber (familiäre rekurrierende Polyserositis)	Pleuraerguß, verbunden mit Osteoporose, Arthritis und oft Perikarditis.	Hereditäre, auf Armenier, Araber und Sephardim-(Nicht-Aschkenasim-)Juden beschränkte Krankheit. Zu den typischen Manifestationen gehören Fieberschübe mit Bauch-, Brust- oder Gelenkschmerzen, die durch Entzündung des Peritoneums, der Pleura und der Synovialmembran bedingt sind. Als Komplikation kann eine Amyloidose auftreten.
Medikamentös bedingter Pleuraerguß	Pleuraerguß in Verbindung mit interstitiellen Lungenveränderungen oder einem lupusähnlichen Bild.	Pharmaka: Nitrofurantoin, Hydralazin, Prokainamid.

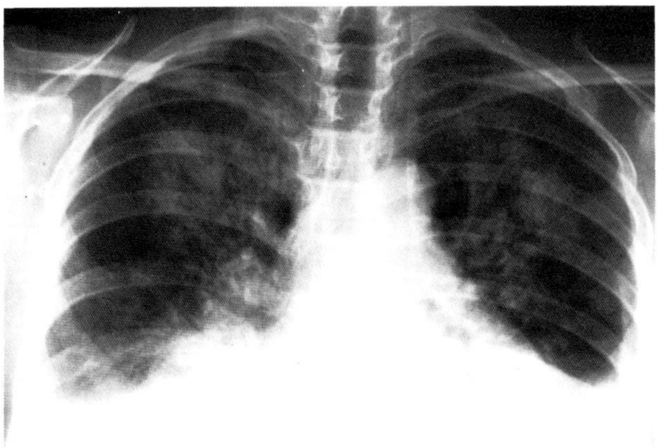

Abb. 3.**13** **Urämie.** Beiderseits massiver Pleuraerguß und fleckige alveoläre Infiltrate (Lungenödem).

4 Intrathorakale Verkalkungen

Verkalkungen werden auf Thoraxröntgenbildern oft beobachtet. Am häufigsten finden sie sich bei symptomfreien Individuen als Zeichen einer „erloschenen" Krankheit oder als physiologische Verkalkung, etwa in den knorpeligen Rippenabschnitten oder im Tracheobronchialbaum. Für eine Verkalkung der Weichteile, die den Brustkorb umgeben, gelten dieselben Ursachen wie für eine generalisierte Verkalkung periartikulärer Weichteile.

Eine Verkalkung der Aorta und anderer Arterien ist eine geläufige Alterserscheinung in westlichen Ländern und hat wohl wenig diagnostische Bedeutung, wenn sie nicht mit anderen Veränderungen, etwa einer aneurysmatischen Erweiterung des Gefäßes, verbunden ist. Atherosklerotische Verkalkungen kommen auch häufig im Mitral- und Aortenring des Herzens vor. Eine arteriosklerotische Verkalkung der Koronararterien ist ebenfalls häufig, aber aufgrund der Hartstrahltechnik sind derart kleine Verkalkungen im Herzen oder anderswo auf dem Routinethoraxröntgenbild selten zu erkennen. Zur Sichtbarmachung kardialer Verkalkungen ist die Durchleuchtung mit weniger kV besser geeignet. Die Lunge ist das am häufigsten von *metastatischen Verkalkungen* betroffene Viszeralorgan; sie stehen meistens mit einer Niereninsuffizienz in Zusammenhang. Metastatische Lungenverkalkungen sind allerdings selten radiographisch nachweisbar. *Verkalkungen granulomatöser Veränderungen* (Abb. 4.**1**) im Lungenparenchym sind häufig und diagnostisch bedeutsam, weil der Nachweis eines verkalkten zentralen Nidus oder einer lamellären Verkalkung in einem Lungenknötchen das verläßlichste Zeichen der Benignität ist.

Diffuse oder *miliare Verkalkungen* im Lungenparenchym können verschiedene Erkrankungen zur Ursache haben, sind aber seltener als noduläre Verkalkungen. Miliare Verkalkungen bei abgeheilten disseminierten Infektionsprozessen, Mitralstenose oder Microlithiasis alveolaris weisen gewöhnlich Unterscheidungsmerkmale auf. Eine *Verkalkung von Lungenmetastasen* ist ungewöhnlich. Der häufigste Primärtumor mit verkalkten Lungenmetastasen ist das Osteosarkom, aber in seltenen Fällen kann auch eine Verkalkung in Metastasen jedes muzinösen Adenokarzinoms vorkommen. Eine exzentrische Verkalkung in einem Lungentumor findet sich gelegentlich bei einem Bronchuskarzinom, das einen präexistenten, verkalkten granulomatösen Herd umwachsen hat.

Häufig kommt es zu Verkalkungen in der *Schilddrüse,* die als Tumor im oberen Mediastinum in Erscheinung treten können. Leider ist die Verkalkung des Schilddrüsenknotens kein verläßliches Zeichen seiner Gutartigkeit. Andere mediastinale Tumoren haben oft kennzeichnende Verkalkungen; so ist z. B. der Nachweis von einem Knochen oder Zahn innerhalb eines raumfordernden Prozesses beweisend für eine *Dermoidzyste.*

Pleuraverkalkungen können in Form von *durchgehenden Platten* oder von *multiplen verkalkten Plaques* vorkommen. Der erstgenannte, meist unilaterale Typ ist ein Folgezustand nach einer alten *Pleurainfektion* (besonders Empyem oder Tuberkulose) oder einem *Hämatothorax.* In einem solchen Fall liegen die Kalkablagerungen gewöhnlich auf der verdickten viszeralen Pleura, und zwischen der Verkalkung und der Brustwand befindet sich eine dicke, weichteildichte Schicht. Verkalkte oder unverkalkte Plaques der Pleura parietalis sind typisch für *Asbestose;* die Veränderungen sind in der Regel doppelseitig. Eine begleitende Lungenfibrose fehlt oft. Wenn eindeutige Verkalkungen der anscheinend verdickten Pleura fehlen, sollte man an nichtpleurale, an die Pleura grenzende Gewebemassen denken. Ein solcher Befund kann auch auf Interkostalfett oder auf eine ungewöhnlich stark hervortretende Brustmuskulatur zurückzuführen sein. Letzteres wird am häufigsten bei Erwachsenen mit einwärts konkaver lateraler Brustwand in der Gegend der 5. bis 9. Rippe beobachtet.

Hilusverkalkungen sind am häufigsten Ausdruck eines abgeheilten granulomatösen Entzündungsprozesses der Lymphknoten. Sie sind meist getüpfelt oder amorph und im ganzen Knoten unregelmäßig verteilt. Eine ringförmige Verkalkung in der Peripherie der Lymphknoten *(„eierschalenartige" Verkalkung)* ist ungewöhnlich und für *Silikose* typisch, findet sich aber sehr selten auch bei *Sarkoidose* und bei *bestrahltem Hodgkin-Lymphom.*

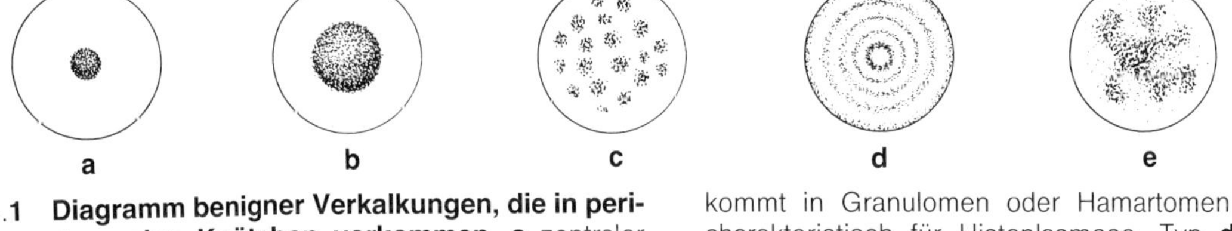

Abb. 4.**1** **Diagramm benigner Verkalkungen, die in peripheren pulmonalen Knötchen vorkommen.** **a** zentraler Nidus, **b** schießscheibenartige Läsion, **c** multiple punktierte Foci, **d** lamellär, **e** Konglomerat oder „Popcorn". Typ **a** und **c** kommt in Granulomen oder Hamartomen vor. Typ **b** ist charakteristisch für Histoplasmose. Typ **d** kommt nur in Granulomen vor, und Typ **e** ist charakteristisch für Hamartome.

Tabelle 4.1 Differentialdiagnose thorakaler Verkalkungen

Ort der Verkalkung	Ursachen oder Begleitkrankheit	Kommentar
Kardiovaskuläre Verkalkungen		
Aortenwand (Abb. 4.2, 4.3)	Atherosklerose Aneurysma Aortitis	Ein vergrößerter Durchmesser der Aorta zeigt ein Aneurysma an. Ein vergrößerter Abstand zwischen Intimaverkalkung und Außenwand der Aorta spricht für ein Aneurysma dissecans. Eine massive Verkalkung der dilatierten Aorta ascendens ist für eine syphilitische Aortitis kennzeichnend.
Sinus aortae (Valsalvae) Gewöhnlich auf dem Seitenbild am besten zu sehen (Abb. 4.2)	Aneurysma der Sinus aortae oder selten Arteriosklerose	Eine Verkalkung kann in der Sinuswand und in der angrenzenden Aorta vorkommen. Massiv bei syphilitischen Aneurysmen. Ein Thrombus im Aneurysma kann verkalken.
Koronararterien (Abb. 4.4)	Arteriosklerose der Koronararterien (häufig), Koronararterienaneurysma (sehr selten)	Der häufigste Ort einer sichtbaren Verkalkung ist der proximale Teil des R. circumflexus der linken Koronararterie. Leichter im Seitenbild als parallele lineare oder tubuläre Verkalkungen zu erkennen.
Aortenring oder Aortenklappen (Abb. 4.5)	*Nur Ringverkalkung:* Arteriosklerose *Klappenverkalkung mit oder ohne Ringverkalkung:* Rheumatische Aortenklappenschädigung Arteriosklerose Endokarditis Angeborener Klappendefekt Hyperkalzämie	Eine Verkalkung des Aortenrings ist gewöhnlich massiv und deutlich, während Klappenverkalkungen getüpfelt sind, oft vom Ring überlagert werden und auf Nativaufnahmen nicht sichtbar sind. Wenn die Aortenklappenveränderungen vor dem 50. Lebensjahr auftreten, ist eine rheumatische Genese wahrscheinlich.
Mitralring (Abb. 4.6)	Arteriosklerose	Dichter, gebogener oder ringförmiger Verkalkungsstreifen um die Mitralklappe. Gewöhnlich bedeutungslos, doch kann ein starrer Mitralring eine funktionelle Insuffizienz der Mitralklappe verursachen.
Mitralklappe	Rheumatische Mitralklappenschädigung	Die Verkalkung kann undeutlich sein und wird leicht übersehen. Das Ausmaß der Verkalkung ist kein Gradmesser für die Funktionsstörung.
Myokard (Abb. 4.7)	Myokardinfarkt Herzwandaneurysmen als Folge eines Infarkts oder selten anderer Ursachen, etwa einer Syphilis Myokardschädigung durch Trauma, Myokarditis, rheumatisches Fieber (selten) Angeboren (selten) Hyperparathyreoidismus (selten) Vitamin-D-Überdosierung (selten)	Die Verkalkung ist meist kleiner als der Infarkt. Am häufigsten an der Herzspitze mit oder ohne Aneurysma.

Fortsetzung auf Seite 82

Abb. 4.2 **Verkalktes Aneurysma der Sinus Valsalvae.** ▶ Ausgedehnte atherosklerotische Verkalkungen in der Aorta thoracica; multiple, verkalkte paratracheale Lymphknoten und stark verkalkte Rippenknorpel.

Abb. 4.3 **Syphilitische Aortitis** mit aneurysmatischer Dilatation und starker Verkalkung der Aorta ascendens.

Abb. 4.4 **Koronararterienverkalkungen** (Pfeile).

Abb. 4.5 **Aortenklappenverkalkungen** (ausgeprägt). Rheumatische Stenose und Insuffizienz der Aortenklappe.

Abb. 4.6 **Verkalkter Mitralring.**

Abb. 4.7 **Verkalktes Herzwandaneurysma** nach Infarkt.

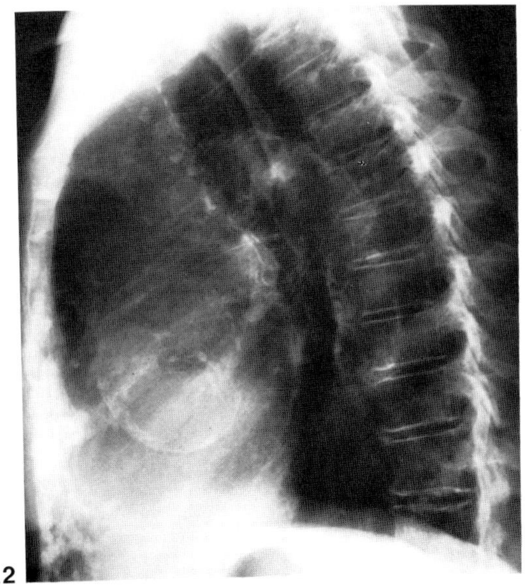
4.2

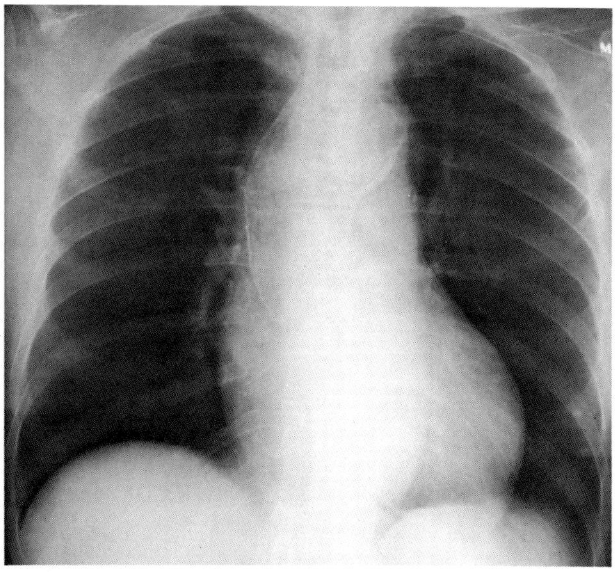
4.3

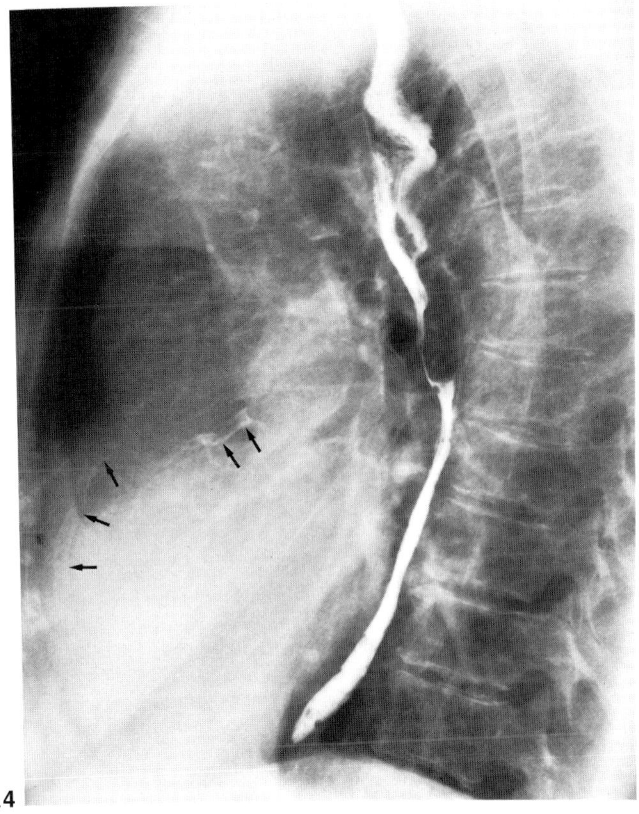
4.4

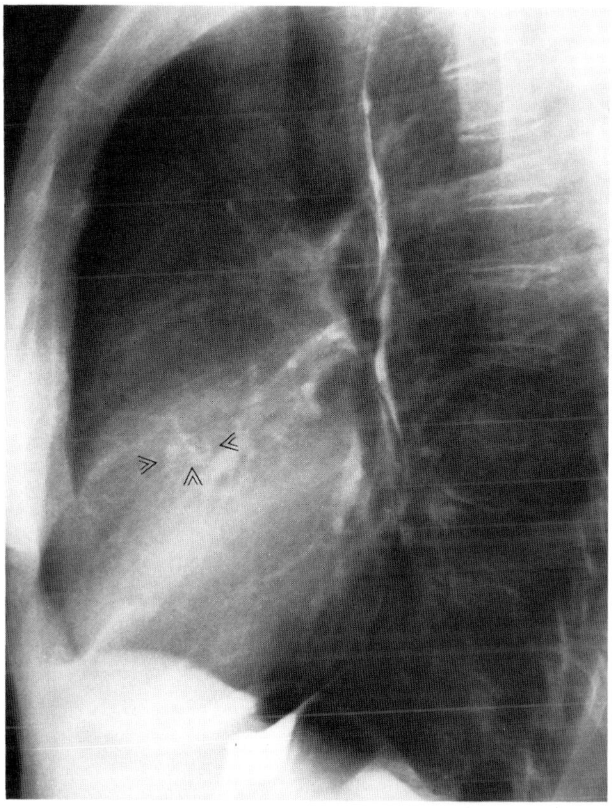
4.5

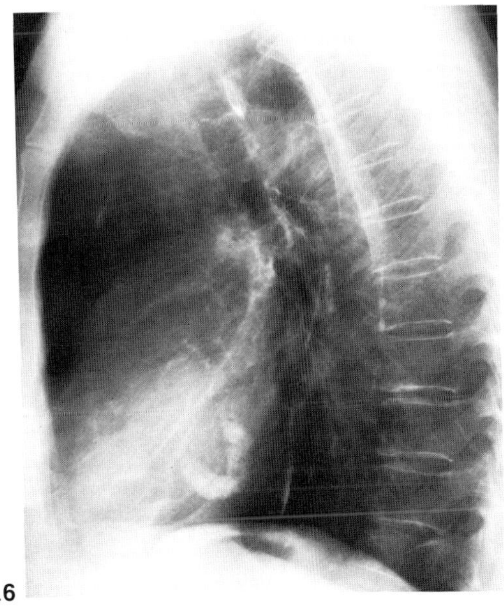
4.6

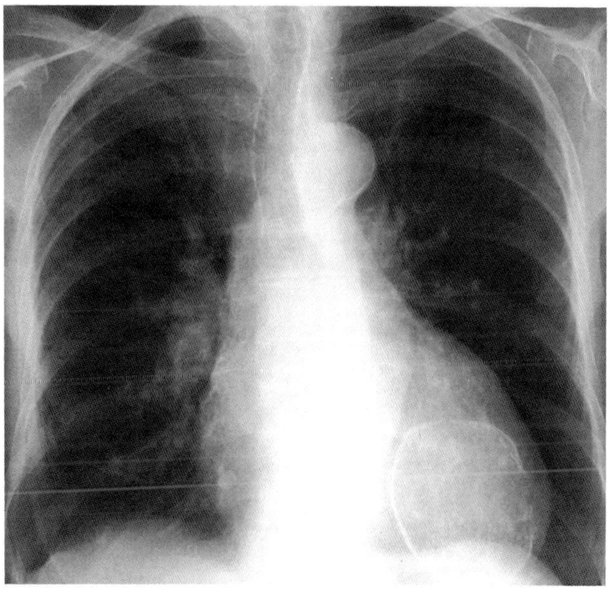
4.7

Tabelle 4.1 Differentialdiagnose thorakaler Verkalkungen (Fortsetzung)

Ort der Verkalkung	Ursachen oder Begleitkrankheit	Kommentar
Linker Vorhof (selten) (Wand oder intraatrial)	Rheumatische Mitralklappenschädigung Myxom oder Thrombus des linken Vorhofs	Verkalkungen in der Wand des linken Vorhofs werden als dünne, ringförmige Verschattung in der Frontalaufnahme sichtbar. Eine Verkalkung des linken Herzohrs beruht immer auf einem verkalkten Thrombus. Wandverkalkung und Thrombusverkalkung sind u. U. auf dem Seitenbild schwer voneinander zu unterscheiden.
Ductus arteriosus (selten)	Offener Ductus arteriosus	Schwer von Aortenverkalkungen zu unterscheiden. Kann auch bei geschlossenem Duktus vorkommen.
Perikard (Abb. 4.8)	Perikarditis infolge von: Tuberkulose Rheumatischem Fieber Bakterieller Pneumonie Myokardinfarkt Virusinfektion Syphilis Histoplasmose Asbestose Trauma	Verkalkungen sind am häufigsten an der Atrioventrikularfurche lokalisiert. Eine starke Verkalkung des Perikards ist in 50% der Fälle mit einer Pericarditis constrictiva verbunden. Die sog. Pericarditis constrictiva anularis (starre Atrioventrikularfurche) kann einen Mitralfehler vortäuschen. Eine starke Verkalkung des R. circumflexus kann eine Verkalkung der Atrioventrikularfurche vortäuschen. Die Unterscheidung zwischen myokardialen und perikardialen Verkalkungen kann schwierig sein.
Pulmonale Verkalkungen		
Solitäres verkalktes Knötchen in der Lunge von beliebiger Größe (einzeln oder gelegentlich multipel)	Bronchogene Zyste (selten)	Zwei Drittel kommen in den medialen Abschnitten der Lunge vor, ein Drittel im Mediastinum. Meist mehrere Zentimeter groß, glatt und scharf begrenzt. In seltenen Fällen verkalkt die dünne Zystenwand. Wenn sie infiziert worden ist, kann die Zyste Luft enthalten.
	Pulmonale arteriovenöse Fistel (selten)	bis zu 6 cm groß, angedeutet mehrbogig, scharf begrenzt, in einem Drittel der Fälle multipel. Enthält gelegentlich verkalkte Phlebolithen. Die zuführende Arterie und Vene sind oft identifizierbar.
(Abb. 4.9 bis 4.11)	Tuberkulom (häufig) Histoplasmom (häufig in Endemiegebieten) Kokzidioidomykose (selten)	0,5 bis 5 cm große runde oder ovale Läsion mit *zentraler* Verkalkung (verkalkter Nidus, lamelläre Verkalkung oder multiple punktförmige Verkalkungen). Eine ziemlich große, schießscheibenähnliche Verkalkung ist charakteristisch für ein Histoplasmom. Eine kleine Läsion kann total verkalkt sein. Oft verbunden mit Verkalkung regionaler Lymphknoten und „Satelliten"-Läsionen. Eventuell multipel. Wenn die Verkalkung exzentrisch ist, besteht die Möglichkeit, daß es sich um ein Bronchuskarzinom handelt, das ein Granulom umwächst.
	Bronchusadenom (selten)	Etwa 20 bis 25% der Bronchusadenome zeigen sich als scharf umschriebene pulmonale Knoten mit einem Durchmesser von einigen Zentimetern. Sie verkalken selten.
(Abb. 4.12)	Hamartom Chondrom (selten)	Sie machen etwa 5% der solitären peripheren Knoten aus. Durchmesser gewöhnlich weniger als 4 cm, scharf begrenzt. Eine „popcornartige" Verkalkung des knorpeligen Anteils ist praktisch beweisend, aber eine Verkalkung kommt nur in einer Minderzahl der Fälle vor. Kann multipel auftreten oder langsam wachsen.

Fortsetzung auf Seite 84

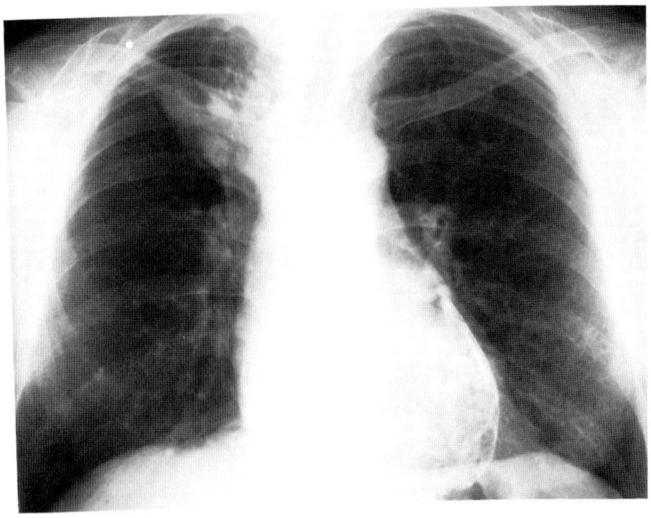

4.8a

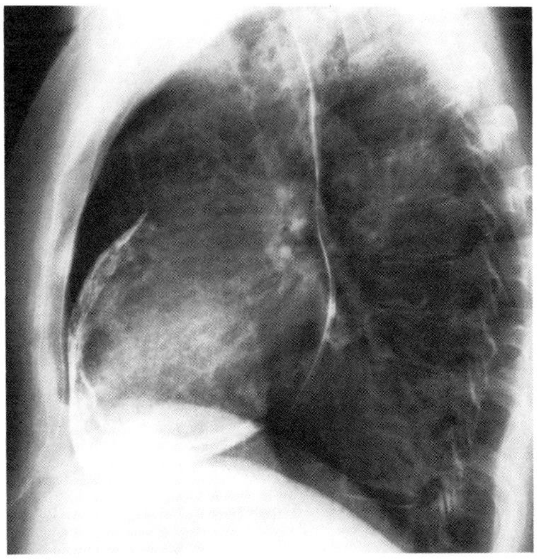

4.8b

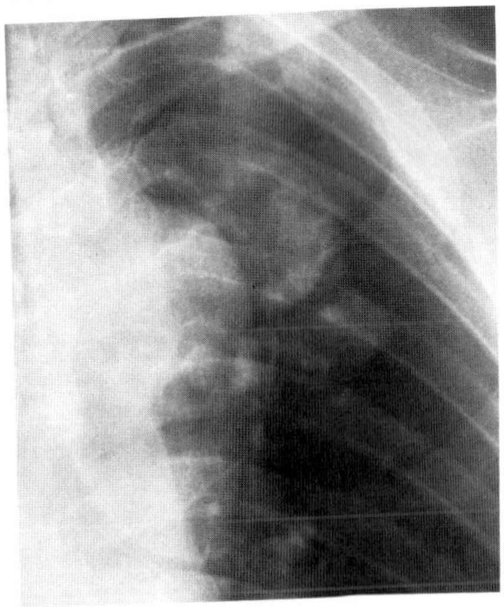

4.9

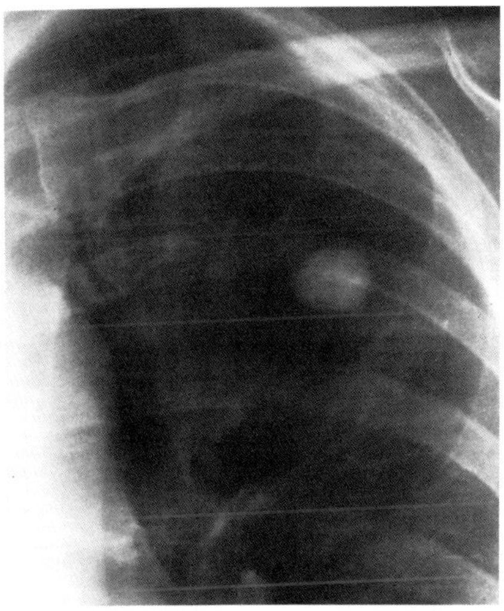

4.10

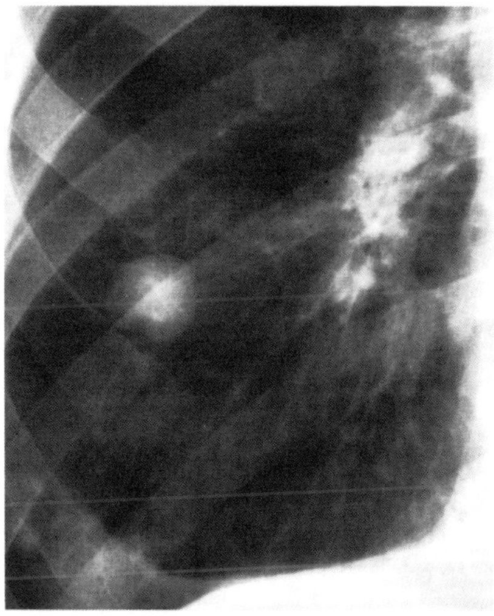

4.11

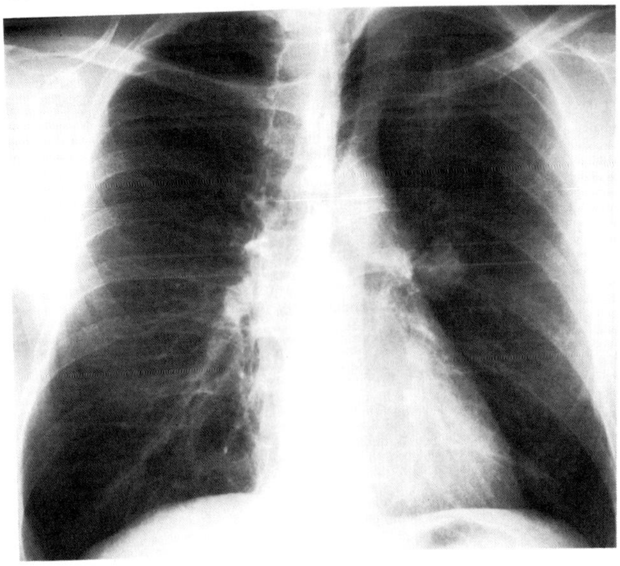

4.12a

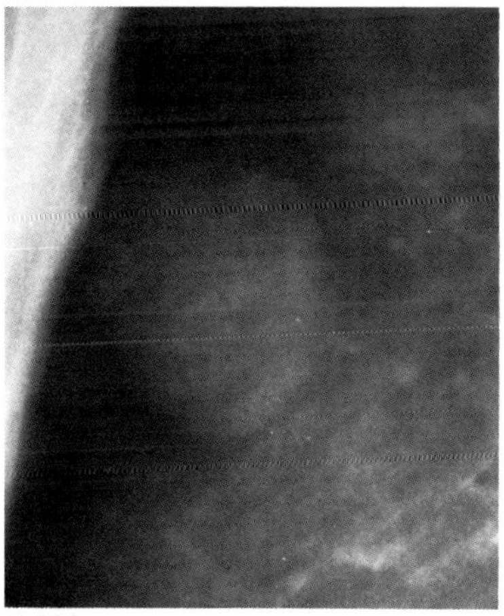

4.12b

Abb. 4.**8 a, b** **Perikardverkalkungen** (tuberkulöse Perikarditis). Außerdem tuberkulöse Granulome und Narben in der rechten Lungenspitze sowie nach oben verzogener rechter Hilus.

Abb. 4.**9** **Multiple Tuberkulome** im linken Oberlappen. Sowohl zentraler Nidus als auch multiple punktförmige Verkalkungen.

Abb. 4.**10** **Adenokarzinom,** ausgehend von einer tuberkulösen Narbe. Der verkalkte Nidus ist exzentrisch.

Abb. 4.**11** **Histoplasmom** mit zentraler schießscheibenartiger Verkalkung.

Abb. 4.**12 a, b** **Hamartom.** Glatt begrenzter, 4 cm großer weichteildichter Knoten mit zarter Konglomeratverkalkung im Zentrum, die im Ausschnitt aus dem Seitenbild **b** besser sichtbar ist.

Tabelle 4.1 Differentialdiagnose thorakaler Verkalkungen (Fortsetzung)

Ort der Verkalkung	Ursachen oder Begleitkrankheit	Kommentar
(Abb. 4.13)	Hämatogene Metastasen	Eine Verkalkung ist selten. Der häufigste Primärtumor ist das *Osteosarkom*. Selten sieht man Verkalkungen von Lungenmetastasen eines *Chondrosarkoms, Synovialoms, Riesenzelltumors des Knochens*, eines *muzinösen Karzinoms* des *Kolons*, des *Ovars*, der *Mamma*, der *Schilddrüse* und eines *(behandelten) Chorionepithelioms*.
	Bronchopulmonale Amyloidose	Seltene Ursache meist multipler pulmonaler Knötchen von wechselnder Größe, die eine periphere Verkalkung oder Verknöcherung aufweisen können.
	Pulmonalarterienthrombose	Thromben in den Pulmonalarterien nach einer Embolie können in seltenen Fällen verkalken. Geht nicht mit einer raumfordernden Veränderung einher.
Multiple pulmonale Verkalkungen (kleiner als 1 cm) (Abb. 4.14)	Histoplasmose (abgeheilt)	Weit über die Lungenfelder verstreute Verschattungen von 3 bis 4 mm Durchmesser, die punktförmige Verkalkungen enthalten. Wird nach disseminierter Histoplasmose beobachtet. Auch die Milz kann punktförmige Verkalkungen enthalten.
(Abb. 4.15)	Varizellen (abgeheilt)	Miliare und größere Verschattungen mit punktförmigen Verkalkungen ein Jahr oder länger nach Varizellenpneumonie.
(Abb. 4.16)	Mitralstenose	Verknöcherte und/oder verkalkte Knötchen von bis zu 8 mm Durchmesser vorwiegend im rechten mittleren und unteren Lungenfeld. Seltener, aber charakteristischer Befund bei Mitralstenose.
	Pneumokoniose durch anorganischen Staub, vorwiegend Silikose	Miliare und größere, ziemlich scharf begrenzte Verschattungen in der Lunge, die verkalken können. Auch (eierschalenartige) Verkalkungen am Hilus können vorhanden sein.
(Abb. 4.17)	Microlithiasis alveolaris	Außerordentlich scharf begrenzte, weniger als 1 mm große, diffus in beiden Lungenflügeln verteilte sandartige Verschattungen mit insgesamt größerer Dichte in den unteren Zonen als in den oberen sind diagnostisch beweisend.
	Metabolische oder metastatische Verkalkungen (primärer oder sekundärer Hyperparathyreoidismus, D-Hypervitaminose, Milch-Alkali-Syndrom, intravenöse Kalziumtherapie)	Sehr seltene Ursache alveolärer Verkalkungen, die einen alveolären Krankheitsprozeß vortäuschen. Kalk kann sich besonders im Bereich pneumonischer Exsudate niederschlagen. Kann binnen 3 Wochen nach Operationen am offenen Herzen bei Kindern auftreten und langsam zurückgehen.

Fortsetzung auf Seite 86

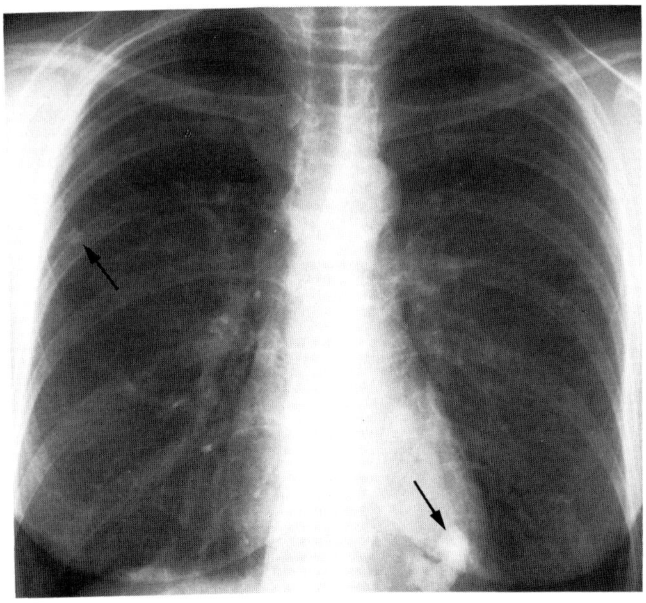

4.**13**

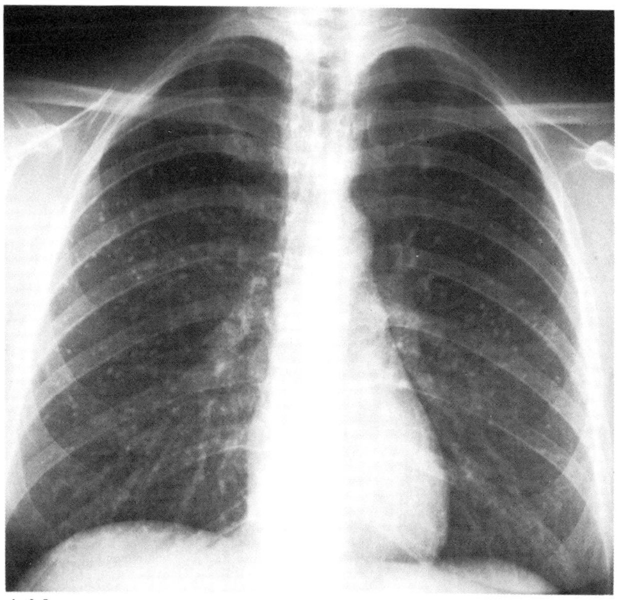

4.**14**

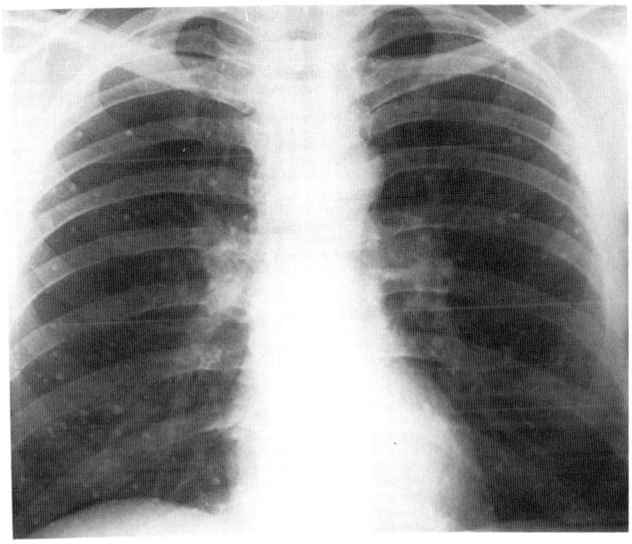

4.**15**

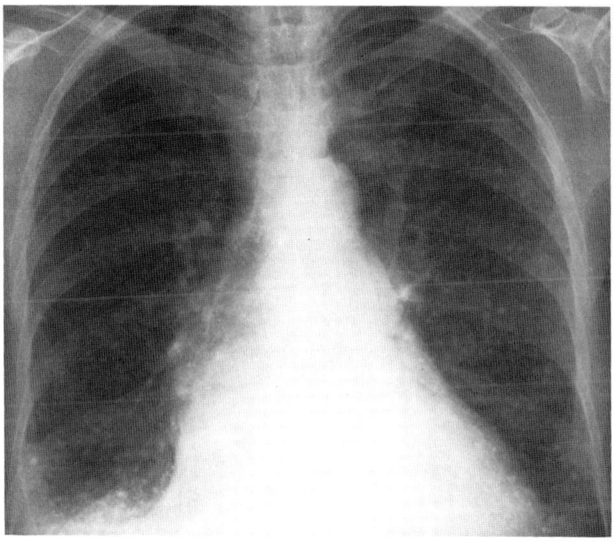

4.**16**

Abb. 4.**13** **Verkalkte Osteosarkommetastase.** In jedem Lungenflügel ist eine verkalkte Läsion sichtbar (Pfeile).

Abb. 4.**14** **Abgeheilte disseminierte Histoplasmose.** Miliare Verkalkungen.

Abb. 4.**15** **Abgeheilte Varizellenpneumonie.** Miliare und größere Verschattungen mit punktförmigen Verkalkungen.

Abb. 4.**16** **Mitralstenose** mit pulmonaler Ossifikation, die am besten im rechten unteren Lungenfeld zu sehen ist.

Abb. 4.**17** **Microlithiasis alveolaris.** Sandartige, scharf begrenzte Verschattungen in der ganzen Lunge, in erster Linie in den Unterlappen. Im Bereich der Lungenspitzen Pleuraverdickung, bullöse Höhlen sowie Narben, entsprechend einer alten Tuberkulose.

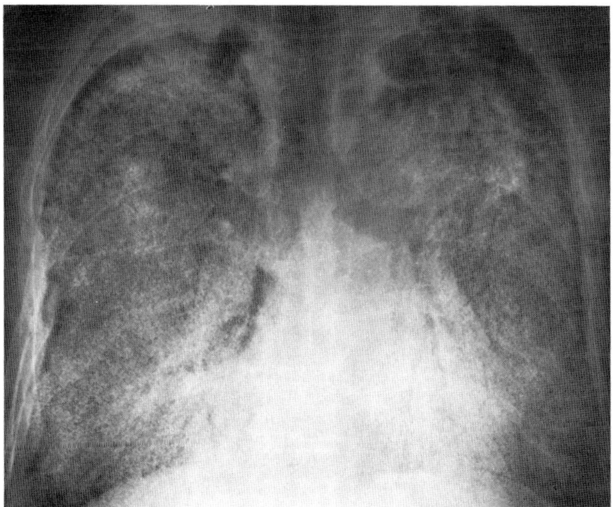

4.**17**

Tabelle 4.1 Differentialdiagnose thorakaler Verkalkungen (Fortsetzung)

Ort der Verkalkung	Ursachen oder Begleitkrankheit	Kommentar
Pleurale Verkalkungen **(Abb. 4.18)**	Folgezustand nach Hämatothorax, Pyothorax oder tuberkulöser Pleuritis	Verkalkung und Verdickung der viszeralen Pleura oder einzelne Plaques im Unter- und Mittelfeld. Zwischen Verkalkung und Thoraxwand liegt eine dicke Schicht mit Weichteildichte. Gewöhnlich unilateral.
(Abb. 4.19)	Asbestose, Talkose	Pleuraplaques und -verdickung gehen von der parietalen Pleura aus. Meist bilateral und gewöhnlich an der diaphragmatischen Seite. Lungenparenchymveränderungen können fehlen. Pleuraverkalkungen sind in weniger als 50% der Fälle vorhanden.
Hilus- oder Mediastinumverkalkungen	Struma, Schilddrüsentumoren	Am häufigsten im oberen vorderen Mediastinum, nicht so oft im oberen hinteren Mediastinum. Verkalkungen innerhalb des Knotens sind häufig. Verkalkungen kommen sowohl bei benignen als auch bei malignen Prozessen vor.
(Abb. 4.20)	Dermoidtumoren, Teratom, Thymom, neurogene Tumoren (Neurilemmom, Neurofibrom, Ganglioneurom, Neuroblastom, Paragangliom)	Verkalkungen können rund um die Läsion vorhanden sein, besonders bei Dermoidzysten, haben aber wenig differentialdiagnostischen Wert. Wenn Knochen innerhalb der Läsion nachweisbar ist, kann die Diagnose Dermoidzyste mit Sicherheit gestellt werden. Neurogene Tumoren können gesprenkelte Verkalkungen enthalten und werden meist im hinteren Mediastinum beobachtet. Wenn bei einem Kind zugleich eine Rippendestruktion besteht, ist ein Neuroblastom wahrscheinlich.
(Abb. 4.21, 4.22)	Strahlentherapie	Lymphknotenverkalkungen im Mediastinum kommen nach Bestrahlung mediastinaler Lymphome oder Metastasen vor, selten auch nach Chemotherapie.

Fortsetzung auf Seite 88

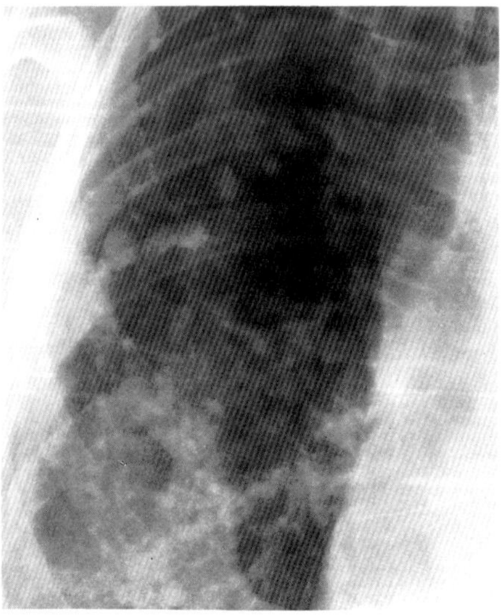

Abb. 4.**18** **Restzustand nach tuberkulöser Pleuritis.** Vertikale plattenartige Verkalkungen und einzelne Plaques auf der rechten Seite. Lateral sieht man eine Weichteilgewebsschicht zwischen Verkalkung und Brustwand.

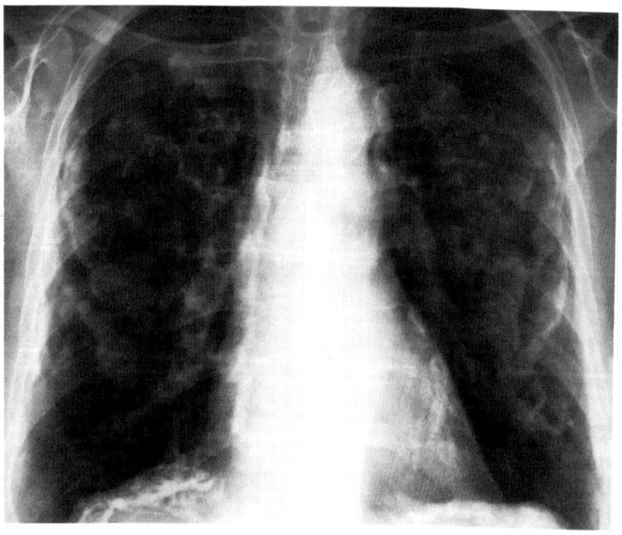

Abb. 4.**19** **Asbestose.** Beiderseits pleurale Plaques und Verkalkungen an Brustwand, Zwerchfell und Mediastinum entlang. Die Verkalkungen folgen oft dem Verlauf der Rippen. Keine auffallenden Parenchymveränderungen.

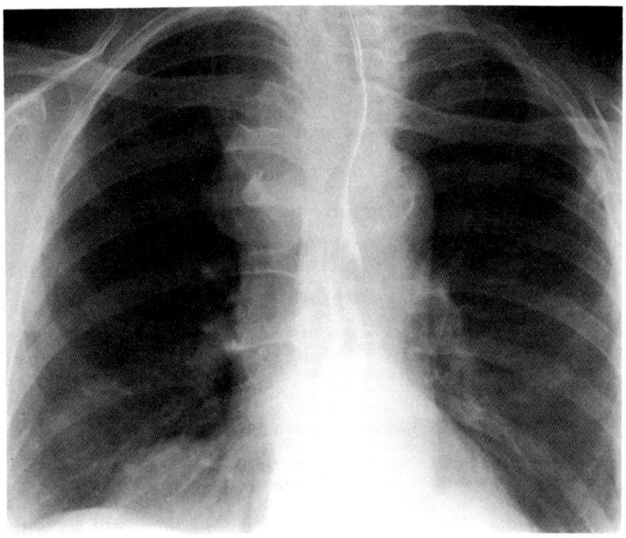

4.**20 a**

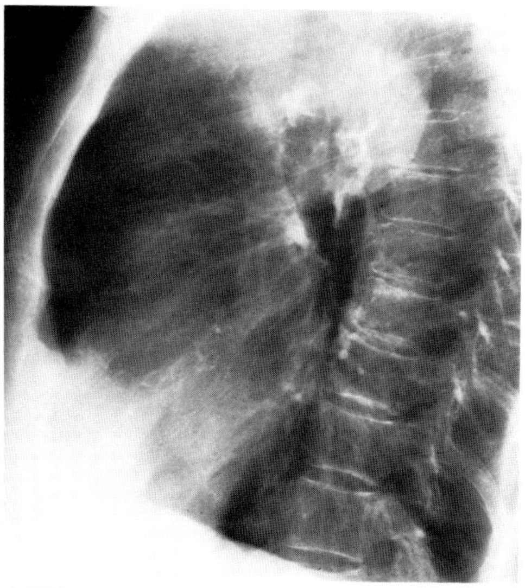

4.**20 b**

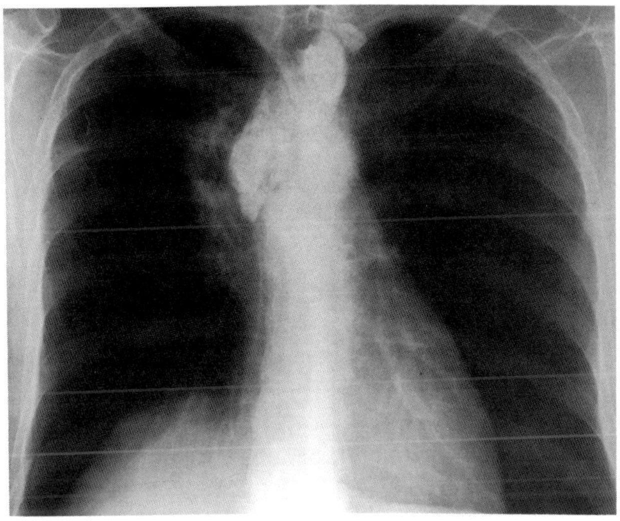

4.**21 a**

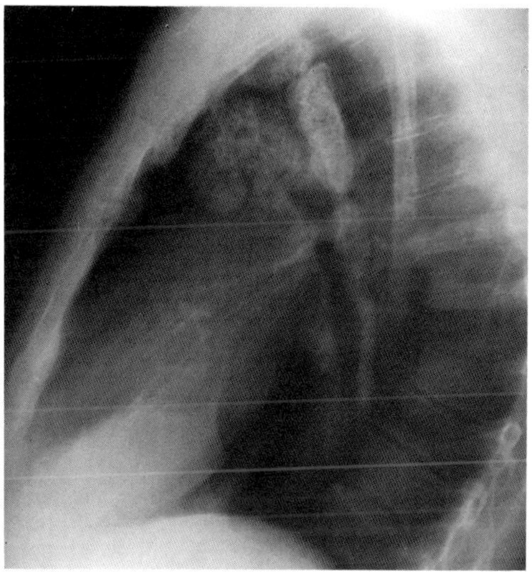

4.**21 b**

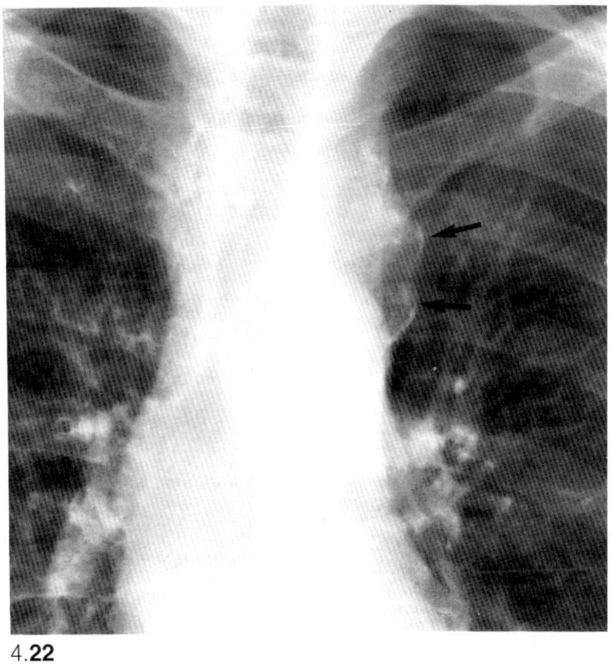

4.**22**

Abb. 4.**20 a, b** **Teratom im mittleren oberen Mediastinum,** das charakteristische verkalkte Gebilde enthält. Außerdem besteht eine anteriore Zwerchfellhernie auf der rechten Seite und eine posteriore auf der linken.

Abb. 4.**21 a, b** **Verkalkte vergrößerte Lymphknoten** nach Strahlenbehandlung eines Morbus Hodgkin.

Abb. 4.**22** **Eierschalenartige Verkalkungen** nach Bestrahlung mediastinaler Seminommetastasen links oberhalb des Aortenknopfs.

Tabelle 4.1 Differentialdiagnose thorakaler Verkalkungen (Fortsetzung)

Ort der Verkalkung	Ursachen oder Begleitkrankheit	Kommentar
(Abb. 4.23)	Tuberkulose Histoplasmose	Amorphe oder unregelmäßige Verkalkungen in den befallenen Lymphknoten. Oft zusammen mit Ghon-Herd (Parenchymnarbe mit Verkalkung).
	Granulomatöse Mediastinitis Sklerosierende Mediastinitis (Idiopathische Mediastinumfibrose)	In Zusammenhang mit *Tuberkulose* oder *Histoplasmose,* selten *Silikose* oder *Nokardiose* (granulomatöse Form); oder *idiopathisch.* Das verbreiterte Mediastinum erscheint schattendicht aufgrund feiner diffuser Verkalkungen, die sogar vorhanden sein können, wenn auf Nativaufnahmen keine Verkalkungen erkennbar sind.
(Abb. 4.24, 4.25)	Silikose (selten Sarkoidose, sehr selten Kokzidioidomykose)	Ringverkalkung in der Peripherie der Lymphknoten, gewöhnlich der bronchopulmonalen.
(Abb. 4.26)	Verkalkte Luftröhrenknorpel	Wird bei älteren Menschen oft beobachtet und hat keine diagnostische Bedeutung.

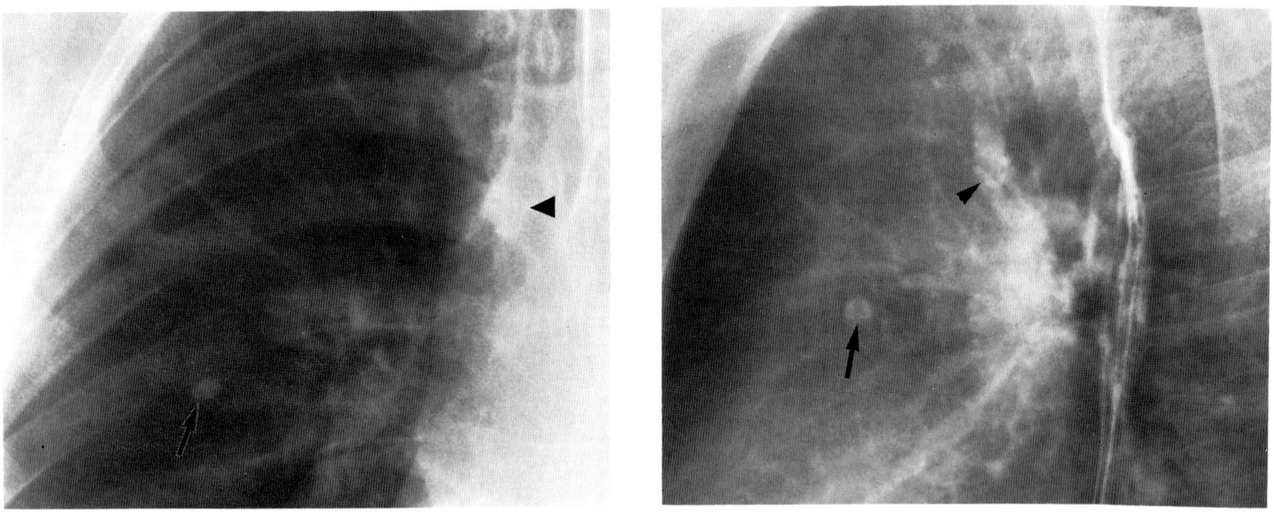

a b

Abb. 4.**23 a, b** **Verkalkter Ghon-Komplex.** Lamelläre Verkalkung eines Granuloms im vorderen Segment des rechten Oberlappens (Pfeil) und amorphe Verkalkung eines Lymphknotens oberhalb des rechten Hilus (Pfeilspitze).

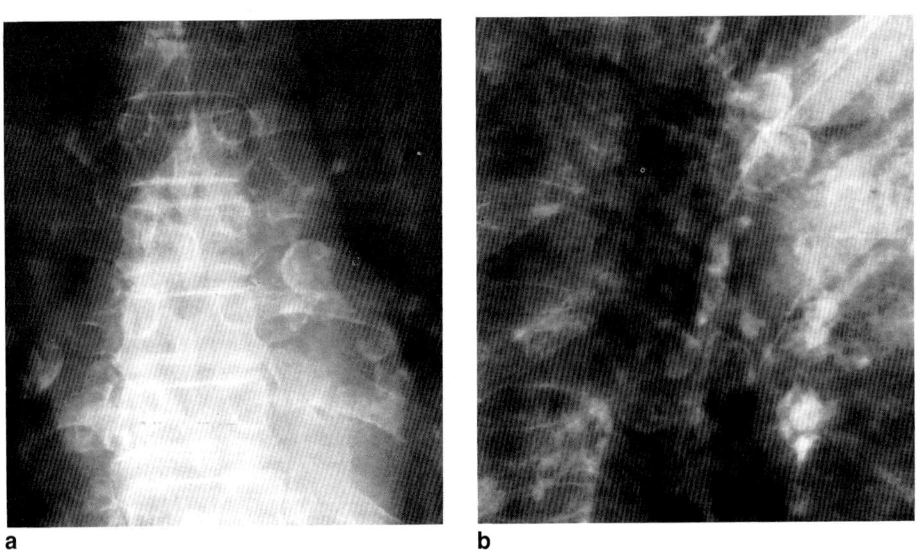

a b

Abb. 4.**24 a, b** **Silikose.** Die Hiluslymphknoten enthalten charakteristische „eierschalenartige" Verkalkungen.

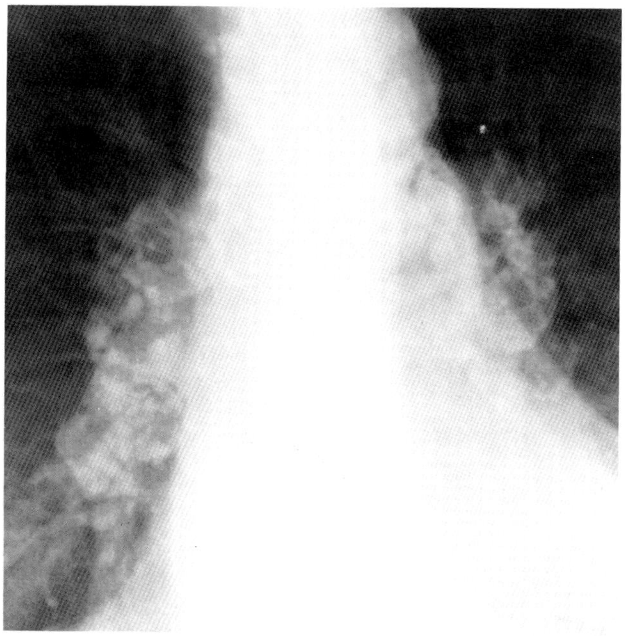

4.**25 a**

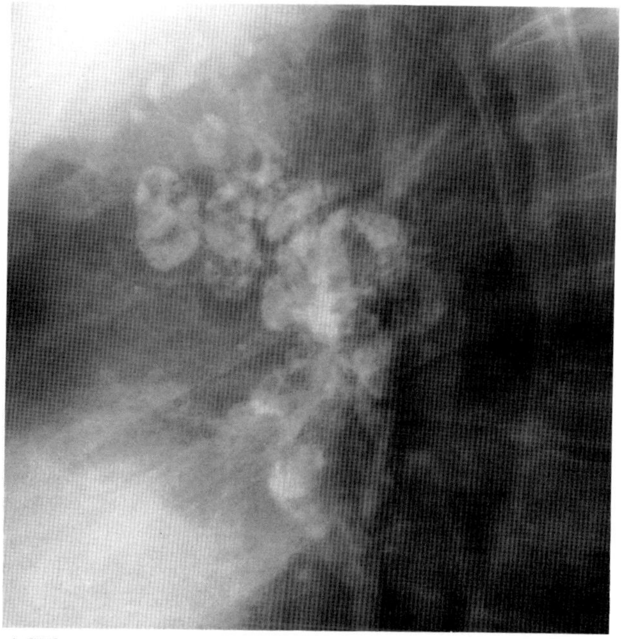

4.**25 b**

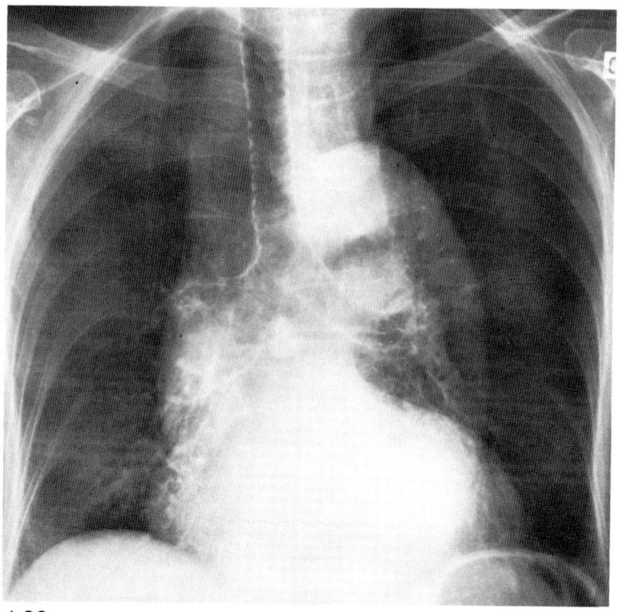

4.**26**

Abb. 4.**25 a, b** **Sarkoidose.** Vergrößerte Hilus- und Mediastinumlymphknoten mit massiven Verkalkungen; einige davon zeigen die Eierschalenform. Ein seltener Befund bei Sarkoidose.

Abb. 4.**26** **Starke Verkalkung der Knorpelringe von Trachea und Bronchien.** Außerdem granulomatöse Verkalkung eines subkarinalen Lymphknotens. Alter 81 Jahre.

5 Alveoläre Infiltrate und Atelektase

Die Ursache einer erhöhten radiologischen Dichte im Lungenbereich kann ein pulmonaler oder ein *extrapulmonaler Prozeß* sein. Man sollte immer zuerst versuchen, zwischen diesen beiden Möglichkeiten zu unterscheiden, wenn man eine Verschattung in der Lunge beobachtet (Abb. 5.**1**).

Normale und *pathologische Strukturen der Brustwand* können eine Verschattung in einem Lungenfeld verursachen und zuweilen eine Lungenerkrankung vortäuschen. Bei der Frau wird die Dichte der unteren Lungenfelder auf der Frontalaufnahme durch die Existenz und Größe der Brüste beeinflußt. Ebenso kann der M. pectoralis, besonders wenn er stark entwickelt ist, oder die überlagernde Skapula eine örtliche Dichtezunahme bewirken. Während die Erkennung normaler Weichteil- und Knochengebilde aufgrund ihrer konstanten anatomischen Lage in der Regel keine Schwierigkeiten macht, wird eine pathologische Veränderung, etwa ein Tumor oder ein Hämatom der Brustwand, schon eher mit einem pulmonalen Prozeß verwechselt. Die radiographische Beurteilung in zwei Projektionen und/oder die klinische Untersuchung des Patienten sollte allerdings eine leichte Unterscheidung zwischen einer Brustwand- und einer Lungenläsion ermöglichen.

Eine einseitige Zunahme der Lungendichte findet sich, wenn die frontale Thoraxaufnahme in leicht *rotierter Position* gemacht wird. Der Lungenflügel, auf den sich die Wirbelsäule aufgrund der Rotation projiziert, weist gewöhnlich eine erhöhte Dichte auf. Das ist durch die Muskulatur bedingt, die die Wirbelsäule umgibt und einen beträchtlichen Teil der durchtretenden Röntgenstrahlen absorbiert. Ein ähnlicher Effekt kann sich auch bei ungenauer Einstellung des Zentralstrahls oder bei einer Skoliose des Patienten ergeben. Man kann es leicht erkennen, wenn die Thoraxaufnahme nicht in der Mittellinie zentriert ist, weil der Abstand zwischen lateraler Brustwand und Filmrand auf beiden Seiten verschieden ist: Die von der Mittellinie entferntere Seite ist geringer exponiert und erscheint heller. Auf einer Thoraxaufnahme in Rückenlage kann auch ein dorsal abgelagerter Pleuraerguß eine unilateral unterexponierte (helle) Aufnahme imitieren.

Übliche Ursachen einer doppelseitigen, symmetrischen Erhöhung der Lungendichte beim Gesunden sind mangelhafte Inspiration und Unterexposition des Films.

Pleurale Veränderungen sind gelegentlich schwer von pulmonalen Läsionen zu unterscheiden. Ein abgekapselter Erguß im horizontalen Lappenspalt könnte fälschlich für ein Neoplasma gehalten werden, obwohl seine Lokalisation und sein radiographisches Erscheinungsbild (scharf begrenzte, spindelförmige Läsion in frontaler und lateraler Projektion) ganz charakteristisch sind. Eine abgekapselte Flüssigkeitsansammlung in der unteren Hälfte des schrägen Lappenspalts ist mitunter schwer von einer *Atelektase des rechten Mittellappens* zu differenzieren. Die abgekapselte Flüssigkeit hat in der lateralen Projektion konvexe Ränder und verschattet in der a.-p. Projektion den rechten Herzrand nicht (Abb. 5.**2**). Überdies ist vielleicht der horizontale Lappenspalt als separates Gebilde in einer oder beiden Projektionen sichtbar.

Eine den ganzen rechten Mittellappen betreffende Atelektase hat gerade oder konkave Ränder in der lateralen Projektion und verwischt oft den angrenzenden Herzrand (positives „Silhouettenzeichen") in der a.-p. Projektion (Abb. 5.**3**). Der horizontale Lappenspalt ist nie als separater Schatten zu sehen.

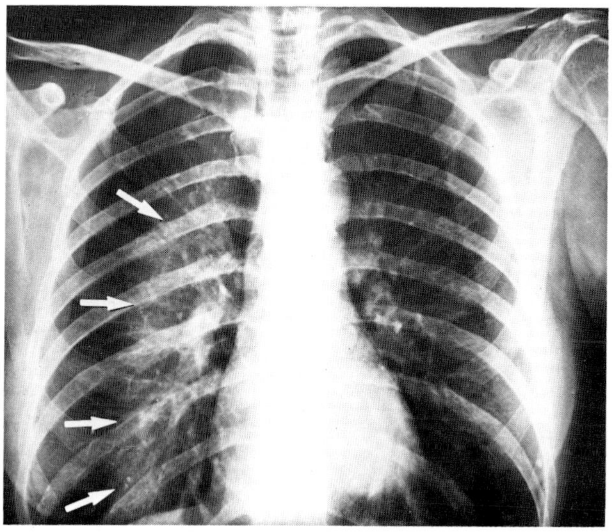

Abb. 5.**1** **Artefakt,** verursacht durch langes Haar, das als Pferdeschwanz frisiert ist und ein Infiltrat im rechten Lungenflügel vortäuscht (Pfeile).

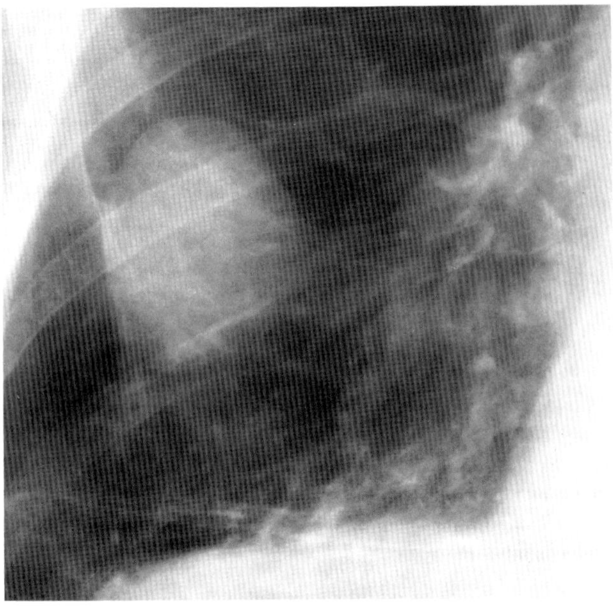

a

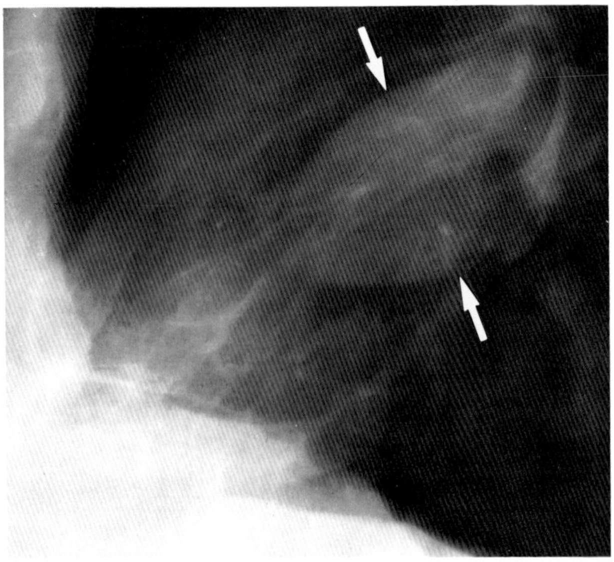

b

Abb. 5.**2** **Abgekapselter Pleuraerguß im schrägen Lappenspalt** (untere Hälfte). **a** A.-p. Projektion: In das rechte untere Lungenfeld projiziert sich eine homogene, scharf begrenzte Verschattung. Kleinere (dünnere) Flüssigkeitsansammlungen in dieser Lokalisation sind gewöhnlich schlecht abgrenzbar und können eine Atelektase des rechten Mittellappens vortäuschen. **b** Seitliche Projektion: Die abgekapselte Flüssigkeitsansammlung hat Spindelform mit charakteristischen konvexen Rändern (Pfeile). Ihre Längsachse verläuft parallel zum schrägen Lappenspalt, den man oft an einem oder beiden Polen von der Verschattung abgehen sieht.

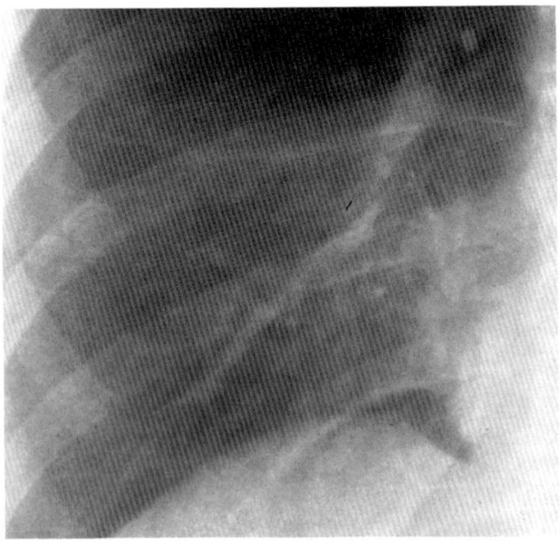

a

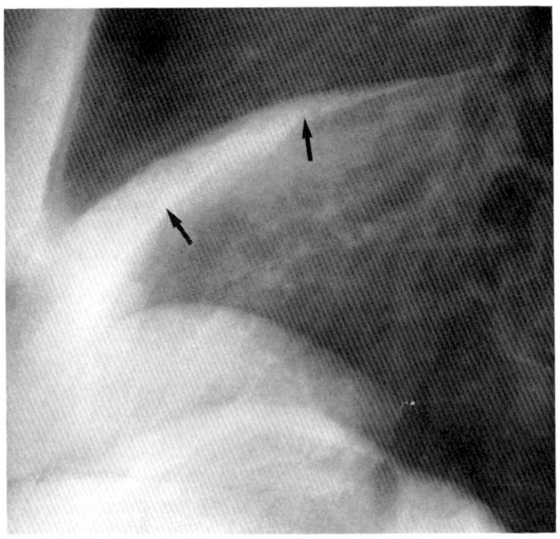

b

Abb. 5.**3** **Atelektase des rechten Mittellappens.** **a** A.-p. Projektion: Eine schlecht abgrenzbare pulmonale Verschattung verdeckt den angrenzenden rechten Herzrand (positives „Silhouettenzeichen"; vgl. das negative „Silhouettenzeichen" bei Atelektase des rechten Unterlappens in Abb. 5.**6**, S. 95). **b** Seitliche Projektion: Ins Auge fallende scharf begrenzte dreieckige Verschattung mit charakteristischem konkavem Unterrand (Pfeile). Überdies ist der horizontale Lappenspalt in keiner der beiden Projektionen als separater Schatten sichtbar, weil dieser Spalt den Oberrand der dreieckigen Verschattung bildet.

Eine abgekapselte Flüssigkeitsansammlung in der oberen Hälfte des schrägen Lappenspalts kann besonders in der frontalen Ansicht mit einem Lungentumor verwechselt wserden. In der lateralen Ansicht hat die abgekapselte Flüssigkeit jedoch eine charakteristische elliptische Form mit parallel zum schrägen Lappenspalt verlaufender Längsachse. Der Schatten geht an beiden Enden in den Lappenspalt über, vorausgesetzt, dieser ist sichtbar. Ein infrapulmonaler Erguß kann atypischerweise in den posteromedialen Sulcus pulmonis aufsteigen und eine *Unterlappenatelektase* vortäuschen.

Ob die Verschattung einer Thoraxhälfte durch eine massive Atelektase oder einen Erguß bedingt ist, sollte nicht schwer zu unterscheiden sein, denn im ersten Fall sind zugleich radiographische Zeichen einer Volumenreduktion vorhanden (z. B. Verlagerung von Herz und Mediastinum zur Atelektase hin, Annäherung der Rippen und Hochstand der gleichseitigen Zwerchfellhälfte), während es sich im zweiten Fall um einen expandierenden Prozeß handelt, der die Nachbarorgane vom Erguß weg verdrängt (Abb. 5.**4**). Eine vollständige Verschattung einer Thoraxhälfte mit Zeichen einer Volumen-

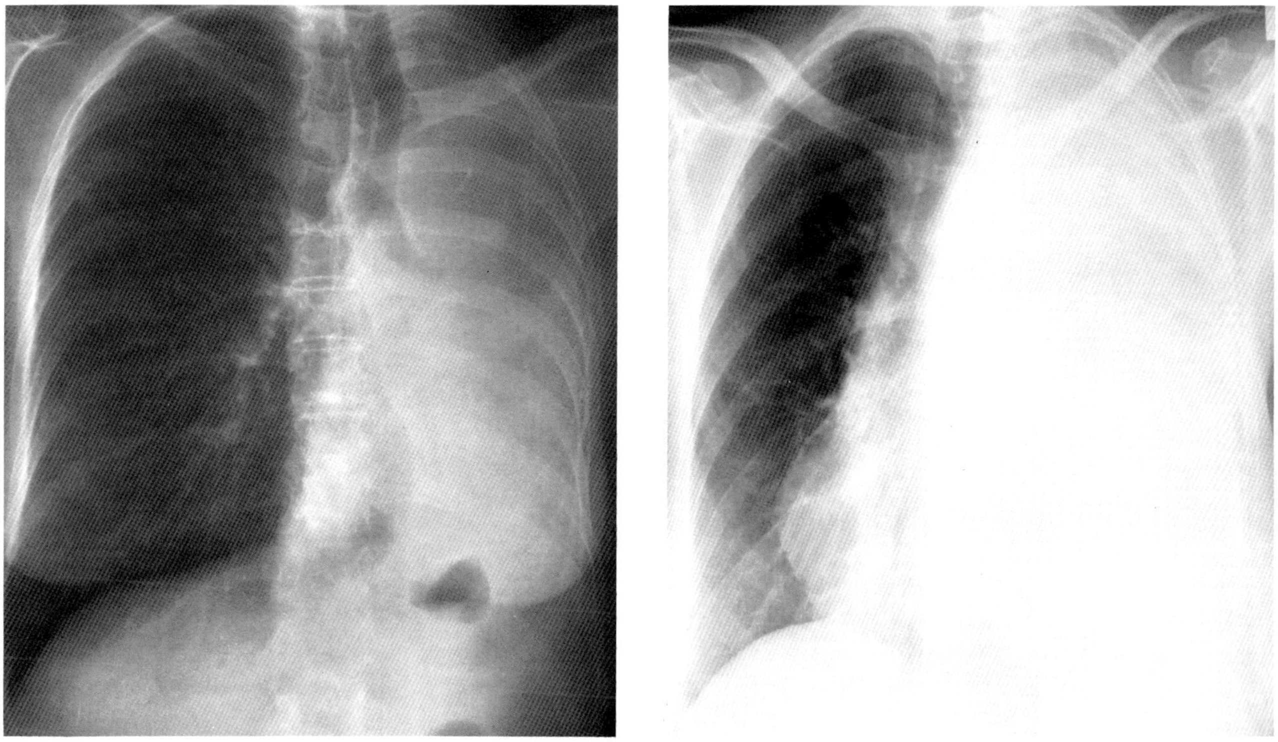

a b

Abb. 5.4 **Komplette Verschattung einer Thoraxhälfte (Gegenüberstellung von Atelektase und Pleuraerguß).** **a** Vollständige Atelektase des linken Lungenflügels durch ein Bronchuskarzinom. Die Verschattung der linken Thoraxhälfte geht mit Zeichen eines Volumenverlustes einher: Verschiebung von Herz und Mediastinum in Richtung der Atelektase, Verkleinerung des Abstands zwischen den Rippen und Hochstand der gleichseitigen Zwerchfellhälfte. **b** Großer linksseitiger Pleuraerguß als Folge eines Ovarkarzinoms. Die Verschattung der linken Thoraxhälfte geht mit Zeichen einer Raumforderung einher: Verschiebung von Herz und Mediastinum vom Pleuraerguß weg und Zwerchfelltiefstand auf der gleichen Seite.

reduktion wie bei einer Atelektase findet sich auch nach *Pneumektomie.*

Bei einer *alveolären Lungenerkrankung,* wie sie in diesem Kapitel definiert wird, ist die Luft in den Alveolen und peripheren Luftwegen durch Flüssigkeit oder Gewebe ersetzt; radiographisch ergeben sich dadurch Verschattungen in der Größe von ein paar Millimetern bis zu mehreren Zentimetern. Alveoläre Infiltrate können ein Segment oder sogar einen ganzen Lappen befallen; in diesem Fall sind die Grenzen der resultierenden Parenchymverdichtung scharf demarkiert. Andererseits können zahlreiche übereinandergelagerte und teilweise konfluierende alveoläre Infiltrate inhomogene und ziemlich unscharf begrenzte Lungenverschattungen erzeugen.

Luftbronchogramme findet man bei alveolären Lungenerkrankungen häufig, da die lufthaltigen Bronchien wegen der umgebenden Infiltrate deutlich sichtbar werden (Abb. 5.**5**). Allerdings ist ein Luftbronchogramm für eine alveoläre Erkrankung nicht beweisend, weil eine Dichtezunahme des peribronchialen Gewebes gelegentlich durch interstitielle oder atelektatische Lungenveränderungen bedingt ist. Während das Fehlen eines Luftbronchogramms in einer Lungenverschattung eine alveoläre Erkrankung nicht ausschließt, ist sein Vorhandensein für eine Lungenparenchymbeteiligung beweisend, im Gegensatz zu pleuralen und extrapleuralen Erkrankungen. Der radiographische Nachweis eines Luftbronchogramms spricht stark gegen die Diagnose eines malignen pulmonalen Neoplasmas, mit Ausnahme des Alveolarzellkarzinoms und Lymphoms.

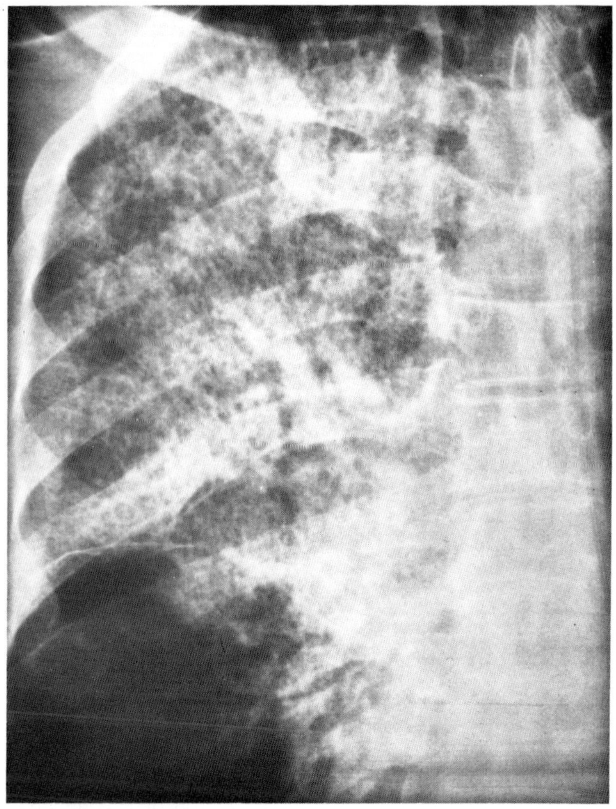

Abb. 5.**5** **Luftbronchogramm** im rechten Oberlappen: Die Luft enthaltenden Bronchi sind sichtbar, weil sie von einem alveolären Infiltrat umgeben sind, das von einer Pneumokokkenpneumonie stammt.

Luft in der Lunge kann durch Flüssigkeit, Zellen oder solide Substanzen unter den folgenden Bedingungen ersetzt werden, wenn 1. der osmotische Druck des Blutes zu niedrig ist (z. B. Hypoproteinämie), 2. der Blutdruck in den Kapillaren zu hoch ist (z. B. Herzinsuffizienz), 3. die Kapillarpermeabilität erhöht ist (z. B. Einatmung von schädlichen Gasen), 4. die Barriere zwischen Blut und Luftraum defekt ist (z. B. Blutung), 5. Flüssigkeit oder solide Stoffe aspiriert wurden, 6. abnorme Substanzen ausgeschieden (z. B. zystische Fibrose) oder abgelagert werden (z. B. Alveolarproteinose) und 7. Zellen im Luftraum wachsen (z. B. Neoplasma) oder in diesen einwandern (z. B. Infektion und Entzündung). Bei einer Atelektase wird die resorbierte Luft von keinem Material ersetzt. Unter allen vorgenannten Bedingungen können radiographische Verschattungen im Lungenparenchym entstehen (Abb. 5.**2**–5.**31**); für die Differenzierung sind ihre Größe, Lage und Verteilung, die Verbindung mit anderen radiographischen Befunden und die Kenntnis der klinischen Geschichte und physikalischen Untersuchung des Patienten ausschlaggebend. Die Differentialdiagnose alveolärer Infiltrate und Atelektase wird in Tab. 5.**1** besprochen.

Tabelle 5.1 Alveoläre Infiltrate und Atelektase

Krankheit	Radiographisches Bild	Kommentar
Bronchusadenom (Abb. 5.6)	Zentral gelegene, von großen Bronchien ausgehende Tumoren (80%), die oft mit rezidivierender segmentärer und lobärer Atelektase und/oder Retentionspneumonie in Erscheinung treten. Lungen-, Hilus- und Knochenmetastasen (lytische und/oder plastische) kommen gelegentlich bei Karzinoiden vor.	90% der Patienten sind zwischen 30 und 50 Jahre alt. Etwas häufiger bei Frauen. Histologisch 3 Typen: 1. Karzinoid (90%) einschließlich des onkozytären Typs, 2. Zylindrome (7%) und 3. Mukoepidermoidtumoren (3%).
Papillome und andere benigne endobronchiale Tumoren	Atelektase und Retentionspneumonie.	Selten. Papillome können von Larynx oder Trachea ausgehen. Sie sind eventuell multipel und kommen meist bei Kindern vor.
Bronchuskarzinom (Abb. 5.7)	Persistierende Atelektase und Retentionspneumonie (gewöhnlich segmentär, kann aber auch lobär sein oder seltener einen ganzen Lungenflügel befallen) sind das häufigste radiologische Erscheinungsbild. Die Parenchymveränderungen werden oft von einer gleichseitigen Hilusvergrößerung und in fortgeschritteneren Fällen von einer Mediastinumverbreiterung begleitet. In etwa 10% aller Fälle bestehen gleichzeitig Pleuraergüsse. Ein *Pancoast- oder apikaler Sulkustumor* zeigt sich als unilateraler apikaler Tumor, oft mit Destruktion der angrenzenden Rippe.	Etwa 75% treten bei Männern im 5. und 6. Lebensjahrzehnt auf. Inhalation von Karzinogenen (Zigarettenrauch, Asbestose usw.) ist ein prädisponierender Faktor. Die Häufigkeit ist bei Zigarettenrauchern zehnmal größer als bei Nichtrauchern. Auch die Häufigkeit der Karzinomentwicklung in tuberkulösen Narben ist größer als bei reiner Koinzidenz. Histologisch unterscheidet man Plattenepithelkarzinome (50%), Adenokarzinome (10%) und anaplastische kleinzellige (Oat cell) und großzellige Karzinome (40%). Pancoast-Tumoren treten klinisch oft mit einem Horner-Syndrom in Erscheinung.
Alveolarzellkarzinom (Abb. 5.8)	Periphere homogene Verschattung, deren Größe von 1 cm Durchmesser bis zum Befall eines ganzen Lappens reichen kann. Oft sind Luftbronchogramme vorhanden. Ein diffuser bilateraler Befall mit flockigen konfluierenden Infiltraten kommt im fortgeschritteneren Stadium vor. Mit den Lungenveränderungen gehen gelegentlich Hilusvergrößerung und Pleuraergüsse einher.	Findet sich am häufigsten bei Patienten im mittleren Alter ohne Bevorzugung eines Geschlechts.
Lymphom (Abb. 5.9)	Ein perihiläres Infiltrat ist die häufigste Parenchymmanifestation. Periphere Verdichtungen und eine Atelektase als Folge eines endobronchialen Lymphoms sind weniger häufig. Luftbronchogramme sind oft zu beobachten. Eine Hilus- und/oder Mediastinumbeteiligung ist bei einem Lungenparenchymbefall gewöhnlich vorhanden.	Ein primäres pulmonales Lymphom ist selten und radiographisch von einem *Pseudolymphom,* einer seltenen gutartigen, nicht mit hilärer oder medistinaler Adenopathie einhergehenden Erkrankung, nicht unterscheidbar. Jedes alveoläre Lungeninfiltrat bei einem Patienten mit bekanntem Lymphom repräsentiert mit größerer Wahrscheinlichkeit einen infektiösen als einen lymphomatösen Prozeß.
Amyloidose (tracheobronchiale Form)	Endobronchiale Amyloidablagerungen können eine Atelektase und Retentionspneumonie verursachen, die ein Segment bis zu einem ganzen Lungenflügel betreffen können.	Pulmonale Manifestationen kommen bei primärer Amyloidose oder in Verbindung mit multiplem Myelom vor.

Fortsetzung auf Seite 96

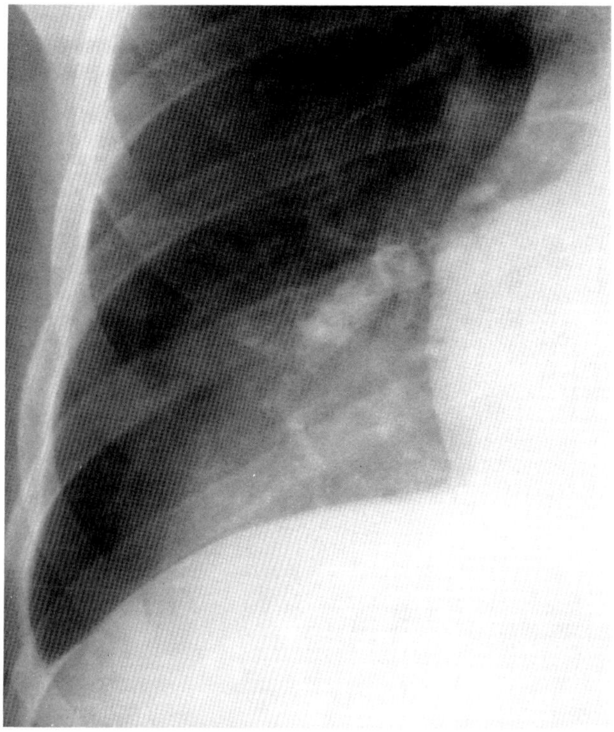

Abb. 5.**6** **Bronchusadenom** (Karzinoidtyp), das eine Atelektase des rechten Unterlappens verursacht. Man beachte, daß die Abgrenzbarkeit des rechten Herzrands erhalten bleibt, da der Schatten des atelektatischen rechten Unterlappens und der Herzschatten nicht ineinander übergehen (negatives „Silhouettenzeichen").

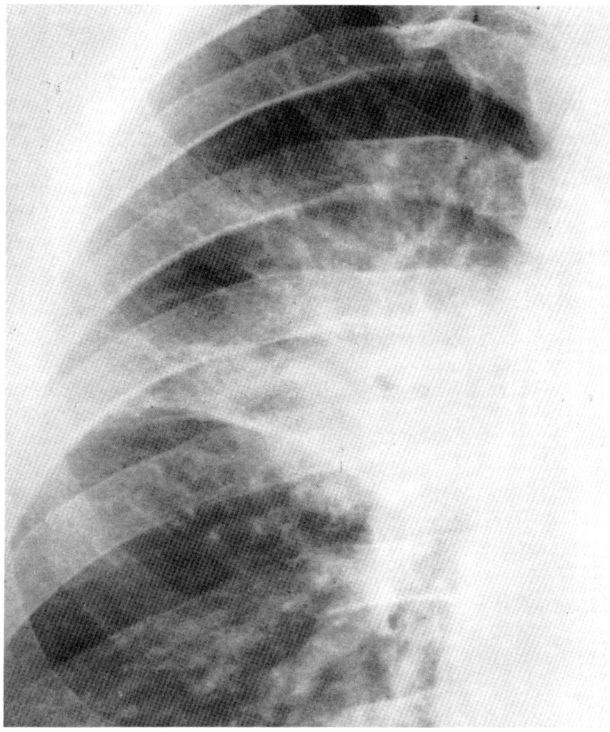

Abb. 5.**7** **Bronchuskarzinom** im rechten Oberlappen, das eine Retentionspneumonie verursacht.

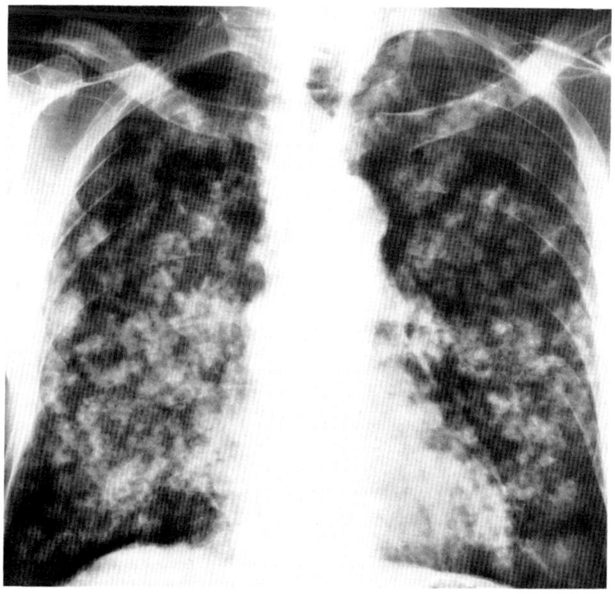

Abb. 5.**8** **Alveolarzellkarzinom** mit beidseitigen, unscharf begrenzten nodulären Verdichtungen, die rechts ein konfluierendes Infiltrat bilden.

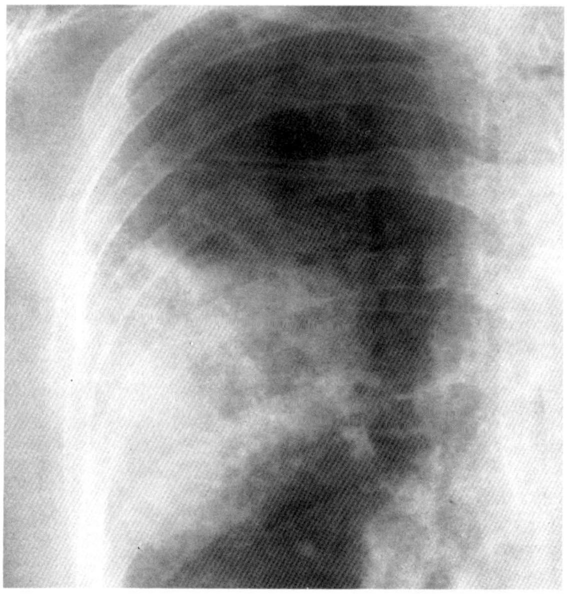

Abb. 5.**9** **Non-Hodgkin-Lymphom.** Großer Verdichtungsbezirk im rechten Oberlappen.

Tabelle 5.1 Alveoläre Infiltrate und Atelektase (Fortsetzung)

Krankheit	Radiographisches Bild	Kommentar
Arteriovenöse Malformation	Homogene, scharf begrenzte und oft etwas gelappte Verschattung, bevorzugt im Unterlappen. Die Identifizierung des zuführenden und abführenden Gefäßes ist nicht immer möglich. Multiple Läsionen in etwa einem Drittel der Fälle.	Etwa in der Hälfte der Fälle bestehen arteriovenöse Fisteln an anderen Stellen (hereditäre hämorrhagische Teleangiektasie oder Rendu-Osler-Weber-Syndrom).
Bakterielle Pneumonie		
Staphylococcus aureus (Abb. 5.10)	Charakteristisch sind fleckförmige Verdichtungen ohne Luftbronchogramme. In über 60% der Fälle doppelseitig. Pneumozelen und Abszesse bilden sich häufig und können Luft-Flüssigkeitsspiegel enthalten. Pneumozelen haben charakteristischerweise dünne Wände, die sie von Abszessen unterscheiden. Ein Pleuraerguß (oder Empyem) findet sich bei 50% der Erwachsenen, bei Kindern sogar noch öfter.	Häufig bei Krankenhauspatienten und bei schlechter Abwehrlage. Pneumozelen sind zystenartige Läsionen, die durch Ventilverschluß einer Kommunikation zwischen einem Abszeß und einem Bronchus entstehen. Sie sind besonders häufig bei Kindern.
Streptococcus pyogenes	Ähnlich wie Staphylokokkenpneumonie: fleckförmige oder homogene Verdichtungen ohne Luftbronchogramme, sehr häufig mit begleitendem Pleuraerguß. Unterscheidungsmerkmale sind die geringere Neigung zur Bildung von Abszessen und Pneumozelen.	Streptokokkenpneumonien finden sich oft bei Misch- oder sekundären Infektionen.
Pneumokokkus (Streptococcus pneumoniae) (Abb. 5.11)	Charakteristisch ist eine homogene Verdichtung mit Luftbronchogrammen. Gewöhnlich auf einen Lappen beschränkt. Ein anderes, offenbar mit zunehmender Häufigkeit beobachtetes Erscheinungsbild besteht in fleckförmigen, bronchopneumonieähnlichen Infiltraten, die bilateral sein können. Zu kleinen pleuralen Reaktionen kommt es in 20% der Fälle. Eine Höhlenbildung ist selten.	Häufig bei Alkoholikern und bei schlechter Abwehrlage, kann aber auch bei sonst gesunden Menschen vorkommen. Bei Kindern kann sich der Prozeß als sphärische, gut umschriebene pulmonale Verschattung präsentieren.
Klebsiella (Friedländer) (Abb. 5.12)	Große, gut abgegrenzte homogene Verdichtung mit Luftbronchogrammen ähnlich wie bei Pneumokokkenpneumonie. Unterscheidungsmerkmal gegenüber dieser sind: 1. Bevorzugung der Oberlappen, 2. Tendenz zur Expansion des befallenen Lappens, 3. Abszeßbildung und Pleuraerguß häufig.	Häufig bei Alkoholikern und bei älteren Patienten mit chronischen Lungenleiden.
Legionella (Abb. 5.13)	Schlecht abgegrenzte runde oder diffuse, zentral oder peripher gelegene Infiltrate, die gewöhnlich in einem Lappen beginnen und in zwei Dritteln der Fälle auf den anderen Lungenflügel übergreifen. Eventuell Pleuraerguß. Höhlenbildung und Hilusadenopathie kommen nicht vor.	Die Legionärskrankheit ist eine akute, durch gramnegative Bakterien hervorgerufene Pneumonie, die in lokalen Epidemien oder in sporadischen Fällen beobachtet wird. Die pneumonischen Infiltrate verschwinden innerhalb eines Monats.

Fortsetzung auf Seite 98

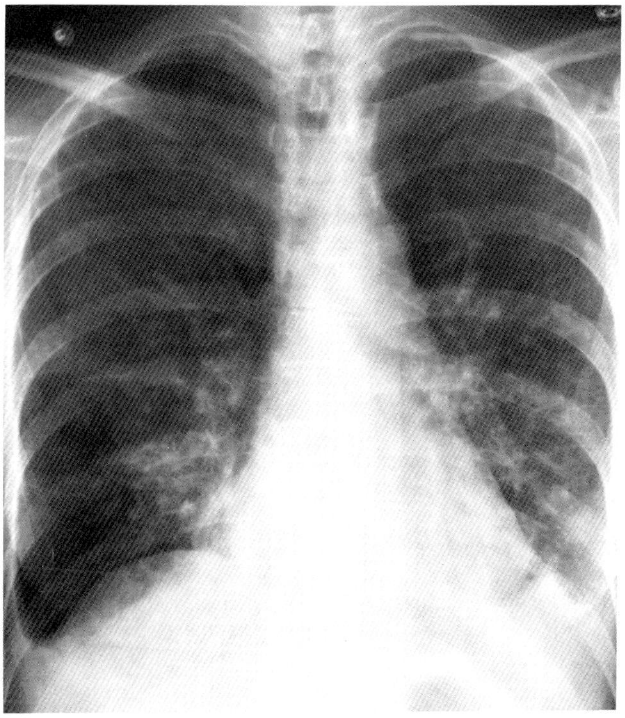

Abb. 5.**10** **Staphylokokkenpneumonie,** die mit beidseitigen fleckigen Infiltraten in den Unterlappen und kleinen Pleuraergüssen in Erscheinung tritt.

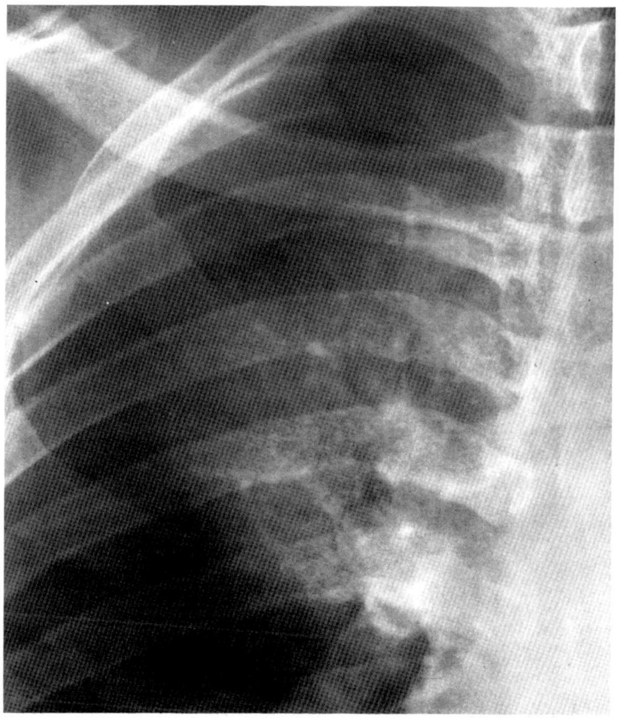

Abb. 5.**11** **Pneumokokkenpneumonie** unter dem Bild einer Verdichtung mit Luftbronchogramm im vorderen Segment des rechten Oberlappens. Wegen des pneumonischen Prozesses ist der laterale Rand der benachbarten Aorta ascendens nicht mehr abgrenzbar (positives „Silhouettenzeichen"). S. auch Abb. 5.**3**, S. 92.

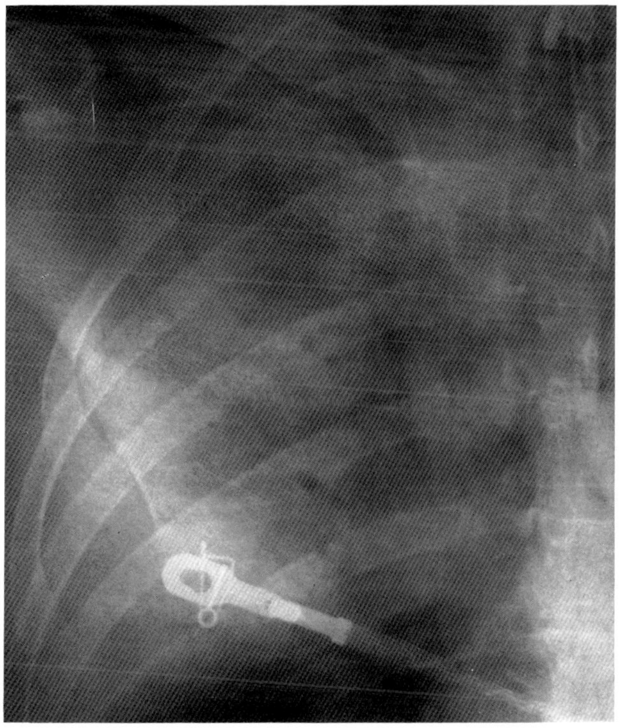

Abb. 5.**12** **Klebsiellapneumonie.** Verdichtung des ganzen rechten Oberlappens mit Volumenzunahme und Luftbronchogrammen.

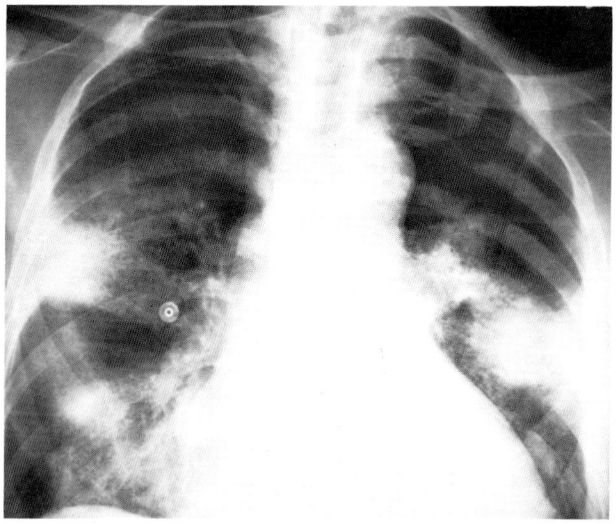

Abb. 5.**13** **Legionellapneumonie** (Legionärskrankheit). Charakteristisch sind beidseitige, unscharf begrenzte, runde und diffuse Infiltrate.

Tabelle 5.1 Alveoläre Infiltrate und Atelektase (Fortsetzung)

Krankheit	Radiographisches Bild	Kommentar
Pseudomonas (Abb. 5.14)	Charakteristisch sind beidseitige fleckförmige Infiltrate, bevorzugt in den Unterlappen, die rasch zu ausgedehnten homogenen Verdichtungen mit Luftbronchogrammen fortschreiten. Abszeßbildung häufig. Kleine, aber radiographisch nicht sehr auffällige Ergüsse sind meist vorhanden.	Fast ausnahmslos bei Patienten mit schlechter Abwehrlage, die die Krankheit im Krankenhaus erwerben. Die Erreger sind gegen fast alle Antibiotika resistent.
Haemophilus influenzae	Fleckförmige, schlecht abgegrenzte Infiltrate, vorwiegend in den Unterlappen, ein- oder beidseitig. Pleuraergüsse treten häufig auf und können im Vordergrund stehen, besonders bei Kindern.	Häufigster Erreger in Kulturen aus dem eitrigen Auswurf von Patienten mit chronischen Lungenleiden, wenn auch seine Pathogenität noch immer bezweifelt wird, weil er sich auch in der Flora von Gesunden meistens findet.
Bordetella pertussis	Konglomeratinfiltrate, oft angrenzend an die Herzkonturen, so daß das Herz „struppig" erscheint. Gelegentlich begleitet von leichter Vergrößerung der Hiluslymphknoten.	Am häufigsten bei ungeimpften Kindern, kann aber auch bei geimpften Erwachsenen vorkommen.
Francisella (Pasteurella) tularensis	Ein- oder beidseitige fleckige bis homogene Verdichtungen, manchmal von ovaler Form. Gewöhnlich einhergehend mit gleichseitiger Hilusvergrößerung und Pleuraerguß.	Die Erreger finden sich gewöhnlich bei Nagern und anderen kleinen Säugern. Erkrankung an Tularämie oft durch berufliche Exposition (Jäger, Laborpersonal, Fleischer).
Yersinia (Pasteurella) pestis	Ein- oder beidseitige homogene Verdichtungen mit Luftbronchogrammen. Radiographisch kann die Vergrößerung der hilären und paratrachealen Lymphknoten im Vordergrund stehen. Pleuraergüsse kommen vor.	Die Erreger sind bei wilden Nagern noch immer weit verbreitet. *Bacillus anthracis* (Rinder, Schafe, Ziegen) kann einen ähnlichen radiographischen Thoraxbefund verursachen. Sowohl Milzbrand- als auch Pestpneumonie sind heute extrem selten.
Andere gramnegative aerobe Bakterien	Uncharakteristische(s), oft inhomogene(s) Infiltrat(e) in den Unterlappen. Zur Höhlenbildung kommt es mit wechselnder Häufigkeit bei den meisten Erregern. Eventuell Pleuraerguß.	Erreger: *Bacillus proteus, Escherichia coli, Salmonella, Brucella, Enterobakter, Serratia* und andere.
Bacteroides und andere anaerobe Bakterien	Charakteristisch ist ein homogenes Infiltrat (bzw. Infiltrate) vorzugsweise in den dorsalen Segmenten mit Abszeßbildung früh im Krankheitsverlauf. Sehr häufig Pleuraerguß (Empyem).	Anaerobe Keime sind übliche Bestandteile der normalen Mund- und Atmungstraktflora. Sie finden sich oft bei „Aspirationspneumonien" von Alkoholikern und Menschen mit mangelhafter Mundhygiene. Protrahierter Verlauf über Wochen und Monate.
Tuberkulose (Mycobacterium tuberculosis) (Abb. 5.15, 5.16)	*Primär:* Verdichtung mit nur leichter Bevorzugung der Oberlappen. Gewöhnlich ist eine Vergrößerung der hilären und/oder paratrachealen Lymphknoten vorhanden. Ein Pleuraerguß ist bei Erwachsenen häufig.	Eine Primärtuberkulose findet sich oft bei Kindern.
	Postprimär: Charakteristisch ist ein fleckförmiges, inhomogenes Infiltrat im apikalen oder dorsalen Segment der Oberlappen oder im oberen Segment der Unterlappen. Häufig bilateral, aber oft asymmetrisch. Pleuraerguß und Lymphknotenvergrößerung sind selten. Höhlenbildungen kommen vor und können zur bronchogenen Aussaat führen, die durch multiple fleckförmige Infiltrate gekennzeichnet ist.	Bei Erwachsenen. Reaktivierung eines alten Herds, nach BCG-Impfung oder exogener Reinfektion (selten), oder als direkte Fortsetzung der ursprünglichen (primären) Infektion.
Atypische Mykobakterien	Ähnlich der Tuberkulose, aber größere Neigung zur Höhlenbildung, während Pleuraergüsse und Hiluslymphknotenbefall weniger häufig sind. Enger Zusammenhang mit präexistenten Lungenleiden (z. B. Emphysem, chronische Bronchitis) und relativ häufig bei AIDS.	Atypische Mykobakterien können aus dem Sputum Gesunder isoliert werden. Der Tuberkulintest ist negativ, und der Prozeß spricht auf eine Antituberkulosetherapie nicht an.

Fortsetzung auf Seite 100

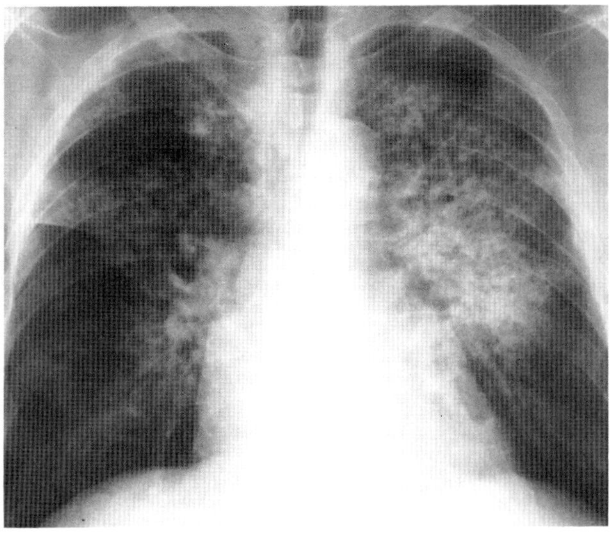

Abb. 5.**14** **Pseudomonaspneumonie.** Ausgedehnte bilaterale fleckförmige Infiltrate mit kleinen Ergüssen.

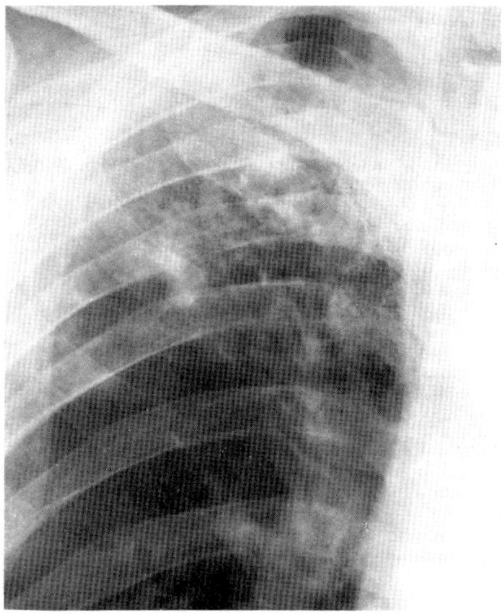

Abb. 5.**15** **Postprimäre Tuberkulose,** die mit einem inhomogenen Infiltrat im apikalen und dorsalen Segment des rechten Oberlappens in Erscheinung tritt.

Abb. 5.**16** **Kavernöse Tuberkulose** mit bronchogener ▶ Streuung, die beidseitige, ausgedehnte konfluierende Infiltrate zur Folge hat.

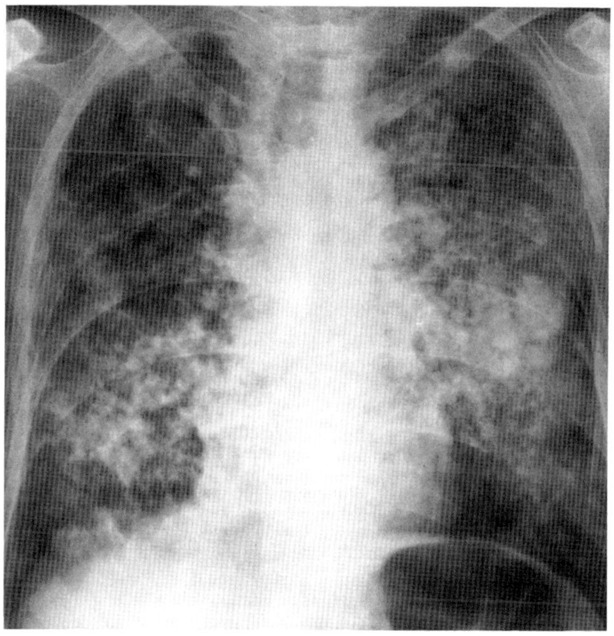

Tabelle 5.1 Alveoläre Infiltrate und Atelektase (Fortsetzung)

Krankheit	Radiographisches Bild	Kommentar
Mykotische Pneumonie		
Histoplasmose	*Primär:* Charakteristisch sind inhomogene Verdichtungen, am häufigsten in einem Unterlappen, mit Vergrößerung der Hiluslymphknoten. Selten mit Pleuraerguß verbunden. *Postprimär:* Charakteristisch sind Verdichtungen, die an einer Stelle verschwinden und an anderer erscheinen. Bevorzugter Sitz in den Oberlappen. Eine Höhlenbildung kann vorkommen. Eine Lymphknotenvergrößerung ist ungewöhnlich.	Die klinischen und radiographischen Zeichen ähneln oft einer Tuberkulose.
Kokzidioidomykose	Fleckförmige homogene Verdichtungen vorzugsweise in den Unterlappen, oft verbunden mit Lymphknotenvergrößerung an Hilus und/oder Mediastinum, weniger häufig mit einem Pleuraerguß. Zur Bildung von (gewöhnlich dünnwandigen) Höhlen kommt es vorwiegend in den Oberlappen, und anders als bei Tuberkulose sind auch die vorderen Segmente befallen.	Die Krankheit ist bei der Mehrzahl der infizierten Patienten asymptomatisch oder verursacht leichte grippeähnliche Symptome.
Blastomykose	Unspezifische homogene oder fleckförmige Verdichtungen, selten verbunden mit Lymphknotenvergrößerung, Pleuraerguß und Höhlenbildung.	Hervorgerufen durch *Blastomyces dermatitidis*. Vorkommen in Nord-, Mittel- und Südamerika und in Afrika.
Kryptokokkose (Abb. 5.17)	Gut abgegrenzte segmentäre oder lobäre Verdichtung vorzugsweise in den Unterlappen. Höhlenbildung und Lymphknotenvergrößerung sind selten.	Häufiger tritt diese Krankheit radiographisch mit einer peripheren tumorartigen Läsion in Erscheinung.
Mukormykose (Phykomykose)	Homogene Verdichtung, häufig mit Höhlenbildung.	Bei Patienten mit Diabetes, Lymphom oder Leukämie.
Geotrichose	Verdichtung in den Oberlappen, häufig verbunden mit dünnwandigen Höhlen.	
Sporotrichose	Segmentäre Verdichtungen, meist verbunden mit Lymphknotenvergrößerung am Hilus. Dünnwandige Höhlen sind nicht ungewöhnlich. Eine Ausbreitung der Krankheit durch die Pleura in die Brustwand kann vorkommen.	Die Krankheit kann radiographisch auch mit einer einzigen großen Tumorbildung oder mit zahlreichen kleinen Knötchen in Erscheinung treten.
Aktinomykose Nokardiose (Abb. 5.18)	Homogene Verdichtung vorzugsweise im Unterlappen. Höhlenbildung und Pleuraerguß (Empyem) sind üblich. Eine Ausbreitung durch die Pleura in die Brustwand ist häufig und geht oft mit Rippendestruktionen einher.	Während die Aktinomykose sonst gesunde Personen befällt, ist die Nokardiose praktisch auf Patienten ohne Widerstandskraft beschränkt (z. B. bei Krankheiten des retikuloendothelialen Systems, Immunsuppressivtherapie und Alveolarproteinose).
Aspergillose (Abb. 5.19)	Einzelne oder multiple Verdichtungen. Eine Abszeßbildung kann vorkommen.	Außerordentlich selten bei Gesunden (primäre Aspergillose), aber nicht ungewöhnlich bei entkräfteten Patienten („Aspergillose bei chronischer schwächender Krankheit"). Andere Manifestationen der Krankheit sind Aspergillome in Lungenkavernen und Hypersensitivitätsaspergillose (Schleimimpaktation besonders bei Asthmatikern, die radiographisch oft ein Bronchuskarzinom vortäuscht).
Kandidiasis (Moniliasis)	Fleckförmige Infiltrate. Höhlenbildung kann vorkommen.	Kandida ist ein üblicher Saprophyt der oberen Atemwege. Häufig bei älteren Menschen oder Personen mit chronischen schwächenden Krankheiten.

Fortsetzung auf Seite 102

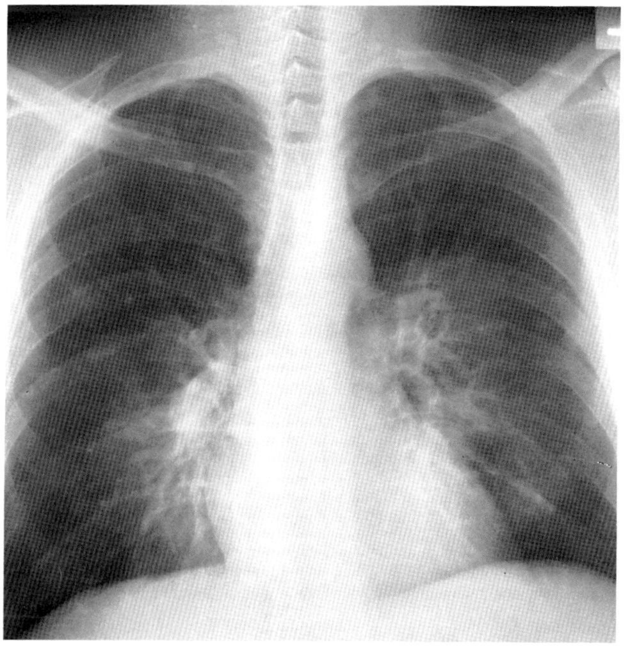

Abb. 5.**17** **Kryptokokkenpneumonie.** Bilaterale, gut abgrenzbare homogene Verdichtungen in den Unterlappen.

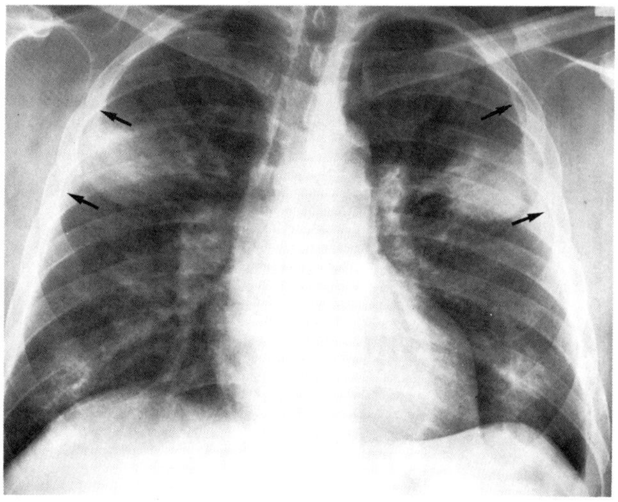

Abb. 5.**18** **Lungenaktinomykose.** Unscharf begrenzte runde Verdichtungen mit örtlicher Verdickung der angrenzenden Pleura (Pfeile). Häufiger zeigt sich die Krankheit mit einer solitären Unterlappenläsion.

Abb. 5.**19** **Lungenaspergillose** bei einem Patienten mit ▶ steroidbehandelter Dermatomyositis, die mit beidseitigen, rasch zunehmenden Verdichtungen in Erscheinung tritt.

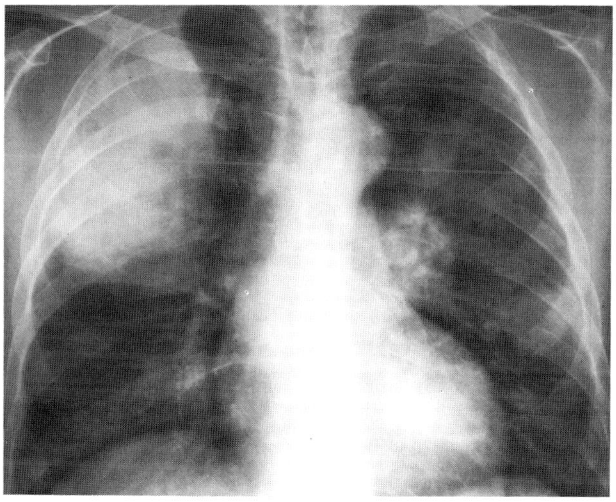

Tabelle 5.1 Alveoläre Infiltrate und Atelektase (Fortsetzung)

Krankheit	Radiographisches Bild	Kommentar
Mykoplasmen- und Viruspneumonie		
Mykoplasma Influenza Parainfluenza Coxsackie Adenovirus Psittakose (Abb. 5.5–5.22)	Charakteristisch sind fleckförmige Infiltrate, oft mit feinretikulärer Zeichnung als Vorläufer, die gewöhnlich in einem oder beiden Unterlappen liegen. Eventuell kleine Pleuraergüsse. Höhlenbildung kommt nicht vor, und Vergrößerung der Hiluslymphknoten ist bei Erwachsenen extrem selten.	Häufig bei Kindern und jungen Erwachsenen. (*Masern-* und *ECHO-Viruspneumonien,* die sich fast ausschließlich bei Säuglingen und Kleinkindern finden, gehen meist mit Vergrößerung der Hiluslymphknoten einher.)
Mononukleose (Epstein-Barr-Virus)	Ähnlich wie Mykoplasmen- und die vorgenannten Viruspneumonien, aber eine Vergrößerung der Hiluslymphknoten kommt vor.	Häufige Krankheit in der Altersgruppe von 15–25 Jahren, doch sind pulmonale Manifestationen selten. Geht gewöhnlich mit generalisierter Lymphadenopathie und Splenomegalie einher; die Milzvergrößerung ist oft das auffallendste radiographische Zeichen.
Varizella (Zoster)	Bilaterale flockige noduläre Verschattungen, die, wenn sie ausgedehnt sind, in Hilusnähe konfluieren können und das Bild eines Infiltrats vom „Lungenödemtyp" erzeugen. Lymphknotenvergrößerung und Pleuraergüsse sind selten.	Klinische Symptome und radiographische Zeichen einer Windpockenpneumonie treten 2–3 Tage nach dem Exanthem auf.
Zytomegalie	Fleckförmige, oft beidseitige interstitielle und alveoläre Infiltrate im fortgeschrittenen Stadium. Pleuraerguß und Höhlenbildung kommen nicht vor.	Bei Patienten mit schlechter Abwehrlage. Oft Koexistenz von Zytomegalievirus- und *Pneumocystis-carinii*-Pneumonie.
Rickettsienpneumonie		
Q-Fieber (Coxiella burneti)	Charakteristisch ist eine homogene Verdichtung eines ganzen Segments (gewöhnlich in einem Unterlappen). Eventuell pleurale Reaktion.	Die Krankheit imitiert klinisch eine Grippe. Pathologische Veränderungen im Thoraxröntgenbild bei weniger als 50% der Patienten.
Parasitäre Pneumonie		
Pneumocystis carinii (Abb. 5.23)	Beginn mit interstitiellen perihilären Infiltraten, die gewöhnlich bilateral sind und zu fleckförmigen alveolären Verschattungen mit Luftbronchogrammen fortschreiten. Im fortgeschrittenen Stadium imitiert der Prozeß radiographisch ein Lungenödem. Ein Pleuraerguß ist ungewöhnlich.	Häufig bei Patienten unter Immunsuppression. Häufigste Pneumonie beim erworbenen Immunschwächesyndrom (AIDS); sehr schlechte Prognose. Findet sich bei männlichen Homosexuellen, nach i.v. Suchtgiftapplikation und nach Transfusion von kontaminiertem Blut (z. B. bei Blutern).
Toxoplasmose (Toxoplasma gondii)	Kombinierte interstitielle und alveoläre Veränderungen. Häufig Vergrößerung der Hiluslymphknoten.	Klinisch hat die Toxoplasmose oft Ähnlichkeit mit der infektiösen Mononukleose beim Erwachsenen.
Amöbiasis (Entamoeba histolytica)	Homogene Verdichtung im rechten Unterlappen mit Pleuraerguß. Höhlenbildung selten.	Die Parasiten wandern von einem Leberabszeß durch das Zwerchfell in die Lunge ein. Eine hämatogene Genese ist sehr selten.
Rundwurm		
Askaridiasis (Spulwurm)	Fleckförmige Verdichtungen, oft beidseitig.	Die Lungenerkrankung stellt eine allergische Reaktion dar, die durch die Passage der Larven durch die Lunge ausgelöst wird. Ausnahmslos besteht Eosinophilie.
Strongyloidiasis (Zwergfadenwurm, Darmälchen)	Fleckförmige Verdichtungen wie bei Askaridiasis. Eventuell kleine Pleuraergüsse.	Die Wanderung der Larven von den Kapillaren in die Alveolen führt zu Lungenveränderungen mit alveolären Blutungen, Ödem, Entzündung und Infarzierung. Die Lungenmanifestationen werden oft von einer hämorrhagischen Gastroenterokolitis begleitet.
Ankylostomiasis (Hakenwurm)	Lungenmanifestationen wie bei Strongyloidiasis, aber nicht so häufig.	Klinisch steht oft die Anämie im Vordergrund. Auch eine Eosinophilie ist vorhanden.

Fortsetzung auf Seite 104

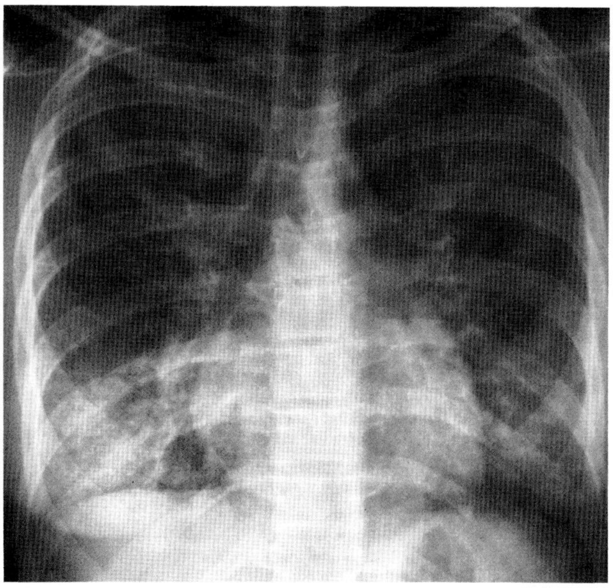

Abb. 5.**20** **Mykoplasmenpneumonie** unter dem Bild gemischter interstitieller und alveolärer Infiltrate im rechten Mittellappen und in beiden Unterlappen.

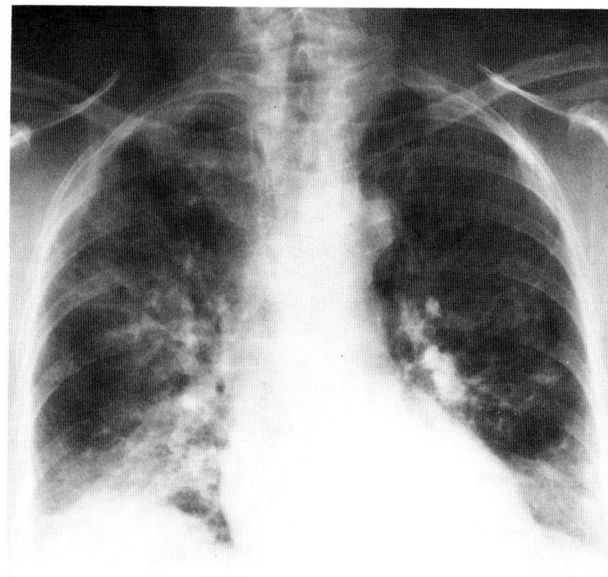

Abb. 5.**21** **Grippepneumonie** mit beidseitigen fleckförmigen Infiltraten.

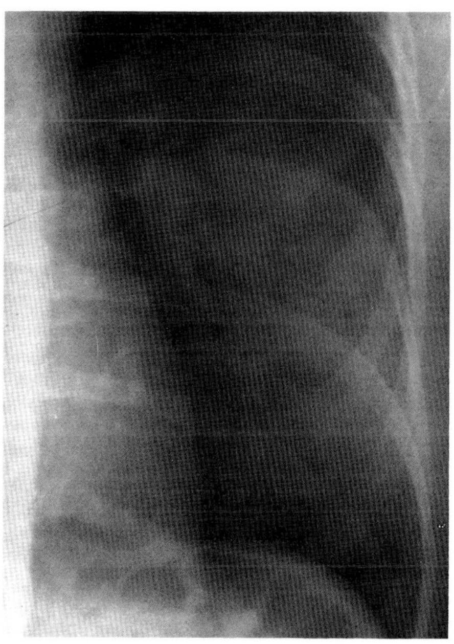

Abb. 5.**22** **Psittakosepneumonie.** Homogene, „milchglasartige" Trübung im linken Unterlappen in Verbindung mit einer leichten Adenopathie der Hiluslymphknoten. Das ist eine relativ außergewöhnliche Erscheinungsform der Krankheit, die oft ein uncharakteristischeres, viruspneumonieartiges Bild zeigt.

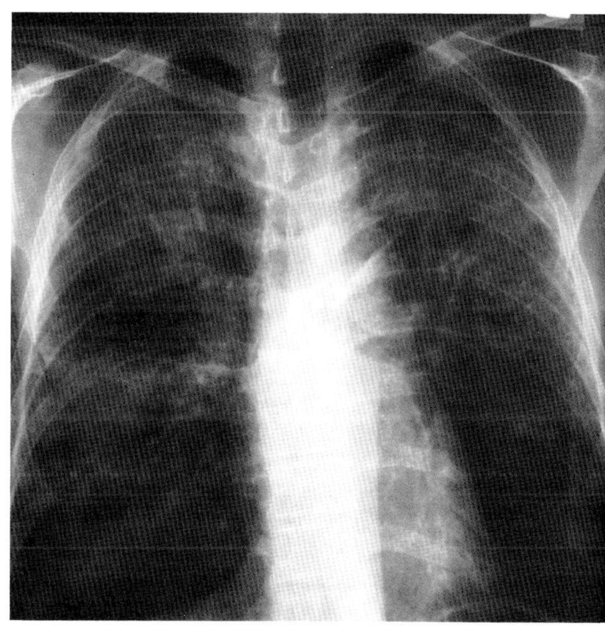

Abb. 5.**23** **Pneumocystis-carinii-Pneumonie.** Bilaterale fleckförmige alveoläre Infiltrate mit Luftbronchogrammen. Es sind in erster Linie die Oberlappen und der Mittellappen in diesem fortgeschrittenen Stadium von AIDS befallen.

Tabelle 5.1 Alveoläre Infiltrate und Atelektase (Fortsetzung)

Krankheit	Radiographisches Bild	Kommentar
Plattwurm		
Paragonimiasis (Paragonimus westermani, Lungenegel)	Fleckförmige Verdichtungen, die oft kleine zystische Läsionen mit relativ dicken Wänden enthalten; sie täuschen infizierte zystische Bronchiektasen vor. Diese Ringschatten enthalten typischerweise eine umschriebene sichelförmige Verschattung an einer Stelle an ihrem Innenrand. Pleuraergüsse und Pneumothorax können vorkommen.	Klinisch steht meist die Hämoptoe im Vordergrund. Die Parasiten wandern durch Zwerchfell und Pleura in die Lunge ein und verbreiten sich über den Bronchialbaum. Infestation durch Verzehr roher Krabben und Krebse.
Sarkoidose (Abb. 5.24)	Durch die Konfluenz zahlreicher, unscharf begrenzter kleiner Knötchen können Verdichtungen mit Luftbronchogrammen entstehen.	Diese seltene Manifestation der Sarkoidose ist meistens mit charakteristischeren Veränderungen verbunden, etwa einer diffusen retikulonodulären Zeichnung und einer Vergrößerung der hilären und mediastinalen Lymphknoten.
Silikose und Anthrakose (beide im fortgeschrittenen Stadium)	Homogene, gewöhnlich bilaterale Verdichtungen, vorzugsweise in den Oberlappen *(progressive massive Fibrose)*. Es können Zerfallshöhlen infolge zentraler ischämischer Nekrose oder aufgepfropfter verkäsender Tuberkulose vorkommen. Gewöhnlich sind Emphysem und Hiluslymphknotenvergrößerung vorhanden. „Eierschalenartige" Verkalkungen sind typisch, aber nur selten zu sehen.	Durch Konfluenz zahlreicher Einzelknötchen entsteht die progressive massive Fibrose. Ihr lateraler Rand ist typischerweise besser abgrenzbar als der mediale. Sie entwickelt sich gewöhnlich in der Mittelzone oder Peripherie der Lunge und wandert später hiluswärts.
Asbestose (Abb. 5.25)	Die Kombination von Parenchym- und Pleuraveränderungen in den mittleren und unteren Lungenfeldern führt dazu, daß teilweise der Herzrand („struppiges" Herz) und das Zwerchfell nicht abgrenzbar sind. Parietale, eventuell verkalkte Pleuraplaques können vorkommen und sind kennzeichnend.	Sehr häufig verbunden mit malignen Prozessen wie Mesotheliom, Bronchus- und Alveolarzellkarzinom.
Talkose	Pulmonale (retikulonoduläre Zeichnung mit homogenen, unscharf begrenzten Infiltraten) und pleurale Veränderungen (Plaques) wie bei Asbestose.	
Aspiration eines soliden Fremdkörpers	Der Schwerkraft entsprechend lokalisierte Verdichtung und Atelektase, meist in einem Unterlappen. Abszeßbildung häufig.	Wenn durch den Fremdkörper ein Ventilmechanismus ausgelöst wird, kann distal von ihm eine Überblähung durch die eingesperrte Luft zu beobachten sein. Mitunter ist der Fremdkörper erkennbar, wenn er schattengebend oder von Luft umgeben ist.
Akute Aspiration	Von konfluierenden fleckförmigen Infiltraten bis zu homogenen Verdichtungen, oft beidseitig.	Die Aspiration von Mageninhalt *(Mendelson-Syndrom)* führt gewöhnlich zu bilateralen Infiltraten, die in 7 bis 10 Tagen verschwinden.
Chronische Aspiration	Eine oder mehrere segmentäre Verdichtungen, die langsam an einer Stelle verschwinden und an einer anderen erscheinen.	Zu beobachten bei Zenker-Divertikel, Ösophagusstenose, Tracheoösophagealfistel und neuromuskulären Störungen. Akute und chronische Aspirationspneumonien findet man auch bei Alkoholikern.
Lipidpneumonie (exogene)	Relativ homogene Verdichtungen in einem oder mehreren Segmenten, vorzugsweise in den Unterlappen. Es kann sich eine Verdikkung des Interstitiums finden, die sich mit linearen Verschattungen in der Peripherie der Läsion zeigt.	Aspiration von Öl (z. B. öligen Nasentropfen). Unterscheidung von *endogenen Lipidpneumonien* erforderlich (z. B. Cholesterinpneumonie sowie primäre und sekundäre entzündliche Pseudotumoren, die letztgenannten in Verbindung mit präexistenter Lungenkrankheit).
Schleimimpaktation (Hypersensitivitätsaspergillose) (Abb. 5.26)	Schleimpfropfe, die oft als „breite, bandartige" V- oder Y-förmige Schatten meist in den Oberlappen erkennbar sind. Distal vom Pfropf besteht oft eine Atelektase oder Retentionspneumonie, die ein Neoplasma vortäuscht. Kann in einer Gegend verschwinden und in einer anderen wieder erscheinen.	Gewöhnlich in Verbindung mit Asthma und/oder chronischen Bronchialkrankheiten (z. B. Bronchiektasen, zystische Fibrose). Bei der durch Hypersensitivitäts- (allergische) Aspergillose verursachten Schleimimpaktation findet sich gewöhnlich eine periphere Eosinophilie. Die *bronchozentrische Granulomatose (Liebow)* bietet klinisch und radiographisch ein ähnliches Bild wie die Schleimimpaktation und kann als Variante derselben aufgefaßt werden.

Fortsetzung auf Seite 106

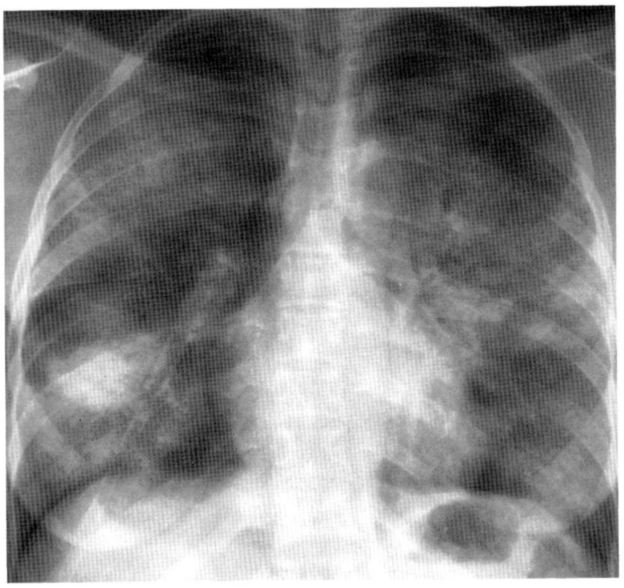

Abb. 5.**24** **Sarkoidose.** Durch das Konfluieren zahlreicher, unscharf begrenzter kleiner Knötchen werden bilaterale pneumonische Verdichtungen mit Luftbronchogrammen vorgetäuscht.

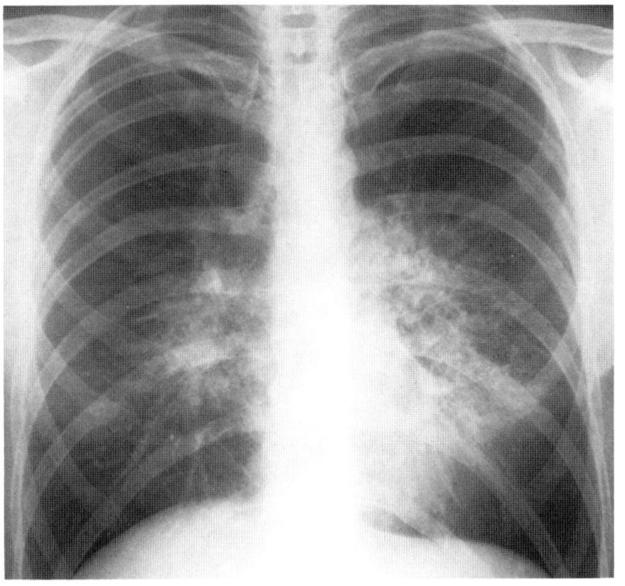

Abb. 5.**25** **Lungenasbestose.** Durch die Veränderungen wird der Herzrand verdeckt (Zeichen des „struppigen Herzens").

a

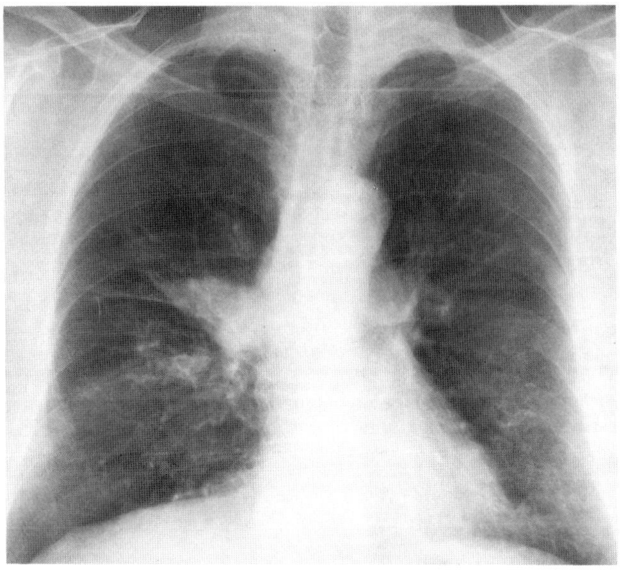

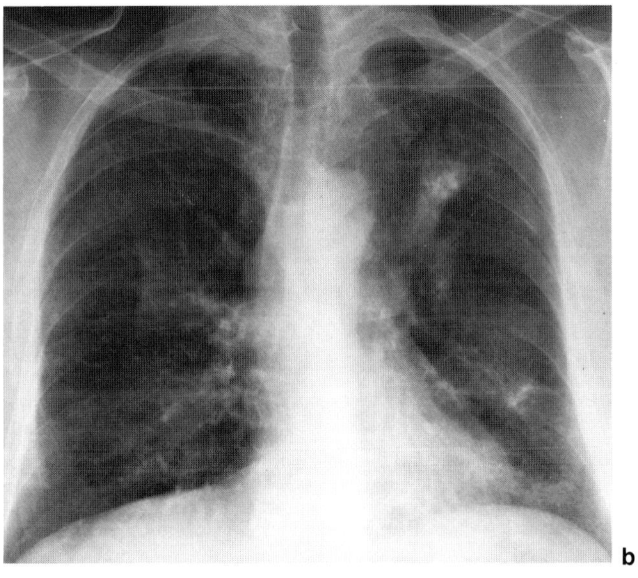

b

Abb. 5.**26 a, b** **Schleimimpaktation (Hypersensitivitätsaspergillose)** bei einem Patienten mit chronischer Lungenkrankheit. **a** Der durch einen Schleimpfropf verursachten Atelektase und Retentionspneumonie im rechten Mittellappen folgte mehrere Monate später **b** eine Retentionspneumonie als Folge eines Pfropfs im linken Oberlappen.

Tabelle 5.1 Alveoläre Infiltrate und Atelektase (Fortsetzung)

Krankheit	Radiographisches Bild	Kommentar
Löffler-Syndrom (Abb. 7.4, S. 132)	Charakteristisch sind eine oder mehrere, unscharf begrenzte transitorische Verdichtungen in der Lungenperipherie („umgekehrtes Lungenödembild").	Fast ausnahmslos besteht eine Bluteosinophilie. Kann idiopathisch, medikamentös (z. B. Penicillin, Sulfonamide) oder durch Parasiten bedingt sein. Von dem (akuten) Löffler-Syndrom kann eine chronische Form abgegrenzt werden (*„chronische eosinophile Pneumonie"*), die radiographisch nicht unterscheidbar ist, aber wochenlang persistiert, wenn sie nicht mit Steroiden behandelt wird.
Kollagenkrankheiten	Unspezifische, fleckförmige periphere Verdichtungen, oft verbunden mit Pleuraergüssen.	Beispielsweise bei Lupus erythematodes disseminatus und Panarteriitis nodosa.
Wegener-Granulomatose (Abb. 5.27)	Fleckige Infiltrate oder eine relativ homogene, einen Segmentteil bis zu einem ganzen Lappen betreffende Verdichtung sind wohlbekannte, aber nicht sehr häufige Manifestationen dieser Krankheit. Gelegentlich begleitende pleurale Reaktionen.	Wird am häufigsten bei Männern im mittleren Alter beobachtet, etwas seltener bei Frauen. Pulmonale Knoten, die zerfallen können, sind die charakteristische radiographische Erscheinungsform dieser Krankheit.
Lungeninfarkt (Abb. 5.28)	Verdichtung(en) mit der Basis zur Pleura, bevorzugt in den Unterlappen, oft verbunden mit Pleuraerguß und Hochstand der gleichseitigen Zwerchfellhälfte. Typisch aber nicht häufig ist der *Hampton-Höcker:* der Infarkt sieht aus wie ein Kegelstumpf, der mit seiner Basis der Pleura visceralis anliegt.	Die Zeitdauer der Rückbildung schwankt von ein paar Tagen (wenn nur Ödem und/oder Blutung vorhanden sind) bis zu mehreren Wochen (wenn es zur Nekrose kommt). Charakteristischerweise wird ein in Rückbildung begriffener Infarkt nach und nach kleiner, behält aber seine ursprüngliche Gestalt und Homogenität (Zeichen des „schmelzenden Eiswürfels").
Lungenödem (kardiogenes und nichtkardiogenes)	Bei präexistenter Lungenkrankheit asymmetrisches, atypisches Bild in Form von stellenweisen örtlichen Verschattungen.	Weitere Differentialdiagnose s. Kap. 7, S. 133.
Lungenblutung (nichttraumatische) (Abb. 5.29)	Meist bilaterale alveoläre Verschattungen, die 2–3 Tage nach einer einzelnen Blutungsepisode verschwinden.	Z. B. bei hämorrhagischer Diathese, idiopathischer Lungenhämosiderose und Goodpasture-Syndrom.
Lungenkontusion	Fleckförmige Infiltrate bis ausgedehnte, homogene Verdichtungen erscheinen innerhalb von 6 Stunden nach dem Trauma. Die Rückbildung beginnt rasch und ist in 3 bis 7 Tagen vollständig.	Gewöhnlich in der Nähe der Verletzung, mitunter aber im kontralateralen Lungenflügel (Contre-coup-Effekt).
Bronchusfraktur (Abb. 5.30)	Verschattung (Atelektase) eines Lappens oder sogar eines ganzen Lungenflügels. Wird eventuell erst Monate nach dem Trauma sichtbar, wenn sich an der Frakturstelle eine Bronchusstenose entwickelt. Neben einem Pneumothorax ist ein lokalisiertes bis ausgedehntes Pneumomediastinum ein häufiger Erstbefund. Beim Erwachsenen sehr oft zugleich Frakturen der ersten drei Rippen.	Ein Pneumothorax ist gewöhnlich der auffallendste Befund, ist aber in 30% der Fälle nicht vorhanden, wenn die Fraktur unvollständig ist oder einen Bronchus im Mediastinum betrifft.
Lungentorsion	Die Exsudation von Blut verursacht eine Verschattung des ganzen, um 180° verdrehten Lungenflügels. Charakteristisch ist die Veränderung der Lungengefäßzeichnung.	Fast ausnahmslos bei Kindern.
Strahlenpneumonitis (Abb. 5.31)	Verdichtung, oft mit Luftbronchogrammen, die sich 1 Monat bis 1 Jahr (meist 2–4 Monate) nach Beendigung der Strahlentherapie entwikkelt. Die Lokalisation entspricht dem bestrahlten Gebiet. Nach 9–12 Monaten ist gewöhnlich das fibrotische Stadium eingetreten, das durch eine signifikante Volumenminderung, dichte Stränge und eine Verschattung des betroffenen Gebiets gekennzeichnet ist. Durch Bestrahlung ausgelöste Pleuraergüsse sind ungewöhnlich, aber eine Pleuraverdikkung ist relativ häufig.	Die Auswirkung der Strahlen hängt von der Gesamtdosis, Fraktionierung und Zeitspanne zwischen erster und letzter Bestrahlung ab. Gewöhnlich ist eine Dosis von mindestens 20 Gy erforderlich; eine im Laufe von 6 Wochen verabreichte Dosis von 60 Gy führt fast immer zu einer schweren Strahlenpneumonitis.

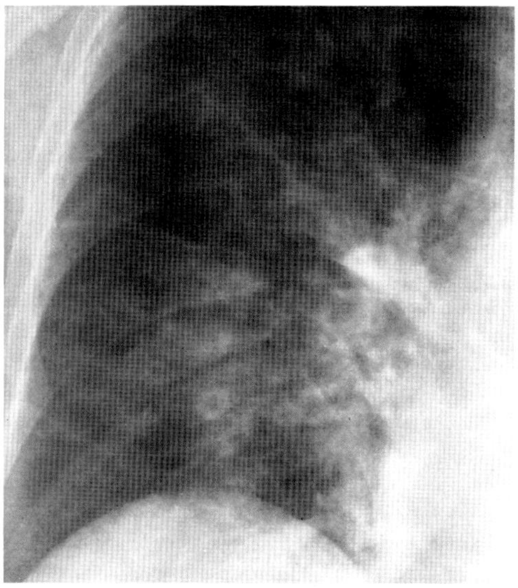

5.**27**

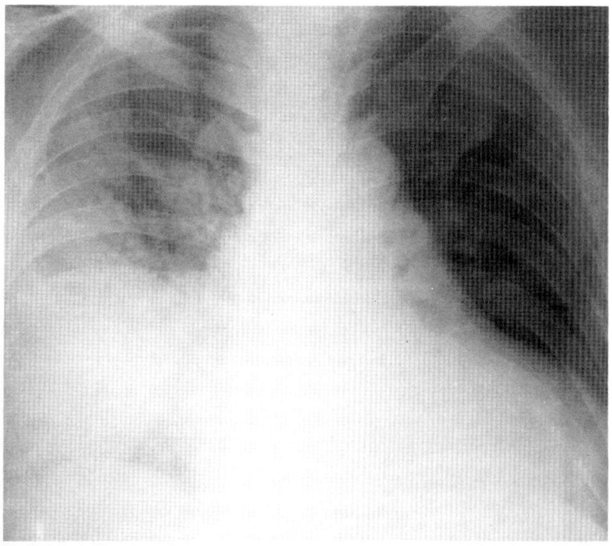

5.**28**

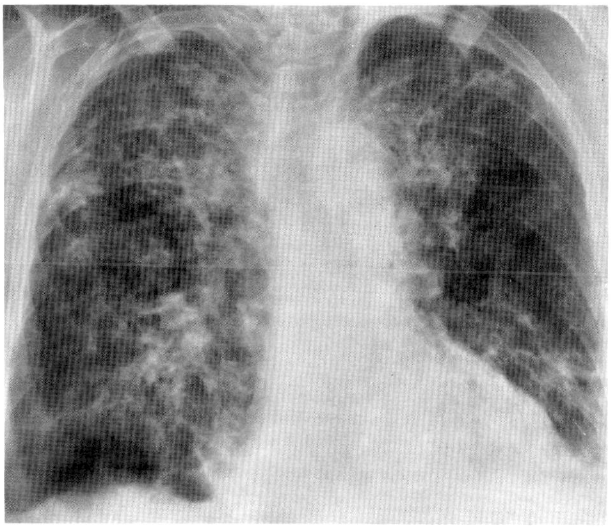

5.**29**

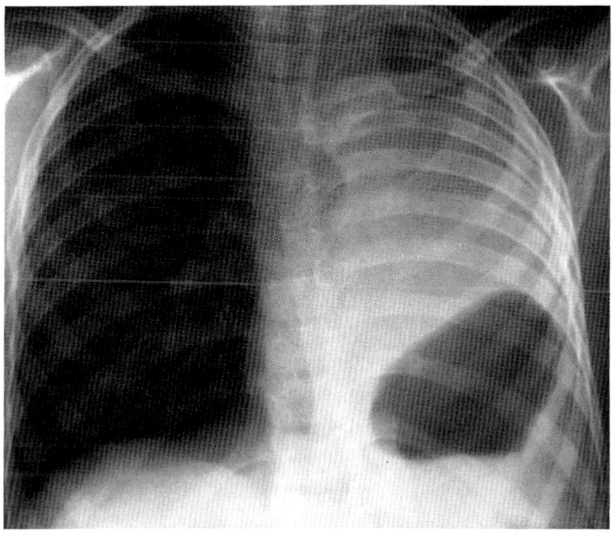

5.**30**

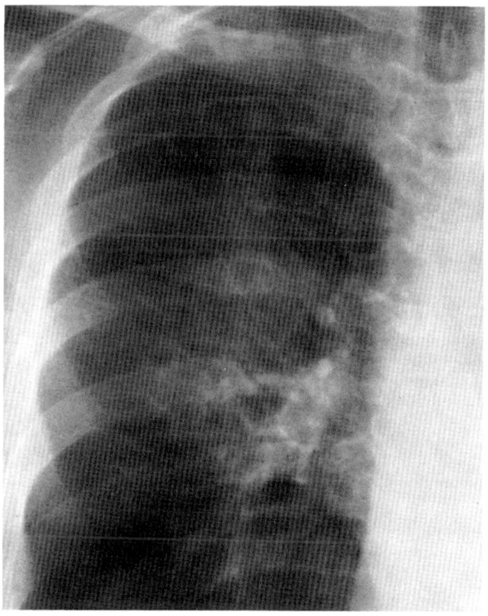

5.**31**

Abb. 5.**27** **Wegener-Granulomatose.** Alveoläre Verdichtung, hauptsächlich im rechten Unterlappen. Ähnliche, aber nicht so massive Infiltrate bestanden auch im linken Unterlappen.

Abb. 5.**28** **Lungeninfarkt** im rechten Mittel- und Unterlappen, der als große Verdichtung in Erscheinung tritt, bei einem Patienten mit kardialer Arteriosklerose.

Abb. 5.**29** **Lungenblutung bei idiopathischer Lungenhämosiderose.** Bilaterale alveoläre Verschattungen in vorwiegend perihilärer Verteilung.

Abb. 5.**30** **Bronchusfraktur.** Klar ersichtliche Atelektase des linken Lungenflügels.

Abb. 5.**31** **Strahlenpneumonitis.** Infiltrat in den anteromedialen Abschnitten des rechten Ober- und Mittellappens entsprechend den Bestrahlungsfeldern bei Mammakarzinom.

6 Interstitielle Infiltrate

Eine interstitielle Lungenerkrankung wird radiographisch diagnostiziert, wenn eine *retikuläre, noduläre* oder *wabenartige* Zeichnung oder eine Kombination davon erkennbar ist.

Die *retikuläre* Zeichnung besteht aus einem Netz von linearen Verschattungen (Abb. 6.**1a**). Je nach der Maschengröße kann man zwischen einer fein-, mittel- oder grobretikulären Zeichnung unterscheiden, wenn auch diese Unterscheidung keine klare differentialdiagnostische Bedeutung hat. Als „Kerley-Linien" bezeichnet man Septenlinien, die durch Flüssigkeitsansammlung, Zellinfiltration oder Bindegewebsproliferation in den Interlobulärsepten verdickt sind. Akut auftretende oder transitorische Kerley-Linien finden sich in der Regel bei einem Lungenödem jeder Ätiologie und gelegentlich bei Pneumonie und Lungenblutung. Permanente Kerley-Linien sind meist bei chronischer und schwerer pulmonaler venöser Hypertonie (besonders Mitralstenose) vorhanden, die schließlich zu Fibrose und Hämosiderinablagerung in den Interlobulärsepten führt. Ein Hauptfaktor für die Entwicklung von Kerley-Linien bei malignen Prozessen (z. B. Lymphangiosis carcinomatosa, Bronchuskarzinom und Lymphom) scheint eine Lymphabflußstörung zu sein, denn unter diesen Gegebenheiten ist der gleichseitige Hilus zumindest histologisch fast ausnahmslos vom Tumor befallen. Schließlich kann eine Fibrose der Interlobulärsepten bei jeder Form der Lungenfibrose vorkommen, wird aber am häufigsten bei Pneumokoniose beobachtet.

Man unterscheidet verschiedene Arten von Kerley-Linien: Kerley-A-Linien sind gerade, radiär verlaufende Linien von 2 bis 6 cm Länge und etwa 1 mm Dicke. Sie liegen in der Mitte zwischen Hilus und Pleura und scheinen bronchoarterielle Stränge zu überkreuzen, zu denen sie keine anatomische Beziehung aufweisen. Kerley-A-Linien sind gewöhnlich am besten in den mittleren und unteren Lungenfeldern zu sehen. Kerley-B-Linien sind dünner und kürzer (bis zu 2 cm) als Kerley-A-Linien und liegen in der Lungenperipherie senkrecht zur lateralen Pleurafläche (Abb. 6.**1b**). Sie sind am zahlreichsten an der Lungenbasis. Durch Überlagerung zahlreicher Kerley-B-Linien im vorderen und hinteren Teil der Lunge können feine Netze aus linearen Verschattungen entstehen, die gelegentlich als Kerley-C-Linien bezeichnet werden. *Plattenförmige (scheibenförmige) Atelektasen* und lokalisierte *fibröse Stränge* können von Kerley-B-Linien unterschieden werden, weil sie keine charakteristische anatomische Lokalisation besitzen und ihre Länge und Breite stark variiert.

Eine *noduläre* Zeichnung (Abb. 6.**1c**) besteht aus zahlreichen punktförmigen Verschattungen, die im wesentlichen einen Durchmesser von 1 mm (kaum sichtbar als Einzelläsion) bis 5 mm haben, wenn auch einige etwas größere Knötchen eingestreut sein können. Eine rein noduläre Zeichnung findet sich bei hämatogener Aussaat bestimmter Infektionen und Tumoren, kann aber auch bei anderen Krankheiten anzutreffen sein (Tab. 6.**1**). Öfter allerdings sind noduläre und retikuläre Muster beim selben Patienten kombiniert vorhanden, so daß sich ein *retikulonoduläres* Bild des interstitiellen Prozesses ergibt. Ein *milchglasartiges* Bild (Abb. 6.**1d**) entsteht, wenn die interstitiellen Veränderungen feinretikulogranulärer Natur ein solches Ausmaß erreichen, daß die Gesamtdichte der betroffenen Lunge erhöht ist, die einzelnen interstitiellen Läsionen aber nicht mehr erkennbar sind.

Eine *Wabenzeichnung* ist durch runde oder ovale zystische Läsionen mit einem Durchmesser bis zu 1 cm charakterisiert (Abb. 6.**1e**). Beim einzelnen Patienten sind sie von verhältnismäßig einheitlicher Größe und bilden gewöhnlich traubenartige Haufen. Die Wabenzeichnung ist das einzige verläßliche radiographische Zeichen der *interstitiellen Fibrose.* Diese kann radiographisch auch mit einer retikulonodulären Zeichnung in Erscheinung treten, doch findet sich dieses Bild auch bei vielen anderen Krankheiten einschließlich verschiedener akuter Veränderungen, die sich mit der Zeit vollständig rückbilden können. Zystische Bronchiektasen können ein ähnliches radiographisches Bild wie die Wabenzeichnung erzeugen, sind in der Regel jedoch unterscheidbar, weil sie größer und weniger einheitlich sind und weil sich auf dem Grund dieser zystischen Läsionen kleinste sichelförmige Flüssigkeitsspiegel befinden. Die Krankheiten, die eine charakteristische Wabenzeichnung verursachen, werden in Tab. 6.**2** zusammengefaßt.

Die Mehrzahl der interstitiellen Lungenerkrankungen erfaßt beide Lungenflügel, oder anders ausgedrückt, der interstitielle Prozeß ist gewöhnlich diffus, wenn auch manche Gebiete stärker betroffen sein können und andere mehr oder weniger ausgespart bleiben. Eine wirklich *lokalisierte interstitielle Lungenerkrankung* ist relativ selten und meist durch eine Infektion bedingt. *Mykoplasmen-* und *Viruspneumonien* können im Frühstadium das Bild einer lokalisierten interstitiellen Erkrankung mit feinretikulärer Zeichnung bieten, bevor das Übergreifen der Entzündung auf die Lufträume zu einer Verdichtung führt. Lokalisierte fibrotische Veränderungen finden sich oft im chronischen Stadium einer Krankheit (z. B. *Tuberkulose* oder *Strahlenpneumonitis*). Schließlich können fibrotische Narben der Folgezustand praktisch jeder Krankheit sein, die imstande ist, das Lungenparenchym schwer genug zu schädigen.

Angeborene und erworbene *Bronchiektasen* können radiographisch mit einer lokalisierten interstitiellen Lungenerkrankung verwechselt werden (Abb. 6.**1f**). In etwa 50% der Fälle sind sie auf einen Lungenflügel beschränkt. Zylindrische Bronchiektasen stellen sich als tubuläre Schatten dar, deren Schattenlinien parallel ver-

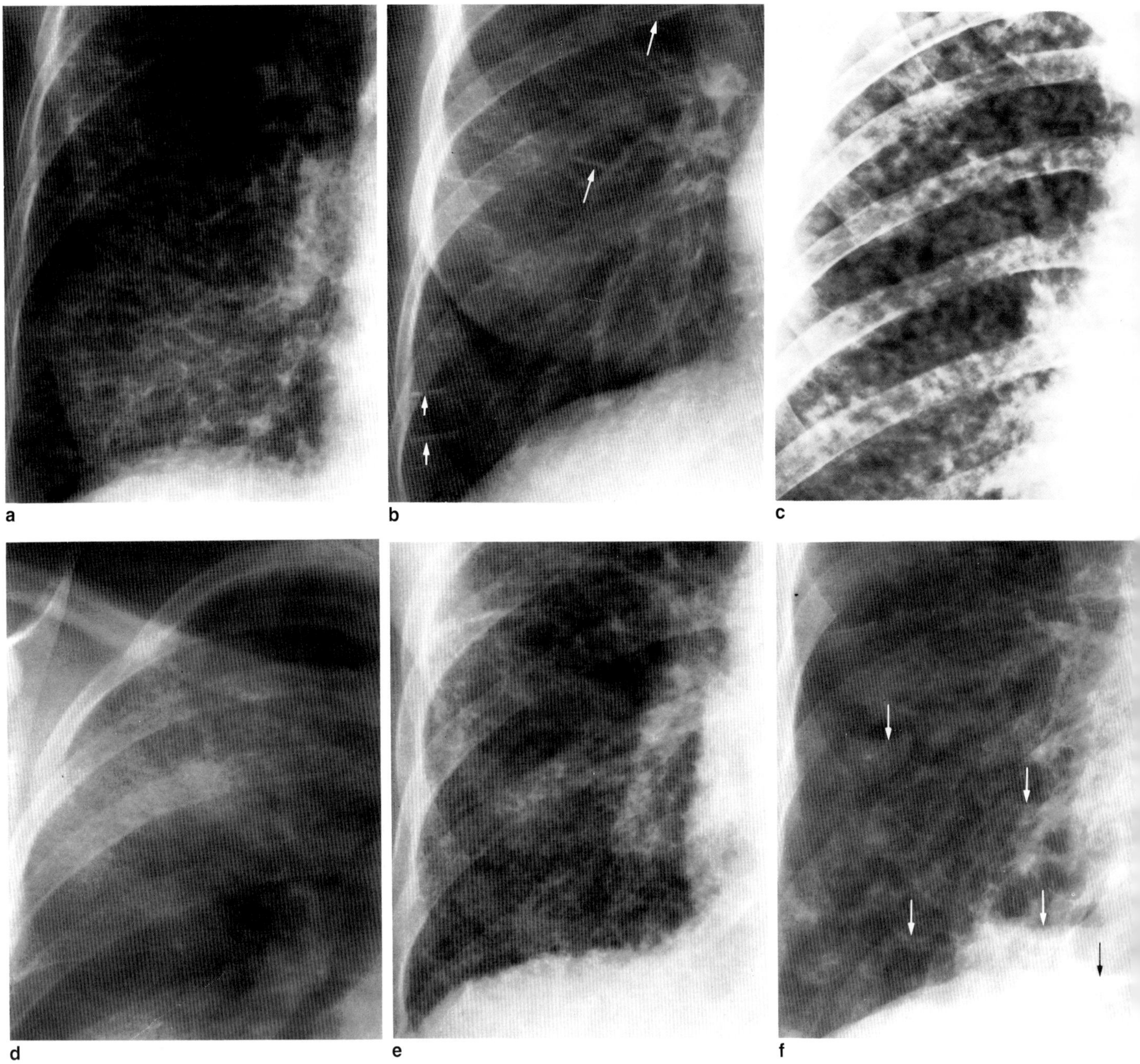

Abb. 6.**1 a–f** **Bilder interstitieller Lungenveränderungen.** **a** Retikuläre Zeichnung (*Pneumocystis-carinii*-Pneumonie). **b** Kerley-A- (lange Pfeile) und Kerley-B-Linien (kurze Pfeile) (Mitralstenose). **c** Noduläre Zeichnung (Silikose). **d** Milchglasartiges Aussehen durch Summation unzähliger winziger retikulogranulärer Verschattungen (Sarkoidose). **e** Wabenzeichnung (idiopathische interstitielle Fibrose). **f** Bronchiektasen, erkennbar als zystische Läsionen von recht unterschiedlicher Größe, die in typischer Weise kleinste Luft-Flüssigkeitsspiegel enthalten (Pfeile).

laufen und eine Dicke von 1 mm oder etwas mehr aufweisen. Wenn sich diese bronchiektatischen Segmente mit retiniertem Sekret füllen, erscheinen sie als homogene bandförmige Schatten („behandschuhter Finger"). Variköse und zystische (sakkuläre) Bronchiektasen sind oft auf Nativaufnahmen als zystische Läsionen von bis zu 2 cm Durchbesser zu erkennen und enthalten oft einen kleinen Luft-Flüssigkeitsspiegel am Boden. Dieses Aussehen ist praktisch für die Diagnose beweisend, wenn auch unter sehr seltenen Umständen eine pulmonale Papillomatose und Paragonimiasis zystische Bronchiektasen imitieren können. Das Lungenvolumen ist bei Bronchiektasen oft reduziert, und die Lungengefäßzeichnung erscheint in dem betroffenen Gebiet zusammengedrängt, zugleich ist die nicht befallene Lunge kompensatorisch überbläht.

In Tab. 6.**3** sind alle Krankheiten zusammengefaßt, die radiographisch ein für interstitielle Lungenveränderungen charakteristisches diffuses retikuläres oder retikulonoduläres Bild aufweisen.

Tabelle 6.1 Disseminierte Knötchen von weniger als 1 cm Durchmesser in der Lunge
(Als „miliar" werden Knötchen von 1–3 mm Durchmesser definiert)

Krankheit	Merkmale der Knötchen
Alveolarzellkarzinom (Abb. 6.2)	Oft unscharf begrenzte, konfluierende Knötchen von variabler Größe. Das radiographische Bild eines disseminierten Alveolarzellkarzinoms kann in beiden Lungenflügeln durchweg recht einheitlich sein oder regionale Unterschiede zeigen.
Metastasen (z. B. von Schilddrüsen-, Lungen-, Mamma- oder Magendarmtraktkarzinomen oder von Melanomen, Sarkomen und Lymphomen) (Abb. 6.3)	In der Regel gut begrenzt und von wechselnder Größe.
Pneumonien	
Staphylococcus aureus	Miliar und größer, oft unscharf begrenzt, können Mikroabszesse bilden.
Salmonella	Miliar.
Pseudomonas pseudomallei	4 bis 10 mm, unscharf begrenzt (frühes akutes Stadium der Erkrankung).
Listeriose (Neugeborene)	Intrauterine Infektion mit hoher Mortalitätsrate.

Fortsetzung auf Seite 112

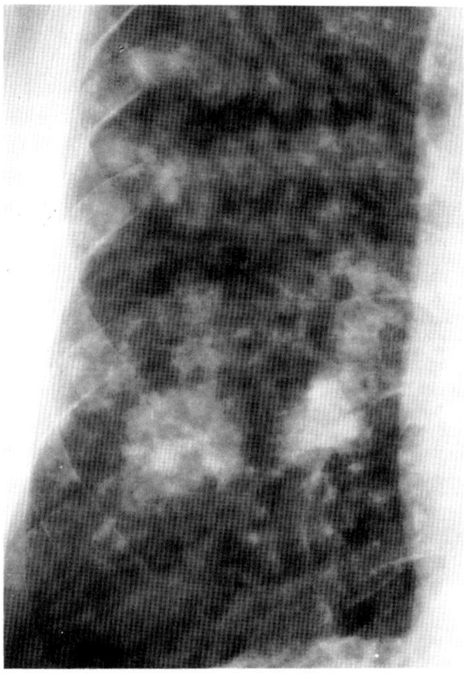

Abb. 6.2 **Alveolarzellkarzinom.** Beiderseits finden sich unscharf begrenzte konfluierende Knötchen.

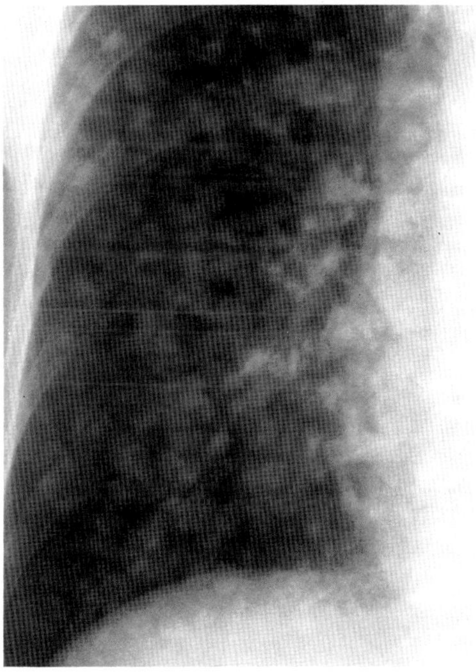

Abb. 6.3 **Metastasen eines Mammakarzinoms.** Zahlreiche deutlich abgrenzbare Knötchen von nur wenigen Millimetern Durchmesser sind beiderseits vorhanden, werden hier aber nur im rechten unteren Lungenfeld gezeigt.

Tabelle 6.1 Disseminierte Knötchen von weniger als 1 cm Durchmesser in der Lunge
(Als „miliar" werden Knötchen von 1–3 mm Durchmesser definiert) (Fortsetzung)

Krankheit	Merkmale der Knötchen
Tuberkulose (Abb. 6.4)	Miliar, diskret (DD: Tuberkulome, die größer als 5 mm sind und verkalken können).
Histoplasmose (Abb. 6.5)	3 bis 4 mm, diskret. Können 1 bis einige Jahre später zu nodulären Verkalkungen führen.
Kokzidioidomykose, Blastomykose und Kryptokokkose	Miliar und größer (bis zu 3 cm). Verkalkung extrem selten.
Candidiasis	Miliar (seltene Manifestation).
Varizellen (Windpocken-)pneumonie (Abb. 6.6)	Miliar und größer, unscharf begrenzt. Die Abheilung kann Jahre später punktförmige Verkalkungen zur Folge haben.
Schistosomiasis	Miliar.
Filariasis	Miliar und etwas größer (bis zu 5 mm). Vorwiegend in den mittleren und unteren Lungenfeldern.
Sarkoidose (Abb. 6.7)	Miliar und größer, oft undeutlich begrenzt.
Pneumokoniose (anorganischer Staub) (z. B. Silikose, Anthrakose, Berylliose) (Abb. 6.8, 6.9)	Miliar und größer. Bei Silikose ziemlich scharf begrenzt, bei Berylliose unscharf. Verkalkungen kommen vor.

Fortsetzung auf Seite 114

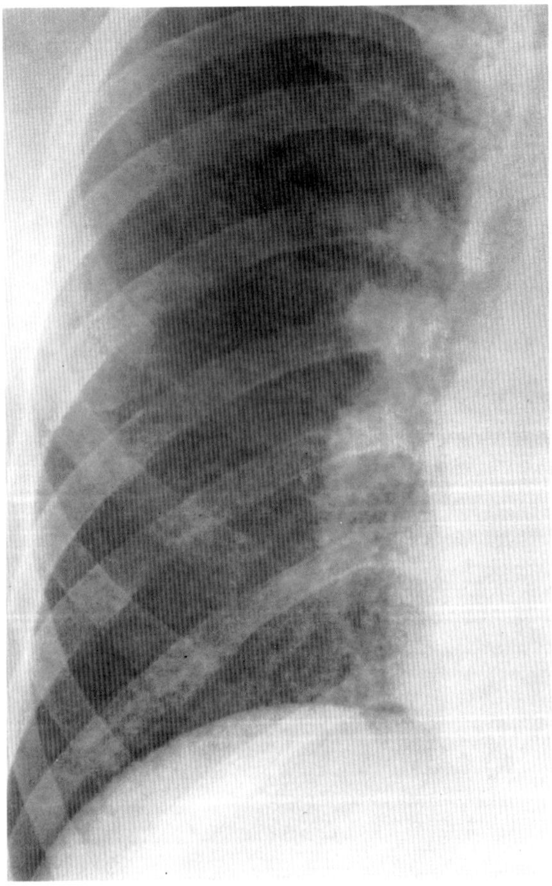

6.4

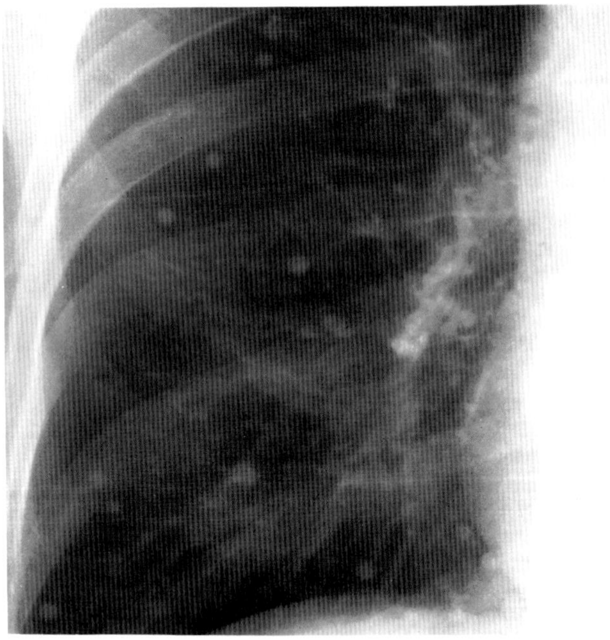

6.5

Abb. 6.4 **Miliartuberkulose.** Zahlreiche diskrete Knötchen von 1 bis 3 mm Durchmesser finden sich beiderseits, werden hier aber nur im rechten unteren Lungenfeld gezeigt.

Abb. 6.5 **Histoplasmose (abgeheilt).** Verstreute verkalkte Knötchen beiderseits.

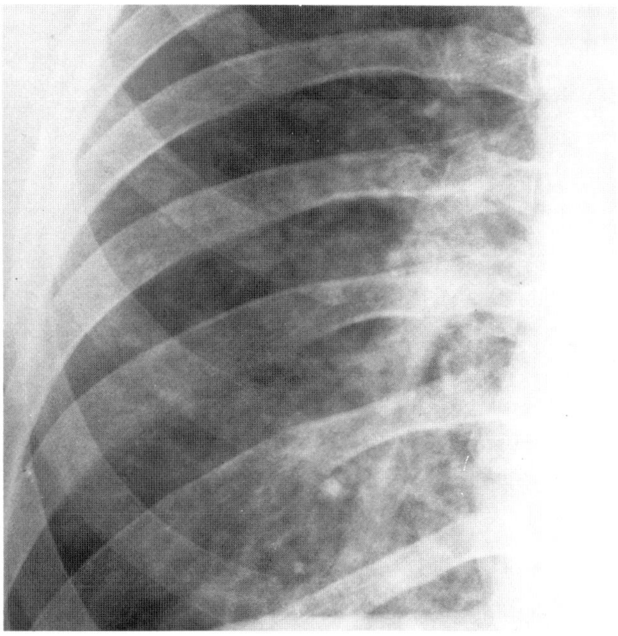

Abb. 6.**6** **Varizellen(Windpocken-)pneumonie.** Beiderseits finden sich unscharf begrenzte noduläre Verschattungen, die hier aber nur im rechten unteren Lungenfeld gezeigt werden.

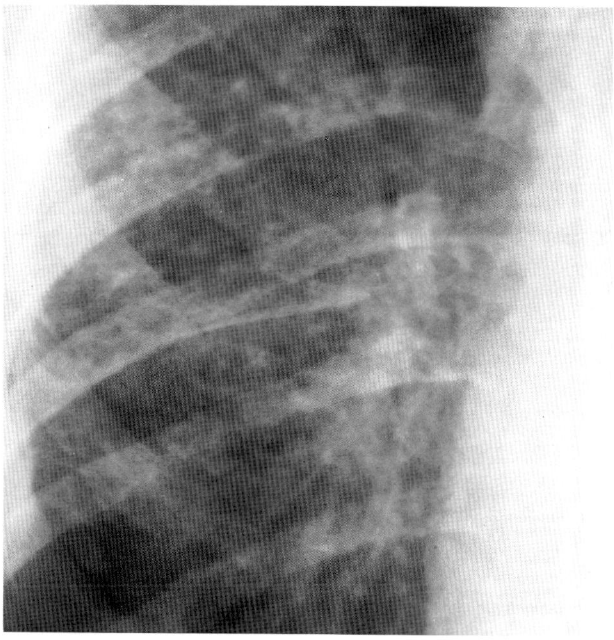

Abb. 6.**7** **Sarkoidose.** Zahlreiche kleine Knötchen von wechselnder Größe sind bilateral zu beobachten, werden hier aber nur im rechten Mittelfeld der Lunge gezeigt.

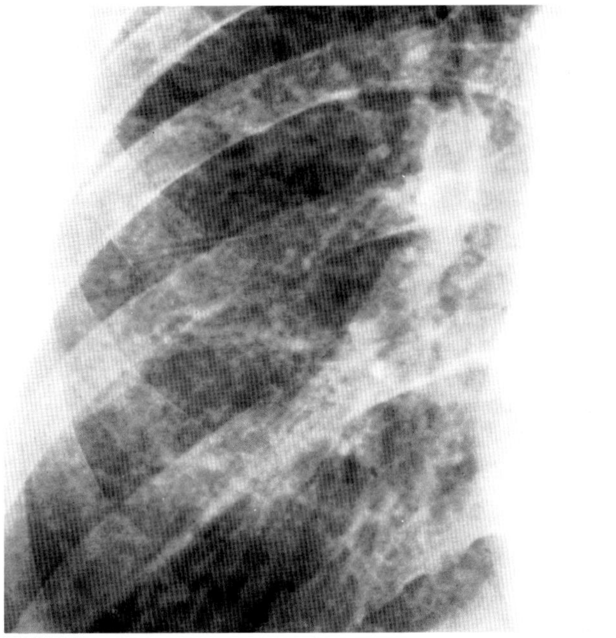

Abb. 6.**8** **Silikose.** Zahlreiche ziemlich gut begrenzte miliare Knötchen beiderseits, daneben diffuse retikuläre Veränderungen und beginnende Wabenzeichnung.

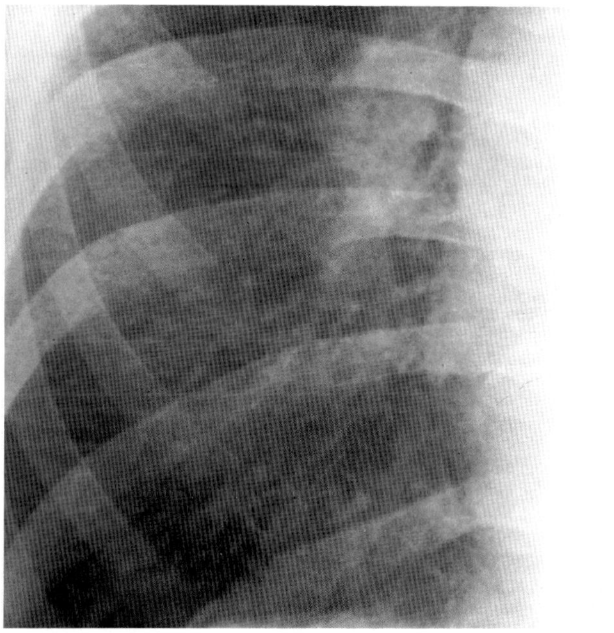

Abb. 6.**9** **Berylliose.** Zahlreiche relativ unscharf begrenzte miliare Knötchen und beidseitige Hilusvergrößerung, die hier aber nur in der rechten unteren Thoraxhälfte gezeigt werden. Die radiographischen Zeichen täuschen eine Sarkoidose vor.

Tabelle 6.1 Disseminierte Knötchen von weniger als 1 cm Durchmesser in der Lunge
(Als „miliar" werden Knötchen von 1–3 mm Durchmesser definiert) (Fortsetzung)

Krankheit	Merkmale der Knötchen
Pneumokoniose durch schattengebende Stäube (Eisen, Zinn, Barium, Antimon und seltene Erden) (Abb. 6.10)	Feingranuläre Tüpfelung gleichmäßig über beide Lungenfelder verteilt. Die Dichte der winzigen Knötchen hängt von der Atomnummer des inhalierten Elements ab.
Silofüllerkrankheit (NO_2-Inhalation)	Miliare Knötchenbildung, die sich erst 2 bis 5 Wochen nach der ursprünglichen Exposition manifestiert (3. Phase der Krankheit).
Exogene allergische Alveolitis (z. B. Farmerlunge, Vogelhalterkrankheit, Pilzarbeiterlunge, Bagassose und andere) (Abb. 6.11)	Miliar und größer, gewöhnlich unscharf begrenzt (akutes Stadium). Oft in den Spitzen und Basen weniger ausgeprägt.
Rheumatische Lungenknötchen	Miliar und größer (im Frühstadium).
Wegener-Granulomatose	Multiple, von ein paar Millimetern bis zu 10 cm große Knötchen.
Histiozytose X (eosinophiles Granulom) (Abb. 6.12)	Miliar und größer, vorwiegend in den mittleren und oberen Lungenfeldern. Dieses Bild sieht man im aktiven Stadium, das vollständig zurückgehen oder zum chronischen Stadium fortschreiten kann.
Morbus Gaucher	Miliar und größer.
Morbus Niemann-Pick	Miliar und größer.
Interstitielles (kardiogenes) Ödem	Symmetrische, miliare noduläre Zeichnung, bevorzugt in den unteren Lungenfeldern. Sie ist gelegentlich das dominierende Röntgensymptom.
Hämosiderose und pulmonale Ossifikationen bei Mitralstenose (Abb. 6.13)	Punktförmige Verschattungen (Hämosiderose) und dicht verkalkte, 2 bis 8 mm große Knötchen (pulmonale Ossifikationen), vorwiegend in den mittleren und unteren Lungenfeldern und rechts gewöhnlich zahlreicher.

Fortsetzung auf Seite 116

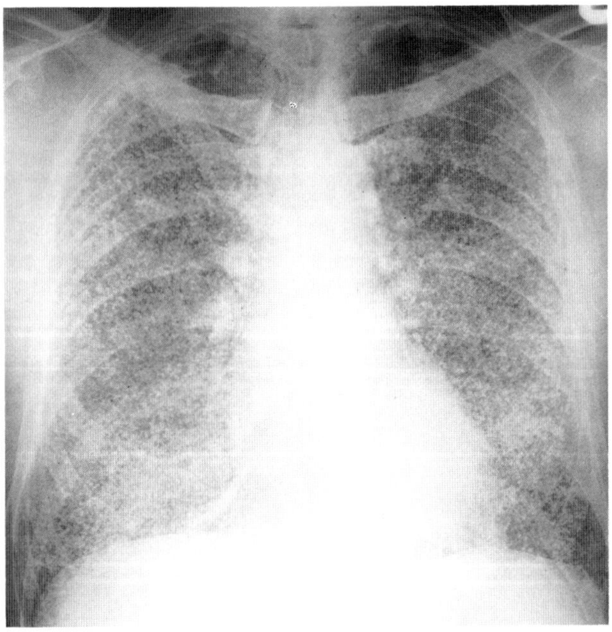

Abb. 6.**10** **Stannose** (Inhalation von Zinnoxid). Multiple winzige Knötchen von hoher Dichte sind gleichmäßig über beide Lungenflügel verteilt und lassen nur die Lungenspitzen frei.

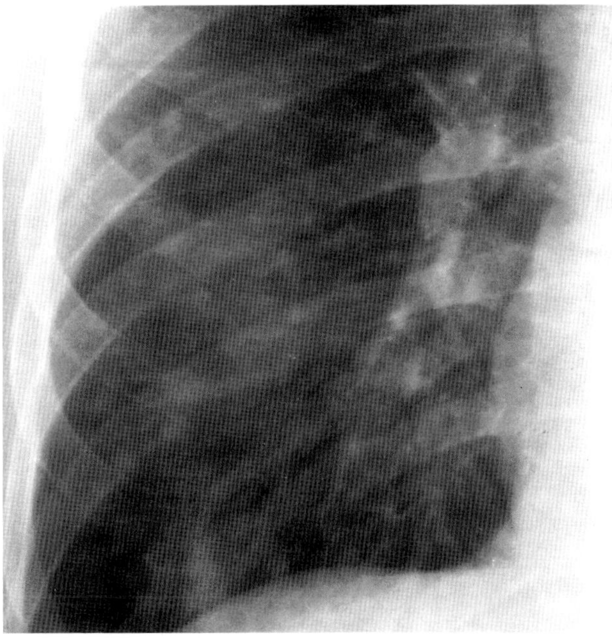

Abb. 6.**11** **Farmerlunge.** Schlecht abgrenzbare Knötchen beiderseits.

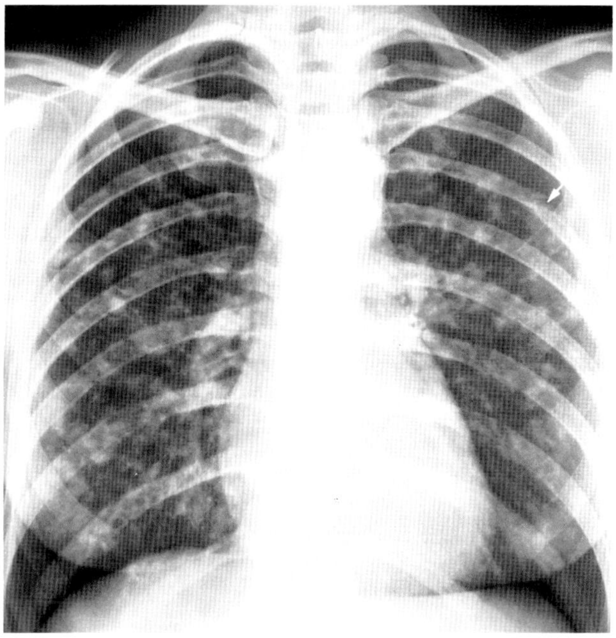

Abb. 6.**12** **Histiozytose X** (eosinophiles Granulom). Multiple, unscharf begrenzte Knötchen beiderseits. Man beachte auch den osteolytischen Befall der linken sechsten Rippe mit pathologischer Fraktur (Pfeil).

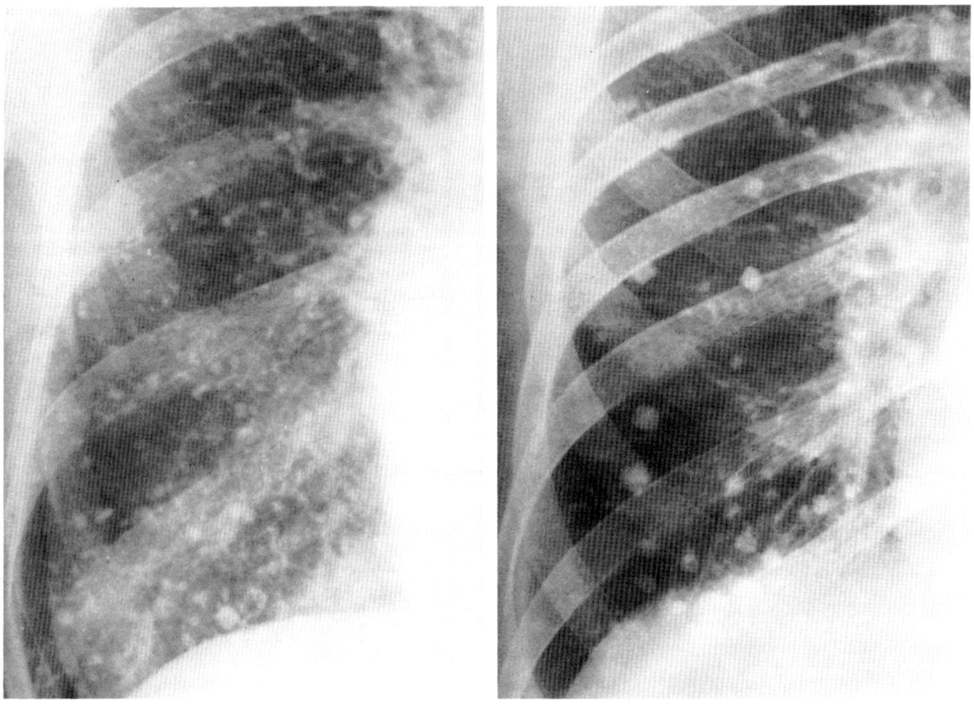

a b

Abb. 6.**13** **Mitralstenose** (2 Fälle). **a** Punktförmige Verschattungen (Hämosiderose), **b** größere verkalkte Knötchen (pulmonale Ossifikationen).

Tabelle 6.1 Disseminierte Knötchen von weniger als 1 cm Durchmesser in der Lunge
(Als „miliar“ werden Knötchen von 1–3 mm Durchmesser definiert) (Fortsetzung)

Krankheit	Merkmale der Knötchen
Bronchiolitis acuta oder obliterans	Miliar und größer.
Amyloidose (diffuse alveolarseptale Form)	Miliar und größer.
Talkumgranulomatose als Folge von intravenösem Drogenmißbrauch	diskret, 1 mm und kleiner, können im Laufe von Monaten und Jahren langsam an Größe und Zahl zunehmen.
Alveoläre Mikrolithiasis (Abb. 6.14)	Diskret und äußerst scharf begrenzt, Durchmesser kleiner als 1 mm.
Embolie durch öliges Kontrastmittel (z. B. nach Lymphographie) (Abb. 6.15)	Feingranuläre und relativ dichte Tüpfelung, bevorzugt in den hinteren (unten liegenden) Lungenpartien und am deutlichsten ein paar Stunden nach der Lymphographie.

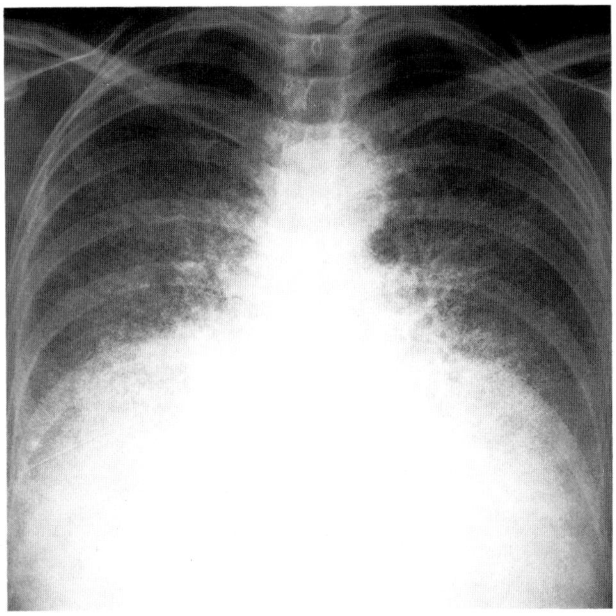

Abb. 6.**14** **Alveoläre Mikrolithiasis.** Beiderseits zahllose, extrem scharf begrenzte winzige Verschattungen von weniger als 1 mm Durchmesser.

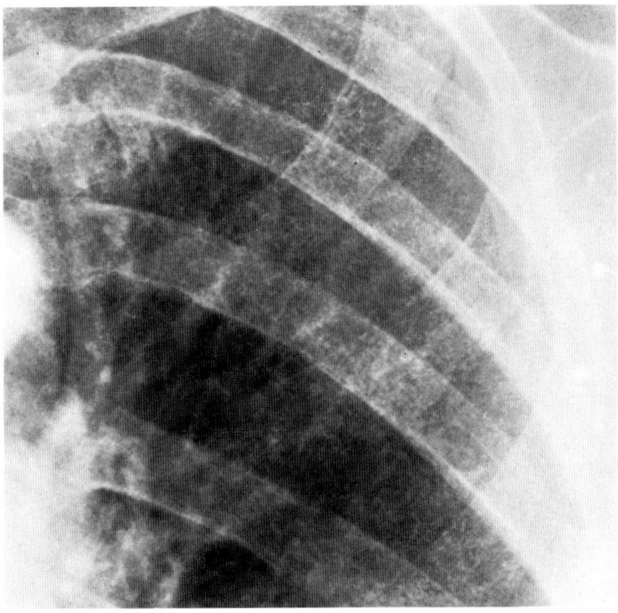

Abb. 6.**15** **Embolie von öligem Kontrastmittel nach Lymphographie.** Überall in beiden Lungenflügeln findet sich eine feingranuläre und relativ dichte Tüpfelung, die hier aber nur im linken Lungenfeld gezeigt wird.

Tabelle 6.2 Wabenzeichnung

Krankheit	Kommentar
Pneumokoniose (Silikose, Anthrakose, Asbestose, Berylliose usw.)	Gewöhnlich mit anderen Manifestationen verbunden (Knötchen, Konglomerate, Hilusvergrößerung usw.). Lungenvolumen normal oder vergrößert (Emphysem).
Sarkoidose (Abb. 6.16)	Oft besteht eine persistierende hiläre und mediastinale Lymphadenopathie. Lungenvolumen normal oder vergrößert (Emphysem).
Tuberkulose (Abb. 6.17)	Eine lokalisierte Wabenzeichnung in den Oberlappen kann von einer tuberkulösen Bronchiektasie und Fibrose nachgeahmt werden.
Histiozytose X (eosinophiles Granulom) (Abb. 6.18)	Wabenzeichnung, die typischerweise in den oberen und mittleren Lungenfeldern ausgeprägter ist und die Lungenbasen ausspart. Lungenvolumen normal. Relativ häufig tritt ein Spontanpneumothorax auf.

Fortsetzung auf Seite 118

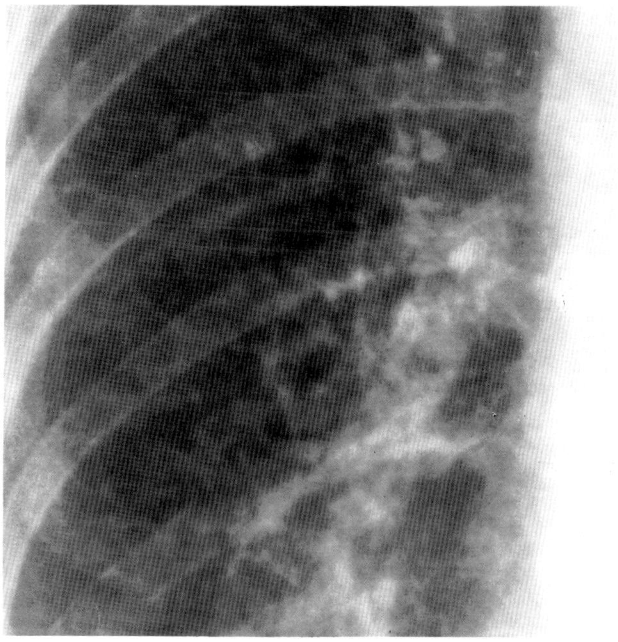

Abb. 6.**16** **Sarkoidose.** Beiderseits bestehen retikulo-noduläre Veränderungen mit beginnender Wabenzeichnung, sie werden hier aber nur im rechten mittleren Lungenfeld gezeigt.

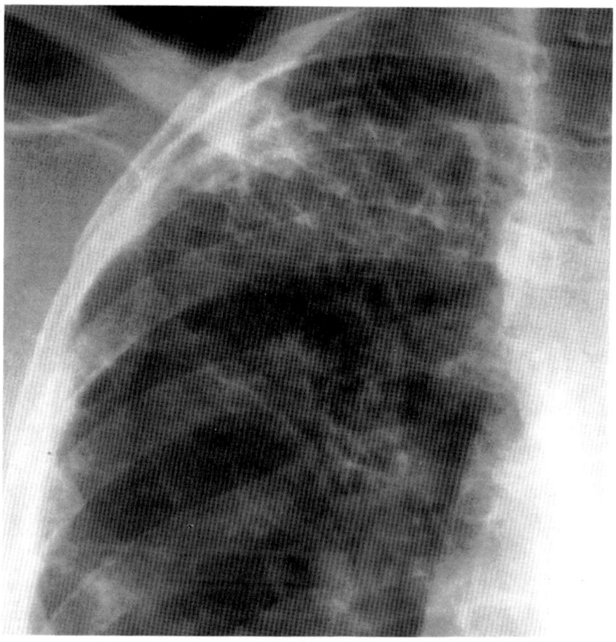

Abb. 6.**17** **Tuberkulöse Bronchiektasen.** Die bronchiektatischen Veränderungen imitieren eine Wabenzeichnung in beiden Oberlappen, sind aber auf der hier gezeigten rechten Seite ausgeprägter.

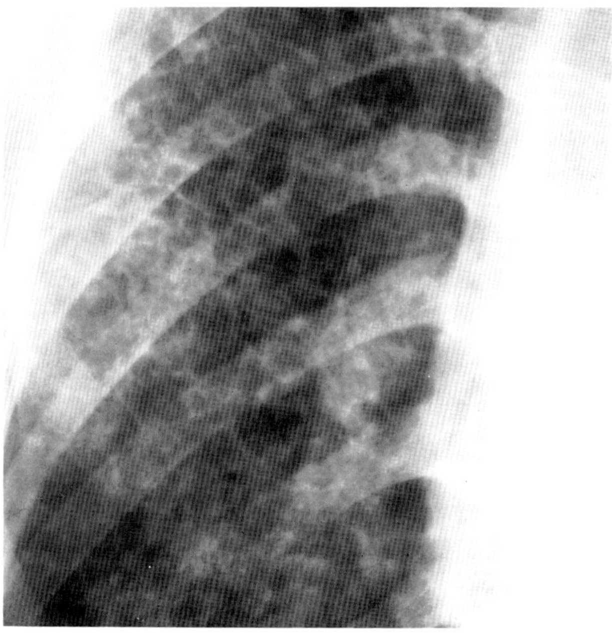

Abb. 6.**18** **Histiozytose X** (eosinophiles Granulom). Lungenfibrose, die als Wabenzeichnung sichtbar wird, vorwiegend in den mittleren und oberen Lungenfeldern. ▶

Tabelle 6.2 Wabenzeichnung (Fortsetzung)

Krankheit	Kommentar
Kollagenkrankheit (besonders Sklerodermie und rheumatischer Prozeß) (Abb. 6.19, 6.20)	Wabenzeichnung gewöhnlich an den Basen am ausgeprägtesten. Typischerweise einhergehend mit fortschreitender Verkleinerung des Lungenvolumens, besonders bei Sklerodermie.
Idiopathische interstitielle Fibrose („übliche" interstitielle Pneumonie, Hamman-Rich-Syndrom) (Abb. 6.21)	Wabenzeichnung gewöhnlich am ausgeprägtesten an den Basen. Kennzeichnend ist eine fortschreitende Verkleinerung des Lungenvolumens. (Radiographisch von Sklerodermie nicht unterscheidbar.) Eine der idiopathischen Form ähnliche diffuse interstitielle Fibrose kann das Endstadium einer Reihe von Lungenveränderungen darstellen, z. B. nach *medikamentös bedingten* Schäden (besonders durch Busulfan, Bleomyzin, Methotrexat), nach *Inhalation schädlicher Gase* und *organischer Stäube* (z. B. Farmerlunge), *chronischem* oder *rezidivierendem Lungenödem,* besonders bei Mitralfehler, und anderen. Radiographisch findet sich bei diesen Zuständen jedoch selten eine eindeutige Wabenzeichnung.
Desquamative interstitielle Pneumonitis (DIP) (Abb. 6.22)	Im Endstadium findet sich eine Wabenzeichnung, die vom Hamman-Rich-Syndrom nicht unterscheidbar ist (Vorwiegend an der Basis und Volumenreduktion). Milchglasartige Trübung und Unschärfe der basalen Gefäßzeichnung begleiten sie oft und sind recht charakteristisch.
Lipidpneumonie (exogene)	Selten. Örtliche Wabenzeichnung, gewöhnlich in einem Unterlappen.
Amyloidose	Selten. Wabenzeichnung bevorzugt in den Unterlappen. Eventuell verbunden mit Adenopathie der Hilus- und Mediastinumlymphknoten.
Spondylitis ankylosans mit Oberlappenfibrose	Selten. Ausschließlich in den Oberlappen. Ähnelt einer Oberlappenfibrose und Bronchiektasie bei Tuberkulose.
Tuberöse Sklerose	Selten. Vorwiegend Unterlappenbefall. Eine diffuse Wabenzeichnung ist das Endstadium der Lungenmanifestationen. Das Lungenvolumen ist normal oder vergrößert (begleitendes Emphysem). Oft begleitet von chylösen Pleuraergüssen. U. U. sklerotische Knochenläsionen nachweisbar.
Lymphangiomyomatose	Seltene, nichtfamiliäre Krankheit, die sich ausschließlich beim weiblichen Geschlecht findet, mit pulmonalen und pleuralen Manifestationen, die von einer tuberösen Sklerose nicht zu unterscheiden sind.
Neurofibromatose	Selten. Lungenfibrose und Bullae sind oft kombiniert. Hautknoten, Skoliose, Rippenkerben und mediastinale Tumorbildungen können ebenfalls nachweisbar sein.
Morbus Gaucher	Selten. Eventuell verbunden mit Milzvergrößerung und Knochenveränderungen (z. B. Osteopenie und Kompressionsfrakturen in der Brustwirbelsäule).
Morbus Niemann-Pick	Selten. Milzvergrößerung und Knochenveränderungen im Thorax ähnlich wie bei Morbus Gaucher.

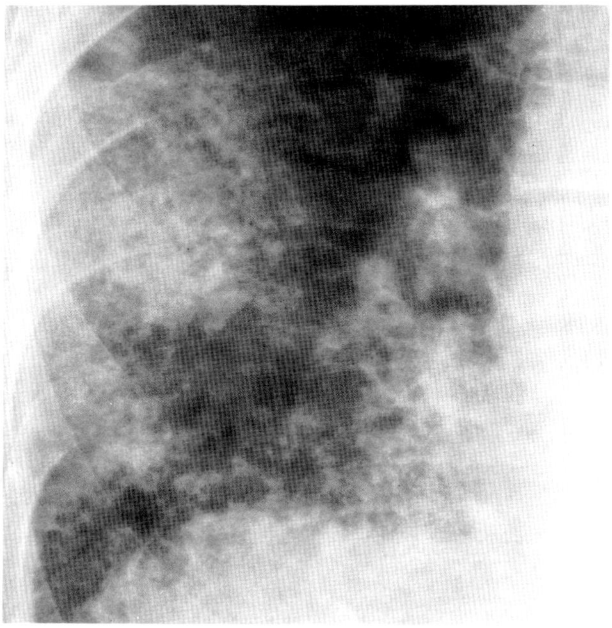

Abb. 6.**19** **Sklerodermie.** Wabenzeichnung und Verkleinerung des Lungenvolumens, kenntlich am beidseitigen Zwerchfellhochstand.

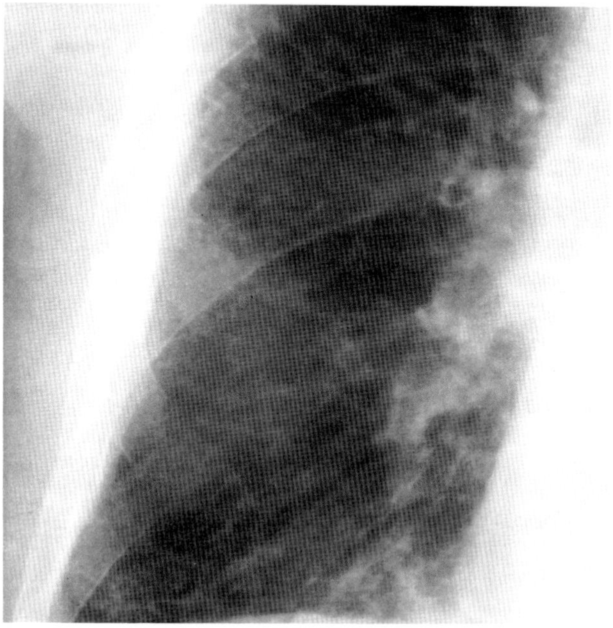

Abb. 6.**20** **Rheumatischer Prozeß.** Retikulonoduläre Veränderungen mit Wabenzeichnung.

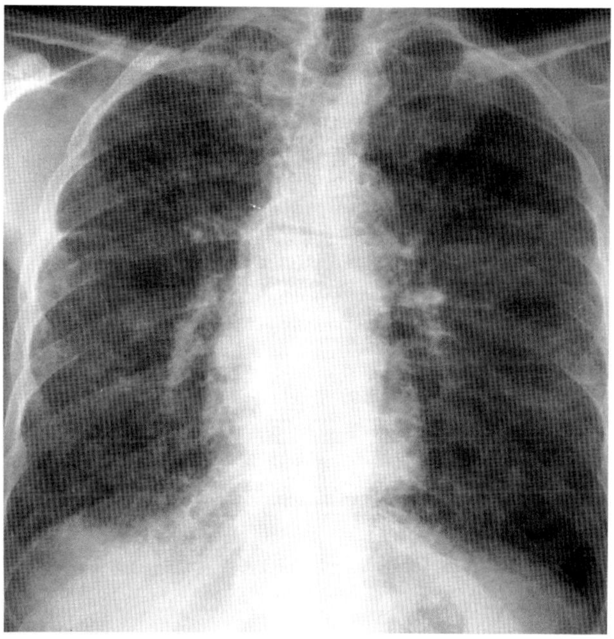

Abb. 6.**21** **Idiopathische Lungenfibrose.** Beiderseits ausgedehnte Fibrose mit Wabenzeichnung sowie Verkleinerung des Lungenvolumens.

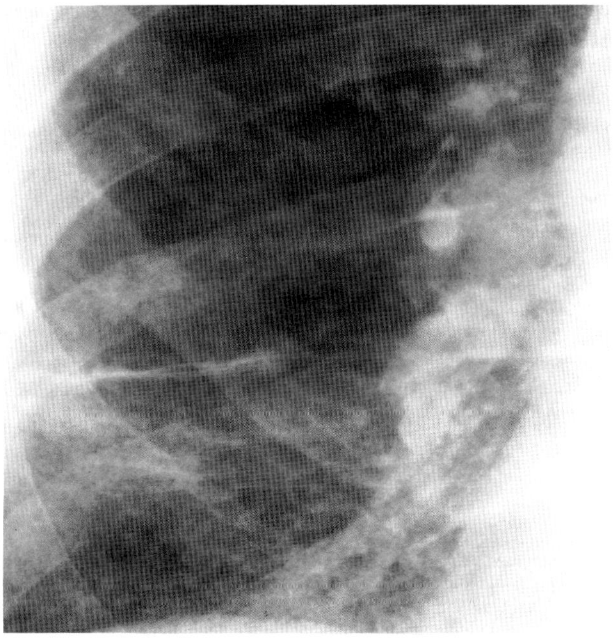

Abb. 6.**22** **Desquamative interstitielle Pneumonitis.** Der interstitielle Krankheitsprozeß, der zu einer milchglasartigen Trübung und Wabenzeichnung führt, ist in den unteren Lungenfeldern besonders ausgeprägt. Außerdem ist eine Unschärfe der Gefäßzeichnung an der Basis zu beobachten.

Tabelle 6.3 Diffuse retikuläre oder retikulonoduläre Veränderungen

Krankheit	Radiographischer Befund	Kommentar
Lymphangiosis carcinomatosa (z. B. von Mamma-, Lungen-, Pankreas-, Magen-, Schilddrüsen-, Zervix- und Prostatakarzinom) (Abb. 6.23)	Meist einheitliche lineare oder retikuläre Zeichnung mit oder ohne noduläre Komponente überall in beiden Lungenflügeln, oft aber deutlicher in den unteren Lungenfeldern. Sieht aus wie ein interstitielles Lungenödem. Eine Vergrößerung der Hiluslymphknoten sowie Pleuraergüsse sind relativ häufig. Charakteristisch ist die rasch fortschreitende Verminderung des Lungenvolumens.	Entsteht durch Invasion der Lymphgefäße von hämatogenen Metastasen aus oder viel seltener durch retrograde Invasion der Lunge von bronchopulmonalen Lymphknoten aus. Typisch ist eine schwere Dyspnoe, die den radiographischen Manifestationen sogar vorangehen kann.
Lymphom (Hodgkin und Non-Hodgkin) (Abb. 6.24)	Interstitielles Infiltrat, das oft in der perihilären Gegend am auffälligsten ist und gewöhnlich mit hilärer und mediastinaler Lymphadenopathie einhergeht. Eventuell Pleuraerguß.	Zu dieser pulmonalen Manifestation kommt es wahrscheinlich durch direkte Ausbreitung einer hilären und mediastinalen Lymphknotenerkrankung. *Leukämie* und *Makroglobulinämie Waldenström* können ähnliche radiographische Veränderungen verursachen, doch sind dies seltene Erscheinungsformen beider Krankheiten.
Pneumonien		
Mykoplasma (Abb. 6.25)	Diffuse bilaterale retikulonoduläre Zeichnung, gewöhnlich am auffälligsten in den Unterlappen.	Dieses Erscheinungsbild ist nicht so häufig wie die lokalisierte Form, die mit einem feinretikulären Infiltrat beginnt, das rasch zu einer Gewebeverdichtung fortschreitet.
Parainfluenza Coxsackie ECHO-Virus Rhinovirus Adenovirus Masern Varizellen (Abb. 6.26)	Leichte Zunahme der interstitiellen Zeichnung, besonders perihilär und an den Basen, bis zu ausgedehnten retikulonodulären Veränderungen. Eine Vergrößerung der Hiluslymphknoten kommt nur bei Kindern vor.	Der Lungenbefund ist bei diesen Virusinfektionen ähnlich wie bei Mykoplasmenpneumonien. Lokalisierte oder diffuse Manifestationen können zu fleckförmigen Verdichtungen fortschreiten.
Zytomegalievirus (Abb. 6.27)	Retikulonoduläre Zeichnung mit bis zu 2 mm großen Knötchen, bevorzugt in der Mittel- und Unterlappenperipherie.	Dieser Manifestation des Frühstadiums folgen fleckförmige Verdichtungen.
Pneumocystis carinii (Abb. 6.28)	Feinretikuläre Zeichnung besonders im perihilären Bereich.	Dieser Manifestation des Frühstadiums folgt eine fleckförmige Verdichtung, die ein Lungenödem imitiert.

Fortsetzung auf Seite 122

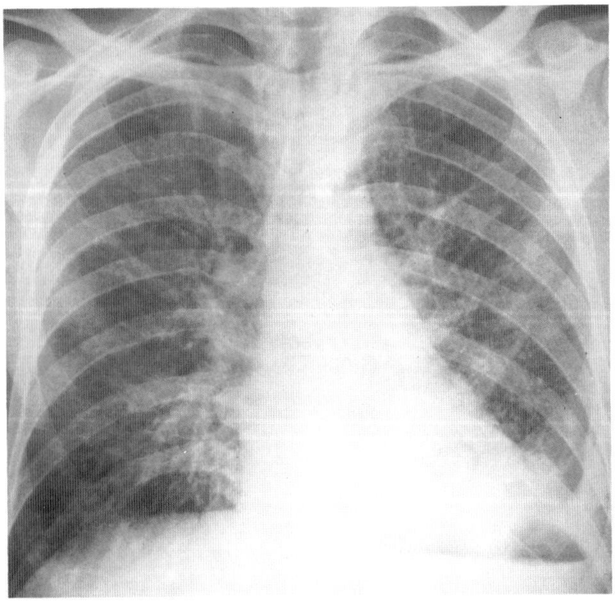

Abb. 6.**23** **Lymphangiosis carcinomatosa, ausgehend von einem Magenkarzinom.** Bilateral perihilär retikulonoduläre Verschattungen, am ausgeprägtesten in den unteren Lungenfeldern, die ein interstitielles Lungenödem vortäuschen. Man beachte auch den Pleuraerguß links. Eine Vergrößerung der Hiluslymphknoten ist in diesem Fall nicht feststellbar.

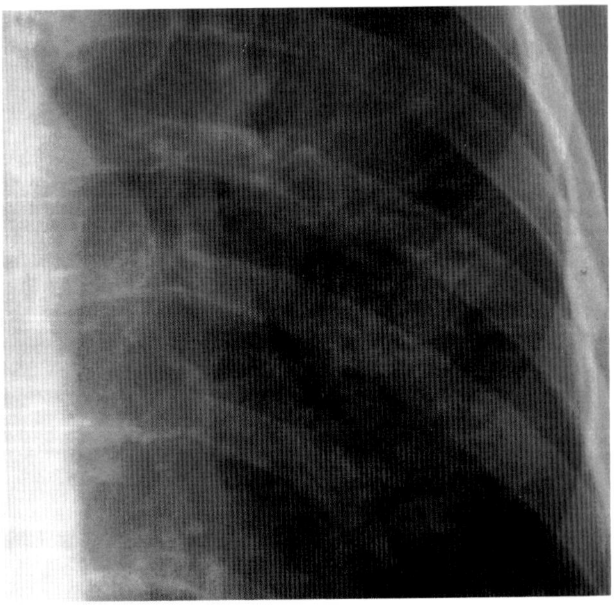

Abb. 6.**24** **Non-Hodgkin-Lymphom.** Außer der Vergrößerung der Hilus- und Mediastinumlymphknoten ist ein retikuläres Infiltrat in der linken perihilären Region zu sehen.

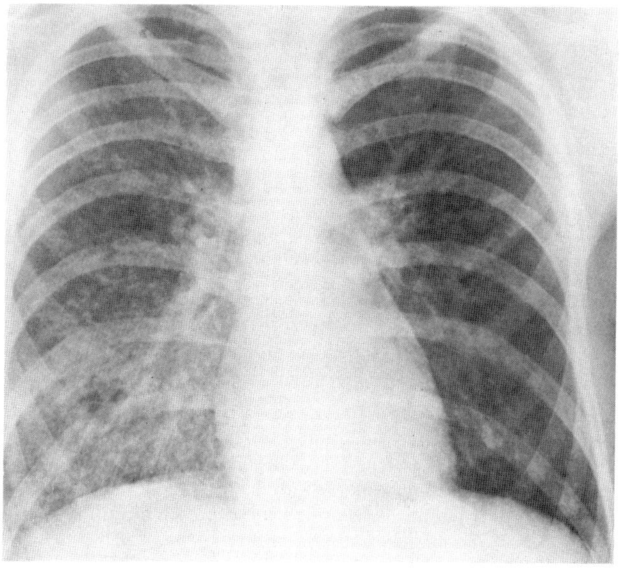

Abb. 6.**25** **Mykoplasmenpneumonie.** Diffuse bilaterale retikulonoduläre Infiltrate. Die Veränderungen sind im rechten Unterlappen am ausgeprägtesten, wo auch eine beginnende alveoläre Komponente zu beobachten ist.

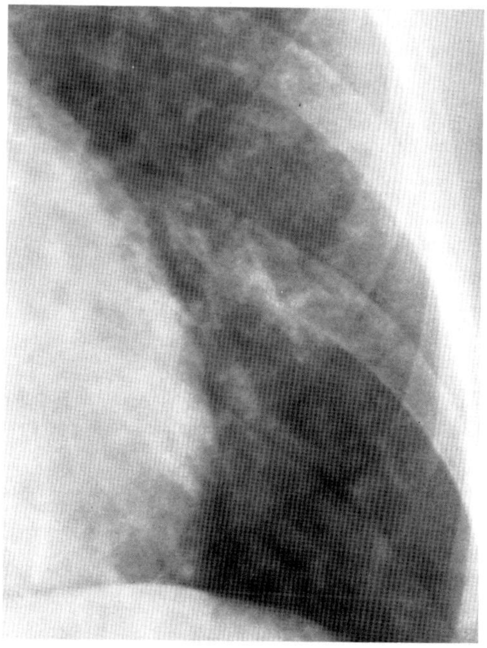

Abb. 6.**26** **Varizellenpneumonie.** Bilaterales retikulonoduläres Infiltrat mit zahlreichen schlecht abgrenzbaren Knötchen vorwiegend in den Unterlappen.

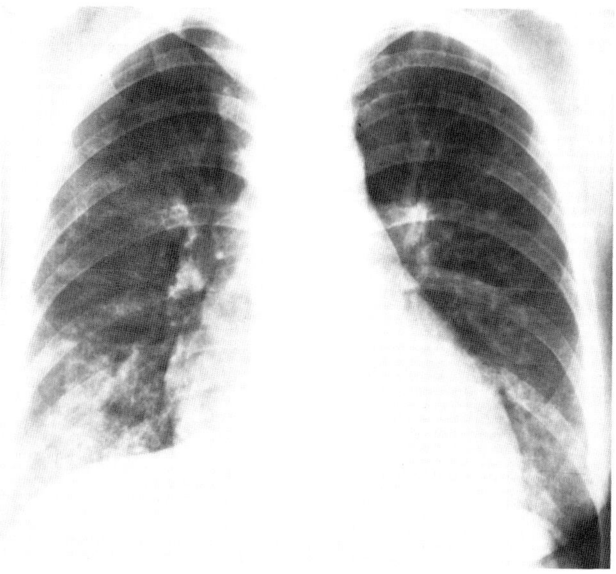

Abb. 6.**27** **Zytomegalievriuspneumonie** bei einem Patienten mit Nierentransplantat. Retikulonoduläre und alveoläre Infiltrate in beiden unteren Lungenfeldern.

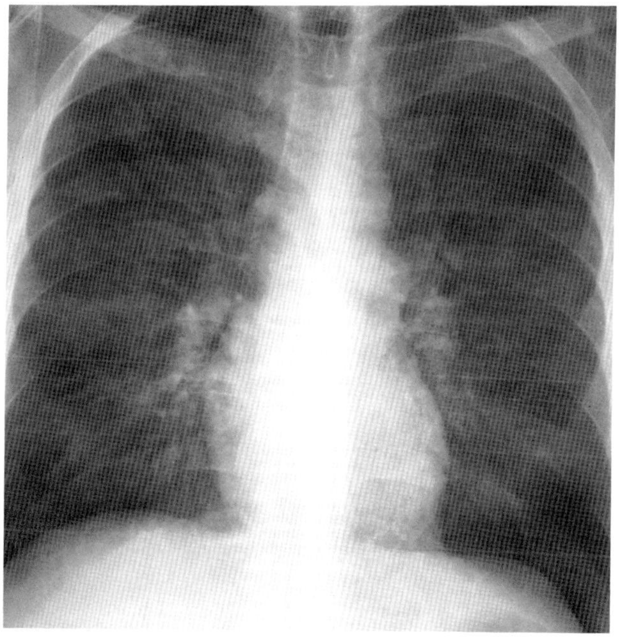

Abb. 6.**28** ***Pneumocystis-carinii*-Pneumonie.** Ausgedehnte symmetrische retikulonoduläre Infiltrate vorwiegend in der perihilären Region; bei AIDS.

Tabelle 6.3 Diffuse retikuläre oder retikulonoduläre Veränderungen (Fortsetzung)

Krankheit	Radiographischer Befund	Kommentar
Atypische Mykobakterien (Abb. 6.29)	Durch multiple dünnwandige Höhlen, die bevorzugt in den Oberlappen liegen, kann eine retikuläre Zeichnung entstehen.	Radiographisches Erscheinungsbild ähnlich wie bei Tuberkulose, aber viel größere Neigung zur Höhlenbildung. Findet sich gewöhnlich bei Patienten mit einer präexistenten Lungenerkrankung (z. B. Emphysem und Pneumokoniose) oder AIDS.
Toxoplasmose	Retikuläre Zeichnung, eventuell fokal und von Mykoplasmen- und Viruspneumonie nicht unterscheidbar. Vergrößerung der Hiluslymphknoten häufig.	Bildet die pulmonale Frühmanifestation einer generalisierten Krankheit.
Kokzidioidomykose, Blastomykose und Kryptokokkose	Disseminierte, vorwiegend noduläre Veränderungen, die zu einer retikulonodulären Zeichnung fortschreiten können.	Seltene Erscheinungsform dieser Pilzkrankheiten.
Schistosomiasis	Retikulonoduläre Zeichnung, die mit Zeichen einer pulmonalen arteriellen Hypertonie verbunden sein kann (Dilatation der Pulmonalarterie und ihrer Äste, die sich gegen die Peripherie zu rasch verjüngen).	Interstitielle, durch Wanderung von Eiern durch die Gefäßwand hervorgerufene Veränderungen mit nachfolgender Granulombildung. Embolisierte Eier können eine obliterierende Arteriolitis verursachen, die zur pulmonalen Hypertonie führt.
Filariasis (Abb. 6.30)	Feinretikuläre bis retikulonoduläre Zeichnung, oft mit Knötchen bis zu 5 mm Größe, vorwiegend in den mittleren und unteren Lungenfeldern. Eine Vergrößerung der Hiluslymphknoten kann vorkommen.	Die Krankheit ist auf die Tropen beschränkt *(tropische pulmonale Eosinophilie)*. Patienten mit Lungenbefall haben meist keine typischen Haut- und Lymphgefäßveränderungen, wie etwa eine Elephantiasis.
Embolie von öligem Kontrastmittel (z. B. nach Lymphographie)	Feinretikulogranuläre Zeichnung, verursacht durch das ölige Kontrastmittel, das in den terminalen Arterienästen steckengeblieben ist. Schreitet selten zu einem Lungenödem fort.	Eine Fettembolie nach Trauma kann dagegen radiographisch nur diagnostiziert werden, wenn die Veränderungen zu bilateralen alveolären Infiltraten mit bevorzugtem Befall der Lungenbasis fortschreiten.
Interstitielles (kardiogenes) Ödem	Verstärkte interstitielle Zeichnung, besonders in den Mittel- und Unterfeldern, Verdickung der Interlobulärsepten (Kerley-A- und -B-Linien), unscharfe Begrenzung der Gefäßschatten und perihiläre Verschleierung sind kennzeichnend.	Herzvergrößerung (besonders Vergrößerung des linken Vorhofs) und pulmonale venöse Hypertonie (erkennbar an der Umverteilung des Blutes von den Unter- zu den Oberlappen) sind meist vorhanden.
Fibrose als Folge einer chronischen Linksherzinsuffizienz (Abb. 6.31)	Grobe, oft unscharfe Retikulation vorwiegend in den mittleren und unteren Lungenfeldern.	Folge von rezidivierend auftretendem interstitiellem und alveolärem Ödem und Blutungen. Die Unterscheidung zwischen kardiogenem interstitiellem Ödem und Fibrose ist bei einer einzigen Untersuchung oft unmöglich.
Akute Bronchiolitis	Am bezeichnendsten ist eine Überblähung der Lunge. Oft begleitet von retikulonodulären Verschattungen von „miliarem" Aussehen.	Virus-(gelegentlich Mykoplasmen- oder Bakterien-)Infektion, die am häufigsten Kinder unter 3 Jahren und Erwachsene mit vorbestehender chronischer Krankheit des Atemtrakts befällt.
Chronische Bronchitis	Grob verstärkte interstitielle Zeichnung, oft verbunden mit leichtem Emphysem.	Wird auch als „schmutzige Brust" bezeichnet. Eventuell begleitende Bronchiektasen.
Bronchiolitis obliterans	Retikulonoduläre Zeichnung, vorwiegend in den Unterlappen.	Endstadium einer Schädigung der unteren Atemwege durch eine Reihe von Krankheiten.
Bronchiolitis obliterans mit organisierender Pneumonie	Interstitielle Veränderungen, verbunden mit fleckförmigen Verdichtungsbezirken, die sich gewöhnlich bilateral in der Peripherie der Mittel- und Unterfelder finden.	Klinisch ähnlich der idiopathischen Lungenfibrose, spricht aber besser auf Steroide an und hat eine bessere Prognose.
Zystische Fibrose (Abb. 6.32)	Grobretikuläre Zeichnung mit zystenähnlichen Läsionen, die oft kleine Luft-Flüssigkeitsspiegel enthalten (Bronchiektasen). Kennzeichnenderweise geht damit eine Überblähung einher. Die Lungenfibrose am Herzrand kann das Zeichen des „struppigen" Herzens erzeugen. Häufig rezidivierende Pneumonien oder Atelektasen. Im fortgeschrittenen Stadium Zeichen einer pulmonalen arteriellen Hypertonie.	Autosomal-rezessive Vererbung. Der Mangel an Pankreasenzymen hat eine schlechte Fettverdauung und häufige Dünndarmobstruktionen zur Folge (Mekoniumileus des Neugeborenen).

Fortsetzung auf Seite 124

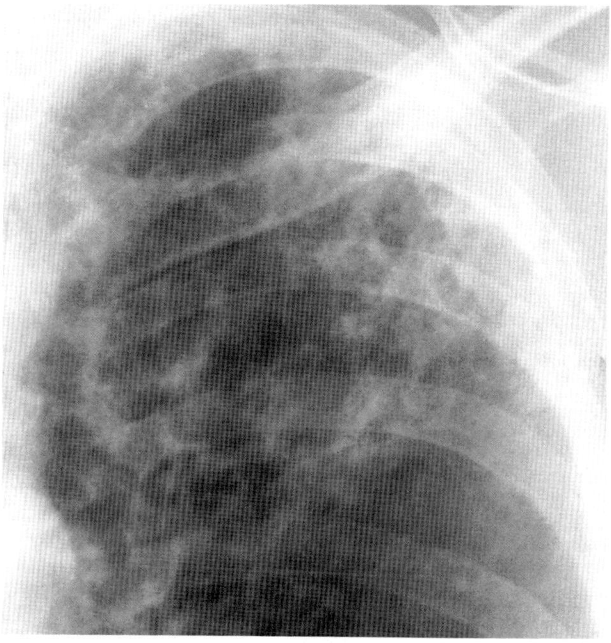

Abb. 6.**29** **Infektion mit atypischen Mykobakterien.** Bilaterale symmetrische retikulonoduläre bis zystische Infiltrate in den Oberlappen; bei AIDS.

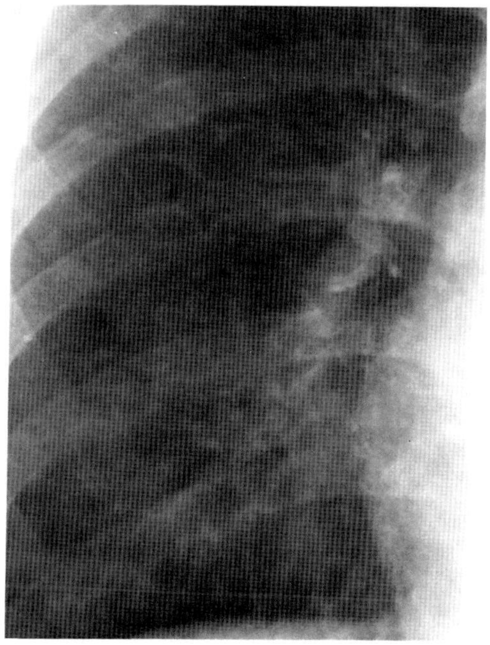

Abb. 6.**30** **Filariasis.** Feinretikuläre Zeichnung in beiden Lungenfeldern.

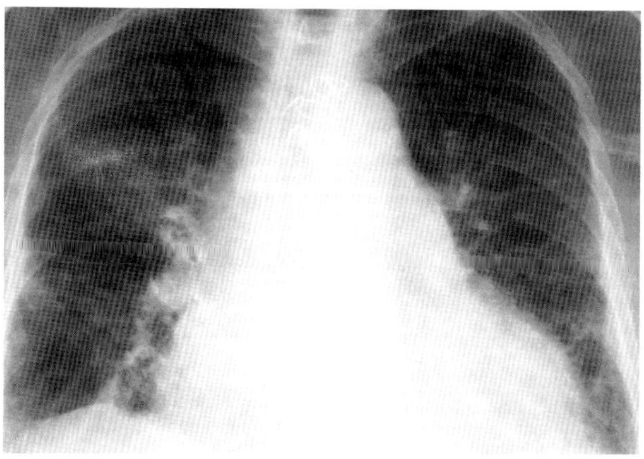

Abb. 6.**31** **Fibrose als Folge eines Mitralvitiums.** Die grobe und relativ unscharfe retikuläre Zeichnung, die hauptsächlich die mittleren und unteren Lungenfelder betrifft, blieb über einen Zeitraum von mehreren Jahren nach Mitralklappenersatz unverändert bestehen.

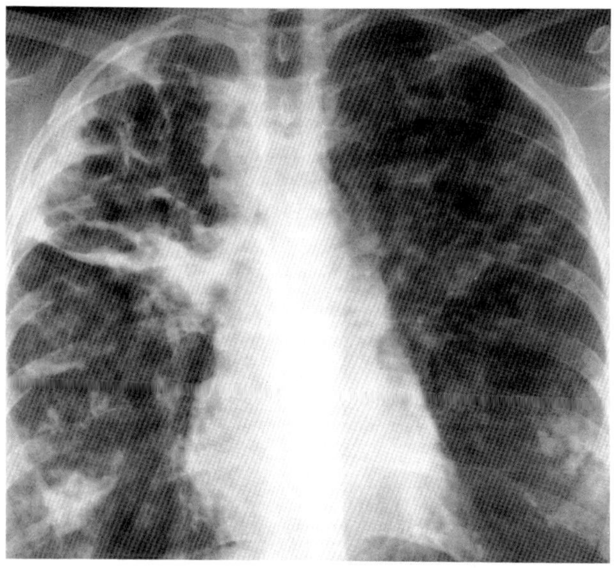

Abb. 6.**32** **Zystische Fibrose.** Grobretikulonoduläre Zeichnung mit zystischen Bronchiektasen und Fibrose vorwiegend in den Oberlappen. Man beachte auch die Überblähung von Mittel- und Unterlappen und das Vorspringen der Hili infolge pulmonaler arterieller Hypertonie.

Tabelle 6.3 Diffuse retikuläre oder retikulonoduläre Veränderungen (Fortsetzung)

Krankheit	Radiographischer Befund	Kommentar
Familiäre Dysautonomie (Riley-Day-Syndrom)	Der Lungenbefund ist von der zystischen Fibrose nicht zu unterscheiden.	Wird autosomal-rezessiv vererbt und findet sich fast ausschließlich bei Juden. Klinisch vielfältige neurologische Störungen.
Sauerstofftoxizität	„Schwammartige" Lunge infolge Fibrose, Atelektase und fokaler Emphysembezirke.	Entwickelt sich gewöhnlich bei Frühgeborenen, die eine hochprozentige (bis zu 100%) Sauerstoffbehandlung wegen eines *Respiratory distress Syndroms* (Hyalinmembrankrankheit) oder eines *Wilson-Mikity-Syndroms* (Reifestörung der Lunge) erhalten. Beim letztgenannten findet sich gelegentlich ein ähnlicher Röntgenbefund schon vor der Sauerstoffverabreichung. Eine Sauerstoffbehandlung beim Erwachsenen kann zu ähnlichen Röntgensymptomen führen.
Pneumokoniose		
Silikose (Abb. 6.33)	*Gut umschriebene* noduläre 1 bis 10 mm große Läsionen stehen radiographisch meist im Vordergrund, häufig aber zugleich retikuläre Zeichnung, die den Knötchen sogar vorangehen könnte. Oft Vergrößerung der Hiluslymphknoten, doch die charakteristische „eierschalenartige" Verkalkung kommt nur in 5% der Fälle vor. In den Oberlappen kann sich eine progressive massive Fibrose entwickeln und bilaterale homogene Verschattungen erzeugen. Mitunter bilden sich darin Zerfallshöhlen infolge einer zentralen ischämischen Nekrose oder einer aufgepfropften verkäsenden Tuberkulose.	Die Einwirkung von hochkonzentriertem Siliziumdioxidstaub erfolgte gewöhnlich 10 bis 20 Jahre vor dem Auftreten der ersten radiographischen Manifestationen. *Caplan-Syndrom:* Verbindung von nekrobiotischen (rheumatischen) Knötchen von 0,5 bis 5 cm Durchmesser, rheumatoider Arthritis (primär chronischer Polyarthritis) und Silikose.
Anthrakose	Radiographischer Befund ähnlich wie bei Silikose, doch sind die Knötchen etwas weniger scharf begrenzt, und die Vergrößerung der Hiluslymphknoten ist nicht so auffällig.	Einwirkung von Kohlenstaub, der immer freies Siliziumdioxid in kleinen Mengen enthält; als hauptverantwortlich für die Krankheit hält man aber die massive Kohleablagerung. *Progressive massive Fibrose* und *Caplan-Syndrom* (Verbindung von nekrobiotischen Lungenknötchen mit rheumatoider Arthritis) kommen sogar noch häufiger vor als bei Silikose.
Asbestose (Abb. 6.34)	Retikulonoduläre Veränderungen anfangs vorwiegend in den Unterlappen, später generalisiert. Radiographisch stehen meist pleurale Plaques an der Pleura parietalis und diaphragmatica mit oder ohne Verkalkungen im Vordergrund. Die interstitiellen Frühveränderungen kombiniert mit der Pleuraverdickung können ein „milchglasartiges" Aussehen bewirken. Im fortgeschrittenen Stadium findet man zuweilen Konglomerattumoren, vorwiegend in der unteren Zone. Durch die Kombination von Parenchym- und Pleuraveränderungen kann der Herzrand teilweise verdeckt werden (Zeichen des „struppigen" Herzens). Keine Vergrößerung der Hiluslymphknoten.	Zu Manifestationen kommt es gewöhnlich erst 20 Jahre nach dem Beginn der Exposition. Mesotheliome und Bronchuskarzinome finden sich mit großer Häufigkeit.
Talkose	Pulmonale und pleurale Manifestationen ähnlich wie bei Asbestose, aber große Verschattungen (Konglomeratläsionen) sind häufiger.	Die Häufigkeit pleuraler und bronchogener Neoplasmen ist ebenfalls erhöht.
Berylliose	Retikuläre bis retikulonoduläre Zeichnung mit relativ schlecht begrenzten Knötchen, die verkalken können. Eine Vergrößerung der Hiluslymphknoten kommt vor. Die radiographische Differenzierung von der Sarkoidose ist in der Regel nicht möglich, falls die Lungenknötchen nicht verkalkt sind. Emphysematöse Veränderungen, besonders im Oberlappen, führen in 10% der Fälle zu einem Pneumothorax.	Die Berylliose findet man nicht nur bei beruflicher Berylliumexposition (z. B. in der Leuchtröhrenindustrie), sie kann auch zu Hause erworben werden, z. B. durch kontaminierte Arbeitskleidung oder durch Luftverunreinigung von einer nahegelegenen Fabrik.

Fortsetzung auf Seite 125

Tabelle 6.3 Diffuse retikuläre oder retikulonoduläre Veränderungen (Fortsetzung)

Krankheit	Radiographischer Befund	Kommentar
Aluminium-(Bauxit-)Pneumokoniose	Retikuläre oder retikulonoduläre Zeichnung, oft verbunden mit Verkleinerung des Lungenvolumens und Pleuraverdickung. Emphysemblasen sind häufig und können zu einem Spontanpneumothorax führen.	Tritt nach Exposition von einigen Monaten bis zu mehreren Jahren bei Arbeitern auf, die Bauxit verarbeiten oder feines Aluminiumpulver einatmen.
Durch schattengebende Stäube hervorgerufene Pneumokoniose (Eisen [Siderose], Zinn [Stannose], Barium [Barytose], Antimon und seltene Erden)	Die Schattendichte der feinretikulonodulären Veränderungen wird von der Atomnummer und der Partikelgröße des inhalierten Elements bestimmt.	Da diese Substanzen keine Fibrose auslösen, findet man bei diesen Pneumokoniosen keine wesentlichen klinischen Symptome.
Silofüllerkrankheit (NO_2-Inhalation) (Abb. 6.35)	Vorzugsweise in den mittleren und unteren Lungenfeldern bilaterale retikulonoduläre Infiltrate, die rasch zu fleckförmigen alveolären Verschattungen und sogar zu einem massiven Lungenödem fortschreiten können.	Bei nicht letalem Verlauf bilden sich die Lungenmanifestationen binnen weniger Tage vollständig zurück. Nach einer symptomfreien Periode von 2–5 Wochen (zweite Phase) wird die dritte Phase der Krankheit mit dem Auftreten miliarer Knötchen, die eine Bronchiolitis obliterans fibrosa repräsentieren, radiographisch manifest.

Fortsetzung auf Seite 126

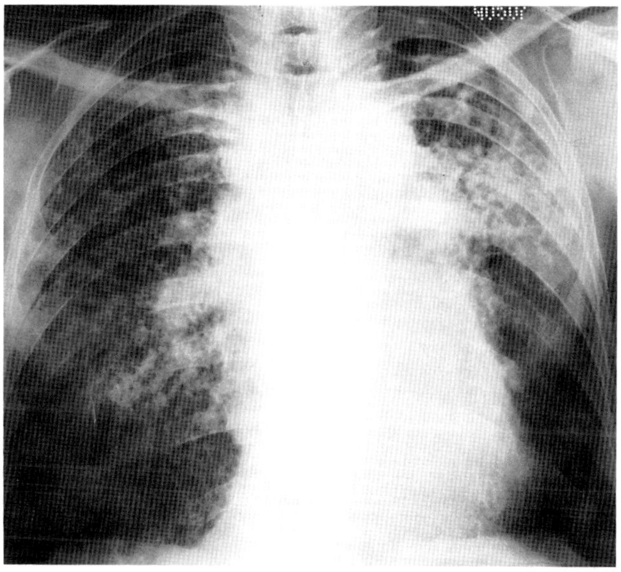

6.**33**

Abb. 6.**33** **Silikose.** Fibrose, die zu einer retikulonodulären Zeichnung und Wabenzeichnung in den mittleren und unteren Lungenfeldern führt, sowie emphysematöse Veränderungen an der Bais.

Abb. 6.**34** **Asbestose.** Grobretikulonoduläre Veränderungen und Emphysem, kombiniert mit Pleuraplaques und Verkalkungen (Pfeile) sind charakteristisch.

Abb. 6.**35** **Silofüllerkrankheit.** Bilaterale retikulonoduläre Infiltrate mit Präferenz für die mittleren und unteren Lungenfelder.

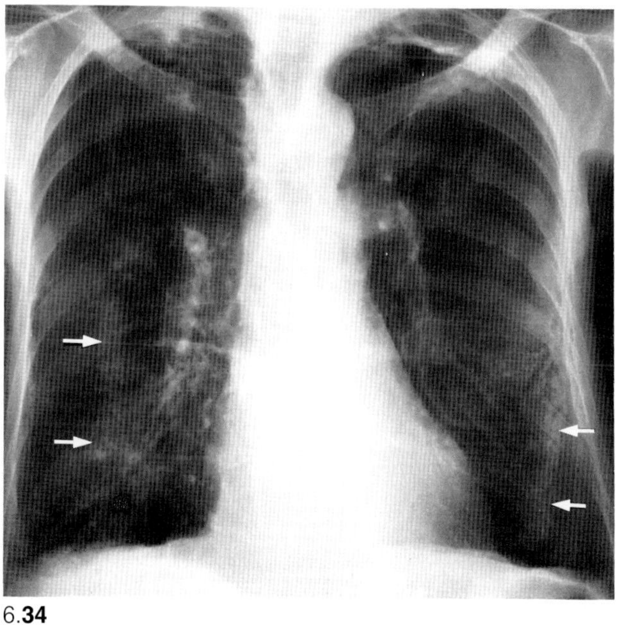

6.**34**

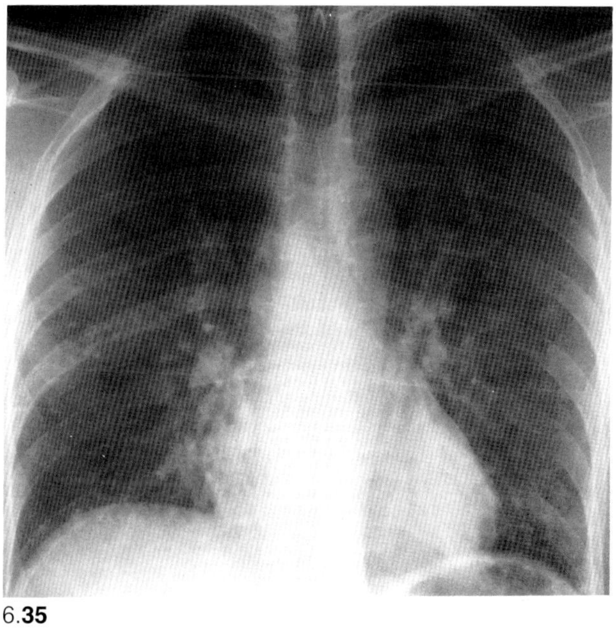

6.**35**

Tabelle 6.3 Diffuse retikuläre oder retikulonoduläre Veränderungen (Fortsetzung)

Krankheit	Radiographischer Befund	Kommentar
Durch organische Stäube bedingte exogene allergische Alveolitis (z. B. Farmerlunge, Vogelhalterlunge, Pilzarbeiterlunge, Bagassose [Zuckerrohr] und andere) (Abb. 6.36)	Das radiographische Bild reicht von diffusen, unscharf begrenzten Knötchen mit einem Durchmesser von einem bis mehreren Millimetern, oft verbunden mit fleckförmigen Infiltraten (akutes Stadium), bis zur groben Retikulation (chronisches Stadium). Eine Vergrößerung der Hiluslymphknoten ist selten und steht nie im Vordergrund.	Klinische Symptome (Dyspnoe, oft verbunden mit trockenem Husten und Krankheitsgefühl) treten ein paar Stunden nach Einwirkung des relevanten Antigens auf.
Medikamentös bedingte Lungenveränderungen (Nitrofurantoin, Busulfan, Bleomyzin, Methotrexat, Ganglienblocker und viele andere) (Abb. 6.37)	Diffuse retikuläre bis retikulonoduläre Zeichnung, die zu fleckförmigen Infiltraten und sogar zu einem Lungenödem fortschreiten könnte.	Könnte eine allergische Reaktion auf das Mittel sein und geht dann mit einer Eosinophilie einher (z. B. Nitrofurantoin), oder ein toxischer Effekt, der interstitielle, eventuell zur Fibrose fortschreitende Infiltrate verursacht (z. B. Chemotherapeutika). Eine Reihe anderer Medikamente (z. B. Penicillin, Sulfonamide) rufen ein ähnliches Bild wie das Löffler-Syndrom hervor.
Kollagenkrankheiten (rheumatischer Lungenprozeß, Sklerodermie, Lupus erythematodes disseminatus, Dermatomyositis) (Abb. 6.20, S. 119)	Generalisierte retikuläre bis retikulonoduläre Veränderungen, meist am ausgeprägtesten an der Basis. Ein gleichzeitiger Pleuraerguß ist nicht üblich, ausgenommen bei Lupus.	Die Lungenmanifestationen der *Panarteriitis nodosa* (einer weiteren Kollagenkrankheit) sind sehr variabel und umfassen verstärkte interstitielle Zeichnungen, unscharf begrenzte Knötchen von wechselnder Größe und fleckförmige Verdichtungen.
Sjögren-Syndrom (Abb. 6.38)	Retikulonodulär, ähnlich wie Kollagenkrankheit.	Das Syndrom besteht aus Keratoconjunctivitis sicca, Xerostomie und rezidivierender Parotisschwellung. 90% der Fälle betreffen Frauen.

Fortsetzung auf Seite 128

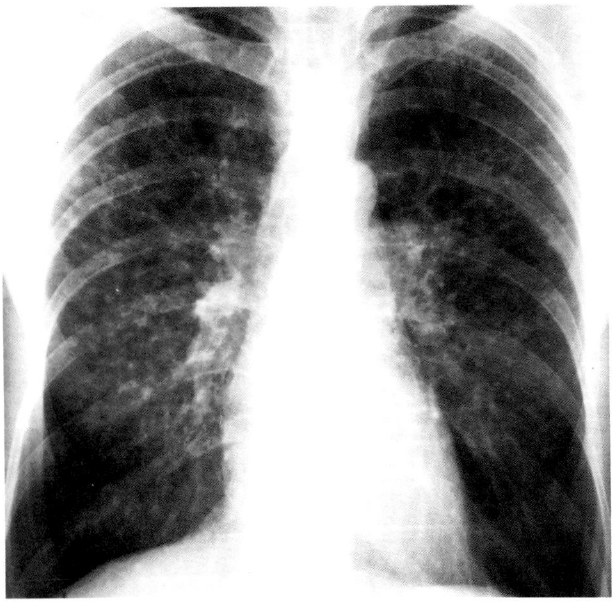

◄ Abb. 6.**36** **Farmerlunge.** Retikulonoduläre Zeichnung in beiden Lungenflügeln mit Aussparung der Basen und Spitzen. Die unscharf begrenzten Knötchen sind bezeichnend für das akute Stadium der Krankheit.

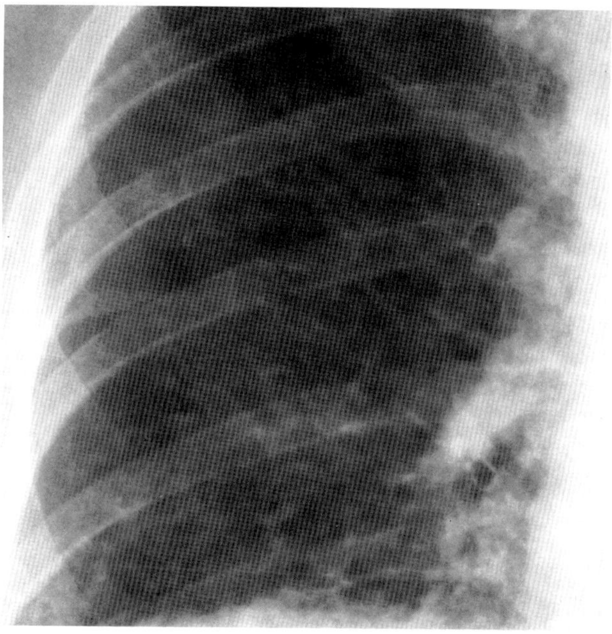
a

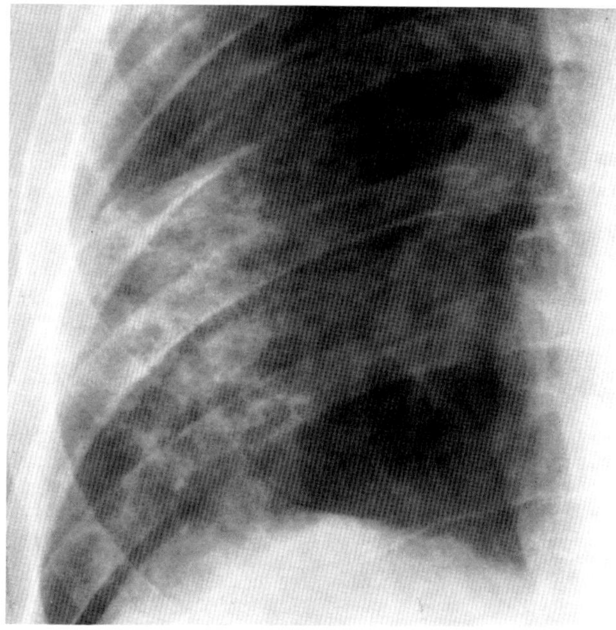
b

Abb. 6.**37** **Durch Bleomyzin hervorgerufene Lungenveränderungen** (2 Fälle). **a** Frühstadium: Bilaterale interstitielle Infiltrate vorwiegend retikulärer Natur. **b** Fortgeschrittenes Stadium: Die interstitiellen Veränderungen sind zu fleckförmigen Infiltraten fortgeschritten.

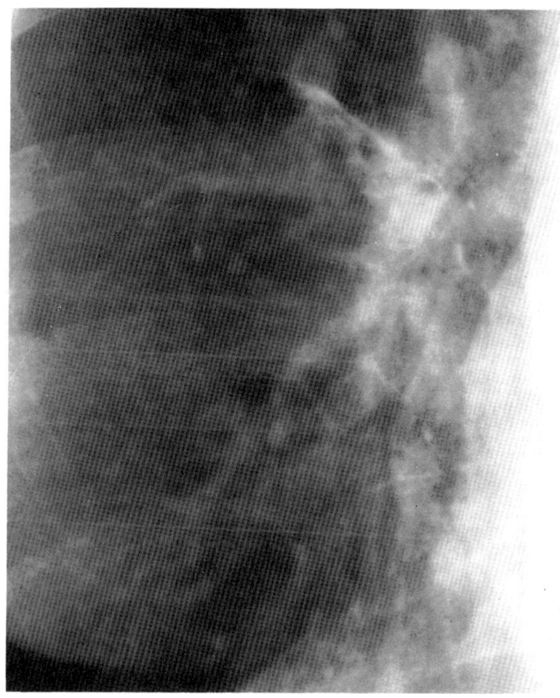

Abb. 6.**38** **Sjögren-Syndrom** Symmetrische retikulonoduläre Infiltrate vorwiegend in der perihilären Region. ▶

Tabelle 6.3 Diffuse retikuläre oder retikulonoduläre Veränderungen (Fortsetzung)

Krankheit	Radiographischer Befund	Kommentar
Idiopathische Lungenhämosiderose und Goodpasture-Syndrom	Feinretikuläre Zeichnung vorwiegend in den mittleren und unteren Lungenfeldern ein paar Tage nach einer akuten Blutung, die mit fleckförmigen Verdichtungen in Erscheinung tritt. Ein Persistieren der retikulären Zeichnung nach zahlreichen Blutungsepisoden zeigt irreversible interstitelle Veränderungen an, die schließlich zur Fibrose führen. Gelegentlich Hilusvergrößerung und Pleuraergüsse.	Die klinischen Manifestationen bestehen in wiederholten Lungenblutungen, die zur Anämie und Lungeninsuffizienz führen. Zum Goodpasture-Syndrom gehören zusätzlich Nierenveränderungen. Vorwiegend bei Männern.
Histiozytose X (eosinophiles Granulom) (Abb. 6.39)	Unscharf begrenzte Knötchen von bis zu 10 mm Durchmesser und feinretikuläre Veränderungen vorwiegend in den mittleren und oberen Lungenfeldern. Eventuell Fortschreiten zur Wabenzeichnung. Hilusvergrößerung und Pleuraergüsse sind sehr selten und stehen nie im Vordergrund.	Etwa ein Drittel der Patienten ist symptomfrei, wenn die Diagnose erstmals anhand einer aus anderen Gründen angefertigten Thoraxröntgenaufnahme gestellt wird.
Sarkoidose (Abb. 6.40)	Die Lungenmanifestationen variieren von rein nodulär bis rein retikulär, sind aber am häufigsten retikulonodulär. In der Mehrzahl der Fälle besteht eine bedeutende Vergrößerung der Hilus- und Mediastinumlymphknoten, die meist der Lungenbeteiligung vorangeht und spontan zurückgehen kann, wenn die Lunge befallen ist.	Etwa die Hälfte der Patienten ist symptomfrei, wenn die Diagnose erstmals anhand einer aus anderen Gründen angefertigten Thoraxröntgenaufnahme gestellt wird. Große Häufigkeit bei Negerinnen in den USA, bei denen die Krankheit gewöhnlich zwischen dem 20. und 40. Lebensjahr diagnostiziert wird.
Desquamative interstitielle Pneumonitis (DIP) (Abb. 6.22, S. 119)	Charakteristisch sind verstärkte interstitielle Zeichnungen und retikulonoduläre Verschattungen, die manchmal ein konfluierendes oder milchglasartiges Bild bieten. Die Manifestationen sind bilateral symmetrisch und wiegen gewöhnlich in den unteren Lungenfeldern vor, wo sie eine Unschärfe der Gefäßzeichnung bedingen können.	Die Ätiologie der DIP ist unbekannt. Sie kann zur Lungenfibrose (Wabenzeichnung) fortschreiten oder sich spontan rückbilden. *Interstitielle lymphatische (LIP)* (Abb. 6.**41**) und *Riesenzellpneumonien (GIP)* sind seltene verwandte Krankheiten mit ähnlichen radiographischen Symptomen.
Idiopathische interstitielle Fibrose („übliche" interstitielle Pneumonie, Hamman-Rich-Syndrom)	Generalisierte grobretikuläre oder retikulonoduläre Zeichnung. Bei Verlaufskontrollen beobachtet man oft eine Wabenzeichnung besonders an der Basis und eine Verkleinerung des Lungenvolumens.	Meist sind Männer im mittleren und höheren Alter betroffen. Eine „Bronchiolitis obliterans mit diffuser interstitieller Pneumonie (BIP)" stellt eine ähnliche Erkrankung dar, nur eben mit zusätzlicher obliterierender Bronchiolitis.
Interstitielle Fibrose als Folge einer Lungenerkrankung (Abb. 6.42)	Lokalisierte oder generalisierte Verdickung des Interstitiums. Kann mit fibrösen Strängen oder Narben einhergehen.	Häufige Ursache interstitieller Lungenveränderungen, wenn auch das schädigende Agens nicht immer bekannt ist. Ist eventuell die Folge von rezidivierenden Infektionen, chronischer Aspiration, Lungentrauma, Bestrahlung oder thromboembolischen Prozessen (z. B. bei Sichelzellenanämie, bei der bevorzugt die unteren Lungenfelder befallen sind.
Familiäre Krankheiten und Entwicklungsstörungen (tuberöse Sklerose, Lymphangiomyomatose, Neurofibromatose, Morbus Gaucher, Morbus Niemann-Pick, Lipoidproteinose)	Diffuse interstitielle Veränderungen retikulonodulärer Art, bevorzugt in den Unterlappen. U. U. Fortschreiten zu Wabenzeichnung und Emphysem.	Begleitbefunde auf dem Thoraxröntgenbild: Tuberöse Sklerose: chylöse Ergüsse, osteoplastische Läsionen. Lymphangiomyomatose: chylöse Ergüsse. Neurofibromatose: Hautknötchen, Skoliose, Rippenkerben, mediastinale Tumoren. Morbus Gaucher und Niemann-Pick: Milzvergrößerung, Osteopenie mit Kompressionsfrakturen in den Wirbelkörpern. Lipoidproteinose: Stimmbandverdickung.

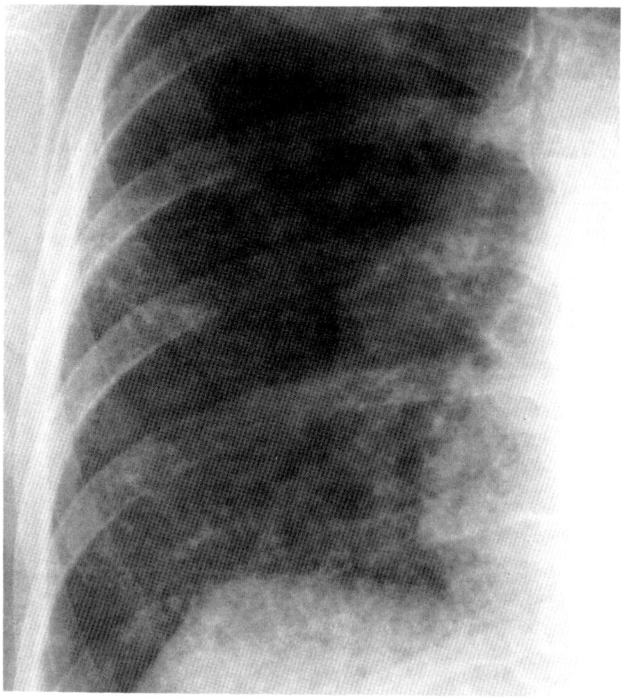

Abb. 6.**39** **Histiozytose X.** Beide Lungenflügel sind symmetrisch von diffusen feinretikulonodulären Infiltraten mit beginnender Wabenzeichnung befallen.

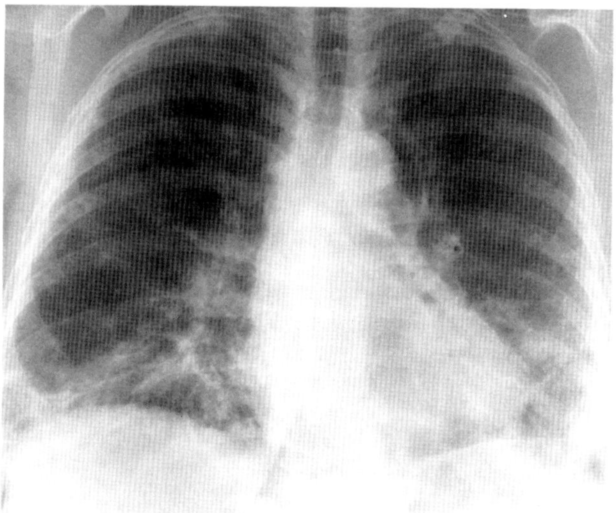

Abb. 6.**40** **Sarkoidose.** Ausgedehnte bilaterale retikulonoduläre Veränderungen mit ein paar größeren, schlecht abgrenzbaren Verschattungen an den Basen.

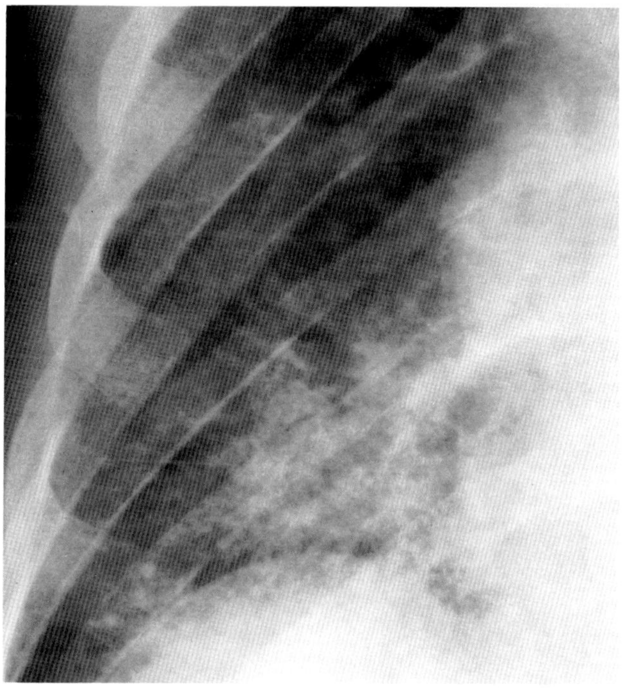

Abb. 6.**41** **Lymphatische interstitielle Pneumonie (LIP).** Bilaterale interstitielle Infiltrate in den mittleren und unteren Lungenfeldern, Fortschreiten zur Verdichtung in den zentralen Bereichen.

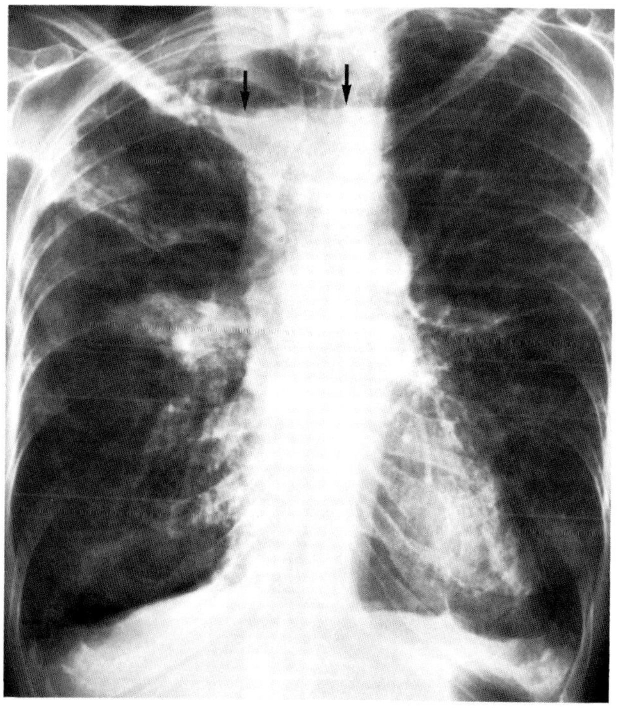

Abb. 6.**42** **Pneumonie bei chronischer Aspiration** bei einem Patienten mit Zenker-Divertikel. Diffuse, grobe interstitielle Verdickung überall in beiden Lungenfeldern, daneben mehrere Verschattungsbezirke, die von kürzer zurückliegenden Aspirationsepisoden stammen. Man beachte auch den großen Luft-Flüssigkeitsspiegel (Pfeile) im Zenker-Divertikel, der sich direkt über die medialen Enden beider Schlüsselbeine projiziert.

7 Lungenödem und symmetrische doppelseitige Infiltrate

Ein Lungenödem entsteht durch Ansammlung großer Flüssigkeitsmengen sowohl im Interstitium als auch in den Alveolarräumen. Verantwortliche Faktoren für das Übertreten von Flüssigkeit aus dem Kapillarraum in den interstitiellen und anschließend in den alveolaren Raum sind: 1. erhöhter kapillarer Blutdruck, 2. verminderter kolloidosmotischer Druck des Plasmas und 3. erhöhte Kapillarpermeabilität. Vielleicht trägt auch eine Abnahme des Alveolardrucks und der Oberflächenspannung sowie eine Störung des Lymphabflusses aus dem Lungeninterstitium zur Entwicklung eines Lungenödems bei, doch steht ihre Bedeutung für diesen pathophysiologischen Mechanismus noch nicht eindeutig fest.

Radiographisch ist das Lungenödem durch eine bilaterale diffuse Zunahme der interstitiellen Zeichnung, die an Schärfe verliert, und durch flockige konfluierende Verschattungen, die den alveolären Prozeß repräsentieren, gekennzeichnet. Dieses radiographische Bild findet sich am häufigsten beim kardiogenen Lungenödem, bei dem der erhöhte Kapillardruck zu einem abnormen Plasmaaustritt in die Interstitium- und Alveolarräume führt (Abb. 7.**1**). Das Ödem sammelt sich vorwiegend in den tiefsten Partien der Lunge an, in aufrechter Haltung also in den mittleren und besonders den unteren Lungenfeldern; beim bettlägerigen Patienten, wenn die Aufnahme in Rückenlage gemacht wird, erscheint das Ödem dagegen mehr gleichmäßig über beide Lungenflügel verteilt. Bei einer präexistenten chronischen Lungenkrankheit (z. B. Emphysem), bei der das Ödem die am schwersten geschädigten Teile der Lunge ausspart, könnte allerdings ein ungewöhnliches Verteilungsmuster des Lungenödems zu beobachten sein (Abb. 7.**2**). Eine bronchogene Ausbreitung verschiedener exogener und endogener Substanzen und Organismen kann ebenfalls zu diffusen alveolären Infiltraten führen mit oder ohne begleitende interstitielle Veränderungen. Schließlich kann auch die Infiltration des Alveolarraums und Interstitiums mit Entzündungs- oder Neoplasmazellen ein radiographisches Bild erzeugen, das wie ein Lungenödem aussieht.

Ein unübliches Erscheinungsbild des Lungenödems ist die „Fledermaus-" oder „Schmetterlingsform", bei der die hilären und parahilären Lungenregionen ziemlich stark und gleichmäßig verschattet, die peripheren zwei bis drei Zentimeter des Lungenparenchyms aber relativ

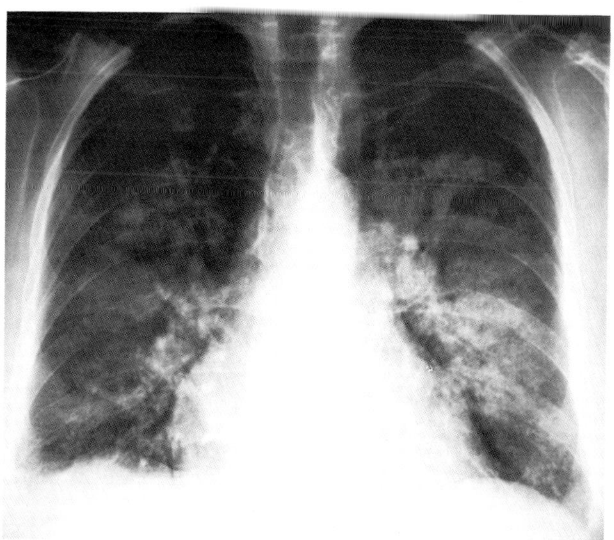

Abb. 7.**1** **Kardiogenes Lungenödem.** Herzvergrößerung, bilaterale interstitielle und alveoläre Infiltrate vorwiegend in den mittleren und unteren Lungenfeldern sowie kleine Pleuraergüsse. Dieses akute Ödem wurde durch ein Myxom des linken Vorhofs ausgelöst, das sich infolge einer intratumoralen Blutung plötzlich vergrößert hatte.

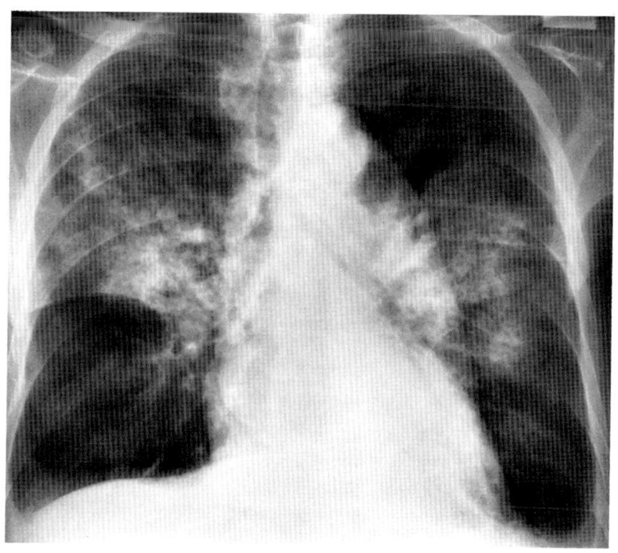

Abb. 7.**2** **Kardiogenes Lungenödem bei chronischer obstruktiver Lungenkrankheit.** Asymmetrische Verteilung des Lungenödems, das die Lungenpartien mit den schwersten emphysematösen Veränderungen ausspart.

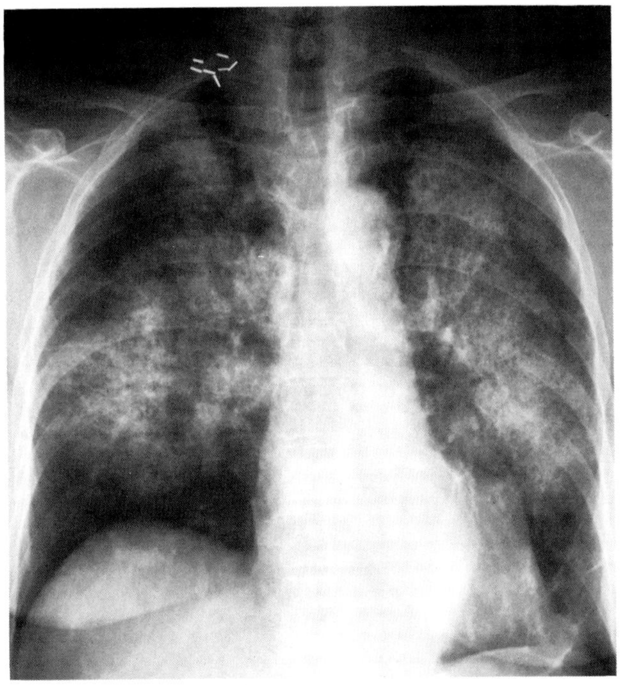

Abb. 7.**3** ***Pneumocystis-carinii*-Pneumonie bei einem Patienten mit schlechter Abwehrlage.** Die aus einer interstitiellen (retikulonodulären) und alveolären Komponente bestehenden Lungeninfiltrate nehmen „Fledermaus"- oder „Schmetterlingsform" an und lassen die peripheren zwei bis drei Zentimeter des Lungenparenchyms frei.

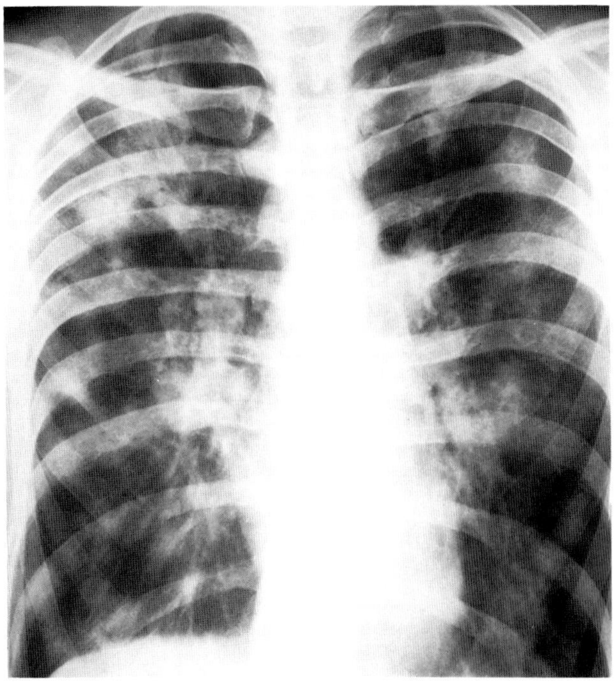

Abb. 7.**4** **Löffler-Syndrom** (akute eosinophile Pneumonie). Kennzeichnend sind die parallel zur lateralen Thoraxwand angeordneten, bilateralen fleckförmigen Verdichtungen in der Lungenperipherie („umgekehrtes Lungenödembild"). Die anscheinend zentralen Infiltrate liegen anatomisch in der vorderen oder hinteren Lungenperipherie.

unbeteiligt sind (Abb. 7.**3**). Dieses Verteilungsmuster beobachtet man relativ häufig bei Urämie, Alveolarproteinose und *Pneumocystis-carinii*-Pneumonie sowie bei Erkrankungen, die zur Lungenblutung führen, wie die Panarteriitis nodosa. Es ist jedoch keineswegs pathognomonisch für diese Zustände und kann sich bei praktisch jeder Krankheit finden, von der bekannt ist, daß sie das Bild eines Lungenödems erzeugt.

Das „umgekehrte Lungenödembild" stellt im Grunde ein photographisches Negativ des „Fledermaus-" oder „Schmetterlingsbildes" dar und ist durch homogene Verdichtungen in der Lungenperipherie gekennzeichnet, die mehr oder weniger parallel zur lateralen Thoraxwand verlaufen. Dieses Bild ist fast beweisend für eine *akute (Löffler-Syndrom)* und *chronische eosinophile Pneumonie* (Abb. 7.**4**).

Die Differentialdiagnose des Lungenödems und der symmetrischen, doppelseitigen alveolären Infiltrate wird in Tab. 7.**1** besprochen. Gelegentlich täuschen ausgedehnte diffuse interstitielle Veränderungen das Bild eines Lungenödems vor, wenn die Einzelläsionen, etwa Knötchen, so zahlreich sind, daß sie zusammenfließen und/oder in verschiedenen Ebenen liegend einander überlagern. Um die Differentialdiagnose für das Bild eines Lungenödems zu vervollständigen, wird der Leser daher auch auf Tab. 6.**1** und 6.**3** verwiesen (S. 111 bzw. 120).

Tabelle 7.1 Lungenödem und symmetrische, doppelseitige alveoläre Infiltrate

Krankheit	Radiographischer Befund	Kommentar
Alveolarzellkarzinom (Abb. 7.5)	Alveoläre Infiltrate, kombiniert mit retikulonodulären und linearen Verschattungen.	Pleuraergüsse in etwa 10% der Fälle. Vergrößerung der Hilus- und Mediastinumlymphknoten ungewöhnlich.
Lymphangiosis carcinomatosa (Abb. 7.6)	Interstitielle und alveoläre Infiltrate ähnlich wie beim kardiogenen Lungenödem, aber mit bedeutender Verkleinerung des Lungenvolumens verbunden und ohne Herzvergrößerung. Häufig begleitende Pleuraergüsse.	Dies stellt ein fortgeschrittenes Stadium der Krankheit dar, das praktisch immer mit schwerer Dyspnoe einhergeht.
Lymphom und Leukämie (Abb. 7.7)	Beiderseits interstitielle und alveoläre Infiltrate, die die perihilären Regionen und unteren Lungenfelder bevorzugen. Das Bild des symmetrischen Lungenbefalls kann vom vorwiegend interstitiellen Ödem bis zu homogenen Verdichtungen variieren.	Bei einem Lymphom- oder Leukämiepatienten sind diese Zeichen allerdings öfter durch interkurrente Pneumonien, Medikamentenreaktionen oder Blutungen bedingt als durch die bösartige Grundkrankheit selbst.

Fortsetzung auf Seite 134

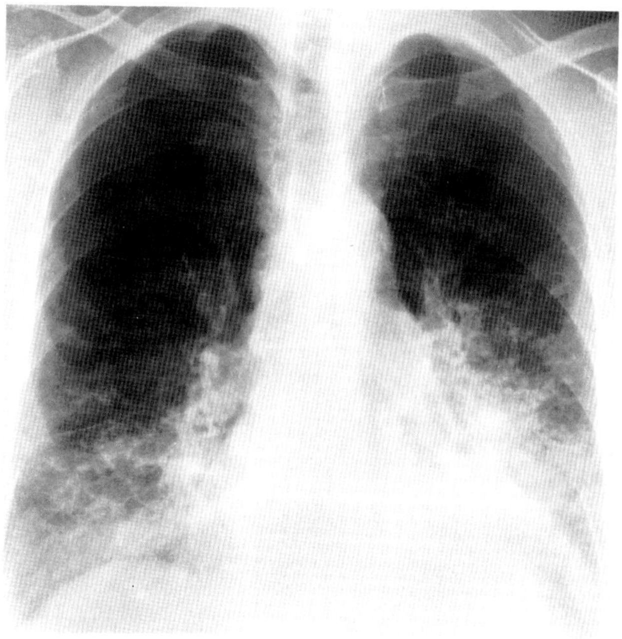

Abb. 7.5 **Alveolarzellkarzinom.** Bilaterale Unterlappeninfiltrate kombiniert mit unscharf begrenzten nodulären Verschattungen.

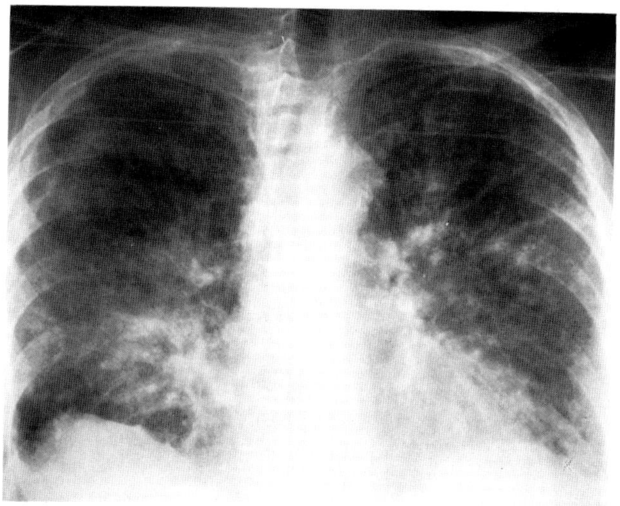

Abb. 7.6 **Lymphangiosis carcinomatosa, ausgehend von einem Mammakarzinom** (fortgeschrittenes Stadium). Gemischte interstitielle und alveoläre Lungeninfiltrate mit kleinen Pleuraergüssen, die ähnlich wie ein kardiogenes Lungenödem aussehen. Es besteht jedoch keine Herzvergrößerung. Man beachte auch die deutliche Verminderung des Lungenvolumens, eine charakteristische Begleiterscheinung der fortgeschrittenen Karzinomatose.

Abb. 7.7 **Non-Hodgkin-Lymphom** (histiozytär). Beiderseits interstitielle und alveoläre Infiltrate, daneben Vergrößerung der Hilus- und Mediastinumlymphknoten. ▶

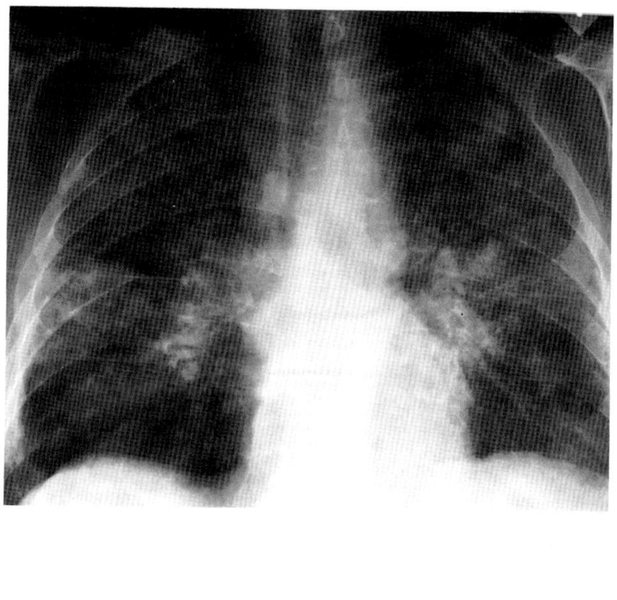

Tabelle 7.1 Lungenödem und symmetrische, doppelseitige alveoläre Infiltrate (Fortsetzung)

Krankheit	Radiographischer Befund	Kommentar
Kaposi-Sarkom-Metastasen (Abb. 7.8)	Zahlreiche unscharf begrenzte Metastasen können ausgedehnte bilaterale Infiltrate (opportunistische Infektionen) imitieren.	Bei AIDS-Patienten.
Bakterielle Pneumonie (z. B. Staphylokokken, gramnegative Bakterien, anaerobe Keime und Tuberkulose) (Abb. 7.9)	Fleckförmige konfluierende Infiltrate, oft begleitet von homogenen Verdichtungsbezirken. Höhlenbildungen sind relativ häufig, und ihr Nachweis ist für die Differentialdiagnose verwertbar.	Bronchogene Aussaat durch Inhalation (z. B. Staphylokokken), Aspiration (z. B. anaerobe Bakterien) oder Kommunikation zwischen Abszeß oder Kaverne und Bronchialsystem (z. B. Tuberkulose).
Mykotische Pneumonie (z. B. Histoplasmose, Kokzidioidomykose, Blastomykose, Aspergillose, Kandidiasis)	Bilaterale konfluierende Infiltrate ähnlich wie bei den vorgenannten bakteriellen Pneumonien, aber Abszedierung weniger häufig. Eine Vergrößerung der Hiluslymphknoten tritt nur selten auf, kann aber, falls vorhanden, für die Abgrenzung von nichtmykotischen Pneumonien verwertbar sein.	Diese Form ist praktisch nur auf Patienten mit schlechter Abwehrlage beschränkt. Bei der Histoplasmose kann es in seltenen Fällen vorkommen, daß eine massive Exposition zu diesem radiographischen Bild führt.
Mykoplasmen- und Viruspneumonie (Influenza, Parainfluenza, Coxsackie, Adenovirus, Psittakose, Varizellen) (Abb. 7.10)	Diffuse retikuläre Zeichnung mit überlagernden fleckförmigen alveolären Infiltraten. Zerfallshöhlen treten nicht auf, und eine Vergrößerung der Hiluslymphknoten ist beim Erwachsenen extrem selten.	*Rickettsien*infektionen (z. B. Q-Fieber und Felsengebirgsfleckfieber) können gelegentlich eine Viruspneumonie imitieren.
Zytomegalievirus (Abb. 7.11)	Diffuse retikulonoduläre und alveoläre Infiltrate, vorzugsweise in der Mittel- und Unterlappenperipherie.	Bei schlechter Abwehrlage (z. B. nach Nierentransplantation).
Pneumocystis carinii (Abb. 7.3, S. 132; Abb. 7.12)	Diffuse retikulonoduläre und alveoläre Infiltrate. Sie sind typischerweise in der perihilären Region am ausgeprägtesten und sparen die Lungenperipherie aus.	Häufiges Erscheinungsbild bei schlechter Abwehrlage und bei *AIDS (erworbenes Immundefektsyndrom)*, wo es bei weitem die häufigste Komplikation ist. Trotz bestimmten Unterschieden in ihren charakteristischen Lokalisationen lassen sich Pneumocystis-carinii- und Zytomegalieviruspneumonie in der Regel radiographisch nicht unterscheiden und kommen überdies oft beim selben Patienten vor.
Malaria	Bilaterale alveoläre Infiltrate.	Seltene Komplikation bei hoher Blutkonzentration von *Plasmodium falciparum*.
Wurmkrankheiten (Askaridiasis, Strongyloidiasis, Filariasis, Paragonimiasis)	Bilaterale konfluierende fleckförmige Infiltrate, oft mit feinretikulonodulärer Komponente.	Ausnahmslos bei diesen Krankheiten Eosinophilie im peripheren Blut.
Sauerstofftherapie	Eine längere Behandlung mit hochkonzentriertem Sauerstoff führt zu bilateralen alveolären Infiltraten (intraalveoläre Blutungen) mit nachfolgender Bildung von Hyalinmembranen sowie alveolärer und interstitieller Fibroblastenproliferation. In diesem Stadium sehen die bilateralen Infiltrate inhomogen und „blasig" aus.	Ein ähnlicher Prozeß kommt bei Frühgeborenen vor, die mit Sauerstoff behandelt werden. Ein gleichartiges radiologisches Bild (diffuse bilaterale Infiltrate mit „blasigem" Aussehen) kann sich jedoch auch beim *Wilson-Mikity-Syndrom* (Reifestörung der Lunge) Frühgeborener schon vor der Einleitung einer Sauerstofftherapie finden. Die *transitorische Tachypnoe* des Neugeborenen wird durch retinierte fetale Lungenflüssigkeit verursacht; diese verschwindet rasch in 1–4 Tagen.

Fortsetzung auf Seite 136

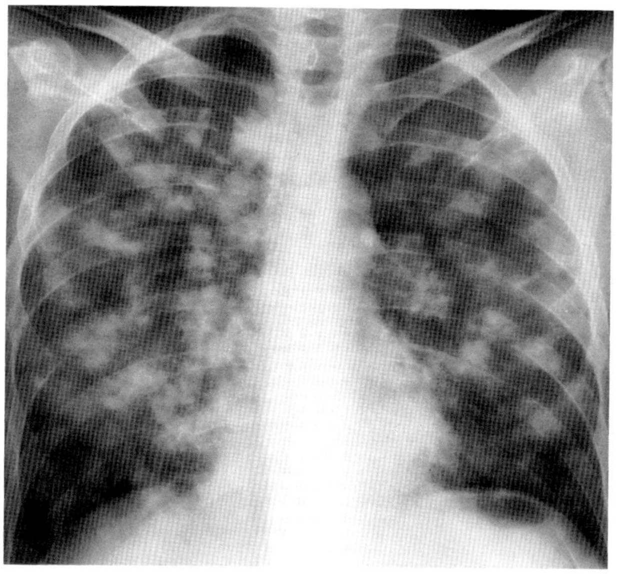

Abb. 7.**8** **Kaposi-Sarkom-Metastasen.** Bilaterale, unscharf begrenzte konfluierende noduläre Verschattungen bei einem AIDS-Patienten. Die offene Lungenbiopsie ergab keine Anzeichen einer opportunistischen Infektion.

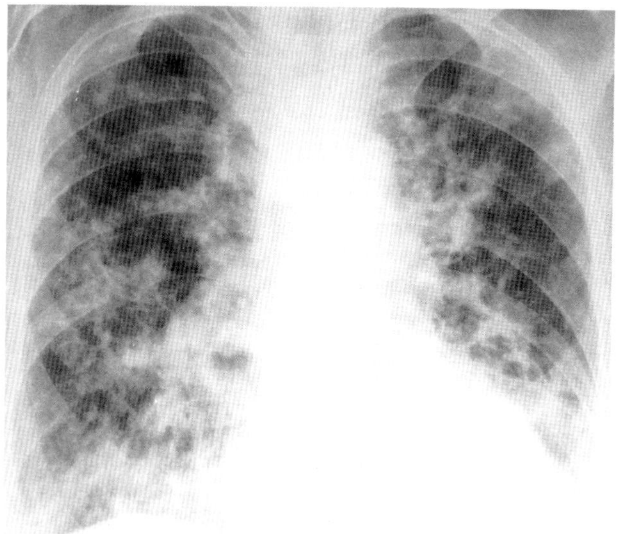

Abb. 7.**9** **Pseudomonaspneumonie.** Ausgedehnte bilaterale fleckförmige Infiltrate.

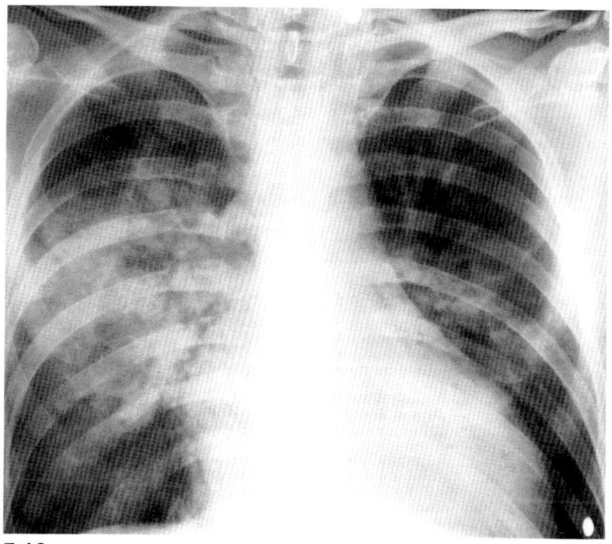

7.**10**

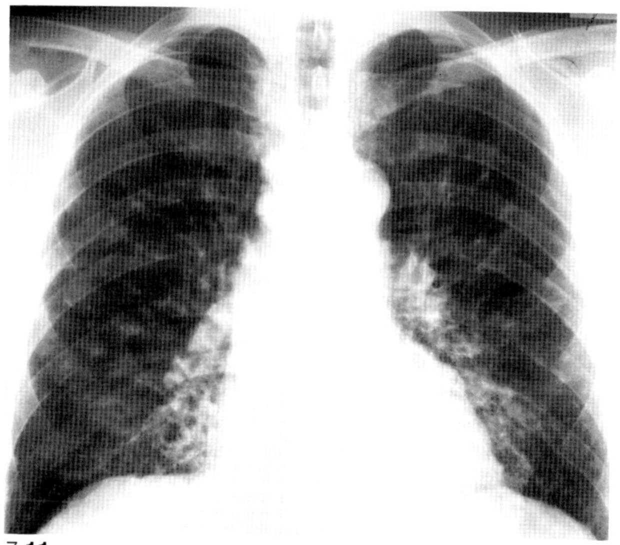

7.**11**

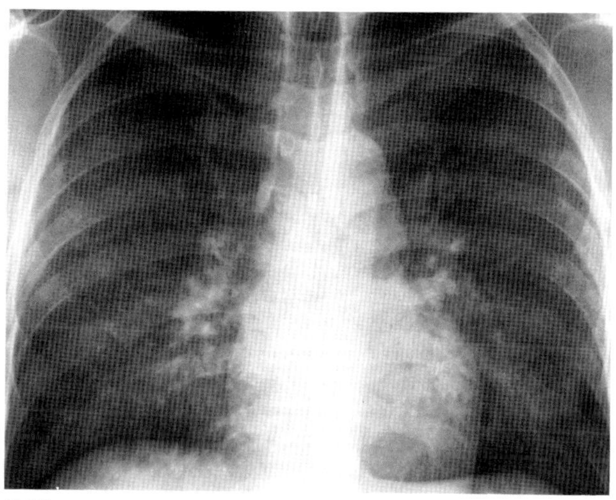

7.**12**

Abb. 7.**10** **Grippepneumonie.** Bilaterale gut abgrenzbare alveoläre Verdichtungen; der rechte Lungenflügel ist viel stärker betroffen.

Abb. 7.**11** **Zytomegalieviruspneumonie.** Bilaterale retikulonoduläre und alveoläre Infiltrate vorwiegend in den mittleren und unteren Lungenfeldern bei einem Nierentransplantatempfänger.

Abb. 7.**12** ***Pneumocystis-carinii*-Pneumonie.** Bilaterale retikulonoduläre und beginnende alveoläre Infiltrate vorwiegend in den perihilären Zonen bei einem AIDS-Patienten.

Tabelle 7.1 Lungenödem und symmetrische, doppelseitige alveoläre Infiltrate (Fortsetzung)

Krankheit	Radiographischer Befund	Kommentar
Inhalation schädlicher Gase (z. B. Silofüllerkrankheit [NO_2] oder Inhalation von Kohlenmonoxid, Rauch und organischen Phosphaten [Insektizide]) (Abb. 7.13)	Bilaterale fleckförmige Parenchymverdichtungen (transitorisches Lungenödem), die sich binnen Stunden nach der Exposition entwikkeln und in wenigen Tagen rückbilden, wenn der Verlauf nicht tödlich ist.	Dies ist die akute Phase nach der Exposition. Je nachdem, welches Gas eingeatmet wurde, können sich weitere Lungenkomplikationen wie Atelektasen und pneumonische Infiltrate innerhalb von Tagen (z. B. bei Rauchinhalation) oder Wochen (z. B. bei der Silofüllerkrankheit: „miliare Knötchen") nach der ursprünglichen Exposition entwickeln.
Exogene allergische Alveolitis (z. B. Farmerlunge)	Bilaterale retikulonoduläre Zeichnung mit unscharf begrenzten Knötchen und überlagernden fleckförmigen, konfluierenden Infiltraten.	Entwickelt sich ein paar Stunden nach der Exposition.
Akute Berylliose	Diffuse konfluierende alveoläre Infiltrate. Kann rasch zum Tod führen.	Nach massiver Einwirkung von Berylliumstaub.
Aspiration von Mageninhalt (Mendelson-Syndrom) (Abb. 7.14)	Bilaterale fleckförmige Infiltrate bis homogene Verdichtungen. Verteilung in der Lunge oft asymmetrisch (abhängig von der Lage des Patienten zum Zeitpunkt der Aspiration). Rückbildung in 7–10 Tagen bei entsprechender Behandlung (Steroide und Antibiotika).	Findet sich bei Erbrechen, das mit Narkose, Anfällen, Koma, Alkohol- und Barbituratvergiftung in Zusammenhang steht. Eine *Aspiration von hypertonischen Kontrastmitteln* kann ein Lungenödem durch Einfließen von Flüssigkeit in den Alveolarraum verursachen.
Beinahe-Ertrinken (Abb. 7.15)	Symmetrisches Lungenödem, das gelegentlich erst mit einer Verzögerung von bis zu 2 Tagen auftritt. Die Rückbildung erfolgt in der Regel in 3–5 Tagen, ist aber eventuell erst nach 10 Tagen vollständig.	Radiographisch besteht kein Unterschied zwischen der Aspiration von Süß- und Salzwasser.
Flüssigkeitsüberlastung/ überdosierte Transfusion (Hypervolämie, Hypoproteinämie)	Bilaterale fleckförmige Infiltrate, die nach geeigneter Behandlung rasch verschwinden.	Ein Lungenödem kann auch die Folge einer *Transfusion von inkompatiblem Blut* sein.
Betäubungsmittelabusus (Abb. 7.16)	Bilaterale fleckförmige Verschattungen bis massive konfluierende Verdichtungen. Können nach der Krankenhausaufnahme bis zu 10 Stunden verzögert auftreten und bilden sich rasch binnen 1–2 Tagen zurück.	Am häufigsten eine Komplikation einer Heroin- oder Methadonüberdosierung. Wenn das Ödembild nach 2 Tagen persistiert, sollte sich der Verdacht auf eine Aspirationspneumonie oder eine aufgepfropfte bakterielle Pneumonie richten.
Durch Medikamente ausgelöste Lungenschäden	Die pulmonalen Manifestationen variieren von minimalen interstitiellen Veränderungen bis zu fleckförmigen Verdichtungen und einem massiven Lungenödem. Wie lange sowohl die Entwicklung als auch die Rückbildung der Lungenveränderungen dauern, hängt von dem beteiligten Mechanismus ab und schwankt sehr stark – von ein paar Minuten bis zu mehreren Monaten. Die Rückbildung ist nicht immer vollständig.	Ursache der Lungenschäden ist entweder eine Medikamentenallergie oder die Toxizität des Mittels. Es können sich folgende Manifestationen finden: Asthma bronchiale, nichtkardiogenes Ödem, Hypersensitivitätspneumonitis mit oder ohne periphere Eosinophilie, interstitielle und alveoläre Pneumonitis, Lupus erythematodes disseminatus und pulmonale Vaskulitis.

Fortsetzung auf Seite 138

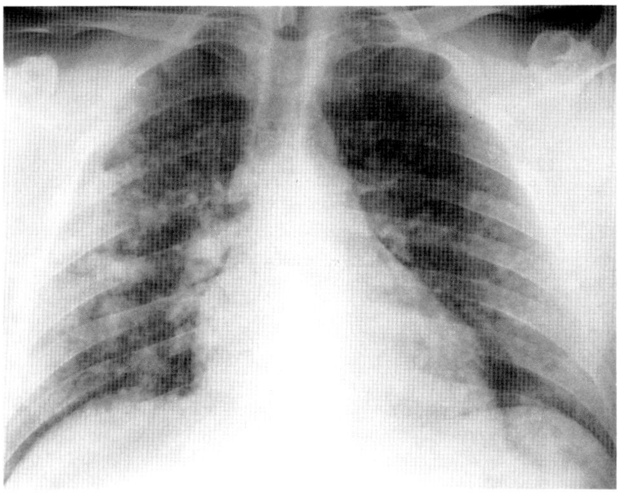

Abb. 7.**13** **Silofüllerkrankheit** (Inhalation von Stickstoffdioxid). Bilaterale fleckförmige Infiltrate in der ganzen Lunge.

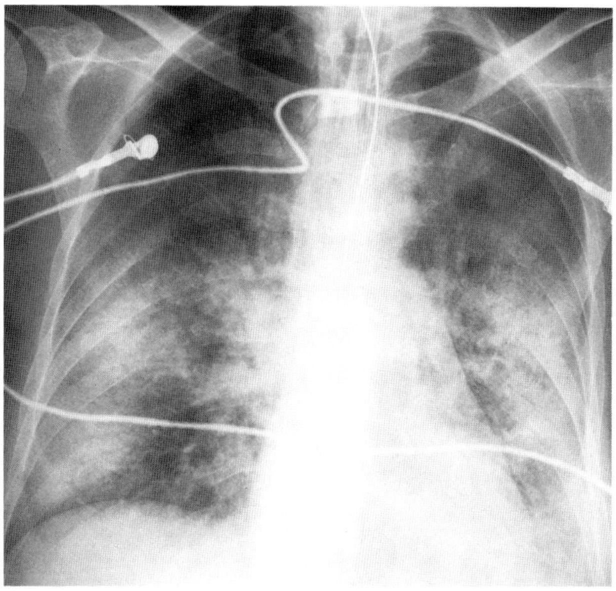

Abb. 7.**14** **Aspiration bei einem Alkoholiker (Mendelson-Syndrom).** Ausgedehnte, bilaterale alveoläre Infiltrate, die homogene Verdichtungen mit Luftbronchogrammen bilden.

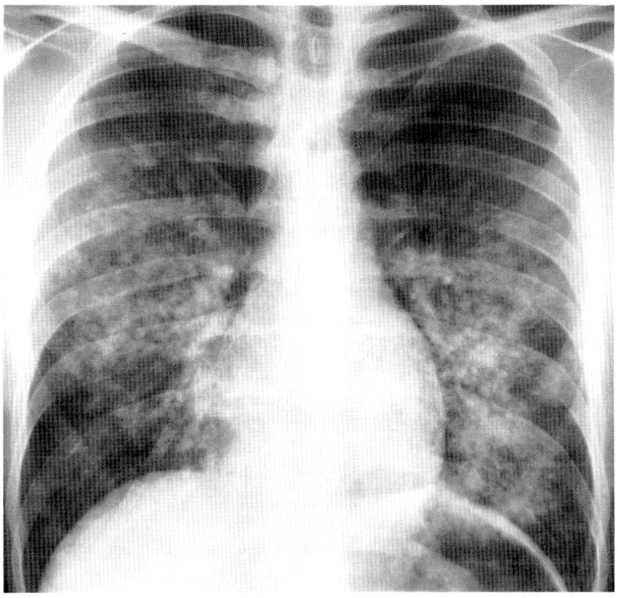

Abb. 7.**15** **Lunge eines fast Ertrunkenen (Süßwasser).** Das Lungenödem entwickelte sich 12 Stunden nach der Krankenhausaufnahme. Das erste bei der Aufnahme angefertigte Röntgenbild war im wesentlichen negativ.

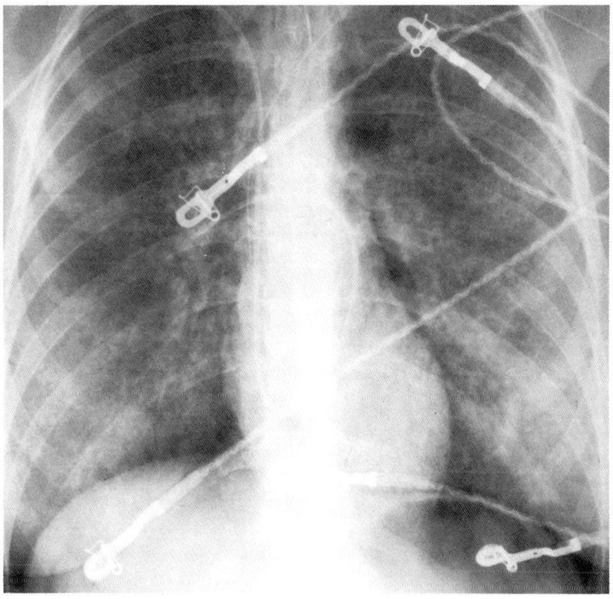

Abb. 7.**16** **Betäubungsmittelabusus (Heroin).** Diffuse bilaterale Verschattung beider Lungenflügel mit konfluierenden alveolären Infiltraten.

Tabelle 7.1 Lungenödem und symmetrische, doppelseitige alveoläre Infiltrate (Fortsetzung)

Krankheit	Radiographischer Befund	Kommentar
Respiratory-distress-Syndrom des Erwachsenen oder Schocklunge (Abb. 7.17)	Bilaterale alveoläre Lungeninfiltrate, die charakteristischerweise bis zu 12 Stunden später nach dem klinischen Eintritt der Ateminsuffizienz erscheinen. Sie können innerhalb von 48 Stunden zu ausgedehnten bilateralen Verdichtungen fortschreiten. Charakteristisch ist das Fehlen von Pleuraergüssen. Eine Folge der Beatmung unter positivem Druck können interstitielles Emphysem, Pneumomediastinum und Pneumothorax sein. Nach einer Woche, wenn die Infiltrate inhomogen werden und eine retikuläre und zystische Komponente aufweisen, beginnt die langsame Rückbildung (DD: aufgepfropfte Pneumonie mit Mikroabszessen).	Die Mechanismen des Flüssigkeitsaustritts aus den Lungenkapillaren, die zur Schocklunge führen, sind nicht klar. Der hypovolämische Schock spielt eine wichtige Rolle, aber es müssen auch andere Faktoren (z. B. Endotoxine, vasoaktive Stoffe) beteiligt sein. Die Schocklunge kommt vor bei Sepsis, disseminierter intravaskulärer Blutgerinnung, Freisetzung vasoaktiver Substanzen aus traumatisiertem Gewebe oder Blutbestandteilen, langdauernder Beatmungsbehandlung und kardiopulmonalem Bypass. Das *Respiratory distress Syndrom* (Hyalinmembrankrankheit) des Säuglings ist durch die überblähte, granulär wirkende Lunge, Luftbronchogramme, ein interstitielles Lungenemphysem und Atelektasebezirke gekennzeichnet.
Disseminierte intravaskuläre Blutgerinnung (Abb. 7.18)	Minimale verstreute Parenchymverschattungen bis zu einem massiven Lungenödem. Im letztgenannten Fall sind Lungenmanifestationen und Krankheitsverlauf vom Respiratory-distress-Syndrom des Erwachsenen nicht unterscheidbar.	Immer Folge einer anderen Erkrankung wie Schock, Sepsis, Krebs, geburtshilflicher Komplikationen, Verbrennungen und Leberkrankheiten.
Lungenkontusion (Abb. 7.19)	Die durch Blutungen verursachten Parenchymverschattungen sind selten symmetrisch (die Veränderungen sind auf der Seite der maximalen Gewalteinwirkung, die durch Rippenfrakturen erkennbar sein kann, stärker). Im Gegensatz zu Fettembolien werden Blutungen ausnahmslos innerhalb der ersten 6 Stunden sichtbar und verschwinden rasch binnen einer Woche.	Häufigste Komplikation eines stumpfen Thoraxtraumas.
Nichttraumatische Lungenblutung (z. B. hämorrhagische Diathese, idiopathische Lungenhämosiderose, Goodpasture-Syndrom, Panarteriitis nodosa, Wegener-Granulomatose) (Abb. 7.20)	Bilaterale alveoläre Infiltrate, die innerhalb von 2 bis 3 Tagen nach der einzelnen Blutungsepisode verschwinden. Retikuläre Veränderungen können jedoch einige Tage länger in diesen Bezirken bestehen bleiben, besonders bei idiopathischer Lungenhämosiderose und Goodpasture-Syndrom.	Lungenblutungen bei idiopathischer Lungenhämosiderose, Goodpasture-Syndrom, Panarteriitis nodosa und Wegener-Granulomatose sind die Folge einer schweren Schädigung der Alveolar-Kapillar-Membranen, die auf einer Störung im Immunsystem beruht. Ein hämorrhagisches Lungenödem auf der Basis eines ähnlichen Mechanismus kann sich auch bei *akuter Glomerulonephritis* finden.

Fortsetzung auf Seite 140

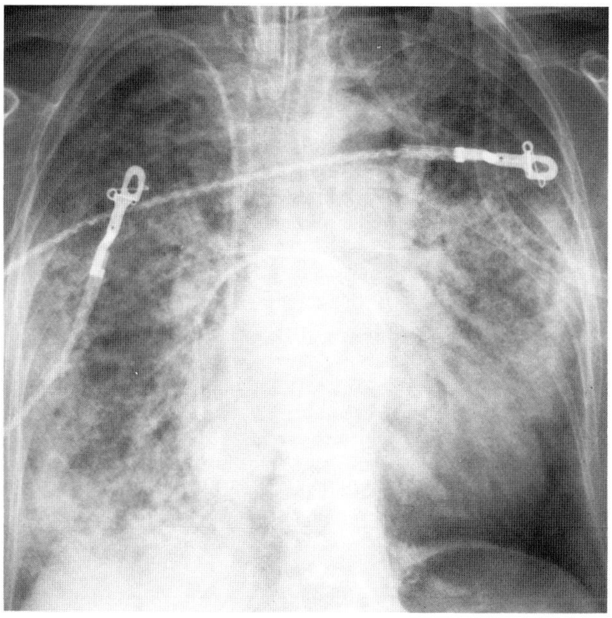

Abb. 7.**17** **Respiratory-distress-Syndrom des Erwachsenen.** Ausgedehnte bilaterale Verdichtungen mit Luftbronchogrammen und verstreuten zystischen Aufhellungen, eine Woche nach schwerem hämorrhagischem Schock.

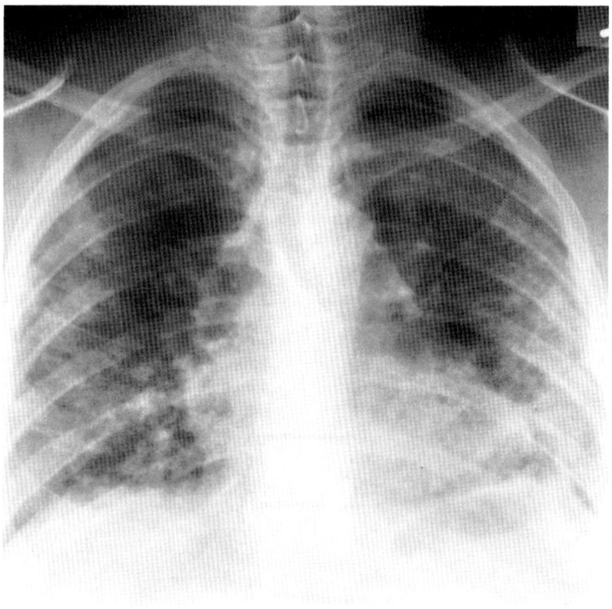

Abb. 7.**18** **Disseminierte intravaskuläre Blutgerinnung.** Symmetrische bilaterale fleckförmige Verschattungen bei einer Patientin mit septischem Abort.

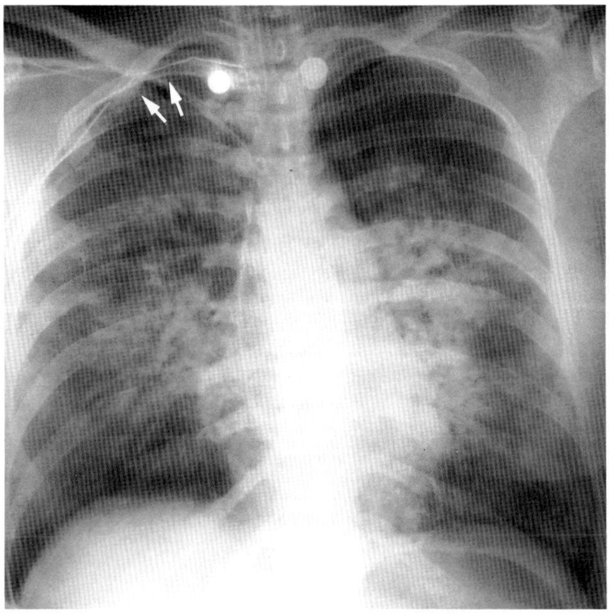

Abb. 7.**19** **Lungenkontusion.** Bilaterale fleckförmige Infiltrate, außerdem kleiner Pneumothorax rechts apikal (Pfeile).

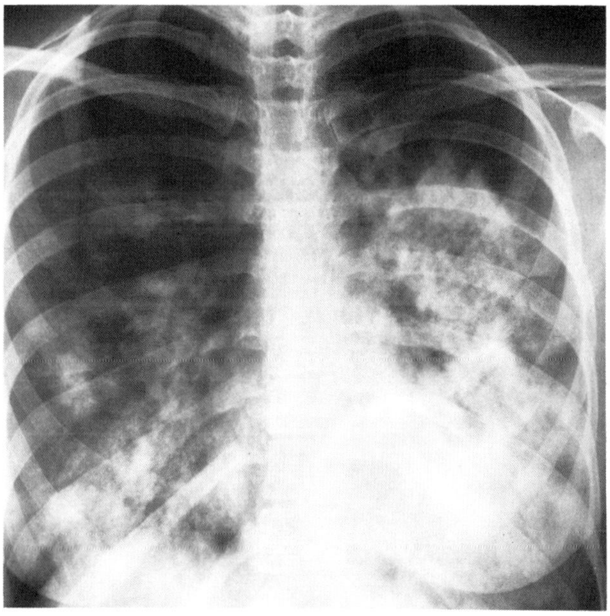

Abb. 7.**20** **Goodpasture-Syndrom.** Bilaterale fleckförmige und größtenteils zusammenfließende Lungeninfiltrate in den mittleren und unteren Lungenfeldern.

Tabelle 7.1 Lungenödem und symmetrische, doppelseitige alveoläre Infiltrate (Fortsetzung)

Krankheit	Radiographischer Befund	Kommentar
Thromboembolie (Abb. 7.21)	Bilaterale Verdichtungen, bevorzugt in den Unterlappen. Zu den Begleitbefunden gehören die Erweiterung der Hilusarterien und abrupte Verschmälerung der peripheren Arterien, die Oligämie der Lunge (Westermark-Zeichen), die Verkleinerung des Lungenvolumens (Zwerchfellhochstand), kleine Pleuraergüsse und das Vorspringen der V. azygos.	Die ist eine seltene Lungenmanifestation einer ausgedehnten Thromboembolie mit Infarkt. Die radiographischen Zeichen sind gewöhnlich in Anbetracht der Schwere der klinischen Symptome eher minimal.
Fettembolie (Abb. 7.22)	Bilaterale periphere alveoläre Infiltrate vorwiegend in den unteren Lungenfeldern. Sie treten gewöhnlich erst 1 bis 2 Tage nach dem Trauma auf. Die Rückbildung dauert 1 Woche oder länger. Das Fehlen von Herzvergrößerung, pulmonaler venöser Hypertonie und interstitiellem Ödem unterscheidet den Zustand vom kardiogenen Ödem.	In der Mehrzahl der Fälle bleibt eine Fettembolie nach Trauma wegen der leichten klinischen Symptome und minimalen radiographischen Veränderungen unerkannt. Das Auftreten von petechialen Hautblutungen und zerebralen Krankheitserscheinungen im Verein mit den beschriebenen radiographischen Lungenmanifestationen ist jedoch praktisch beweisend. Eine Embolie von öligem Kontrastmittel (z. B. nach Lymphographie) schreitet nur ausnahmsweise zu diesem Stadium fort.
Fruchtwasserembolie	Weit verbreitete Lungenverdichtungen, oft rasch zum Tode führend.	Zu den prädisponierenden Faktoren gehören: stürmischer Geburtsverlauf, intrauteriner Fruchttod, fortgeschrittenes Alter der Mutter, Mehrlingsschwangerschaft. Die Pathogenese beruht auf drei Faktoren, die mit dem Übertritt von Fruchtwasser in den mütterlichen Kreislauf zusammenhängen: 1. embolische Verlegung der Lungengefäße durch Partikel im Fruchtwasser, 2. anaphylaktische Reaktion auf Partikel im Fruchtwasser und 3. Gerinnungsstörung als Folge einer disseminierten intravaskulären Blutgerinnung.
Neurogene Störungen (z. B. Schädeltrauma, Anfälle, erhöhter Schädelinnendruck) (Abb. 7.23)	Das Ödem ist oft asymmetrisch. Rückbildung innerhalb von einigen Tagen nach (chirurgischer) Behebung der intrakranialen Drucksteigerung.	Hängt mit der intrakranialen Drucksteigerung zusammen, aber der Mechanismus nicht klar; die Ursache könnte ein erhöhter Kapillardruck in der Lunge sein.
Kardiovaskuläre Krankheit, die eine pulmonale venöse Hypertonie verursacht (Abb. 7.1 u. 7.2, S. 131)	Das übliche Bild sind bilaterale, symmetrische interstitielle und alveoläre Infiltrate. Vorangehend eventuell eine vorwiegend interstitielle Phase mit Kerley-A- und -B-Linien. Fast ausnahmslos besteht eine pulmonale venöse Hypertonie, kenntlich an der Umverteilung des Blutes von den unteren zu den oberen Lungenfeldern. Gewöhnlich ist eine Herzvergrößerung vorhanden, wenn das Ödem durch ein Linksherzversagen bedingt ist. Eine asymmetrische Ödemverteilung läßt sich bei einem Emphysem beobachten, bei dem das Ödem die am schwersten geschädigten Teile der Lunge ausspart. Eine mehr unilaterale Verteilung sieht man bei Patienten, die mit Vorliebe auf einer Seite liegen.	Häufigste Ursache des Lungenödembildes. Zu den kardiogenen Ursachen gehören Linksherzinsuffizienz, Mitralvitium, Myxom im linken Vorhof, Cor triatriatum und Syndrome des hypoplastischen linken Herzens. Zu den nichtkardiogenen Ursachen gehören der partielle Verschluß der Lungenvenen durch Thrombose, Fibrose oder Tumor und die Fehleinmündung der Lungenvenen. Auch eine Störung des Lymphabflusses aus dem Lungeninterstitium kann vielleicht zur Entwicklung eines Lungenödems beitragen.
Nierenversagen/Urämie (Abb. 7.24)	Bilaterale symmetrische Infiltrate wie beim kardiogenen Lungenödem, die aber „Schmetterlingsform" zeigen und ziemlich schattendicht wirken können.	Die mitunter beobachtete größere Schattendichte des Lungenödems beim Nierenversagen kann mit dem fibrogenen Charakter des Ödems mit Blutung, Zellinfiltration und Organisation erklärt werden („urämische Pneumonie").

Fortsetzung auf Seite 142

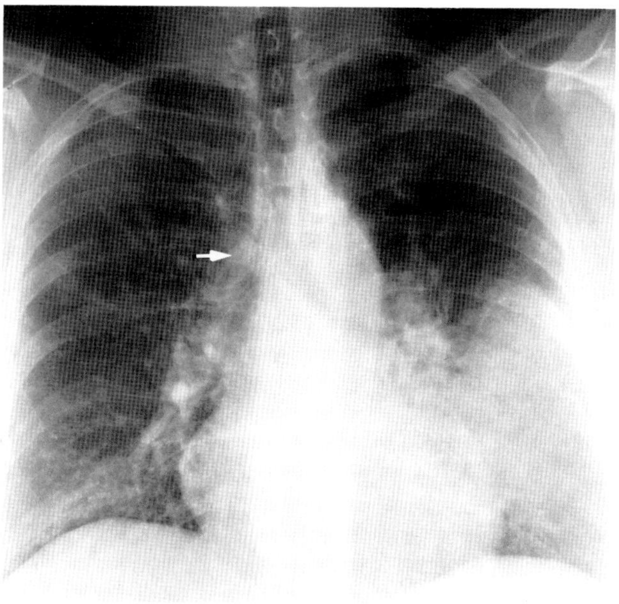

Abb. 7.**21** **Thromboembolie.** Beiderseits vorspringende Hili (Pulmonalarterien) sowie perihiläre Verschattungen. Der Verdichtungsbezirk entlang der linken Brustwand erwies sich als großer Infarkt. Man beachte auch die erweiterte V. azygos (Pfeil).

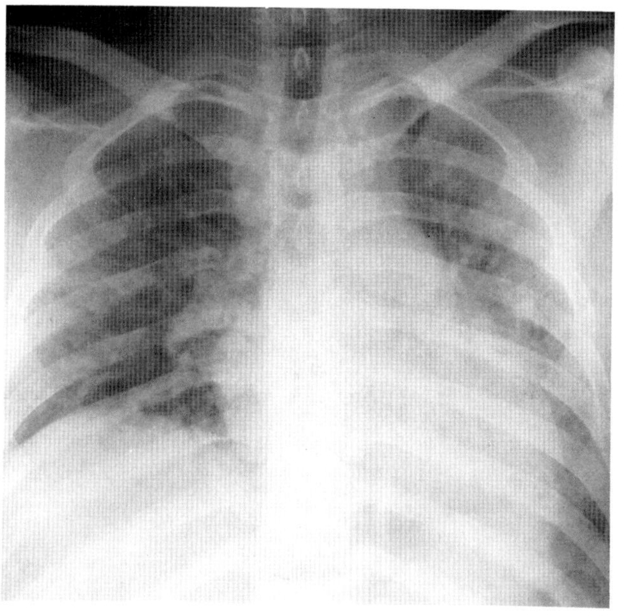

Abb. 7.**22** **Fettembolie.** Bilaterale fleckförmige alveoläre Infiltrate, die an vielen Stellen konfluieren.

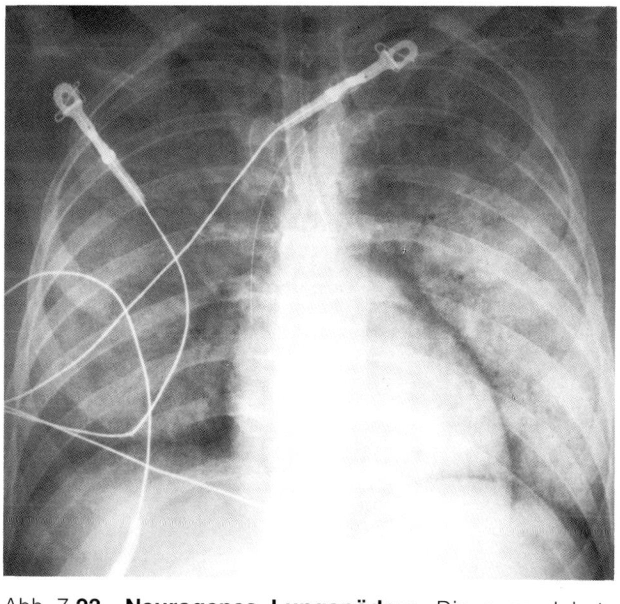

Abb. 7.**23** **Neurogenes Lungenödem.** Die ausgedehnte bilaterale Verschattung beider Lungenflügel, die links dichter als rechts ist, beruht auf einem alveolären Lungenödem. Man beachte auch, daß die Spitze des endotrachealen Tubus irrtümlich in den linken Hauptbronchus eingeführt wurde.

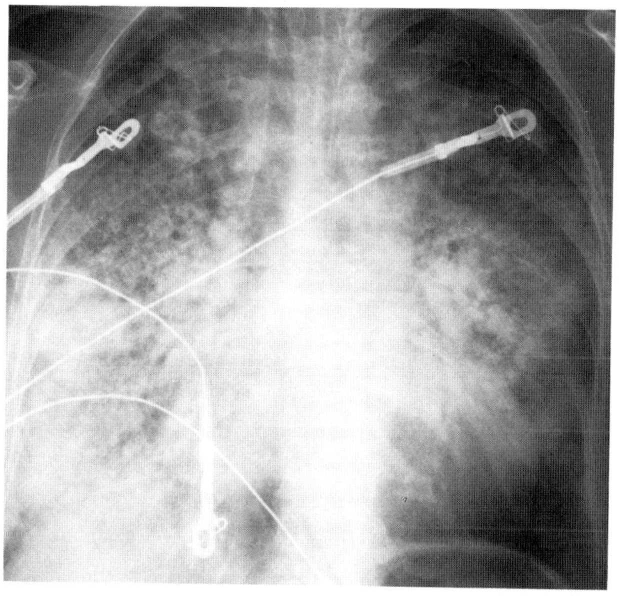

Abb. 7.**24** **Urämie.** Bild eines dichten bilateralen Lungenödems.

Tabelle 7.1 Lungenödem und symmetrische, doppelseitige alveoläre Infiltrate (Fortsetzung)

Krankheit	Radiographischer Befund	Kommentar
Strahlenpneumonitis	Auf das bestrahlte Gebiet beschränkte Infiltrate.	Lungenmanifestationen beginnen gewöhnlich 1 bis 6 Monate nach Beendigung der Behandlung zu erscheinen.
Höhenwirkung	Fleckförmiges, unregelmäßiges Lungenödem. Schwindet rasch nach Sauerstoffzufuhr oder Rückkehr in tiefere Höhenlage.	Die Symptome entwickeln sich 12 Stunden bis 3 Tage nach Ankunft in großer Höhe (3500 m Seehöhe und darüber).
Rasche Reexpansion der Lunge	Einseitig, falls nicht beide Lungenflügel reexpandieren.	Nach Thorakozentese eines großen (50% und darüber), seit mehreren Tagen bestehenden Pneumothorax oder Hydrothorax.
Alveolarproteinose (Abb. 7.25)	Bilaterale konfluierende alveoläre Infiltrate, oft in „Schmetterlingsform" verteilt. Kennzeichnend ist die sehr langsame und oft asymmetrische Weiterentwicklung oder Rückbildung der Infiltrate. Letal in etwa einem Drittel der Fälle.	Vorwiegend bei Männern zwischen 20 und 50 Jahren. Die Patienten sind oft empfänglich für opportunistische Pilzinfektionen, besonders *Nokardiose.*
Alveoläre Mikrolithiasis (Abb. 6.14, S. 116)	Durch Überlagerung und Summation der diskreten und extrem scharf begrenzten Mikrolithen, die einen Durchmesser von weniger als 1 mm haben, entsteht eine symmetrische bilaterale Verschattung, die meist in den unteren Lungenfeldern am ausgeprägtesten ist.	Seltene Krankheit, deren Ätiologie im dunkeln liegt; familiäres Vorkommen in über 50% der Fälle. Wird gewöhnlich bei Patienten unter 50 Jahren gefunden, kann aber schon bei Säuglingen beobachtet werden.
Sarkoidose	Ein vorwiegend „alveoläres" Bild ist außerordentlich selten, öfter findet sich ein gemischtes Bild mit einer retikulonodulären Komponente.	Oft besteht eine Vergrößerung der Hilus- und Mediastinumlymphknoten.

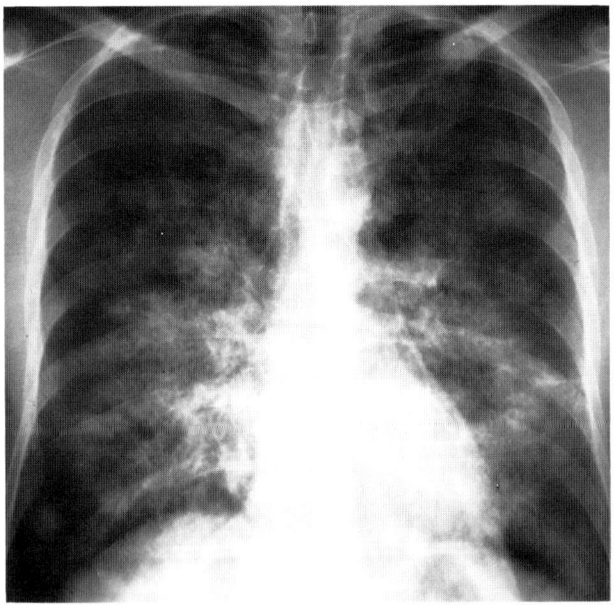

Abb. 7.**25** **Alveolarproteinose.** Bilaterale fleckförmige und konfluierende alveoläre Infiltrate, die die Lungenperipherie aussparen („Schmetterlingsform"). Charakteristisch ist eine langsame Progredienz oder Rückbildung der Infiltrate über Monate hinweg.

8 Knötchen und raumfordernde Läsionen in der Lunge

Eine Vielzahl von Läsionen, die außerhalb des Lungenparenchyms liegen, kann intrapulmonale Knötchen und raumfordernde Läsionen vortäuschen. Extrapulmonale Läsionen, die sich in die Lungenfelder projizieren und intrapulmonale Veränderungen vortäuschen, sind entweder von Luft umgeben (z. B. Hautläsionen) oder besitzen eine bedeutend größere Dichte als die umgebenden Weichteile. Letztgenanntes ist beispielsweise bei verkalkten und verknöcherten Läsionen der Fall.

Die *Schatten der Brustwarzen* täuschen auf dem frontalen Thoraxbild häufig münzenförmige pulmonale Läsionen vor, sind aber leicht davon zu unterscheiden, wenn man die Aufnahme mit über den Kopf erhobenen Armen wiederholt. Mit dieser Technik ist es möglich, einen Brustwarzenschatten, der zufällig ein echtes intrapulmonales Knötchen überlagert hat, von diesem zu trennen. Ebenso müssen Hauttumoren (z. B. *Neurofibrome*) von intrapulmonalen Knoten unterschieden werden (Abb. 8.**1**). Wenn diese Hauttumoren multipel sind, werden sich wahrscheinlich einige davon außerhalb der Lungenfelder projizieren, was die richtige Diagnose erleichtert. Fokale Rippenläsionen kann man diagnostizieren, wenn Schrägaufnahmen bestätigen, daß die Läsion in verschiedenen Projektionen nicht vom Knochen zu trennen ist. Auch Kleider und Filmartefakte müssen ausgeschlossen werden.

Die Abgrenzung pleuraler und extrapleuraler Tumorbildungen, die sich in die Lunge vorwölben, von pulmonalen, an die Pleura visceralis angrenzenden Läsionen kann Schwierigkeiten machen. Es wird angegeben, daß pleurale und extrapleurale Läsionen in tangentialer Ansicht einen stumpfen Winkel mit der Brustwand bilden.

Pulmonale, an die Pleurafläche grenzende tumorförmige Läsionen (z. B. der Hampton-Höcker“ beim Lungeninfarkt) können aber ebenfalls einen stumpfen Winkel bilden. Außerdem haben größere pleurale und extrapleurale Läsionen in Profilansicht oft eine ähnliche Form wie eine weibliche Brust. In diesen Fällen ist der Winkel mit der Brustwand nur am oberen Rand der Läsion stumpf, am unteren Ende dagegen spitz. Pleurale und extrapleurale Läsionen lassen sich daher verläßlicher von pulmonalen Läsionen unterscheiden, wenn ein dreieckiger Weichteilschatten an der Stelle ihres Übergangs in die Brustwand nachgewiesen werden kann (Abb. 8.**2**). Dieser dreieckige weichteildichte Schatten entsteht dadurch, daß die raumfordernde Läsion die Pleura von der Brustwand immer mehr abhebt. Zum Nachweis dieses Zeichens ist die Darstellung der Läsion im Profil erforderlich. Es ist nicht sichtbar, wenn ein von der Pleura visceralis ausgehender Tumor ausschließlich in das Lungenparenchym vorwächst. Am unteren Rand kann es durch die mammaförmige pleurale oder extrapleurale Läsion verdeckt werden.

Pleurale und extrapleurale Läsionen haben gewöhnlich eine scharf abgegrenzte Oberfläche, wenn sie sich im

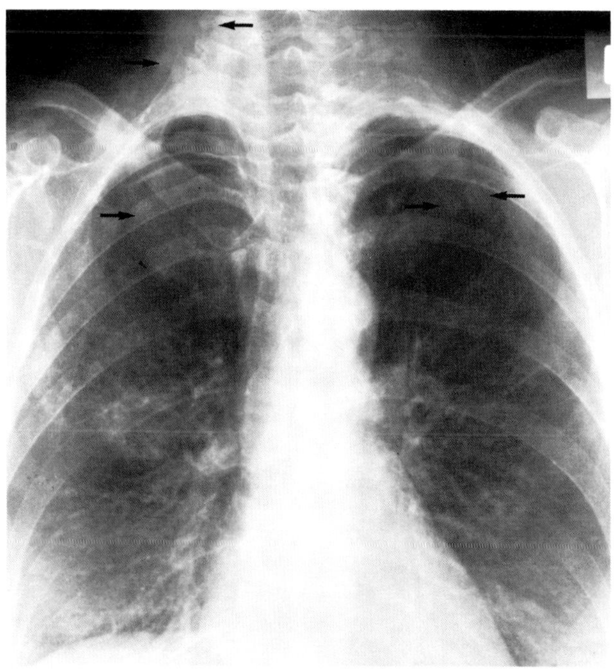

Abb. 8.**1** **Multiple Hautknötchen bei Neurofibromatose, die intrapulmonale Knötchen vortäuschen.** Es sind multiple noduläre Läsionen zu sehen. Einige davon projizieren sich in die Lungenfelder, andere befinden sich dagegen eindeutig außerhalb der Lunge (Pfeile).

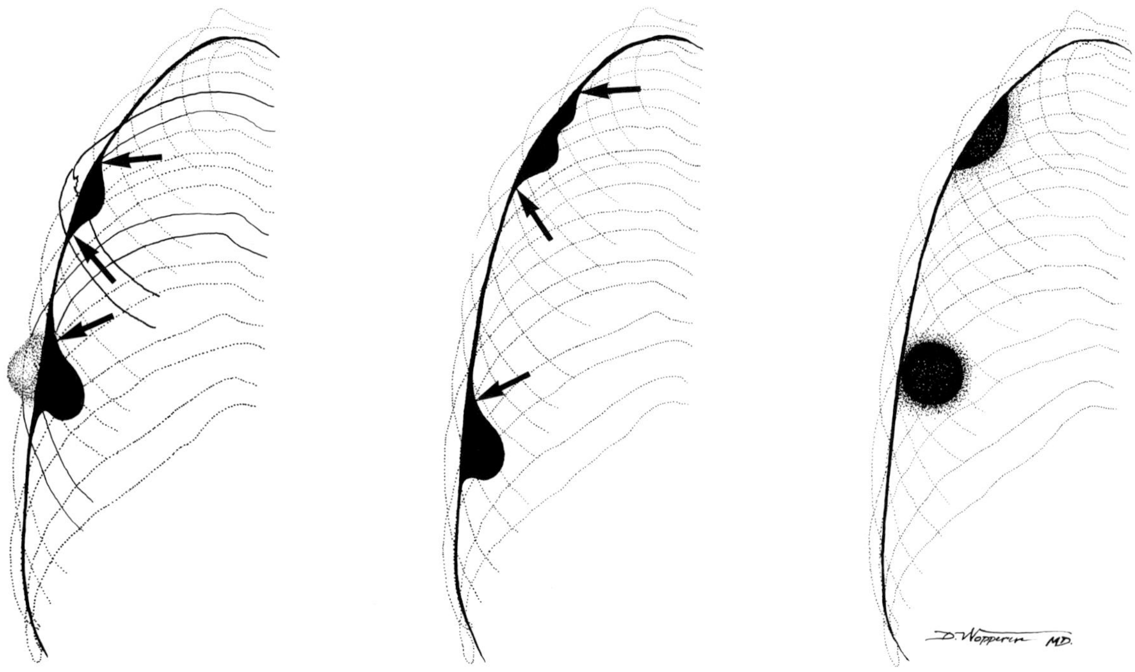

Abb. 8.2 **Differentialdiagnose a extrapleuraler, b pleuraler und c pulmonaler Läsionen** in Profilansicht. **a** Extrapleurale Läsionen sind oft mit Rippenläsionen (Fraktur oder Destruktion) vergesellschaftet und heben die Pleura visceralis und parietalis von der Brustwand ab, was als dreieckige Verschattung am oberen und unteren Rand der Läsion kenntlich wird (Pfeile). **b** Pleurale Läsionen sind oft mehrbogig begrenzt und weisen ebenfalls das „Pleuraabhebungszeichen" an ihren Rändern auf (Pfeile), wenn sie nicht von der Pleura visceralis ausgehen und in erster Linie in das Lungenparenchym einwachsen. **c** Pulmonale Läsionen, die an die Pleurafläche angrenzen, heben die Pleura nicht von der Brustwand ab und können gut oder schlecht demarkiert sein. Ein spitzer Winkel zwischen Läsion und Brustwand am oberen und unteren Rand ist ebenfalls für einen pulmonalen Knoten kennzeichnend. Ausführliche Besprechung im Text.

Profil projizieren, weil sie mit Pleura überzogen sind, während pulmonale Läsionen glatte oder unscharfe Ränder haben können. Da pleurale und extrapleurale Läsionen oft lang und flach sind, bewirken sie eventuell nur eine vage und undeutliche Verschattung im Lungenfeld, wenn sie sich en face abbilden. Pleurale Läsionen sind oft mehrbogig begrenzt oder multipel, während extrapleurale Läsionen häufig eine Rippenfraktur oder -destruktion begleiten.

Raumfordernde Läsionen, die in den Lappenspalten liegen, müssen ebenfalls von Lungenparenchymläsionen unterschieden werden. Das gelingt meist aufgrund der charakteristischen anatomischen Lokalisation, der länglichen Form und der scharf begrenzten Ränder solcher Pleuraläsionen.

Die Differentialdiagnose solitärer oder multipler pulmonaler Knötchen und raumfordernder Läsionen wird in Tab. 8.**1** zusammengefaßt. Die Differentialdiagnose disseminierter Lungenknötchen von weniger als 1 cm Durchmesser wurde bereits in Tab. 6.**1** behandelt (S. 111–116).

Tabelle 8.1 Knötchen und raumfordernde Läsionen in der Lunge

Krankheit	Radiographischer Befund	Kommentar
Bronchogene Zyste (Abb. 8.3)	Solitäre, scharf umschriebene runde Verschattung mit einem Durchmesser bis zu mehreren Zentimetern, meist im medialen Drittel der Lunge mit Bevorzugung der Unterlappen. Eine bei Entzündung eintretende Einschmelzung führt zur Kommunikation mit dem Bronchialsystem. Eine Verkalkung der Zystenwand und des Zysteninhalts ist sehr selten.	Etwa zwei Drittel der bronchogenen Zysten gehen von der Lunge aus, der Rest vom Mediastinum. Angeborene und erworbene (z. B. nach Lungenabszeß) Zysten sind radiographisch nicht voneinander unterscheidbar.
Intralobäre Lungensequestration (Abb. 8.4)	Gut abgegrenzte homogene Verschattung, die gewöhnlich dem Zwerchfell anliegt und typischerweise im posterobasalen Segment eines Unterlappens lokalisiert ist (Verhältnis von links zu rechts = 3 : 1). Die Oberlappen sind dagegen selten betroffen. Luft-Flüssigkeitsspiegel innerhalb der Läsion sind zu beobachten, wenn es zur Kommunikation mit dem Bronchialsystem kommt, gewöhnlich aufgrund einer Infektion. Angiographisch sind dicke zuführende Arterien aus der Aorta thoracica und/oder abdominalis kennzeichnend. Abfluß zu den Pulmonalvenen.	Asymptomatisch, bis das sequestrierte Gewebe infiziert wird. Das ereignet sich oft erst im Erwachsenenalter, worauf die Anomalie erstmals erkannt wird.

Fortsetzung auf Seite 146

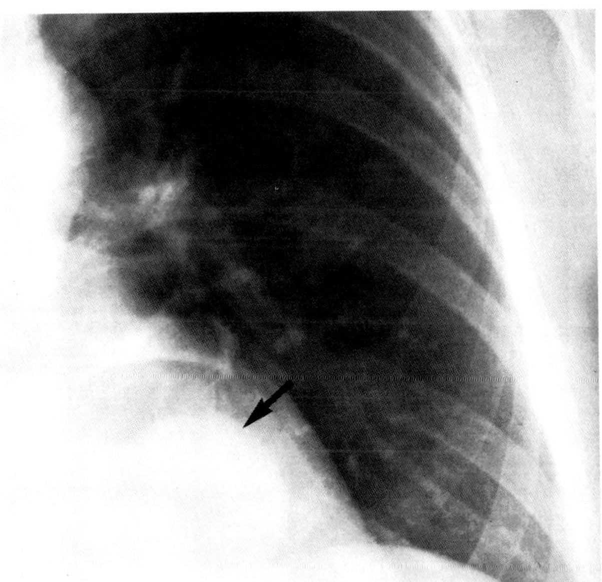

Abb. 8.**3** **Bronchogene Zyste.** Solitäre, scharf umschriebene runde Läsion im linken Unterlappen, die sich in den Herzschatten projiziert (Pfeil).

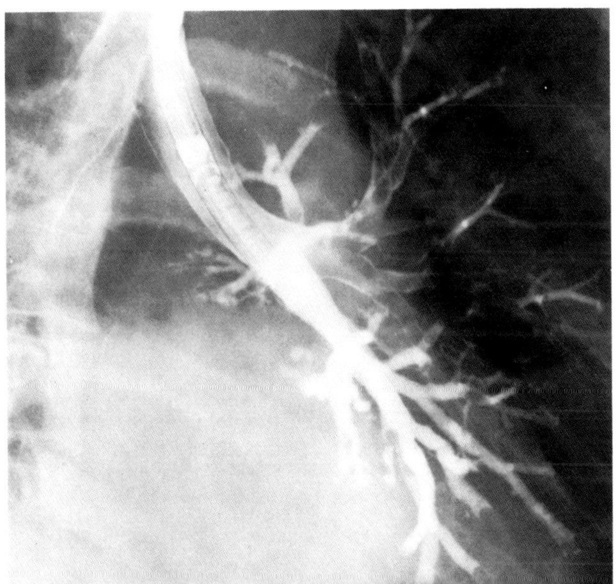

Abb. 8.**4** **Intralobäre Lungensequestration.** Homogene, vom Zwerchfell nicht abgrenzbare Verschattung im linken Unterlappen, die die kontrastmittelgefüllten Bronchien lateral verlagert (Bronchographie).

Tabelle 8.1 Knötchen und raumfordernde Läsionen in der Lunge (Fortsetzung)

Krankheit	Radiographischer Befund	Kommentar
Extralobäre Lungensequestration (Abb. 8.5)	Gut abgegrenzte homogene Verschattung, die in 90% der Fälle Beziehung zur linken Zwerchfellhälfte (oberhalb oder unterhalb) hat und in den restlichen Fällen zur rechten Zwerchfellhälfte oder zum Mediastinum. Eine Höhlenbildung ist selten, weil das Gebilde von seiner eigenen Pleura visceralis überzogen ist. Die Blutversorgung stammt von einer Arterie des Körperkreislaufs (meist von der Aorta abdominalis oder einem ihrer Äste), und der Abfluß erfolgt über die V. cava inferior, das Azygos- oder Hemiazygossystem oder die V. portae.	Häufig begleitet von anderen, ernsteren angeborenen Anomalien (z. B. Zwerchfellhernien, Verlagerung von Abdominalorganen in den Thorax und Vorderdarmkommunikationen), die im Säuglingsalter zum Tod führen können.
Arteriovenöse Fisteln (Abb. 8.6)	Solitäre, seltener multiple, gut abgegrenzte runde oder leicht mehrbogige, bis zu mehrere Zentimeter große Läsion(en). Wechsel von Größe und Form beim Valsalva- und Müller-Versuch. Bevorzugung des medialen Lungendrittels und der Unterlappen. Die zuführende Arterie und/oder abführende Vene läßt sich oft als bandartiger, vom Hilus zur Läsion ziehender Schatten identifizieren. Verkalkungen (Phlebolithen) beobachtet man selten.	Bei etwa der Häfte der Fälle bestehen *hereditäre hämorrhagische Teleangiektasien (Rendu-Osler-Weber-Syndrom)* mit arteriovenösen Fisteln in Haut, Schleimhäuten und anderen Organen.
Variköse Lungenvene	Ein bis mehrere runde, gut begrenzte Verschattungen mit einem Durchmesser bis zu einigen Zentimetern. Charakteristische zentrale Lage; sind am besten auf dem Seitenbild zu sehen, wo sie sich posterior und inferior der Hilusgebilde projizieren. Sie ändern Größe und Form beim Valsalva- und Müller-Versuch (wie arteriovenöse Fisteln).	Angeborene oder erworbene Schlängelung und Dilatation einer Lungenvene unmittelbar vor ihrem Eintritt in den linken Vorhof.
Bronchusadenom (Abb. 8.7)	Solitäre, gut umschriebene und oft etwas mehrbogige Läsion von 1 bis 10 cm Größe. Bevorzugung von Ober- und Mittellappen sowie Lingula. Verkalkung und Höhlenbildung sind extrem selten.	Etwa 20% treten als solitärer peripherer Knoten auf. Die restlichen 80% liegen zentral im Bronchuslumen und verursachen eine segmentäre Atelektase und Verschlußpneumonie. Vorzugsweise im Alter zwischen 30 und 50 Jahren, etwas häufiger bei Frauen. Bei mindestens 50% der Patienten kommt es zur Hämoptoe. Bei dem häufigsten karzinoiden Typ treten mitunter Lungen-, Hilus-, Mediastinum- und (lytische und/oder plastische) Knochenmetastasen auf.
Hamartom (Abb. 8.8)	Solitäre, gut umschriebene und oft mehrbogige Läsion in der Lungenperipherie mit einem Durchmesser bis zu 4 cm. Verkalkungen kommen in weniger als 10% der Fälle vor und sind praktisch beweisend, wenn sie „popcornähnlich" aussehen (multiple punktförmige Verkalkungen in der ganzen Läsion). Selten sind Aufhellungen (Fett) innerhalb der Läsion sichtbar.	Häufigkeitsgipfel im sechsten Lebensjahrzehnt (wie Bronchuskarzinom), nur 6% treten bei Patienten unter 30 auf. *„Multiple fibroleiomyomatöse Lungenhamartome"* können als verwandte Veränderung angesehen werden; sie sind extrem selten.
Papillom	Solitäre, häufiger multiple, gut abgegrenzte Knötchen, häufig mit Bildung von Zerfallshöhlen. Wenn sie zentral im Bronchuslumen sitzen, können sie mit segmentärer Atelektase und Verschlußpneumonie in Erscheinung treten.	Häufigster Kehlkopftumor bei Kindern, aber selten bei Erwachsenen. Bronchopulmonale Papillome entwickeln sich nur sehr selten, wenn keine Kehlkopf- oder Luftröhrenpapillome vorhanden sind.
Mesenchymale Tumoren (z. B. Leiomyom, Lipom, Hämangiom, Teratom, Chemodektom und neurogene Tumoren)	Seltene, gewöhnlich solitäre, gut begrenzte Läsionen.	Mit Ausnahme der Hämoptoe bei Hämangiomen sind diese Läsionen in der Mehrzahl der Fälle symptomlos. Die malignen Gegenstücke dieser mesenchymalen Tumoren können in sehr seltenen Fällen ebenfalls von der Lunge ausgehen, stellen aber gewöhnlich hämatogene Metastasen eines in einem anderen Organ gelegenen Sarkoms dar.

Fortsetzung auf Seite 148

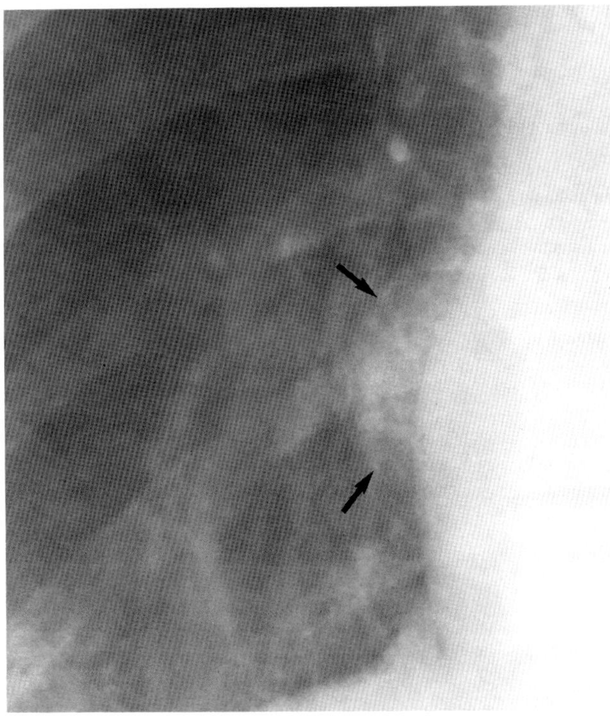

Abb. 8.5 **Extralobäre Lungensequestration.** Gut abgegrenzte Verschattung (Pfeile) angrenzend an den rechten Mediastinumrand hinter dem Herzen.

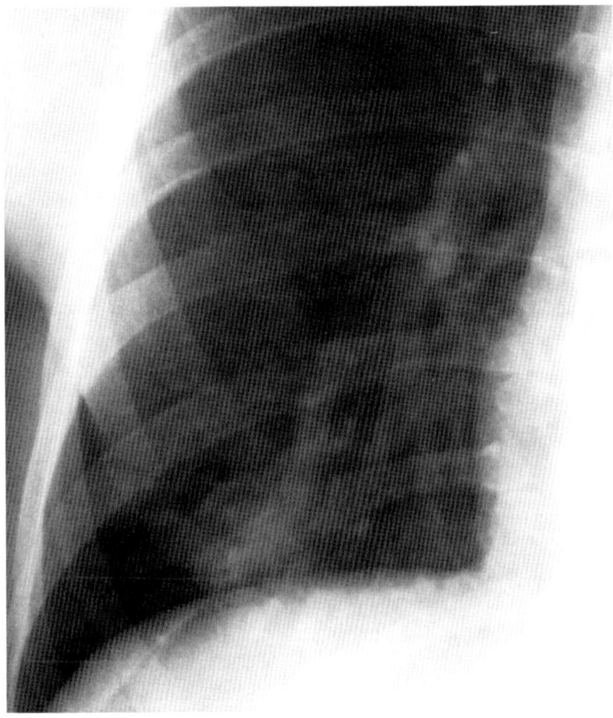

Abb. 8.6 **Arteriovenöse Fistel.** Angedeutet mehrbogig begrenzte Verschattung im rechten Unterlappen, die durch eine bandförmige Verschattung (zuführende Arterie) mit dem Hilus verbunden ist.

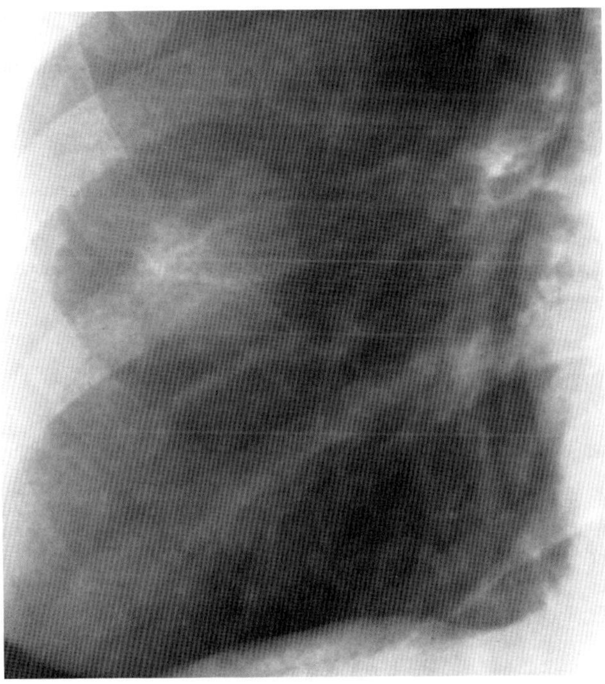

Abb. 8.7 **Bronchusadenom.** Solitäre, angedeutet mehrbogig begrenzte Läsion im rechten Mittellappen.

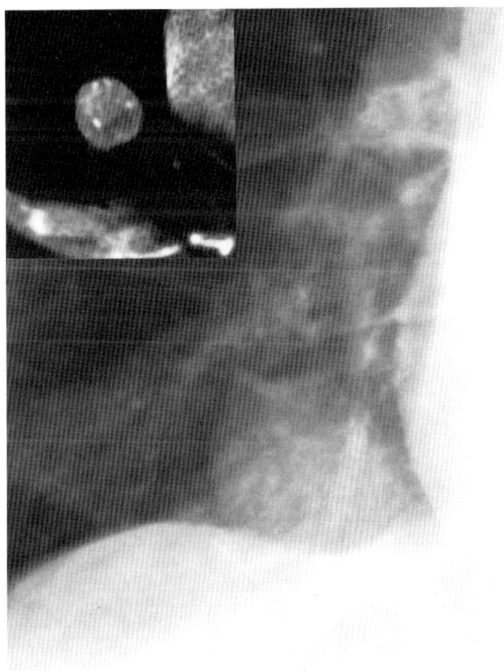

Abb. 8.8 **Hamartom.** Solitärer Knoten im rechten Unterlappen, der sich in den rechten Herz-Zwerchfell-Winkel projiziert. *Bildausschnitt:* „Popcornartige" Verkalkungen innerhalb der Läsion im Computertomogramm.

Tabelle 8.1 Knötchen und raumfordernde Läsionen in der Lunge (Fortsetzung)

Krankheit	Radiographischer Befund	Kommentar
Alveolarzellkarzinom (Abb. 8.9)	Periphere, gut umschriebene, solitäre Läsion, wenn sie klein ist (1 bis 4 cm). Läsionen über 4 cm bekommen eventuell unscharfe Grenzen und können ein Luftbronchogramm oder -brochiologramm aufweisen. Es können sich lineare Stränge finden, die von der Läsion zur Pleura ziehen. Höhlenbildung selten.	Häufigste Form des Erscheinungsbildes. Kann mit diffuser interstitieller Entzündung und Fibrose oder lokaler Narbenbildung einhergehen. Tumorwachstum oft sehr langsam im Verlauf von Jahren.
Bronchuskarzinom (Abb. 8.10, 8.11)	Relativ unscharf begrenzter Knoten, der zum Zeitpunkt der Diagnose meist 2 cm oder mehr mißt. Oberlappen leicht bevorzugt. Hilus- und Mediastinumvergrößerung häufig, besonders bei kleinzelligen (oat cell) Karzinomen. Höhlenbildung (besonders beim Plattenepithelkarzinom) und Pleuraerguß kommen jeweils in etwa 10% der Fälle vor. Verkalkungen sind selten.	Ein maligner Prozeß ist praktisch auszuschließen, wenn sich eine zentrale Verkalkung (Schießscheibenläsion) nachweisen läßt oder wenn lamelläre oder multiple punktförmige („Popcorn") Verkalkungen bestehen. Eine oder ein paar kleine periphere Verkalkungen können sich jedoch finden, wenn sich ein Karzinom in einer verkalkten Narbe entwickelt.
Metastasen (Abb. 8.12)	Solitäre oder multiple, meist gut umschriebene Läsionen von einigen Millimetern bis zu mehreren Zentimetern Durchmesser, die die Unterlappen etwas bevorzugen. Eine Höhlenbildung kommt in 4% der Fälle vor, eine Verkalkung dagegen ist praktisch auf Metastasen von Osteosarkomen, anderen knochenbildenden Sarkomen und schleimbildenden Adenokarzinomen beschränkt.	Hämatogene Metastasen sind in 75% der Fälle multipel. Im Gegensatz zur Tumorausbreitung auf dem Lymphweg verursachen hämatogene Metastasen selten klinische Symptome. Metastasen eines unbekannten Primärtumors stammen gewöhnlich von Mamma-, Nieren- oder Schilddrüsenkarzinomen. Metastasen eines *Kaposi-Sarkoms* bei AIDS-Patienten sind meist schlecht abgegrenzt (Abb. 7.**8**, S. 135).
Lymphom (Abb. 8.13)	Einzelne oder häufiger multiple noduläre Läsionen mit gut umschriebenen oder unscharfen Rändern. Luftbronchogramme sind oft zu beobachten, da eine Bronchusobstruktion sehr selten ist. In der Mehrzahl der Fälle finden sich begleitende Lymphommanifestationen am Hilus und/oder Mediastinum. Eine Höhlenbildung ist selten.	Manifestation des primären und sekundären Non-Hodgkin-Lymphoms. Ein sekundärer Morbus Hodgkin tritt häufiger mit einem großen Tumor als mit multiplen Knoten in der Lunge in Erscheinung.
Fortsetzung auf Seite 150		

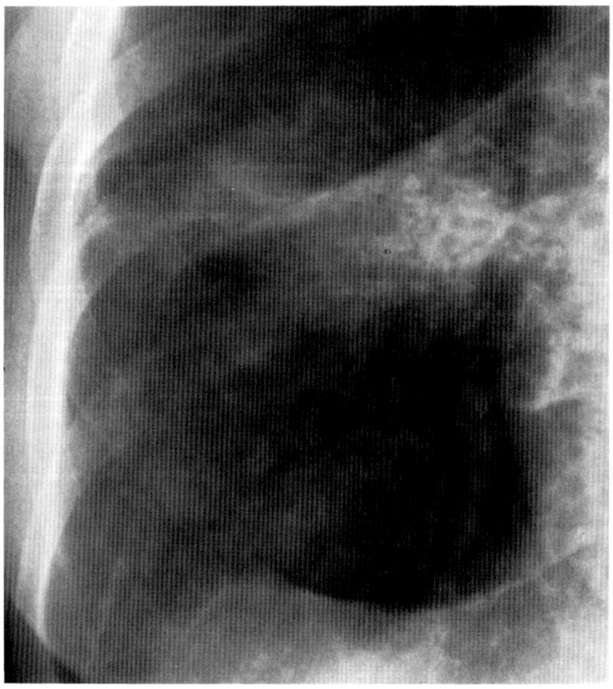

Abb. 8.**9** **Alveolarzellkarzinom.** Unscharf begrenzte Läsion im rechten Mittellappen, von der ein paar lineare Stränge zur Pleura ziehen. Retikulonoduläre Verschattungen im unteren Lungenfeld sprechen für eine Ausbreitung der Krankheit über die Primärläsion hinaus.

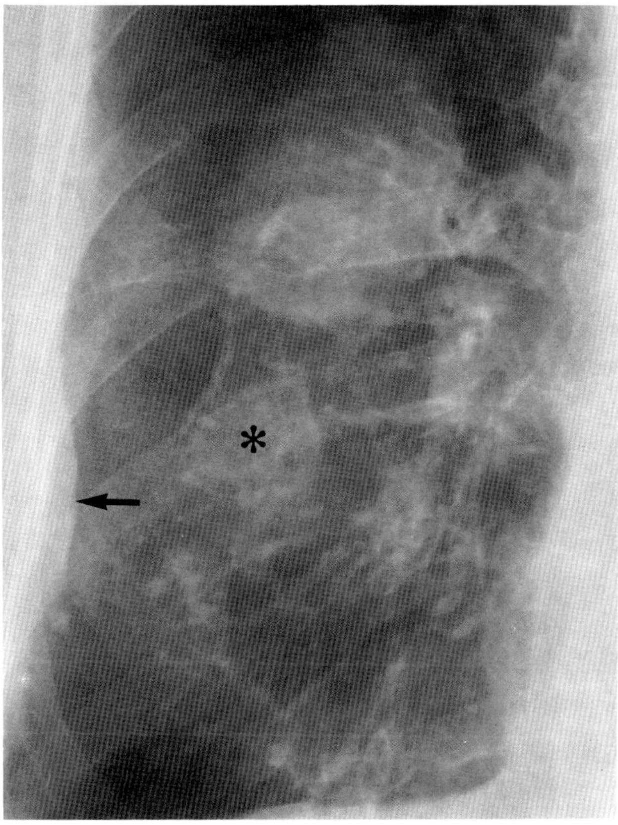

Abb. 8.**10** **Bronchuskarzinom.** Bei bestehender Asbestose hat sich ein großes Bronchuskarzinom angrenzend an den rechten Hilus entwickelt. Die Asbestose ist kenntlich an der Interstitiumverdickung in der parakardialen Region, den emphysematösen Veränderungen, Pleuraplaques (Pfeil) und dorsal gelegenen Pleuraverkalkungen, die sich en face abbilden (Sternchen).

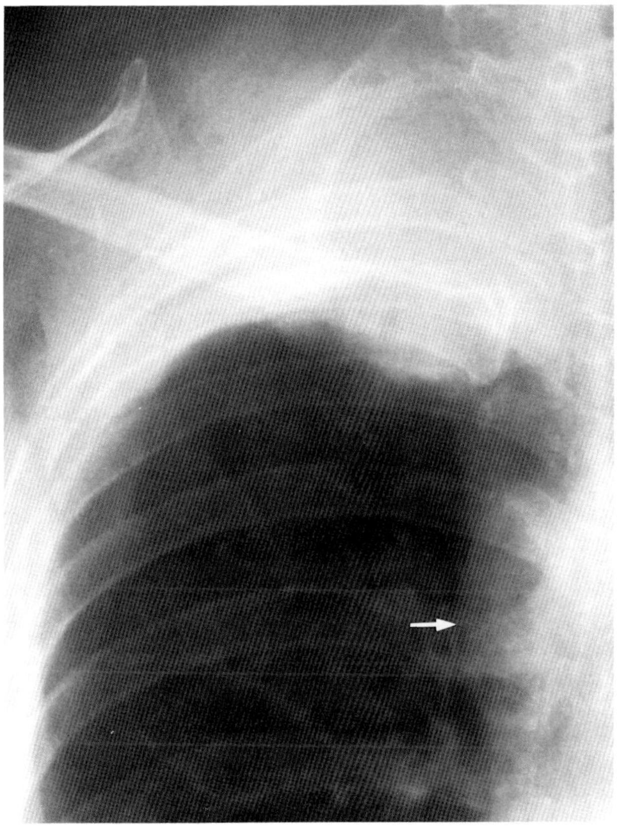

Abb. 8.**11** **Bronchuskarzinom (Pancoast-Tumor).** Rechtsseitiger apikaler Tumor mit Destruktion der rechten zweiten Rippe dorsal und rechtsseitigen paratrachealen Lymphknotenmetastasen (Pfeil).

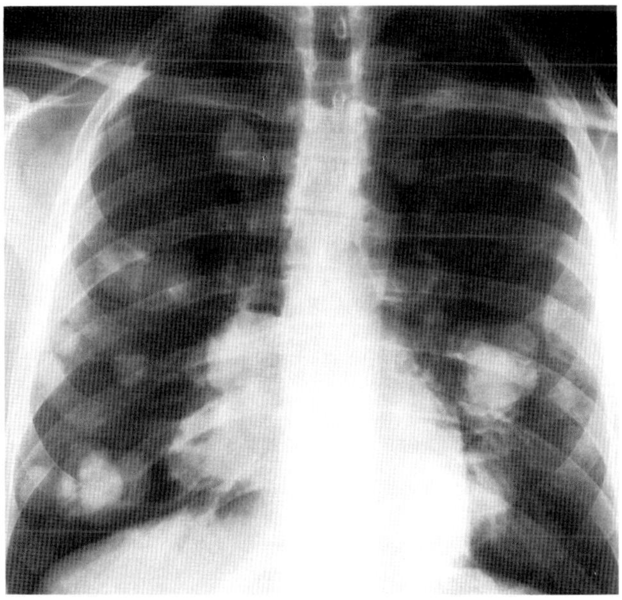

Abb. 8.**12** **Hämotogene Metastasen** von einem Nierenzellkarzinom. Multiple, gut umschriebene Knoten verschiedener Größe; bilateral mit leichter Bevorzugung der Unterlappen.

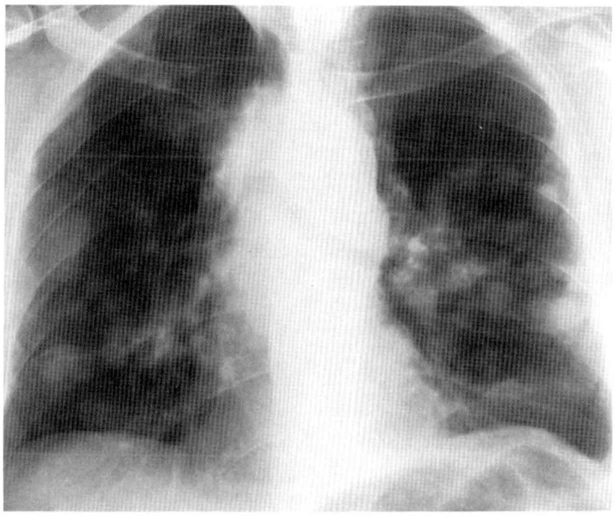

Abb. 8.**13** **Non-Hodgkin-Lymphom.** Multiple, relativ schlecht begrenzte Knoten bilateral. Man beachte auch die hiläre und besonders die mediastinale Lymphadenopathie.

Tabelle 8.1 Knötchen und raumfordernde Läsionen in der Lunge (Fortsetzung)

Krankheit	Radiographischer Befund	Kommentar
Multiples Myelom (Plasmozytom)	Solitäre oder multiple Lungentumoren von wechselnder Größe.	Eine häufigere Manifestation ist ein extrapleuraler, von einer destruktiven Rippenläsion ausgehender Tumor, der in das Lungenparenchym vordringt.
Amyloidose (noduläre Form)	Einzelner Knoten oder – öfter – multiple Knoten mit einem Durchmesser bis zu mehreren Zentimetern. Höhlenbildung und Verkalkung kommen vor.	Diese noduläre parenchymatöse Form verursacht selten klinische Symptome und hat eine bessere Prognose als die tracheobronchiale (obstruktive) und die diffuse interstitielle Form.
Abszeß und septische Emboli (Abb. 8.14, 8.15)	Solitäre oder multiple runde Läsionen mit einem Durchmesser von 1 cm bis zu mehreren Zentimetern. Prädilektion für die Unterlappen und dorsalen Segmente der Oberlappen. Höhlenbildung sehr häufig. Ein aerogener Abszeß präsentiert sich oft ursprünglich als schlecht abgegrenzte Läsion, die mit der Zeit immer besser demarkiert wird, während septische Emboli anfangs als gut umschriebene Läsionen erscheinen, die mit der Abheilung unschärfer werden.	Staphylokokken sind die häufigsten Erreger. Ein einzelner Abszeß findet sich gewöhnlich bei Inhalation oder Aspiration der Erreger, multiple Abszesse sprechen dagegen für Pyämie mit septischen Emboli. Übliche Quellen der letztgenannten sind Endokarditis und septische Thrombophlebitis (z. B. bei Drogensüchtigen, Patienten mit Verweilkathetern oder arteriovenösen Shunts für die Hämodialyse und bei Rachen- oder Unterleibsinfektionen).
Tuberkulom	Gewöhnlich solitäre, gut umschriebene Läsion mit einem Durchmesser von 0,5 bis 4 cm. Verkalkungen und „Satellitenläsionen" (kleine Verschattungen in unmittelbarer Nähe) finden sich häufig. Eine Höhlenbildung ist extrem selten. Verkalkung der Hiluslymphknoten und Narbenbildung sind oft vorhanden.	Tuberkulome sind Spätmanifestationen der primären oder der postprimären Tuberkulose. Prädilektion für die Oberlappen und dorsalen Segmente.
Histoplasmom (Abb. 8.16)	Eine oder mehrere gut umschriebene runde Läsion(en) mit einem Durchmesser bis zu 3 cm. Bevorzugung der Unterlappen. Verkalkung häufig und oft zentral („Schießscheibenform"). Eventuell „Satellitenläsionen". Höhlenbildung selten.	Gewöhnlich begleitende Verkalkungen der Hiluslymphknoten.
Kokzidioidomykose (Abb. 8.17)	Solitäre oder multiple, gut umschriebene Knoten mit bis zu 3 cm Durchmesser. Bevorzugung der Oberlappen. Höhlenbildung relativ häufig. Verkalkungen ziemlich selten.	Sogar Patienten mit Zerfallshöhlen sind oft symptomfrei.

Fortsetzung auf Seite 152

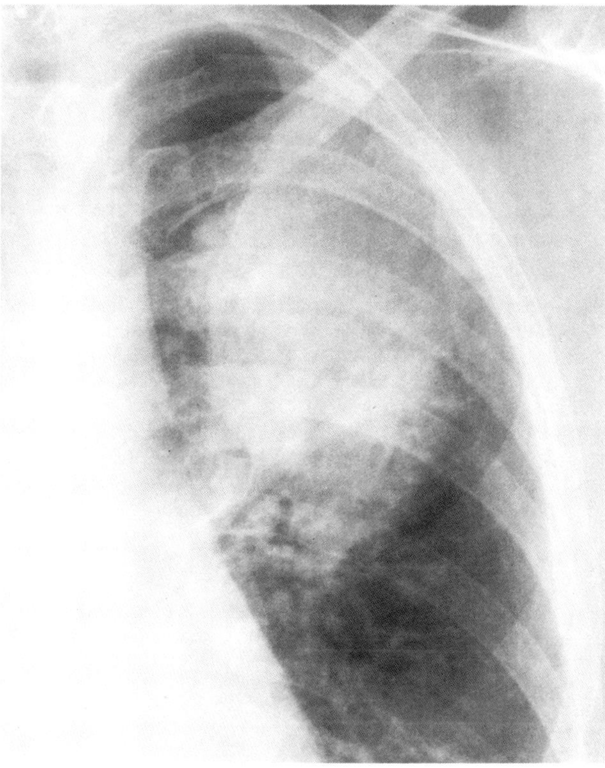

Abb. 8.**14** **Lungenabszeß.** Schlecht begrenzte raumfordernde Läsion im linken Oberlappen.

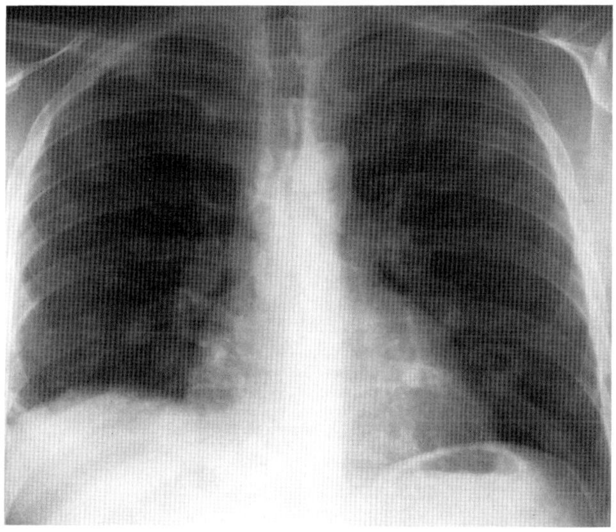

Abb. 8.**15** **Septische Emboli.** Beiderseits multiple noduläre Läsionen, von denen einige Zerfallshöhlen mit Luft-Flüssigkeitsspiegeln enthalten.

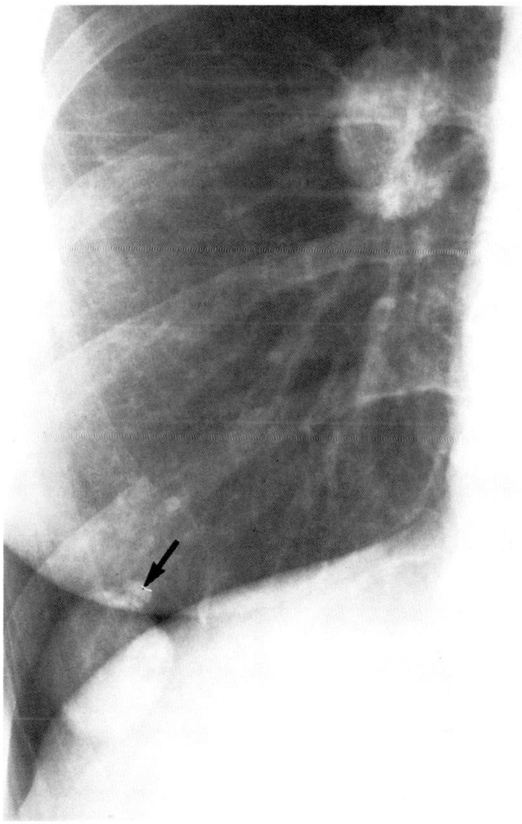

Abb. 8.**16** **Histoplasmome.** Zwei gut umschriebene Läsionen – die eine projiziert sich über den rechten Hilus, die andere in den rechten kostodiaphragmatischen Winkel. Man beachte auch die kleine Satellitenläsion (Pfeil) an der Peripherie der Läsion im rechten Unterlappen.

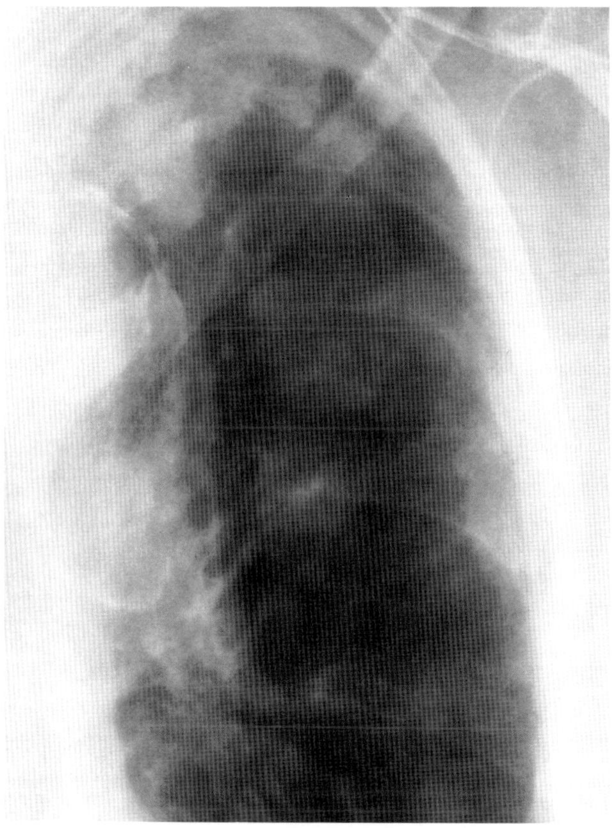

Abb. 8.**17** **Kokzidioidomykose.** Mehrere noduläre Läsionen im linken Oberlappen bei unabhängig davon vorbestehenden chronischen pulmonalen und pleuralen Veränderungen.

Tabelle 8.1 Knötchen und raumfordernde Läsionen in der Lunge (Fortsetzung)

Krankheit	Radiographischer Befund	Kommentar
Aktinomykose Nokardiose Blastomykose Kryptokokkose (Abb. 8.18)	Gewöhnlich einzelner großer Tumor mit einem Durchmesser bis zu 10 cm. Außer bei der Blastomykose ist eine Höhlenbildung relativ häufig, und die Unterlappen werden bevorzugt befallen. Die Veränderungen können über die Pleura auf die Brustwand übergreifen und die Rippen befallen.	Bei der Kryptokokkose liegt die Läsion typischerweise mit der Basis an der Pleura, aber ein Erguß ist ungewöhnlich. Ein Empyem ist nur bei Aktinomykose und Nokardiose eine häufige Komplikation.
Echinokokkose (Abb. 8.19)	Gewöhnlich solitäre, scharf umschriebene, sphärische oder ovale Läsion mit einem Durchmesser bis zu 10 cm, vorzugsweise in einem Unterlappen (rechts etwas häufiger). Große Zysten können bizarre, polyzystische, mehrbogige Konturen haben. Verkalkungen kommen in Lungenzysten praktisch nie vor.	Die Zystenwand besteht aus 3 Schichten: der perizystischen (durch fibröse Reaktion des Wirts gebildet), der exozystischen (äußere Chitinmembran der Zyste) und der endozystischen (dünne innere Auskleidung mit synzytialen Zellen). Durch eingedrungene Luft zwischen perizystischer und exozystischer Schicht entsteht eine sichelförmige periphere Aufhellung: das Zeichen des „Doppelbogens", das sich in 5% der Fälle findet. Nach Ruptur in einen Bronchus ist ein Luft-Flüssigkeitsspiegel zu beobachten; die auf der Oberfläche schwimmende Endozyste bildet das „Wasserlilien-" oder „Seerosenzeichen".
Hypersensitivitäts-aspergillose mit Schleimimpaktation (Abb. 8.20)	Solitäre oder seltener multiple runde, ovale oder elliptische Verschattung(en), die durch Schleimpfropfe in den dilatierten Bronchien (meist zweiter Ordnung) hervorgerufen werden. Bevorzugung der Oberlappen. Die Verschattungen können auch eine „Y"- oder „V"-Konfiguration aufweisen, wenn eine Bronchusgabelung verstopft ist.	Die Hypersensitivitätsaspergillose steht gewöhnlich mit einem Asthma oder einer präexistenten chronischen Bronchialkrankheit in Verbindung. Zu anderen Formen der sekundären Aspergillose gehören Aspergillome in Höhlen und solitären oder multiplen, gelegentlich Zerfallshöhlen enthaltenden pneumonischen Verdichtungen bei Patienten mit chronischen schwächenden Krankheiten. Die primäre Aspergillose ist außergewöhnlich selten und tritt als homogene Verdichtung, die zur Abszeßbildung fortschreiten kann, in Erscheinung. Die *bronchozentrische Granulomatose (Liebow)* kann als Variante der Hypersensitivitätsaspergillose angesehen werden und bietet klinisch und radiographisch ein ähnliches Bild (Abb. 8.**21**).
Angeborene Bronchusatresie	Gut umschriebene, annähernd elliptische Verschattung, hervorgerufen durch Schleim, der sich in einem Bronchus peripher vom Punkt der Stenose oder Atresie angesammelt hat. Lokalisation gewöhnlich in einem Oberlappen, am häufigsten auf der linken Seite im apikoposterioren Segment.	Diese Anomalie verursacht selten Krankheitserscheinungen und wird meist auf einem routinemäßig angefertigten Thoraxröntgenbild bei Kindern oder jungen Erwachsenen entdeckt.

Fortsetzung auf Seite 154

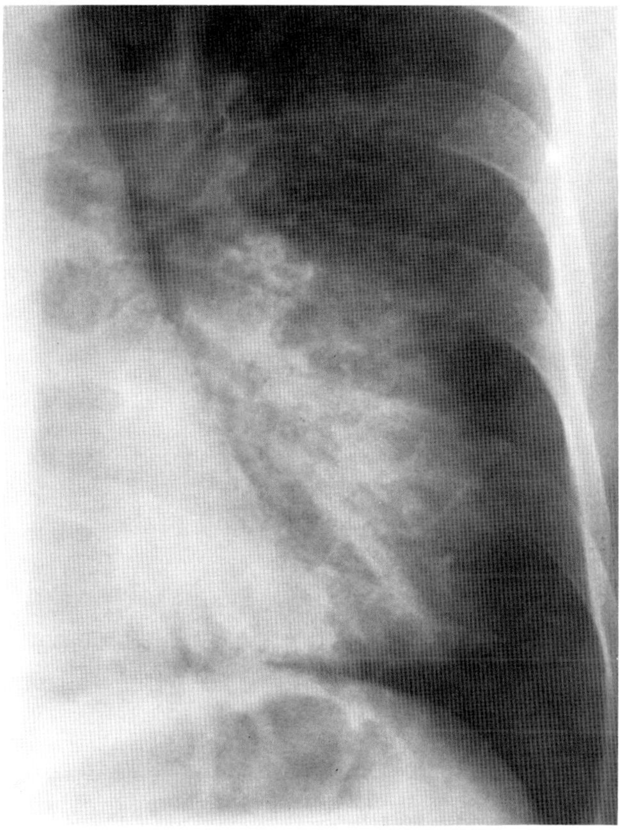

Abb. 8.**18** **Kryptokokkose.** Große, gut abgegrenzte Tumorbildung im linken Unterlappen bei einem AIDS-Patienten. Es besteht auch eine leichte Adenopathie der Hiluslymphknoten, was für diese Krankheit ungewöhnlich ist.

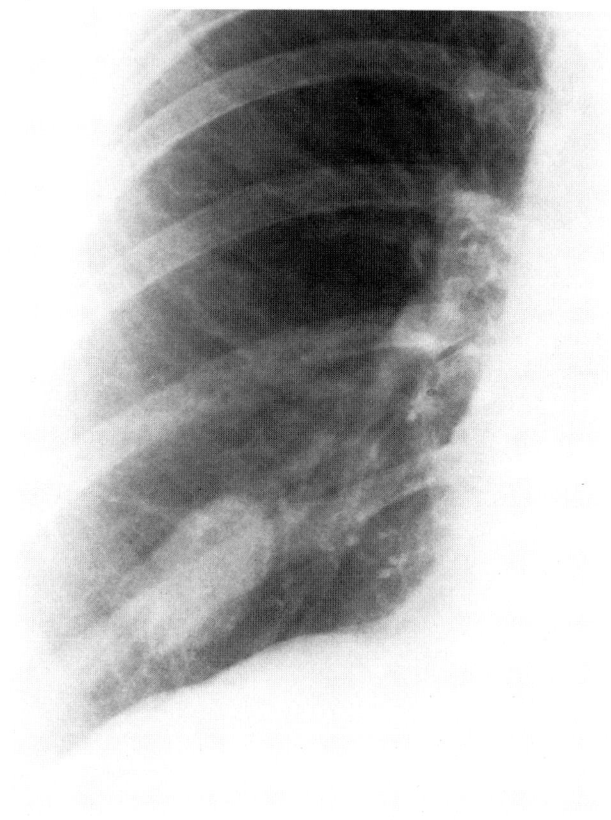

Abb. 8.**19** **Echinokokkose.** Solitäre, ovale und leicht mehrbogig begrenzte Läsion im rechten Unterlappen.

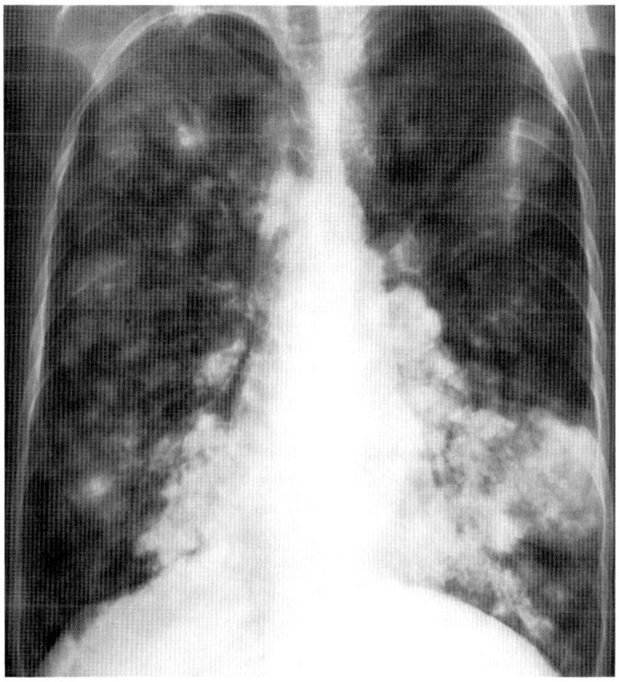

Abb. 8.**20** **Hypersensitivitätsaspergillose als Komplikation einer zystischen Fibrose.** Multiple runde Verschattungen und Verdichtungsbezirke in der ganzen Lunge. Dies ist eine ungewöhnlich ausgedehnte Form der Hypersensitivitätsaspergillose. Öfter zeigt sich die Krankheit mit einer solitären Läsion.

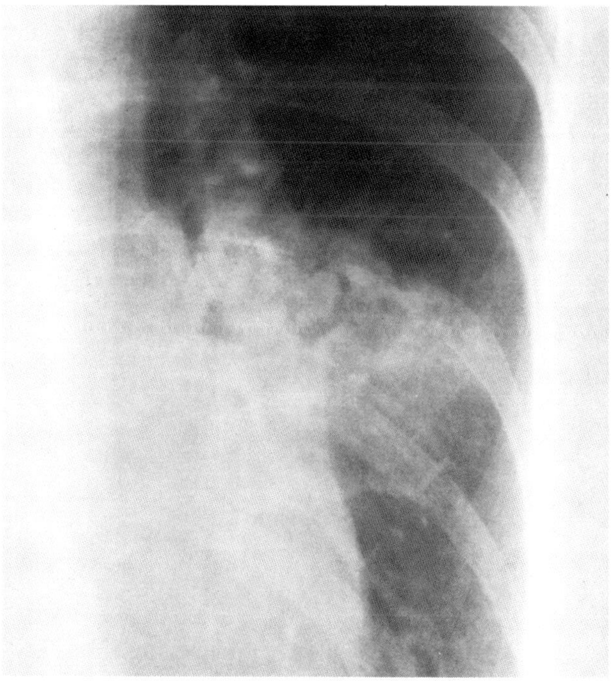

Abb. 8.**21** **Bronchozentrische Granulomatose Liebow.** Unscharf begrenzte, dem linken Herzrand aufsitzende Verschattung in der Lingula.

Tabelle 8.1 Knötchen und raumfordernde Läsionen in der Lunge (Fortsetzung)

Krankheit	Radiographischer Befund	Kommentar
Entzündlicher Pseudotumor (Abb. 8.22)	Solitärer Knoten oder homogener Verdichtungsbezirk mit einem Durchmesser bis zu 7 cm, der oft wie ein primäres Karzinom aussieht.	Kann den Folgezustand nach einer nicht gelösten Pneumonie darstellen, wenn auch nicht immer eine Vorgeschichte über eine akute Erkrankung des Atmungstrakts vorliegt. Ein entzündlicher Pseudotumor darf nicht mit einem sog. „Pseudotumor" in einem Lappenspalt verwechselt werden, der durch die Ansammlung von abgekammerter Flüssigkeit entsteht.
Pseudolymphom	Noduläre Läsionen sind nicht so häufig wie Verdichtungen im Parenchym, die typischerweise Luftbronchogramme aufweisen. Im Gegensatz zum pulmonalen Lymphom befällt es nie die Hilus- und Mediastinumlymphknoten.	Kann eine modifizierte Form eines entzündlichen Pseudotumors darstellen.
Lipidpneumonie (exogene) (Abb. 8.23)	Periphere, gewöhnlich gut abgegrenzte Verschattung mit einem Durchmesser bis zu mehreren Zentimetern und Lieblingslokalisation in den dorsalen Segmenten. Gelegentlich unscharfe Konturen durch lineare Schatten (verdickte Interlobulärsepten), die von der Peripherie der Läsion ausstrahlen.	Bedingt durch chronische Aspiration von pflanzlichen, tierischen oder mineralischen Ölen. Kann wie ein peripheres Bronchuskarzinom aussehen.
Lungeninfarkt (Abb. 8.24)	Solitäre oder multiple homogene Verdichtungen, die an die Pleura grenzen. Noduläre Verschattungen sind weniger häufig. Ein „Hampton-Höcker" (halbkreisförmige Verdichtung mit der Basis an der Pleura) ist kennzeichnend, aber selten. Die Rückbildung erfolgt mit einer allmählichen Größenabnahme (Zeichen des „schmelzenden Eiswürfels").	Wird oft von anderen Zeichen der pulmonalen Thromboembolie begleitet; zu diesen gehören: 1. Verkleinerung des Lungenvolumens mit gleichseitigem Zwerchfellhochstand, 2. Durch Oligämie bedingte erhöhte Strahlendurchlässigkeit betroffener Lungenareale (Westermark-Zeichen), 3. Pleuraergüsse, 4. Erweiterung der Pulmonalarterie im Hilus und der V. azygos, 5. akute Herzvergrößerung (Cor pulmonale).
Lungenhämatom (Abb. 8.25)	Einzelne oder multiple, gut umschriebene runde oder ovale Läsionen, die meist zwischen 2 und 6 cm groß sind. Kennzeichnend ist die periphere subpleurale Lokalisation unmittelbar unter dem Punkt der maximalen Gewalteinwirkung. Ein Luft-Flüssigkeitsspiegel kann vorhanden sein. Die Läsion kann anfangs durch die umgebende Lungenkontusion maskiert sein.	Entsteht durch Blutung in einen Parenchymeinriß oder eine traumatische Zyste. Allmähliche Größenabnahme im Verlauf mehrerer Wochen oder Monate.

Fortsetzung auf Seite 156

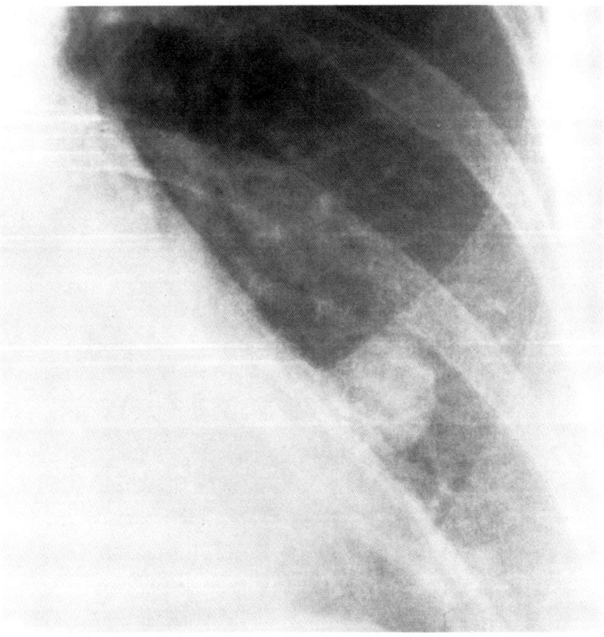
a

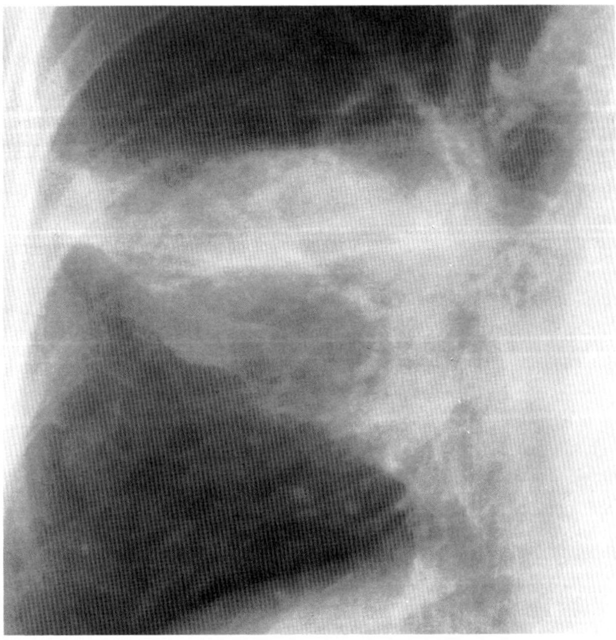
b

Abb. 8.**22 a, b** **Entzündliche Pseudotumoren.** **a** zeigt einen solitären Knoten im linken Unterlappen, **b** eine größere raumfordernde Läsion im rechten Mittellappen. In beiden Fällen wurde eine Operation durchgeführt, da Verdacht auf ein Bronchuskarzinom bestand.

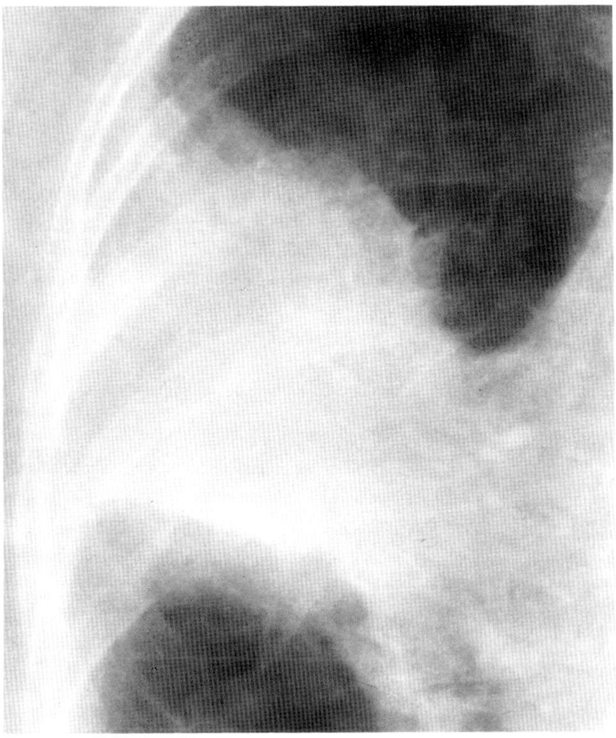

Abb. 8.**23** **Lipidpneumonie.** Periphere Verschattung mit etwas fransigen Konturen.

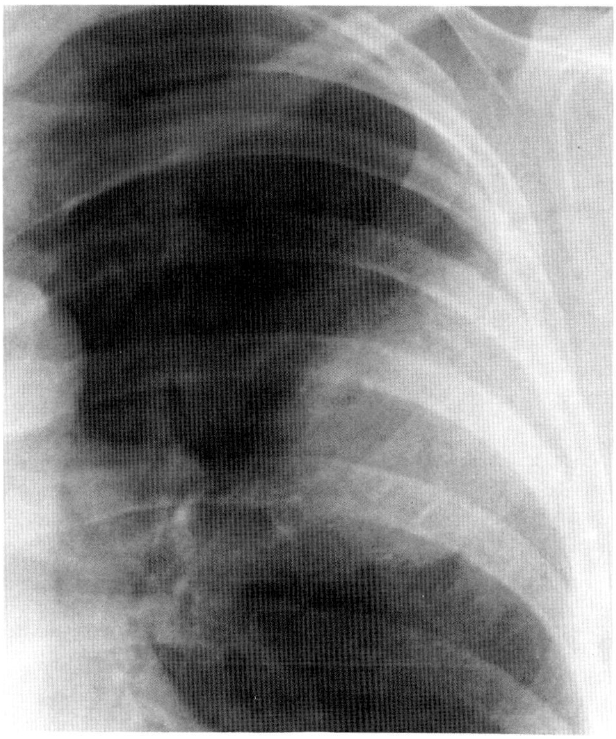

Abb. 8.**24** **Lungeninfarkt.** Solitäre, gut abgegrenzte Verschattung, angrenzend an die Pleura diaphragmatica.

Abb. 8.**25** **Lungenhämatom.** Nach einer Schußverletzung fand sich bei dem Patienten eine Verschattung im rechten Oberlappen. ▶

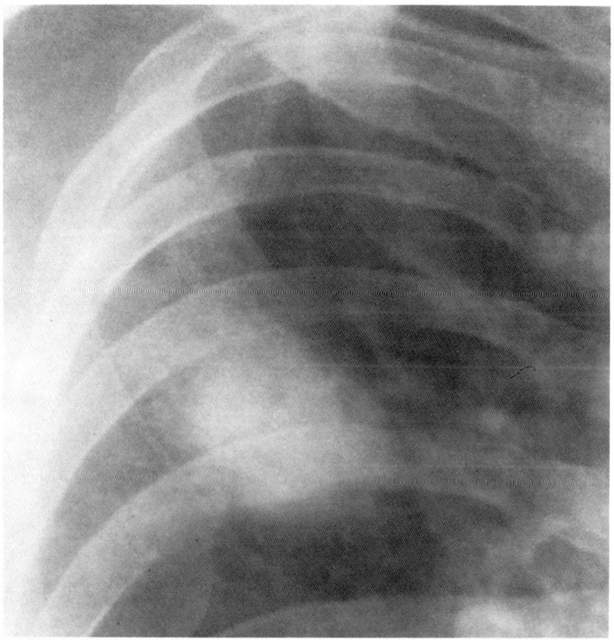

Tabelle 8.1 Knötchen und raumfordernde Läsionen in der Lunge (Fortsetzung)

Krankheit	Radiographischer Befund	Kommentar
Progressive massive Fibrose (Abb. 8.26)	Große, oft bilaterale, aber gewöhnlich asymmetrische spindelförmige Verschattungen in der oberen Hälfte der Lunge. Der laterale, parallel zum Brustkorb verlaufende Rand ist gewöhnlich besser abgrenzbar als der mediale. Es können Verkalkungen und Höhlen enthalten sein (entweder als Folge einer ischämischen Nekrose oder einer aufgepfropften Tuberkulose). Neigt dazu, im Laufe der Jahre auf die Hili zuzuwandern.	Die progressive massive Fibrose wird ausschließlich bei Pneumokoniosen beobachtet (besonders Anthrakose und Silikose), wenn auch die radiographischen Zeichen der zugrundeliegenden Pneumokoniose mitunter nicht augenfällig sind.
Sarkoidose (Abb. 8.27)	Multiple, gut umschriebene, bis zu 2 cm große Knoten. Geht gewöhnlich mit retikulonodulären Veränderungen des einen oder anderen Typs einher. Oft besteht auch eine hiläre und mediastinale Lymphadenopathie.	Dies ist eine relativ seltene Manifestation der Sarkoidose, die Lungenmetastasen imitiert.
Wegener-Granulomatose (Abb. 8.28)	Solitäre oder öfter multiple, ziemlich gut umschriebene Knoten mit einem Durchmesser von weniger als 1 cm bis zu 10 cm. Höhlenbildung häufig. Eventuell begleitende alveoläre Infiltrate. Pleuraerguß nicht ungewöhnlich. Vergrößerung der Hiluslymphknoten sehr selten.	Multiple Knoten, die Metastasen vortäuschen, sind das häufigste Erscheinungsbild der Wegener-Granulomatose in der Lunge. Bei der begrenzten Form ist die Lunge oft das einzige befallene Organ, während beim Vollbild der Wegener-Granulomatose auch Nieren, Nase und Nebenhöhlen befallen sind. Die radiologischen Manifestationen der *lymphomatösen Variante* der *Wegener-Granulomatose* in der Lunge sind praktisch mit jenen der Wegener-Granulomatose identisch, aber die Nasennebenhöhlen sind bei dieser Variante charakteristischerweise nicht beteiligt.
Panarteriitis nodosa (Abb. 8.29)	Unscharf begrenzte Knötchen mit fleckförmigen Verdichtungen. Der flüchtige Charakter der Lungenmanifestationen ist typisch.	Im Vordergrund meist renale und gastrointestinale Symptome. Schlechte Prognose. In manchen Fällen traten in der Vorgeschichte Reaktionen auf Medikamente auf: *„Hypersensitivitätsangiitis"*.
Rheumatische nekrobiotische Knoten (Abb. 8.30)	Solitäre oder häufiger multiple, gut umschriebene periphere Knoten von einigen Millimetern bis zu mehreren Zentimetern Größe. Bevorzugung der Unterlappen. Höhlenbildung häufig.	Nekrobiotische Knötchen sind eine seltene Manifestation rheumatischer Lungenprozesse. Die Knoten können zugleich mit subkutanen Knoten wachsen und verschwinden. *Caplan-Syndrom:* nekrobiotische Knoten und rheumatoide Arthritis bei Pneumokoniose. In diesen Knoten können Verkalkungen auftreten.

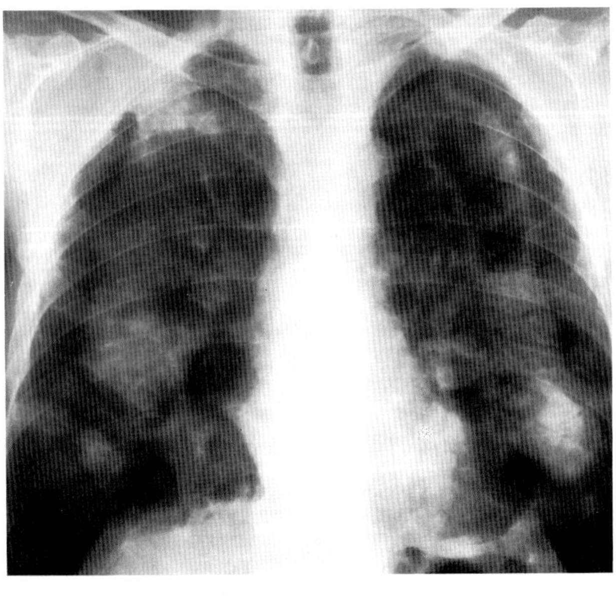

Abb. 8.**26** **Progressive massive Fibrose** bei Anthrakose. Neben kleineren Fibrosebezirken findet sich in jedem Lungenflügel eine spindelförmige größere Verschattung, die sich von den mittleren Lungenfeldern in die Oberlappen erstreckt. In kennzeichnender Weise sind die lateralen Ränder dieser Verschattungen deutlicher begrenzt als die medialen. Man beachte auch, daß in der oberen Hälfte der linken Läsion eine Höhlenbildung eingetreten ist, wahrscheinlich infolge einer ischämischen Nekrose, doch kann radiographisch eine aufgepfropfte Tuberkulose nicht ausgeschlossen werden.

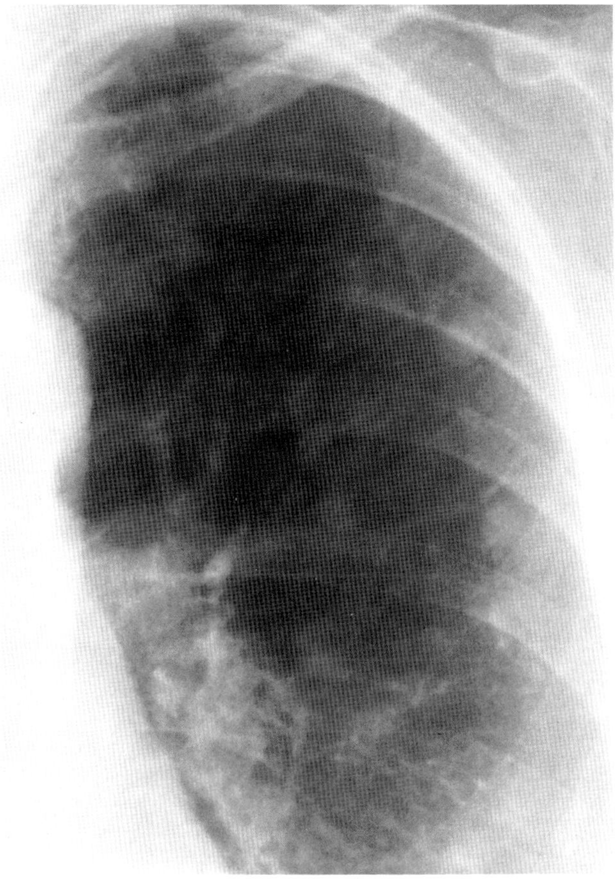

Abb. 8.**27** **Sarkoidose.** Multiple Knoten, begleitet von retikulären Lungenveränderungen und hilärer Adenopathie.

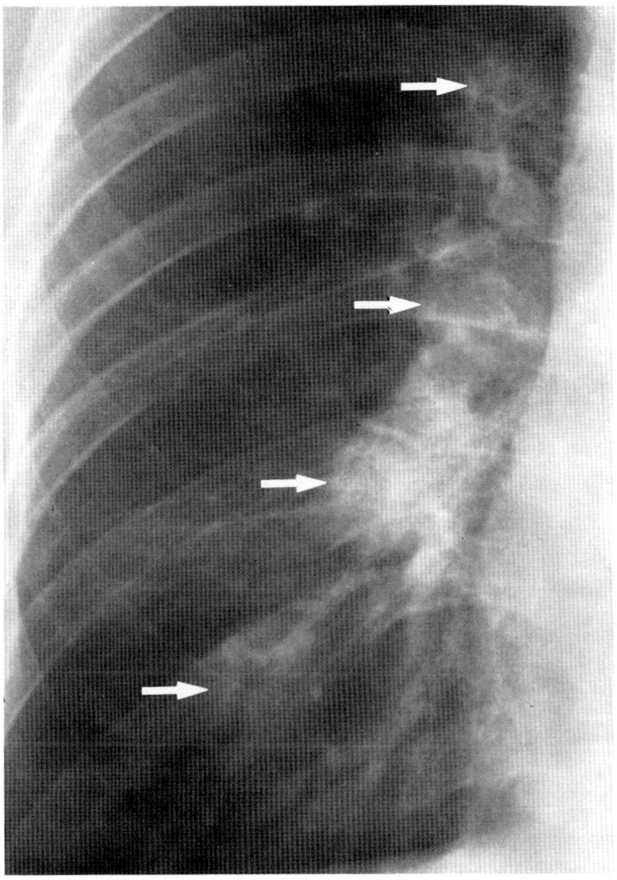

Abb. 8.**28** **Wegener-Granulomatose.** Vier ziemlich gut umschriebene Knoten (Pfeile) im rechten Lungenflügel. Im untersten Knoten ist eine beginnende zentrale Höhlenbildung erkennbar (von demselben Patienten stammt die 4 Monate später angefertigte Abb. 9.**15**, S. 167).

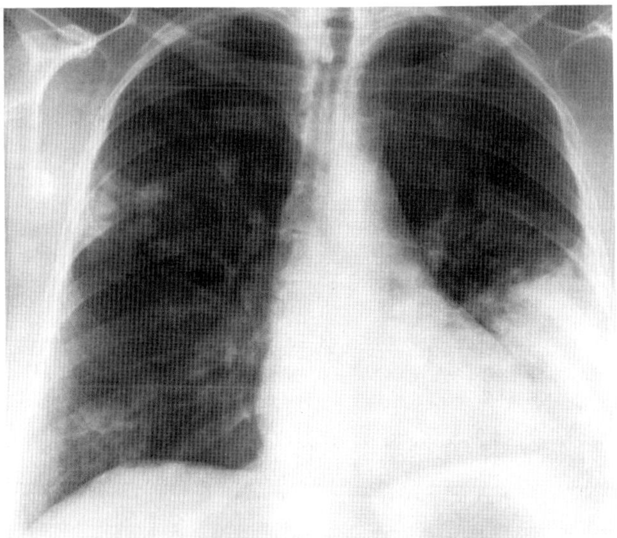

Abb. 8.**29** **Panarteriitis nodosa.** Schlecht abgegrenzte Knoten und fleckförmige Verdichtungen in beiden Lungenflügeln.

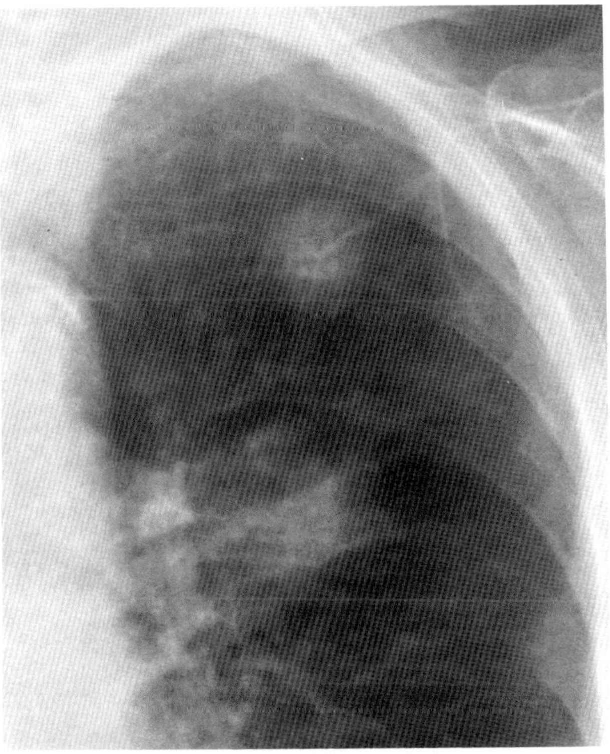

Abb. 8.**30** **Rheumatische nekrobiotische Knoten.** Noduläre Verschattungen zusammen mit verstärkter interstitieller Zeichnung.

9 Höhlen- und Zystenbildungen in der Lunge

Höhlen und zystische Läsionen in der Lunge sind durch ihren zentralen Luftgehalt gekennzeichnet. Höhlen sind gewöhnlich das Ergebnis einer zentralen Nekrose innerhalb einer Läsion mit nachfolgender Ausstoßung des nekrotischen Materials in das Bronchialsystem. Ein ähnliches radiographisches Bild kann durch Ruptur einer flüssigkeitsgefüllten Zyste oder Infektion einer Bulla entstehen. Höhlen enthalten oft Flüssigkeit, die auf Röntgenaufnahmen in horizontalem Strahlengang mit einem *Luft-Flüssigkeitsspiegel* in Erscheinung tritt. Luft-Flüssigkeitsspiegel treten auf, wenn eine Läsion mit flüssigem Inhalt in das Tracheobronchialsystem rupturiert und ein Teil des Inhalts ausgestoßen wird, oder wenn Eiter und Gas von Bakterien gebildet werden. Eine Höhle mit einem Luft-Flüssigkeitsspiegel ist jedoch nicht pathognomonisch für eine pulmonale Läsion (z. B. einen Lungenabszeß), sondern kann auch im Falle eines *abgekapselten Hydropneumothorax* zu beobachten sein (z. B. abgekapseltes Empyem als Folge einer bronchopleuralen Fistel). Die radiologische Differenzierung dieser beiden Krankheitsbilder wird jedoch durch die Tatsache ermöglicht, daß eine pulmonale Höhle zur Kugelform tendiert und die Länge des Luft-Flüssigkeitsspiegels daher auf Aufnahmen in Frontal- und Seitenansicht sowie im Liegen sehr ähnlich ist. Ein abgekapselter Hydropneumothorax ist dagegen praktisch nie kugelförmig, weil er seine Form der anliegenden Brustwand anpassen muß, und infolgedessen ist die Länge eines Luft-Flüssigkeitsspiegels in verschiedenen Projektionen sehr unterschiedlich (Abb. 9.**1**).

Zystische Läsionen können durch sphärische (strahlentransparente) Kunststoffplomben vorgetäuscht werden, die in der Vergangenheit zur Tuberkulosebehandlung in den extrapleuralen Raum eingeführt wurden, um einen Kollaps der angrenzenden Lunge zu erreichen. Da diese Plomben oft nicht wasserdicht waren, konnten sich in ihnen kleine Flüssigkeitsmengen ansammeln, die auf Aufnahmen im Stehen kleine Luft-Flüssigkeitsspiegel imitierten.

Nach wie vor können zystische Läsionen mit oder ohne Flüssigkeitsspiegel durch *Hiatus-* und *Zwerchfellhernien* (angeborene und posttraumatische) vorgetäuscht werden, wenn sie einen Teil des Magens oder Darmschlingen enthalten. Typisch für diese Hernien ist jedoch ihre erhebliche Größen- und Formänderung auf nachfolgenden Röntgenaufnahmen.

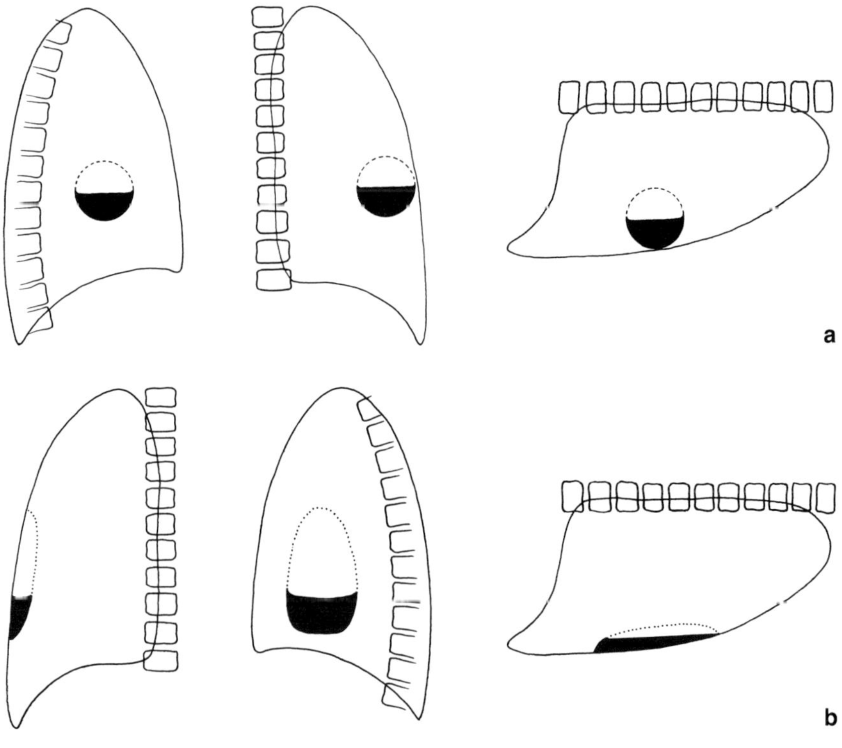

Abb. 9.**1 a, b** **Differenzierung zwischen einem Luft-Flüssigkeitsspiegel a in einem peripheren Lungenhohlraum und b in einem abgekapselten Hydropneumothorax. a** Ein pulmonales Kavum ist eher kugelförmig, daher hat ein Luft-Flüssigkeitsspiegel in einer solchen Höhle auf a.-p. Aufnahmen, seitlichen Aufnahmen und Aufnahmen im Liegen die gleiche Länge. **b** Ein abgekapselter Hydropneumothorax muß sich der Thoraxwand anpassen und ist infolgedessen nie kugelförmig. Die Länge des Luft-Flüssigkeitsspiegels ist daher in den verschiedenen Projektionen sehr unterschiedlich, wie die Bilder in a.-p. Projektion, seitlicher Projektion und im Liegen hier demonstrieren.

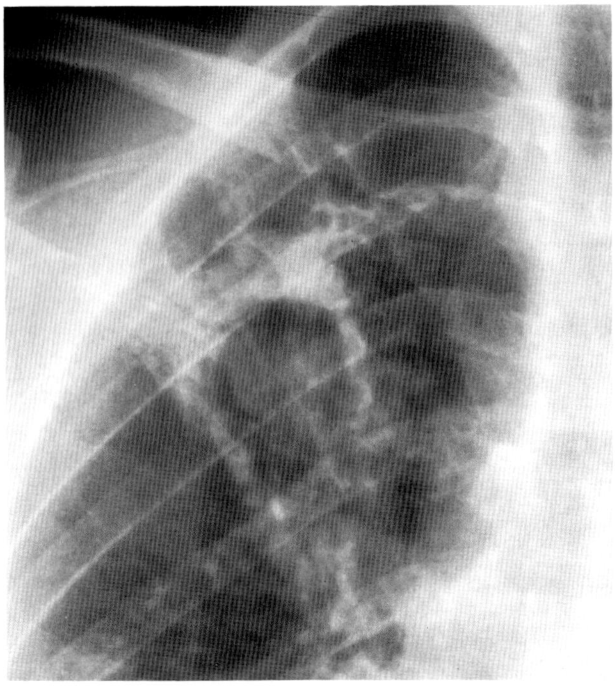

Abb. 9.**2** **Aspergillom in einer tuberkulösen Kaverne.** Kaverne im rechten Oberlappen, die eine Tumorbildung enthält. Man beachte auch die perikavernösen Infiltrate, die Zeichen einer immer noch aktiven Tuberkulose sind.

Ebenso wie Flüssigkeit kann sich innerhalb einer Höhle eine Gewebemasse finden. Der Tumor kann in bezug zur Höhlengröße recht klein sein oder den Großteil des Hohlraums ausfüllen. In diesem Fall ist er nur durch einen sichelförmigen Luftspalt von der Höhlenwand getrennt. Am häufigsten handelt es sich bei intrakavitären Tumorbildungen um *Myzetome,* besonders *Aspergillome* (Abb. 9.**2**). Man kann sie in infektionsbedingten (besonders tuberkulösen), tumorbedingten, bronchiektatischen und zystischen Hohlräumen finden, die im allgemeinen keinerlei Flüssigkeit enthalten. Ein nekrotisches Karzinomfragment, ein großer nekrotischer Lungenbezirk (bei *Klebsiella-* oder seltener bei Pneumokokkenpneumonie), ein Blutgerinnsel oder Fibrinklumpen oder die auf der Flüssigkeit schwimmende zusammengefallene Membran einer rupturierten Echinokokkuszyste („Wasserlilien-" oder „Seerosenzeichen") kann ebensolche intrakavitäre Massen bilden.

Höhlenbildungen lassen sich oft aufgrund ihrer Größe, Lokalisation, Anzahl, Wanddicke (Haarlinie >1 mm, dünn <3 mm, dick >3 mm) und anhand des Charakters ihrer Innenwand (glatt oder unregelmäßig) voneinander unterscheiden. Tab. 9.**1** bringt die Differentialdiagnose verschiedener kavitärer und zystischer Läsionen mit einem Durchmesser von 1 cm oder mehr.

Tabelle 9.1 Solitäre oder multiple Höhlen- und Zystenbildungen in der Lunge

Krankheit	Radiographischer Befund	Kommentar
Bronchogene Zyste (angeboren oder traumatisch)	Solitäre dünnwandige Läsion mit oder ohne Luft-Flüssigkeitsspiegel.	Typische Lokalisation im medialen Lungendrittel mit Bevorzugung der Unterlappen.
Intralobäre Lungensequestration (Abb. 9.3)	Solitärer uni- oder multilokulärer zystisch veränderter Lungenbezirk, der eventuell Luft-Flüssigkeitsspiegel enthält. Die Zystenwände sind dick oder dünn.	Die Läsion liegt gewöhnlich dem Zwerchfell an und ist in charakteristischer Weise in einem posterobasalen Segment eines Unterlappens lokalisiert (links : rechts = 3 : 1). Eine Maskierung der Läsion durch eine umgebende Pneumonie ist möglich.
Angeborene adenoid-zystische Mißbildung (Abb. 9.4)	Polyzystische Gewebemasse mit oder ohne Luft-Flüssigkeitsspiegel ähnlich der Lungensequestration, es ist aber mindestens ein ganzer Lappen ohne Prädilektion befallen. Das Volumen des betroffenen Lungenflügels kann vermehrt oder – seltener – vermindert sein.	Typischerweise ist ein Lappen befallen, doch selten können auch zwei Lappen oder beide Lungenflügel betroffen sein. Gelegentlich Verwechslung mit einer *Zwerchfellhernie,* die Darmschlingen enthält. Wird in der Regel im Säuglingsalter diagnostiziert, mitunter aber erst bei älteren Kindern oder Jugendlichen. Kann Teil eines breiteren Mißbildungsspektrums sein, das auch bronchogene Zysten und Sequestrationen umfaßt.
Pulmonale Papillomatose	Multiple, gut abgegrenzte Knoten, die häufig Zerfallshöhlen zeigen und dann zystischen Bronchiektasen ähneln.	Häufigster Larynxtumor bei Kindern, aber selten bei Erwachsenen. Papillome entwickeln sich in der Lunge sehr selten, wenn nicht welche in Larynx oder Trachea bestehen.
Bronchuskarzinom (Abb. 9.5)	Solitäre, meist dickwandige Höhle mit unregelmäßiger Innenkontur. Eine glatte, dünnwandige Höhle ist eine seltene Erscheinungsform. Nekrotisches Tumorgewebe kann ein Myzetom vortäuschen. Luft-Flüssigkeitsspiegel sind ungewöhnlich.	Eine Höhlenbildung tritt in bis zu 10% der Bronchuskarzinomfälle auf, am häufigsten bei peripheren Plattenepithelkarzinomen des Oberlappens, gelegentlich bei Adenokarzinomen und undifferenzierten großzelligen Karzinomen, aber nie bei kleinzelligen Karzinomen.

Fortsetzung auf Seite 162

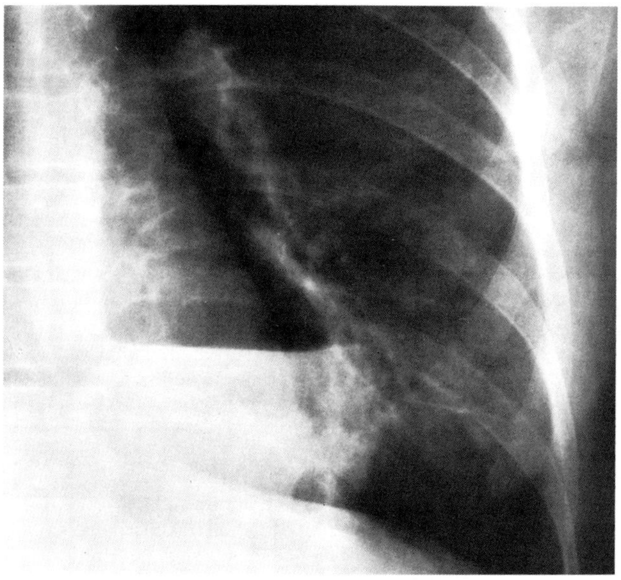

9.3

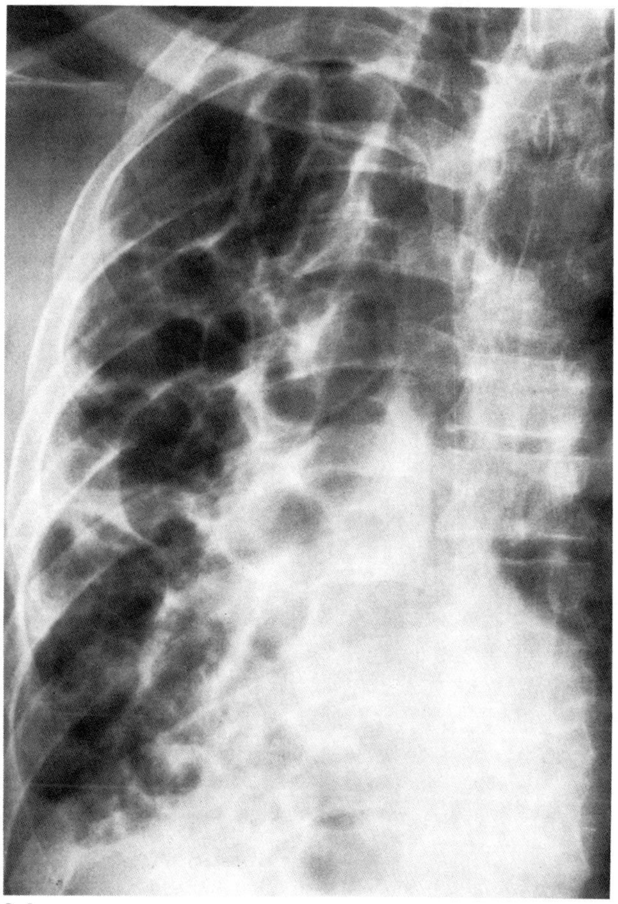

9.4

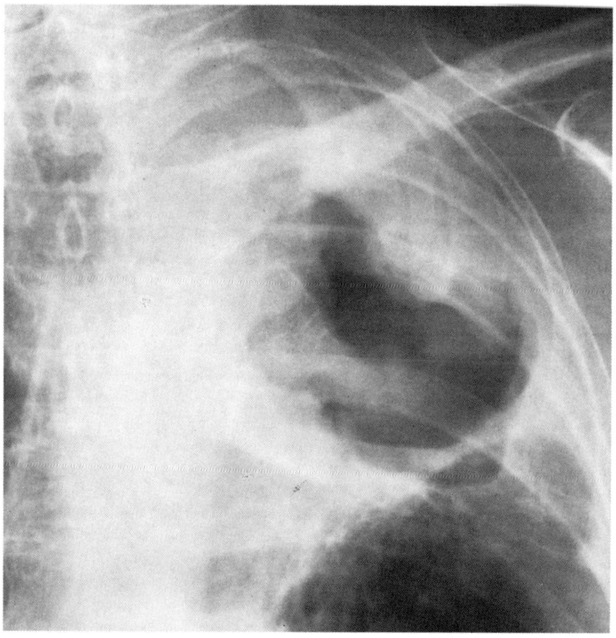

9.5

Abb. 9.3 **Intralobäre Lungensequestration.** Zystisches Gebilde mit einem großen Luft-Flüssigkeitsspiegel im posterobasalen Segment des linken Unterlappens.

Abb. 9.4 **Angeborene adenoid-zystische Mißbildung.** Eine polyzystische Gewebemasse hat den rechten Lungenflügel ersetzt. Man beachte auch die erhebliche Volumenverminderung, die hilft, diese Mißbildung von einer großen, Darmschlingen enthaltenden Zwerchfellhernie zu unterscheiden. Diese verschiebt immer das Herz und Mediastinum zur kontralateralen Thoraxhälfte.

Abb. 9.5 **Bronchuskarzinom** (Plattenepitheltyp). Tumor im linken Oberlappen, der eine große Höhle mit unregelmäßiger Innenkontur enthält.

Tabelle 9.1 Solitäre oder multiple Höhlen- und Zystenbildungen in der Lunge (Fortsetzung)

Krankheit	Radiographischer Befund	Kommentar
Hämatogene Metastasen (Abb. 9.6)	Multiple Knoten verschiedener Größe mit dünn- oder dickwandigen Höhlen, die sich in einem wechselnden Anteil der Läsionen (in wenigen bis fast allen) entwickeln.	Höhlenbildung nicht so häufig wie beim Bronchuskarzinom. Primärtumoren sind oft Plattenepithelkarzinome des Kopfes oder Halses (dünnwandige Höhlen) oder gynäkologische Tumoren und Sarkome (dickwandige Höhlen).
Lymphom (Abb. 9.7)	Eine oder mehrere Verdichtungen mit meist dickwandigen Höhlen, die eine unregelmäßige Innenkontur aufweisen und oft Luft-Flüssigkeitsspiegel enthalten.	Primär- und Sekundärmanifestation eines Non-Hodgkin-Lymphoms und Sekundärmanifestation eines Morbus Hodgkin. Bei sekundärem Lungenbefall tritt die Krankheit gleichzeitig oder schon früher in anderen Organen in Erscheinung (z. B. in peripheren und mediastinalen Lymphknoten).
Bakterieller Abszeß		
Staphylokokken (Abb. 9.8)	Einzelne oder multiple dickwandige Höhlen mit unscharfen Innenkonturen und Luft-Flüssigkeitsspiegeln treten bei etwa der Hälfte der Fälle von Staphylokokkenpneumonien auf. Ein Pleuraerguß (Empyem) mit oder ohne bronchopleuraler Fistel (Pyopnemothorax) und Pneumatozelen ist häufig, besonders bei Kindern.	*Pneumatozelen* sind dünnwandige zystische Hohlräume, die Luft-Flüssigkeitsspiegel enthalten können und gewöhnlich bei Kindern beobachtet werden. Sie entstehen wahrscheinlich durch Ventilverschluß einer Kommunikation zwischen einem periobronchialen Mikroabszeß und dem Lumen eines Bronchus.
Klebsiella (Abb. 9.9)	Typisch ist eine einzelne dickwandige Höhle mit unscharfem Innenrand in einem Oberlappen. Außer einem Luft-Flüssigkeitsspiegel sieht man gelegentlich einen großen Klumpen nekrotisches Lungengewebe in der Höhle.	Ein radiographisch ähnlicher Oberlappenabszeß ist ein häufiger Befund bei *Proteus*pneumonien und eine seltene Manifestation bei *Pneumokokken*pneumonien.
Pseudomonas Anaerobe Bakterien	Kennzeichnend sind bilaterale Verdichtungen mit multiplen Höhlen vorwiegend in den Unterlappen und hinteren Segmenten. Der Durchmesser der Höhlen schwankt von weniger als 1 cm bis zu mehreren Zentimetern, ist aber in der Mehrzahl kleiner als 3 cm. Luft-Flüssigkeitsspiegel stehen nicht im Vordergrund und sind oft nur in über 3 cm großen Höhlen auffällig. Häufig begleitende Pleuraergüsse (Empyem).	Gewöhnlich bei Patienten mit schwächenden Krankheiten. Eine Pseudomonaspneumonie wird gewöhnlich im Krankenhaus erworben. Der Infektionsmodus ist Inhalation (Pseudomonas), Aspiration (anaerobe Erreger) und hämatogene Aussaat. Ein ähnliches radiographisches Bild findet man bei *Escherichia coli-* und *Salmonellenpneumonien.*

Fortsetzung auf Seite 164

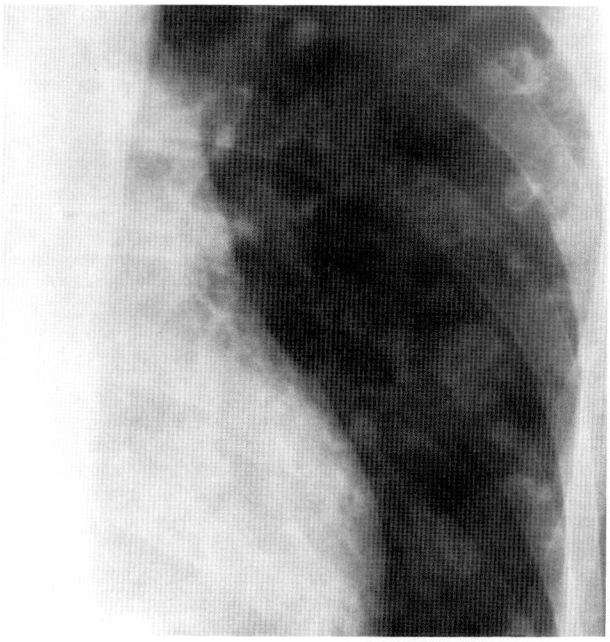

9.6

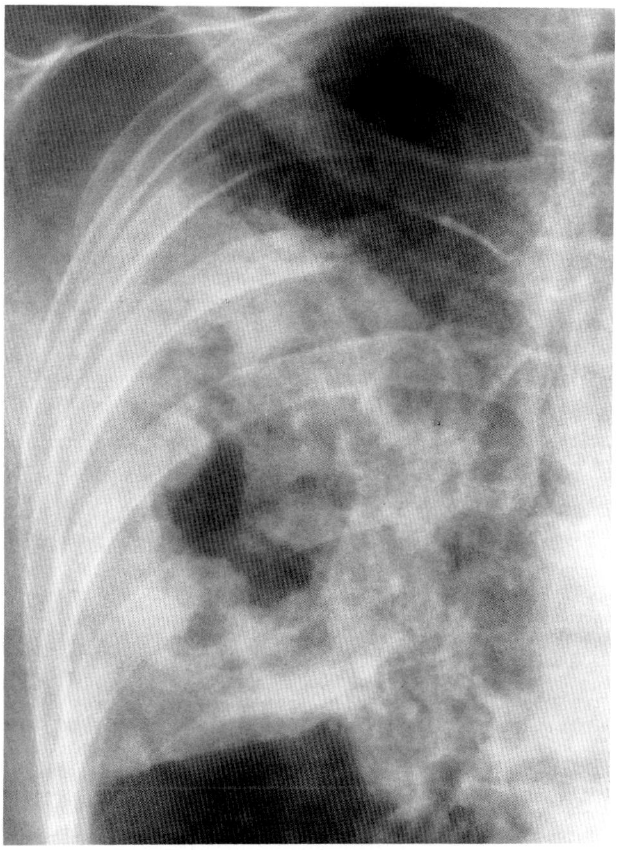

9.7

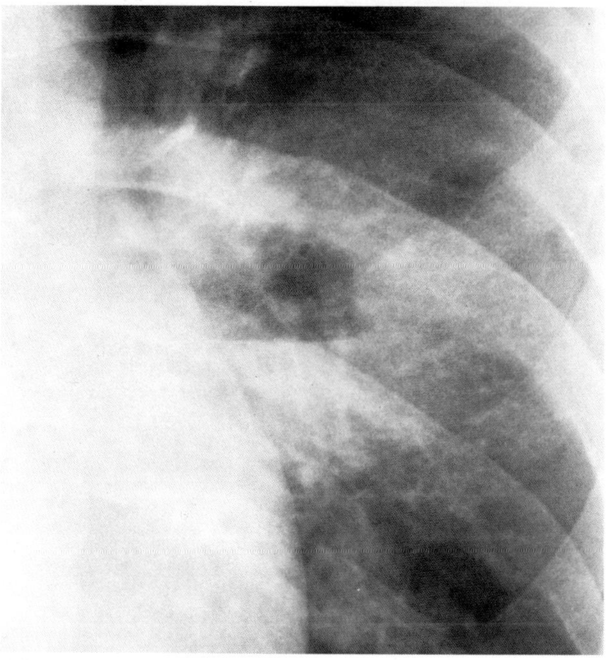

9.8

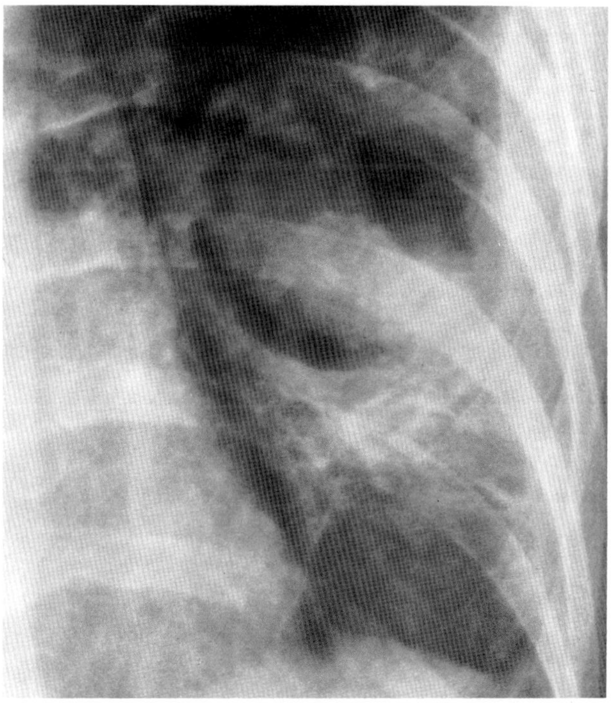

9.9

Abb. 9.6 **Hämatogene Metastasen** eines Hypopharynxkarzinoms. Beiderseits multiple, verschieden große Knötchen, von denen viele eine zentrale Höhlenbildung aufweisen. Die Veränderungen sind im hier gezeigten linken unteren Lungenfeld am besten zu sehen.

Abb. 9.7 **Non-Hodgkin-Lymphom.** Verdichtung mit unregelmäßigem zentralem Kavum im rechten Oberlappen.

Abb. 9.8 **Lungenabszeß** (Staphylococcus aureus). Dickwandiges Kavum mit unscharfer Innenkontur und umgebendem Infiltrat im linken Unterlappen. Man beachte auch, daß der linke Herzrand nicht verdeckt wird – ein Zeichen, daß der Abszeß nicht in der Lingula liegt.

Abb. 9.9 **Klebsiellapneumonie.** Dickwandiges Kavum mit unscharfem Innenrand, das einen großen Klumpen von nekrotischem Lungengewebe enthält.

Tabelle 9.1 Solitäre oder multiple Höhlen- und Zystenbildungen in der Lunge (Fortsetzung)

Krankheit	Radiographischer Befund	Kommentar
Tuberkulose (Abb. 9.10)	Eine oder mehrere dünn- oder dickwandige Höhlen mit einer im allgemeinen glatten Innenkontur. Starke Prädilektion für das apikale und posteriore Segment der Oberlappen und das obere Segment der Unterlappen. Luft-Flüssigkeitsspiegel sind selten vorhanden.	Nach Chemotherapie persistierende dünnwandige Kavernen sind nicht unbedingt ein Zeichen eines akuten Prozesses. Bei Infektionen mit *atypischen Mykobakterien* sind Zerfallshöhlen (meist multiple) sogar noch häufiger (Abb. 9.**11**).
Pilzkrankheit		
Histoplasmose	Eine oder mehrere Höhlen, die gewöhnlich in den Oberlappen liegen und von Tuberkulose nicht zu unterscheiden sind.	Tuberkulose und Histoplasmose können sogar beim selben Patienten koexistieren.
Kokzidioidomykose	Solitäre oder multiple dünn- oder dickwandige kavitäre Läsionen. Luft-Flüssigkeitsspiegel können vorhanden sein. Die Höhlenbildung tritt vorwiegend in Oberlappenknötchen auf, aber anders als bei Tuberkulose ist ihre charakteristische Lokalisation in den vorderen Segmenten.	Sehr dünnwandige zystische Läsionen – vor allem in den Oberlappen – können Folge einer asymptomatischen oder grippeähnlichen Kokzidioidomykoseerkrankung sein.
Mukormykose (Phykomykose) (Abb. 9.12)	Homogene Verdichtung, häufig mit Höhlenbildung.	Fast ausnahmslos bei Patienten mit einer Grundkrankheit (z. B. Diabetes, Lymphom und Leukämie).
Aktinomykose Nokardiose Blastomykose Kryptokokkose (Abb. 9.13)	Solitäre, große, dickwandige kavitäre Läsion, bevorzugt in den Unterlappen. Eine Ausbreitung über die Pleura in die Brustwand mit Rippenbeteiligung kommt vor.	Wird bei Aktinomykose und Nokardiose häufig von einem Empyem begleitet, nicht aber bei Blastomykose und Kryptokokkose.
Aspergillose Kandidiasis (Moniliasis)	In fleckförmigen Infiltraten treten Zerfallshöhlen auf.	Praktisch auf geschwächte Patienten beschränkt. Beide Erreger können auch als Pilzklumpen in Zerfallshöhlen verschiedenen Ursprungs beobachtet werden.

Fortsetzung auf Seite 166

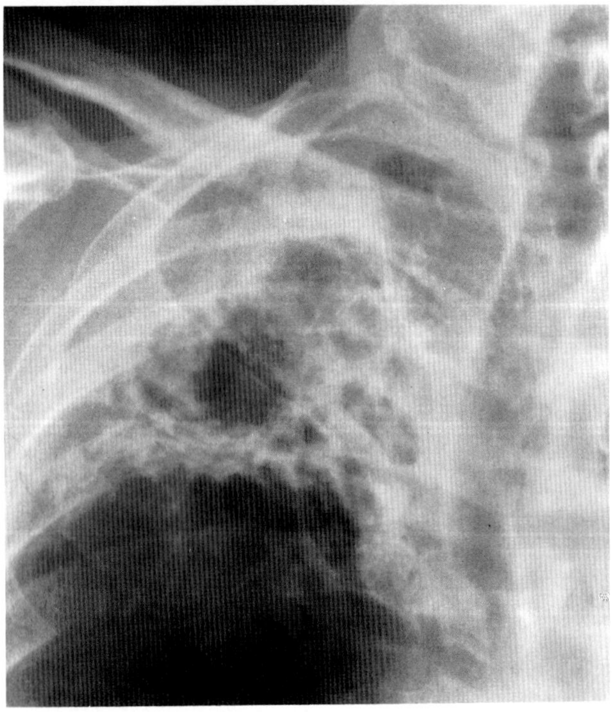

Abb. 9.**10** **Tuberkulose.** Kaverne im fibrotischen, geschrumpften rechten Oberlappen, der von einer beträchtlichen apikalen Pleuraverdickung umgeben ist.

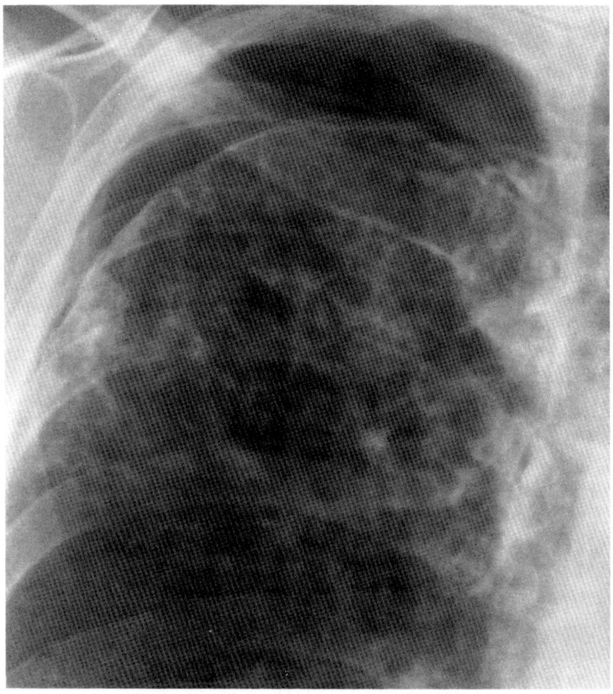

Abb. 9.**11** **Infektion mit atypischen Mykobakterien.** Multiple dünnwandige Zerfallshöhlen sowie ein rechtsseitiger Spontanpneumothorax bei einem AIDS-Patienten.

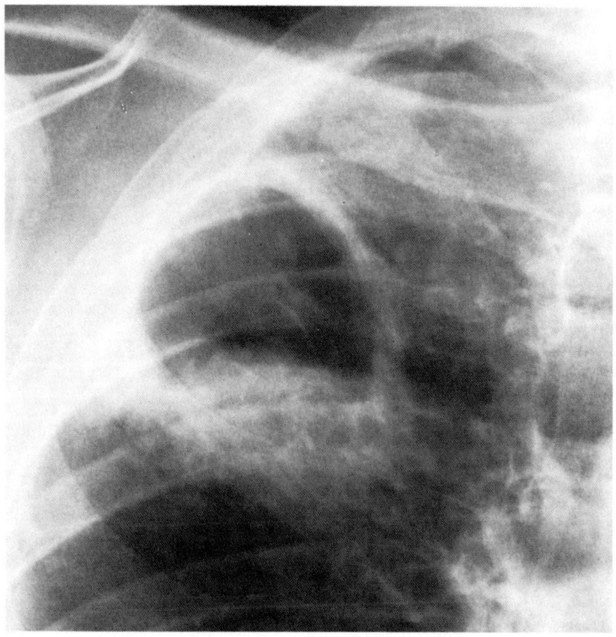

Abb. 9.**12** **Mukormykose bei einem Diabetiker.** Relativ dünnwandiges Kavum im rechten Oberlappen, das eine Tumorbildung mit leicht konvexem oberem Rand (Myzetom) am Boden enthält.

Abb. 9.**13** **Aktinomykose.** Schlecht abgrenzbare Verdichtung mit zentralem Kavum, das einen Luft-Flüssigkeitsspiegel enthält, im oberen Segment des rechten Unterlappens. ▶

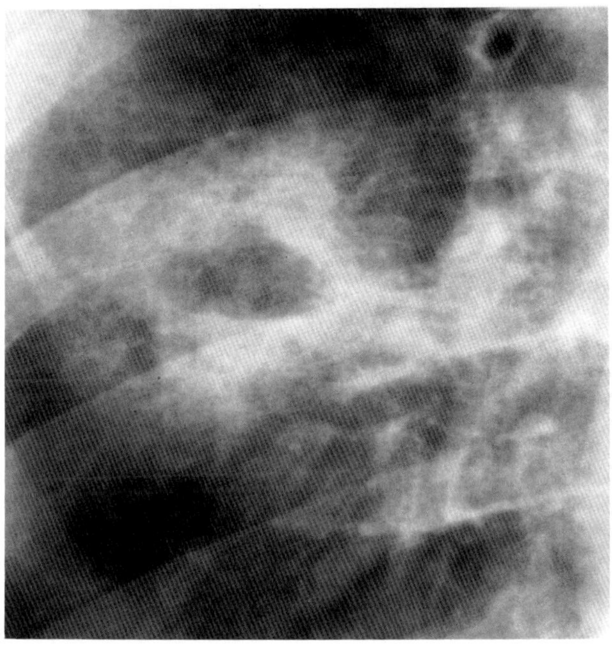

Tabelle 9.1 Solitäre oder multiple Höhlen- und Zystenbildungen in der Lunge (Fortsetzung)

Krankheit	Radiographischer Befund	Kommentar
Parasitäre Erkrankung		
Amöbiasis	Typisch ist ein solitäres, dickwandiges Kavum mit unregelmäßiger Innenfläche im rechten Unterlappen. Fast ausnahmslos besteht ein rechtsseitiger Pleuraerguß.	Ausgehend von einem Leberabszeß, kommt es durch direktes Übergreifen über das Zwerchfell zur Lungenmanifestation. Gelegentlich sind andere Lappen, die dem Zwerchfell anliegen und die Leberoberfläche überdecken, ebenso wie der rechte Unterlappen befallen.
Echinokokkus (Abb. 9.14)	Solitäre oder weniger häufig multiple zystische Läsion(en), bevorzugt in den Unterlappen. Die Zystenmembran kann auf dem Luft-Flüssigkeitsspiegel schwimmen („Seerosenzeichen") oder auf dem Grund einer trockenen Zyste liegen.	Nach Ruptur in einen Bronchus entleert sich ein Teil des flüssigen Inhalts, seltener der ganze, in das Bronchialsystem.
Paragonimiasis	Gewöhnlich multiple, relativ dünnwandige Zysten mit einem Durchmesser von weniger als 1 cm bis zu mehreren Zentimetern. Kennzeichnend ist eine örtliche Erhebung oder ein Höcker an der Innenwand.	Dieses Erscheinungsbild der Paragonimiasis ist auf Endemiegebiete in Thailand beschränkt.
Progressive massive Fibrose bei Pneumokoniose (Abb. 8.26, S. 156)	Dickwandige Höhle mit unregelmäßiger Innenwand in einem Oberlappentumor bei Silikose oder Anthrakose.	Die Höhlenbildung bei progressiver massiver Fibrose beruht öfter auf einer aufgepfropften Tuberkulose als auf einer ischämischen Nekrose.
Rheumatische nekrobiotische Knötchen	Gewöhnlich multiple dick- oder dünnwandige kavitäre Läsionen von ein paar Millimetern bis zu mehreren Zentimetern Größe mit glatter Innenwand und Prädilektion für die Unterlappen.	Sowohl kavitäre als auch nichtkavitäre Läsionen nehmen während einer Remission ab und bei Exazerbation der rheumatoiden Arthritis zu. Eine kavitäre Läsion kann sich auffüllen und wieder homogen werden.
Wegener-Granulomatose (Abb. 9.15)	Typisch sind multiple, bilaterale, dickwandige kavitäre Knoten mit unregelmäßiger Innenwand. Gelegentlich beobachtet man solitäre oder dünnwandige zystische Läsionen. Selten treten Luft-Flüssigkeitsspiegel auf.	Zur Höhlenbildung kommt es bei fast der Hälfte aller Erkrankten. Wenn multiple Knoten vorhanden sind, bilden sich selten bei allen Zerfallshöhlen.
Traumatische Zyste	Eine oder mehrere periphere (subpleurale) dünnwandige Höhle(n) mit oder ohne Luft-Flüssigkeits-(Blut-)spiegel mit einem Durchmesser bis zu 10 cm und mehr.	Die Läsionen werden eventuell gleich nach einem stumpfen Thoraxtrauma radiographisch erkennbar, öfter aber erst Stunden oder Tage danach. Die partielle bis komplette *Entleerung eines Hämatoms* in das Bronchialsystem kann ein ähnliches Bild erzeugen.
Septische Emboli (Abb. 9.16)	Multiple, dünn-, seltener dickwandige periphere runde oder keilförmige kavitäre Läsionen, oft ohne Luft-Flüssigkeitsspiegel.	Oft bei Patienten unter 40 Jahren mit Endokarditis, septischer Thrombophlebitis (z. B. bei intravenös spritzenden Süchtigen und bei Patienten mit Verweilkathetern oder arteriovenösen Shunts zur Hämodialyse), Rachen- und Unterleibsinfektionen (z. B. septischer Abort) und Osteomyelitis. Eine Höhlenbildung bei *nichtseptischen Emboli* und *Infarkten* ist sehr selten.

Fortsetzung auf Seite 168

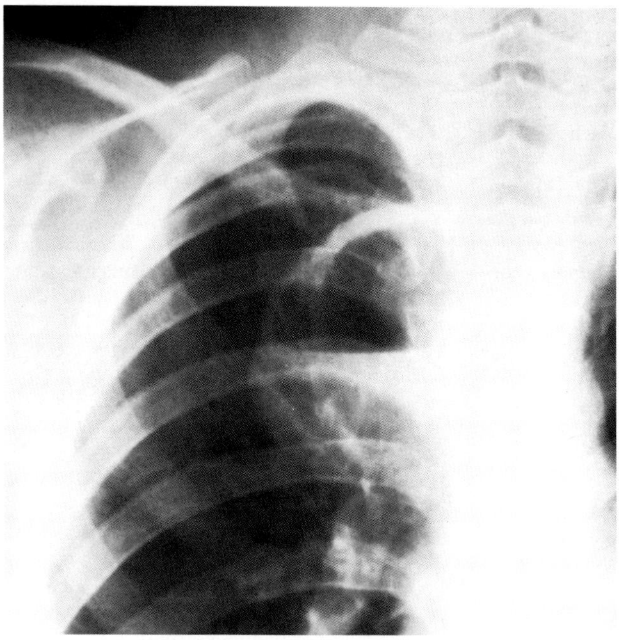

Abb. 9.**14** **Echinokokkus.** Solitäre zystische Läsion mit einem Luft-Flüssigkeitsspiegel im rechten Oberlappen.

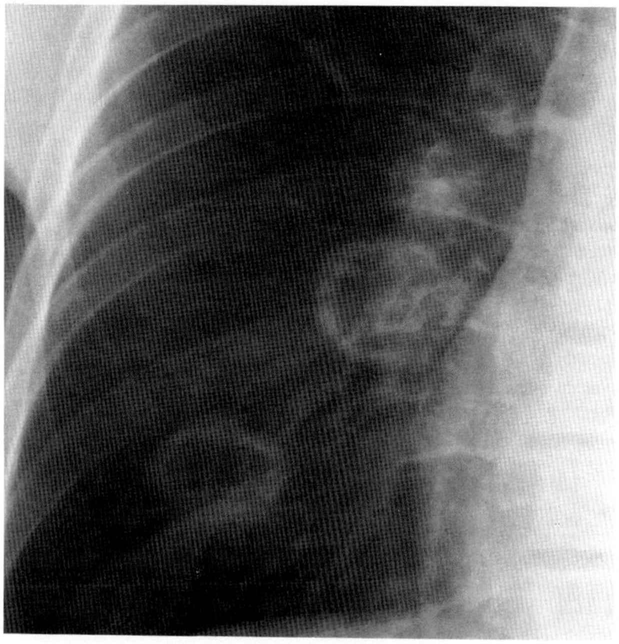

Abb. 9.**15** **Wegener-Granulomatose.** Vier Knoten mit Zerfallshöhlen im rechten Lungenflügel (von demselben Patienten stammt die Abb. 8.**28**, S. 157, die 4 Monate früher angefertigt wurde).

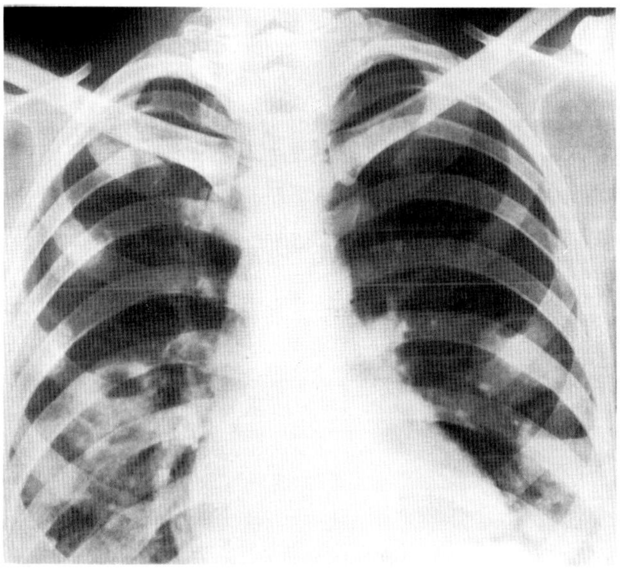

Abb. 9.**16** **Septische Emboli.** Auf beiden Seiten mehrere runde, scharf begrenzte Knoten. Die größeren Knoten sind zerfallen und enthalten Luft-Flüssigkeitsspiegel.

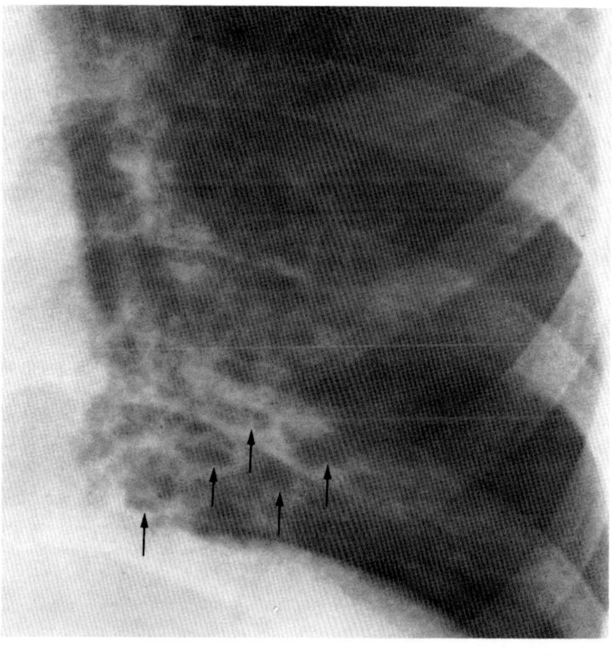

Abb. 9.**17** **Zystische Bronchiektasen bei Kartagener-Syndrom** (Situs inversus mit Dextrokardie, Sinusits – oft mit Polyposis – und Bronchiektasie). Zystische Bronchiektasen, einige davon mit kleinsten, halbmondförmigen Flüssigkeitsspiegeln am Boden (Pfeile), im linken Unterlappen.

Tabelle 9.1 Solitäre oder multiple Höhlen- und Zystenbildungen in der Lunge (Fortsetzung)

Krankheit	Radiographischer Befund	Kommentar
Zystische Bronchiektasen (Abb. 9.17)	Multiple, relativ dünnwandige zystische Läsionen von bis zu 3 cm Durchmesser, oft mit einem winzigen Luft-Flüssigkeitsspiegel am Boden des Ringschattens. Prädilektion für die Unterlappen.	Ein Größenwechsel der am Boden der zystischen Läsionen erkennbaren, kleinen halbmondförmigen Luft-Flüssigkeitsspiegel von Untersuchung zu Untersuchung ist praktisch beweisend.
Bläschen und Bullae	Die zystischen Hohlräume sind größer als 1 cm und werden von einer schmalen oder sogar haarliniendünnen Wand begrenzt, die unvollständig sichtbar sein kann. Die umgebende Lunge kann komprimiert sein und dadurch örtlich eine dickere Wand vortäuschen. Gewöhnlich multiple Läsionen mit Bevorzugung der Oberlappen. Eine häufige Komplikation ist ein Pneumothorax	Es können radiographische Zeichen eines diffusen Emphysems vorhanden sein. Luft-Flüssigkeitsspiegel entstehen bei Infektion oder seltener bei Blutung. Eine *solitäre Bulla* kann sich als Folge eines Lungenabszesses oder einer Tuberkulose entwickeln (Abb. 9.**18**). Sie kann auch eine bronchogene Zyste repräsentieren, deren flüssiger Inhalt entleert wurde, oder sie kann posttraumatisch entstanden sein.
Pneumozelen (Abb. 9.19)	Solitäre oder multiple dünnwandige zystische Läsionen, gewöhnlich bei Staphylokokkenpneumonie.	Man findet sie bei 50% der Kinder mit Staphylokokkenpneumonien, weniger häufig bei anderen Pneumonien (z. B. Streptokokken- und *Pneumocystis-carinii*-Pneumonie bei AIDS). Entstehen durch Ventilverschluß einer Kommunikation zwischen einem peribronchialen Mikroabszeß und dem Lumen eines Bronchus.
Zystische Fibrose (Abb. 9.20)	Dünnwandige zystische Läsionen mit oder ohne Luft-Flüssigkeitsspiegel, verbunden mit diffusen grobretikulären Veränderungen, Überblähung und pulmonaler arterieller Hypertonie.	Ursache von Ringschatten können zystische Bronchiektasen, Bullae, Mikroabszesse und/oder Wabenbildung sein.
Sarkoidose (Abb. 9.21)	Selten finden sich zystische Läsionen und kavitäre Knötchen aufgepfropft auf die charakteristischeren, diffusen retikulonodulären Lungenveränderungen.	Es wurden Myzetome in diesen kavitären Läsionen beschrieben.

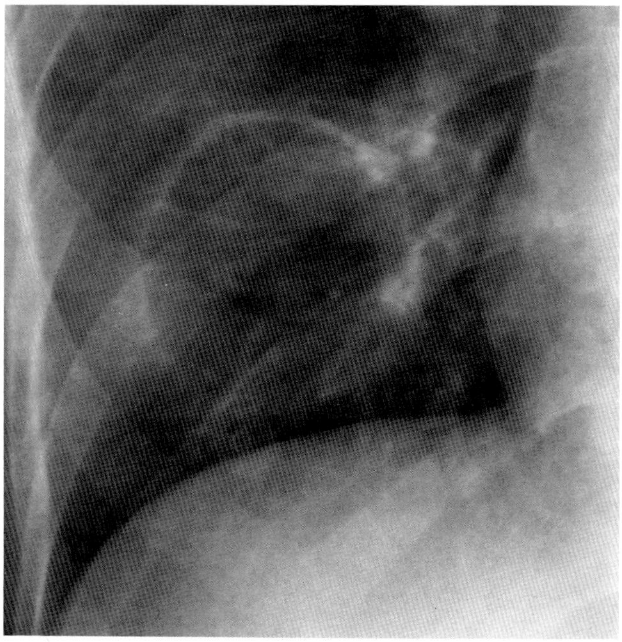

Abb. 9.**18** **Bulla.** Im rechten Unterlappen hat sich eine solitäre dünnwandige Bulla als Folge eines Lungenabszesses entwickelt.

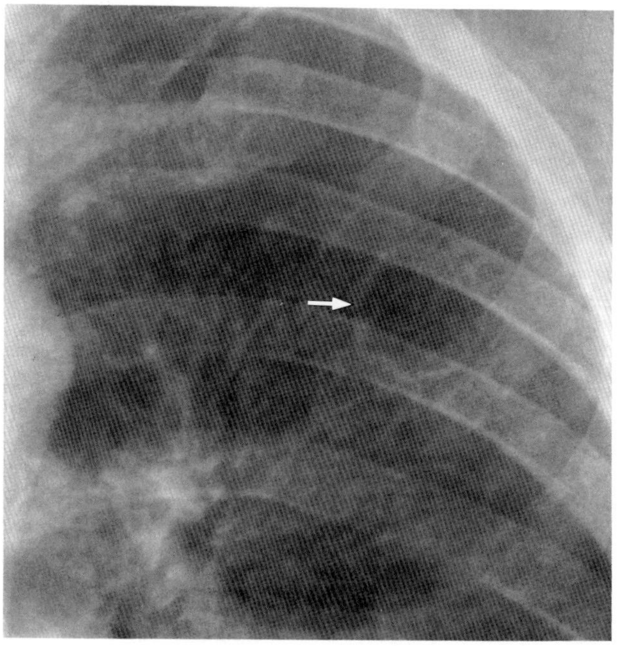

Abb. 9.**19** **Pneumozele.** Eine solitäre Pneumozele (Pfeil) hat sich im linken Oberlappen dieses AIDS-Patienten mit *Pneumocystis-carinii*-Pneumonie entwickelt.

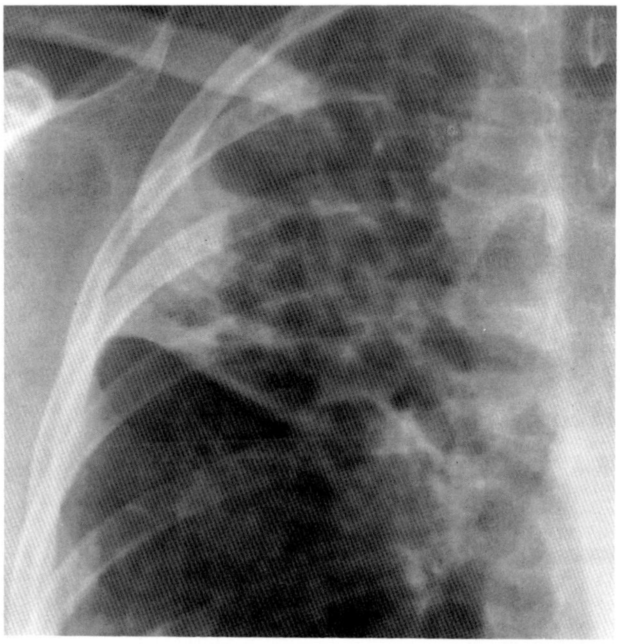

Abb. 9.**20** **Zystische Fibrose.** Multiple zystische Läsionen begleitet von grobretikulären und fleckförmigen Verschattungen im rechten Oberlappen. Ähnliche Veränderungen bestanden auch im linken Oberlappen.

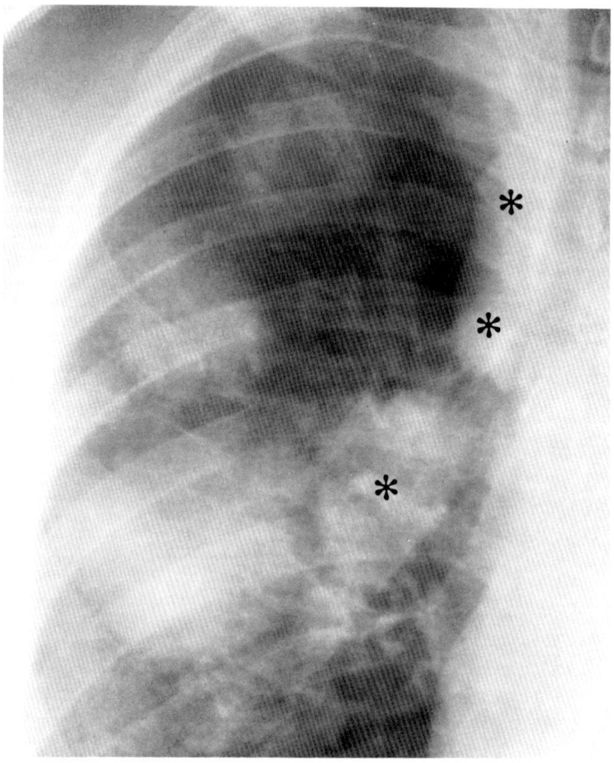

Abb. 9.**21** **Sarkoidose.** Relativ schlecht abgrenzbare noduläre Verschattungen im rechten Lungenflügel. Der Knoten, der sich unmittelbar unter die rechten Klavikula projiziert, weist eine Zerfallshöhle auf. Auch eine hiläre und paratracheale Lymphadenopathie (Sternchen) ist sichtbar. Ähnliche Veränderungen bestanden auch in der linken Thoraxhälfte.

10 Erhöhte Strahlendurchlässigkeit der Lunge

Bestimmend für die radiographische Dichte der Lunge ist die Absorption der Röntgenstrahlen durch Gas, Blut und Gewebe. Die großen Blutgefäße haben eine Dichte von 1,0 g/ml, während die Dichte des Lungenparenchyms bei voller Kapazität nur 0,08 g/ml ausmacht. Das ermöglicht die Darstellung der Blutgefäße in der Lunge ohne Verwendung von Kontrastmittel. Die Dichte des Lungenparenchyms erhöht sich mit Zunahme der Blutfülle in den Kapillaren und Zunahme des Gewebes oder der Flüssigkeit im Interstitium. Die Zunahme des Luftgehalts setzt die Lungendichte herab. Eine Verminderung der Lungendichte manifestiert sich als stärkere Schwärzung des Thoraxfilms.

Die Empfindlichkeit der Bewertung von bilateralen Veränderungen der Lungendichte auf Röntgenbildern ist begrenzt, bedingt durch technische Variablen, ungleichmäßige Dicke der extrathorakalen Weichteile und Fehleinschätzung des Beobachters. Die CT ist imstande, eine bilaterale Überhelligkeit der Lunge früher aufzudecken, wenn Nativaufnahmen noch anscheinend normal sind. Eine offensichtliche *bilaterale Herabsetzung der Lungendichte* kann durch drei Faktoren oder deren Kombination bedingt sein: 1. Reduktion des Kalibers der peripheren Lungengefäße, 2. Reduktion der Größe der Lungenhili und 3. allgemeine Überblähung der Lunge.

Es sind vier Kombinationen dieser Veränderungen möglich:

1. *Kleine periphere Gefäße; keine Überblähung; kleine Hili.*

Diese Kombination zeigt eine Reduktion der Lungendurchblutung an und ist pathognomonisch für in der Regel zyanotische angeborene Herzfehler mit Rechts-links-Shunt (Fallot-Tetralogie mit Pulmonalatresie, Truncus arteriosus persistens Typ IV, Ebstein-Anomalie) oder für eine isolierte Pulmonalstenose ohne poststenotische Dilatation.

2. *Kleine periphere Gefäße; keine Überblähung; erweiterte Pulmonalarterien im Hilusbereich.*

Diese Kombination ist das Ergebnis verschiedener Ursachen, die zur pulmonalen arteriellen Hypertonie führen (Pulmonalarterienstenose, ausgedehnte Embolisierung kleiner Arterien, pulmonale Arteriitis, primäre pulmonale Hypertonie usw.).

3. *Allgemeine Überblähung der Lunge; kleine periphere Gefäße; normale oder erweiterte Pulmonalarterien im Hilusbereich.*

Diese Kombination ist pathognomonisch für eine bilaterale Überblähung der Lunge infolge einer Luftwegerkrankung wie Emphysem.

4. *Allgemeine Überblähung der Lunge; normales Kaliber der Gefäßzeichnung in der ganzen Lunge; normale Hilusschatten.*

Diese Kombination ist pathognomonisch für eine bilaterale akute Luftwegerkrankung, etwa Asthmaanfall oder Bronchiolitis. Die Krankheiten, die sich als Kombination 1 und 2 manifestieren, wurden in Kap. 1, S. 3–39 behandelt, und nur Luftwegerkrankungen, die mit einer bilateralen diffusen Überhelligkeit der Lunge in Erscheinung treten, z. B. ein allgemein erhöhter Luftgehalt der Lunge, sind in Tab. 10.**1** enthalten.

Eine *einseitige Überhelligkeit* eines Lungenflügels ist leichter wahrnehmbar als eine beidseitig vermehrte Strahlendurchlässigkeit. Allerdings kann ein Seitenunterschied in der radiographischen Dichte der beiden Lungenflügel auf Faktoren beruhen, die mit einer Lungenkrankheit nichts zu tun haben. Bei einer Rotation des Patienten wird die Schattendichte des Lungenflügels, der von der Wirbelsäule überlagert wird, gleichmäßig größer sein als die Dichte des anderen Lungenflügels. Ein ähnlicher Effekt kann durch Skoliose oder durch ungenaue Zentrierung des Röntgenstrahls zustande kommen. Andere nichtpulmonale Ursachen einer Asymmetrie der radiographischen Dichte sind eine Asymmetrie der den Brustkorb umgebenden Weichteile (z. B. infolge Mastektomie, unilateraler Hypoplasie oder Fehlen der Thoraxmuskulatur) oder eine starke Asymmetrie des Brustkorbs. Wenn ein Seitenunterschied in der Dichte besteht, läßt sich mitunter schwer entscheiden, ob die Seite der geringeren oder der höheren Dichte die abnorme ist. Eine diffuse, einseitige alveoläre Verdichtung (z. B. Pneumonie), ein einseitiges Lungenödem oder der Effekt eines Pleuraergusses auf der Aufnahme in Rückenlage sollten als Ursachen einer Dichteasymmetrie leicht auszuschließen sein, wenn man sich an die allgemeinen diagnostischen Zeichen der Parenchymerkrankung (s. Kap. 5, S. 91) oder Pleuraerkrankung (s. Kap. 3, S. 69) hält.

Eine *örtlich erhöhte Strahlendurchlässigkeit* kann einen ganzen Lungenflügel, einen Lappen oder ein Segment betreffen. Eine pulmonale Luftzyste (Bulla oder Bläschen) muß einen Durchmesser von einem oder einigen Zentimetern haben, um sichtbar zu sein, denn nur bei dieser Größe kann die Veränderung der Dichte und der Gefäßzeichnung mit der übrigen Lunge verglichen werden.

Die diagnostische Bewertung der örtlich erhöhten Strahlendurchlässigkeit fußt auf denselben Variablen wie bei der allgemeinen Überhelligkeit der Lunge: 1. der Luftmenge in dem betroffenen Gebiet, 2. dem Vorhandensein und Kaliber der Blutgefäße in dem überhellen Gebiet und 3. eventuellen Veränderungen der zentralen Pulmonalarterien oder der Hiluslymphknoten. Die örtliche Verminderung der Durchblutung in dem überhellen Gebiet kann zu einer kompensatorischen Durchblutungssteigerung in der übrigen oder kontralateralen Lunge führen. Hilusveränderungen können bei örtlich erhöhter Strahlentransparenz der Lunge unbedeutend sein oder fehlen, wenn es sich um kleine überhelle Läsionen handelt. Wenn der ganze Lungenflügel betroffen ist (einseitig helle Lunge) oder wenn eine kompensatorische gleichseitige Überblähung infolge einer Lappenatelektase besteht, liefern u. U. Kaliber- oder Verlaufsänderungen der großen Pulmonalarterienäste oder eine eventuelle hiläre Adenopathie wichtige diagnostische Informationen.

Eine vierte für die Diagnose wichtige Variable bei örtlich erhöhter Strahlendurchlässigkeit, das Vorhandensein oder Fehlen einer *Luftretention,* wird durch den Vergleich von Aufnahmen in Inspiration und Exspiration erfaßt. Eine Luftretention in einem Lappen ist für ein Obstruktionsemphysem praktisch beweisend (z. B. Fremdkörper oder Tumor). Tab. 10.**2** bringt Krankheiten, die durch eine einseitig helle Lunge oder eine örtlich erhöhte Strahlentransparenz der Lunge gekennzeichnet sind, sowie ihre differentialdiagnostischen Kriterien.

Tabelle 10.1 Bilaterale diffuse Überhelligkeit der Lunge (Überblähung)

Krankheit	Radiographischer Befund	Kommentar
Chronisches Obstruktionsemphysem (Abb. 10.1, 10.2)	1. *Allgemeine Zeichen der Überblähung:* überhelle Lunge, tiefstehendes, flaches oder konkaves Zwerchfell, vergrößerter p.-a. Thoraxdurchmesser, verbreiterter Retrosternalraum. 2. Einschränkung der Zwerchfellexkursionen auf weniger als 2 cm und Luftretention, die beim Vergleich der Aufnahmen in Inspiration und Exspiration sichtbar wird. 3. Rasche Kaliberabnahme der Lungengefäße in der Peripherie und ungleichmäßige Verteilung dieser Gefäße, oft sind Bullae vorhanden. Kleines Herz. *(Emphysem mit verminderter Lungenzeichnung.)* 4. Hervortretende Lungengefäße mit unregelmäßiger und undeutlicher Kontur, oft mit Cor pulmonale. Bullae ungewöhnlich. *(Emphysem mit verstärkter Lungenzeichnung.)*	Die 3. Form ist beim panlobulären Emphysem häufig („pink puffer"), die 4. Form beim zentrolobulären Emphysem („blue bloater"). Das Emphysem mit „verstärkter Lungenzeichnung" (4. Form) wird oft übersehen und nur als chronische Bronchitis oder rezidivierende Bronchopneumonie betrachtet, weil die Zeichen der Überblähung nicht so hervorstechend sind. Sie können durch eine Linksherzinsuffizienz überlagert und teilweise verschleiert werden. Gewöhnlich verbunden mit *chronischer Bronchitis.* Wenn keine chronische Bronchitis besteht, steht das Emphysem eventuell in Zusammenhang mit seltenen erblichen Defekten des Bindegewebes *(Marfan-Syndrom, Osteogenesis imperfecta, Cutis laxa)* oder mit α_1-*Antirypsinmangel;* das Emphysem betrifft dabei vorwiegend die Unterlappen.
Syndrom der progressiven Lungendystrophie (Schwundlunge, primär bullöse Lungenerkrankung, Vanishing lung) (Abb. 10.3)	Bullae (luftgefüllte, dünnwandige, scharf begrenzte avaskuläre Hohlräume innerhalb der Lunge) kommen häufiger in den Oberlappen vor und können wachsen. Es besteht eine Überblähung (wie beim chronischen Obstruktionsemphysem), aber keine diffuse Oligämie des restlichen Lungenparenchyms.	Die Krankheit ist androtrop und asymptomatisch, wenn nicht das restliche gesunde Lungenparenchym stark komprimiert wird. Häufig Spontanpneumothorax infolge Ruptur von Blasen. Bullae sieht man häufig beim chronischen Obstruktionsemphysem, mit dem die Lungendystrophie zufällig vergesellschaftet sein kann.

Fortsetzung auf Seite 174

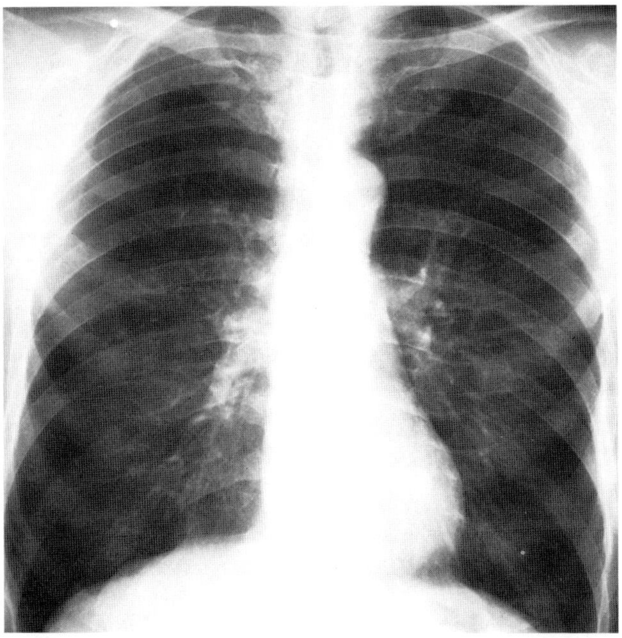

10.**1a**

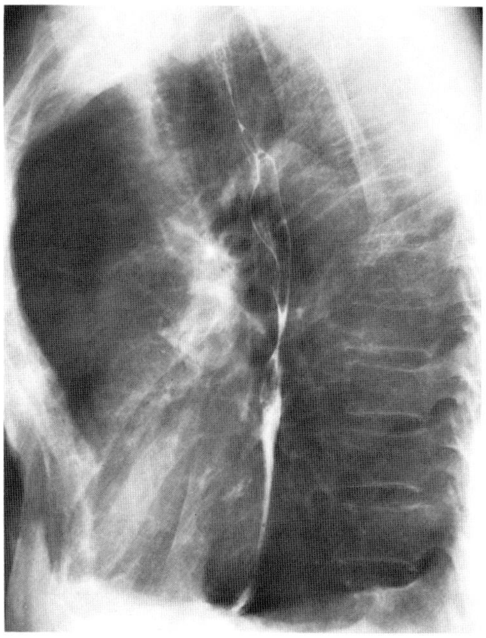

10.**1b**

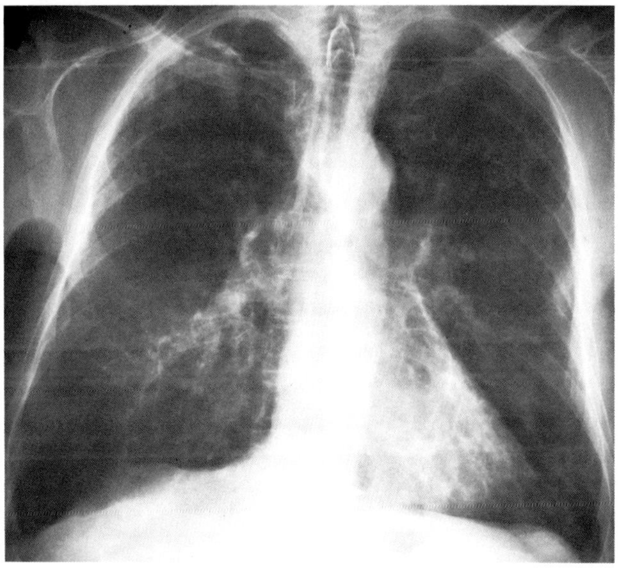

10.**2**

Abb. 10.**1 a, b** **Emphysem mit verminderter Lungenzeichnung:** Überhelle Lunge, flaches Zwerchfell, vergrößerter Retrosternalraum. Rasche Kaliberabnahme der peripheren Lungengefäße.

Abb. 10.**2** **Emphysem mit Linksherzinsuffizienz.** Allgemeine Zeichen der Überblähung, hervortretende Lungengefäße mit undeutlichen, unregelmäßigen Konturen. Kleine Bullae hinter dem Herzen. Vergrößerung des linken Ventrikels.

Abb. 10.**3 a, b** **Progressive Lungendystrophie.** Dünnwandige Bullae in den mittleren und oberen Lungenfeldern. Das Zwerchfell ist nicht abgeflacht. Die Gefäßzeichnung in der übrigen Lunge ist normal.

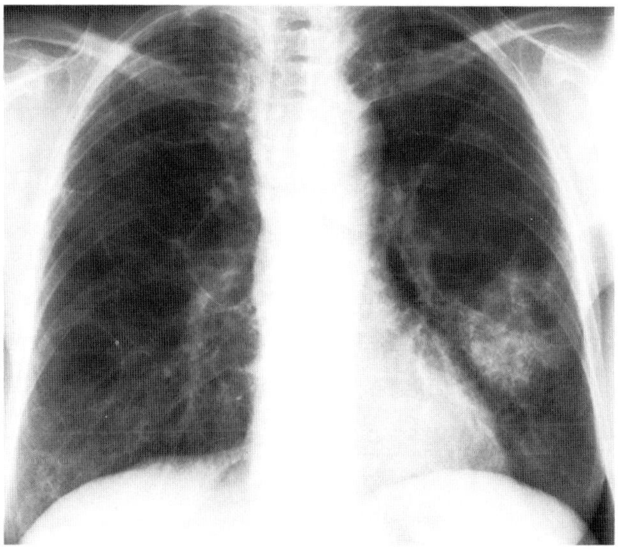

10.**3a**

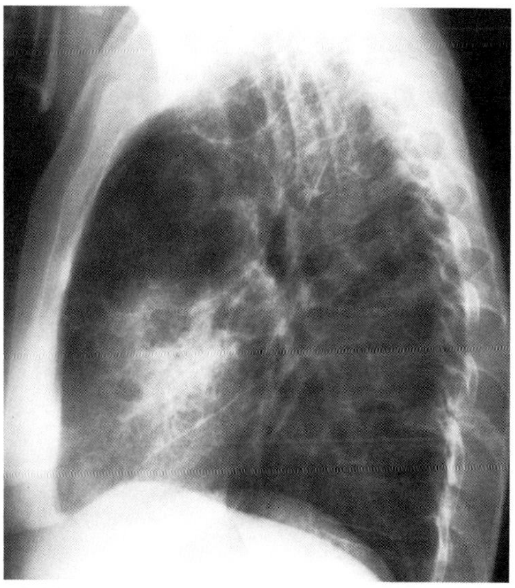

10.**3b**

Tabelle 10.1 Bilaterale diffuse Überhelligkeit der Lunge (Überblähung) (Fortsetzung)

Krankheit	Radiographischer Befund	Kommentar
Asthma (Status asthmaticus, langdauernder Asthmaanfall) (Abb. 10.4)	Schwere Überblähung der Lunge mit Luftretention. Tieferstehendes, aber immer noch konvexes Zwerchfell. Die Gefäßzeichnung ist in der ganzen Lunge von normalem Kaliber. Tubuläre Schatten oder „schienenartige" Linien können ein Ödem oder eine Verdickung der Bronchienwände repräsentieren.	Zwischen den Episoden ist das Thoraxröntgenbild oft normal. Ein schwerer Status asthmaticus und ein diffuses Emphysem können aufgrund des Fehlens einer pulmonalen Oligämie und einer konkaven Konfiguration der Zwerchfelloberfläche beim erstgenannten unterschieden werden.
Akute Bronchiolitis (Abb. 10.5)	Eine schwere Überblähung der Lunge ist u. U. der einzige Befund. Oft akzentuierte Lungenzeichnung und kleine miliare Knötchen (retikulonoduläre Zeichnung), besonders in den unteren Zonen. Örtliche Atelektasebezirke treten in 15% der Fälle auf.	Gewöhnlich eine Virusinfektion der kleinen Luftwege. Befällt Kinder unter drei Jahren und Erwachsene mit präexistenter Krankheit des Atmungssystems. Die Bronchiolitis des Kindesalters kann durch *Bronchiolitis obliterans*, Überdehnung und emphysematöse Destruktion zu einem unilateralen oder lobulären Emphysem im späteren Leben führen *(MacLeod-Syndrom)*.
Diffuse infantile Bronchopneumonie	Diffuse oder fleckförmige Überblähung. Vergrößerung der peribronchialen Lymphknoten. Es folgt gewöhnlich eine Verdichtung, eventuell verbunden mit fleckförmigen Atelektasen.	Dieser Typ der bilateralen Pneumonie ist eine häufige Komplikation bei *Keuchhusten, Masern* und *Grippe,* wird bei *bakterieller Pneumonie* aber selten beobachtet. Das röntgenologische Bild kann sich plötzlich verändern.
Zystische Fibrose (Mukoviszidose) (Abb. 10.6)	Überblähung der Lunge. Akzentuierung der streifigen Zeichnung (Bronchienwände). Atelektase. Rezidivierende Herdpneumonien.	Die Luftwege sind von zähem Schleim verlegt. Die Überblähung des Parenchyms ist weitgehend kompensatorisch, doch kann bei Erwachsenen ein echtes Emphysem auftreten. Beweisend ist die überhöhte Natriumchloridkonzentration im Schweiß.
Trachea- oder Larynxobstruktion oder -kompression (Fremdkörper, Gefäßring, Tumor, Säbelscheidentrachea, Tracheobronchomegalie, rezidivierende Polychondritis)	Alle diese seltenen Störungen können als Überblähung der Lunge mit Begleitbefunden in der Trachea (z. B. Kompression von Trachea und Ösophagus durch einen Gefäßring, Kollaps der erweichten Trachea während der Exspiration bei Tracheobronchomegalie) oder in der Lunge (rezidivierende Pneumonien, Parenchymnarben) in Erscheinung treten.	*Gefäßring:* s. Kap. 1, S. 34. Die häufigsten Luftröhrentumoren sind: *Plattenepithelkarzinom, adenoid-zystisches Karzinom (Zylindrom), Osteochondrom* und *Papillom* (besonders bei Kindern). *Tracheobronchomegalie (Mounier-Kuhn-Syndrom):* Dilatation der schadhaften Knorpelringe und Vorwölbung der interkartilaginären Partien. Luftröhrendurchmesser über 3 cm. Befällt in erster Linie Männer im mittleren Alter. *Säbelscheidentrachea:* Seitliche Abplattung der Trachea, so daß der Frontaldurchmesser zwei Drittel oder weniger des Sagittaldurchmessers ausmacht, wenn die Messung 1 cm oberhalb des Aortenbogens vorgenommen wird. Betrifft fast ausschließlich Männer. Ein Emphysem ist häufig. Eine lokalisierte *Tracheomalazie* (oder Stenose) kann Spätkomplikation einer endotrachealen Intubation oder einer Tracheostomie sein. Die *rezidivierende Polychondritis* befällt die Knorpel in Ohr, Nase, Tracheobronchialbaum und Gelenken.

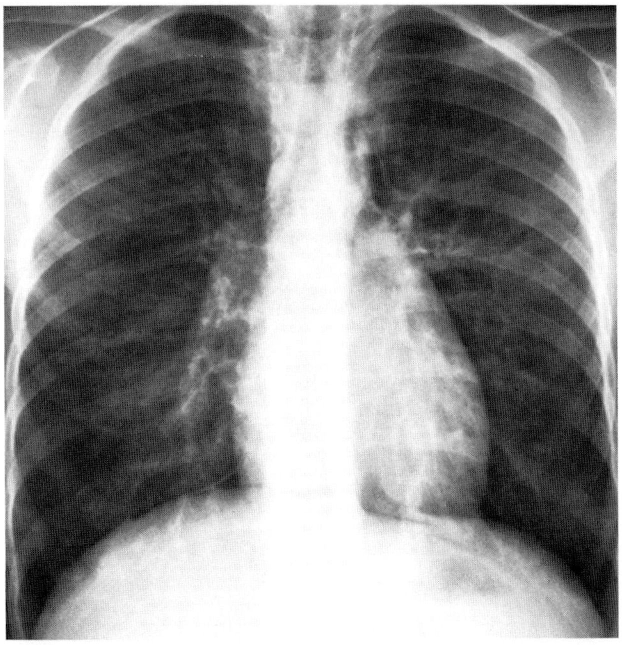

10.**4a**

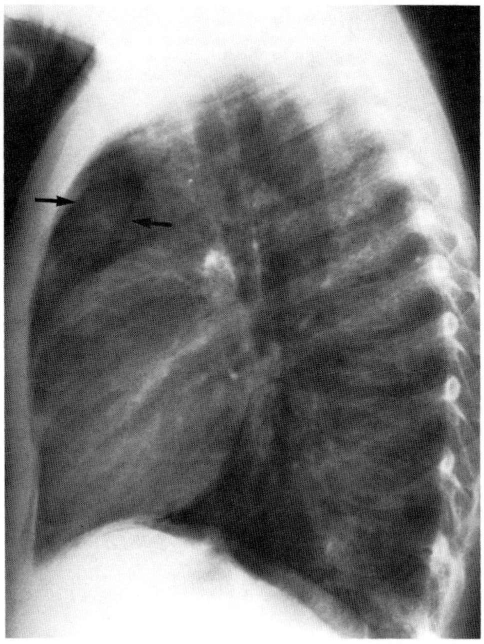

10.**4b**

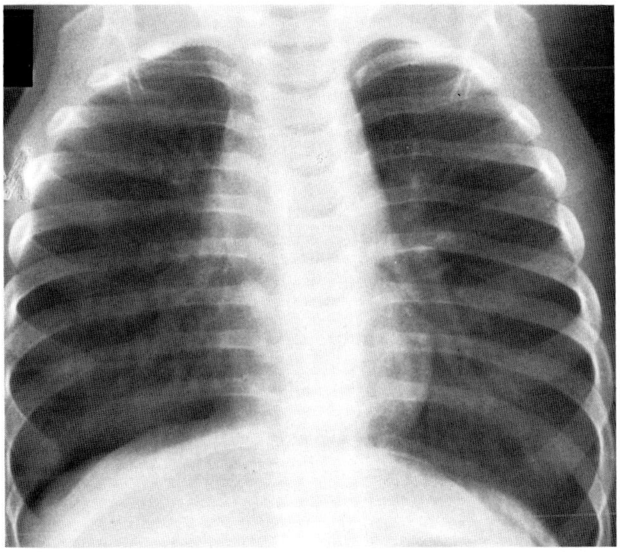

10.**5a**

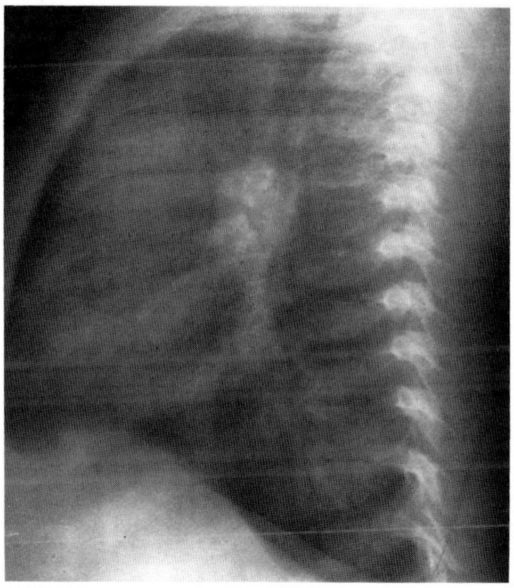

10.**5b**

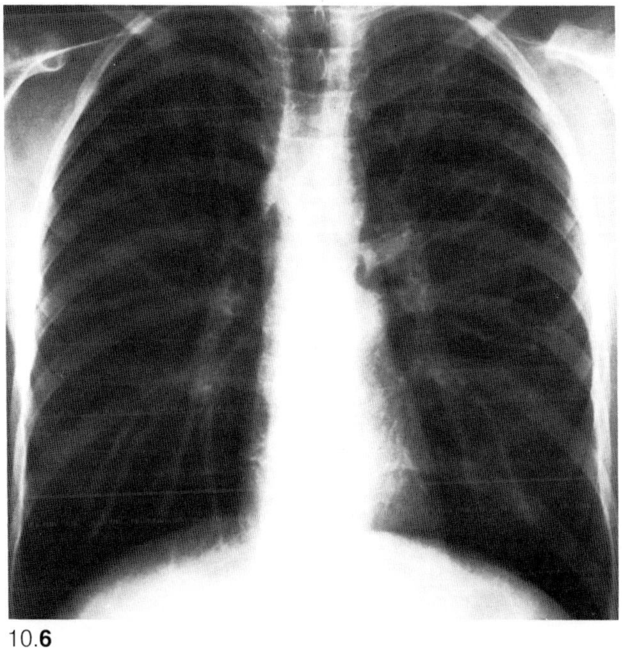

10.**6**

Abb. 10.**4a, b** **Asthma, kompliziert durch Mediastinalemphysem** (Pfeile). Die Lunge ist überbläht, aber das Zwerchfell ist konvex. Die verstärkte streifige Zeichnung, besonders in den oberen und mittleren Lungenfeldern, gilt als Ausdruck verdickter Bronchienwände.

Abb. 10.**5a, b** **Akute Bronchiolitis,** 1jähriges Kind. Schwere Überblähung beider Lungenflügel mit flachem Zwerchfell und Vorwölbung der Lunge in die Interkostalräume.

Abb. 10.**6** **Zystische Fibrose.** Die überblähte Lunge enthält akzentuierte streifige Zeichnungen und kleine fleckförmige Infiltrate.

Tabelle 10.2 Unilaterale, lobäre oder örtlich begrenzte Überhelligkeit der Lunge

Krankheit	Radiographischer Befund	Kommentar
Syndrom der hypoplastischen Lunge	Kleiner und daher oft überheller rechter Lungenflügel, kleine oder fehlende Pulmonalarterie, kleiner rechter Hilus. Kann mit dem Szimitar-Zeichen verbunden sein (zum Zwerchfell absteigende abnorme, im Bogen verlaufende breite Vene).	Seltene Anomalie, oft verbunden mit Dextrokardie und spiegelbildlich angelegtem Bronchialbaum. Der rechte Lungenflügel wird (teilweise oder vollständig) von Arterien aus dem Körperkreislauf versorgt.
Fehlen (proximale Unterbrechung) einer Pulmonalarterie	Vermindertes Volumen, Hypoplasie und erhöhte Strahlendurchlässigkeit eines Lungenflügels, in der Regel des rechten. Kleiner Hilusschatten auf derselben Seite. Fehlen einer Luftretention auf kombinierten Inspirations- und Exspirationsaufnahmen.	Die Anomalie besteht gewöhnlich auf der kontralateralen Seite des Aortenbogens. Wenn sie links ist, finden sich mit großer Häufigkeit begleitende kardiovaskuläre Anomalien.
Abnormer Abgang der linken Pulmonalarterie aus der rechten	Verschiedengradige obstruktive Überblähung und/oder Atelektase des rechten Lungenflügels. Verlagerung des bariumgefüllten Ösophagus nach dorsal durch die Interposition der anomalen Arterie zwischen unterer Trachea oder rechtem Hauptbronchus und Ösophagus.	Manifestiert sich kurz nach der Geburt mit Symptomen einer Luftwegobstruktion.
Angeborene Bronchusatresie	Überblähung des apikoposterioren Segments des linken Oberlappens. Glatt und mehrbogig begrenzte weichteildichte Masse (Schleim) distal von der Stelle der Atresie. Verringerung der Gefäßzeichnung im befallenen Segment.	Gewöhnlich asymptomatische seltene Anomalie mit charakteristischem radiographischem Bild. Kann in seltenen Fällen andere Segmentbronchi betreffen. Verantwortlich für die Überblähung ist die kollaterale Luftverlagerung vom anterioren Segment.
Angeborenes (neonatales) lobäres Emphysem (Abb. 10.7)	Schwere Überblähung eines Lungenlappens, meist des linken Ober-, rechten Mittel- oder rechten Oberlappens. Verlagerung des Mediastinums zur Gegenseite und Tiefstand der gleichseitigen Zwerchfellhälfte. Angeborene Herzanomalie in 50% der Fälle.	Lebensbedrohlicher Zustand, der bei der Geburt oder innerhalb weniger Wochen manifest wird. Die Bronchusobstruktion beruht entweder auf Gefäßkompression oder auf einem Bronchialknorpeldefekt, oder sie ist ungeklärt. Da eine Operation oft obligatorisch ist, sollte eine Abgrenzung von anderen Ursachen einer lobären Überblähung erfolgen (Fremdkörper, tumorbedingte Bronchusobstruktion, angeborene avaskuläre Lungenzyste, Hypoplasie des kontralateralen Lungenflügels oder Pneumothorax).
Bronchusadenom (und andere benigne Lungentumoren)	Luftretention in *Exspiration* und möglicherweise Oligämie, das Volumen des betroffenen Parenchyms ist dagegen bei voller Inspiration gewöhnlich kleiner als normal. Obstruktionspneumonie und Atelektase können nachfolgen und sind der häufigste Befund. Eventuell ist ein weichteildichter Tumor sichtbar.	In den meisten Fällen ist die durch einen benignen Tumor bedingte Bronchusobstruktion vollständig und bewirkt eine Atelektase, aber gelegentlich verursacht ein Ventilmechanismus eine periphere Luftretention.
Bronchuskarzinom (Abb. 10.8)	Die übliche Manifestation ist ein Hilustumor mit Atelektase. Auf der Exspirationsaufnahme kann eine Luftretention zu beobachten sein, aber eine Überblähung ist selten.	Das betroffene Gebiet kann infolge der verminderten Durchblutung etwas heller sein. Eine Überblähung ist auch ein seltener Befund bei *endobronchialen Lymphomen* und bei *tracheobronchialer Amyloidose*.
Primärtuberkulose	Überblähung des vorderen Segments des Oberlappens oder des medialen Segments des Mittellappens. Vergrößerung der gleichseitigen Hiluslymphknoten.	Eine teilweise Bronchusobstruktion ist durch Lymphknotenkompression oder durch Narbengewebsbildung bedingt. Der Überblähung kann eine Atelektase folgen.
Staphylokokkenpneumonie	Akute, meist bilaterale Pneumonie beim Kind, gefolgt von Pneumatozelen, Pneumothorax oder Pleuraerguß.	Häufig bei Säuglingen und Kindern. Bei Erwachsenen führt die Staphylokokkenpneumonie eher zu Lungenabszessen mit Pleuraerguß oder Empyem. Ähnliche Veränderungen können sich als Folge einer *Streptokokkenpneumonie* entwickeln.

Fortsetzung auf Seite 178

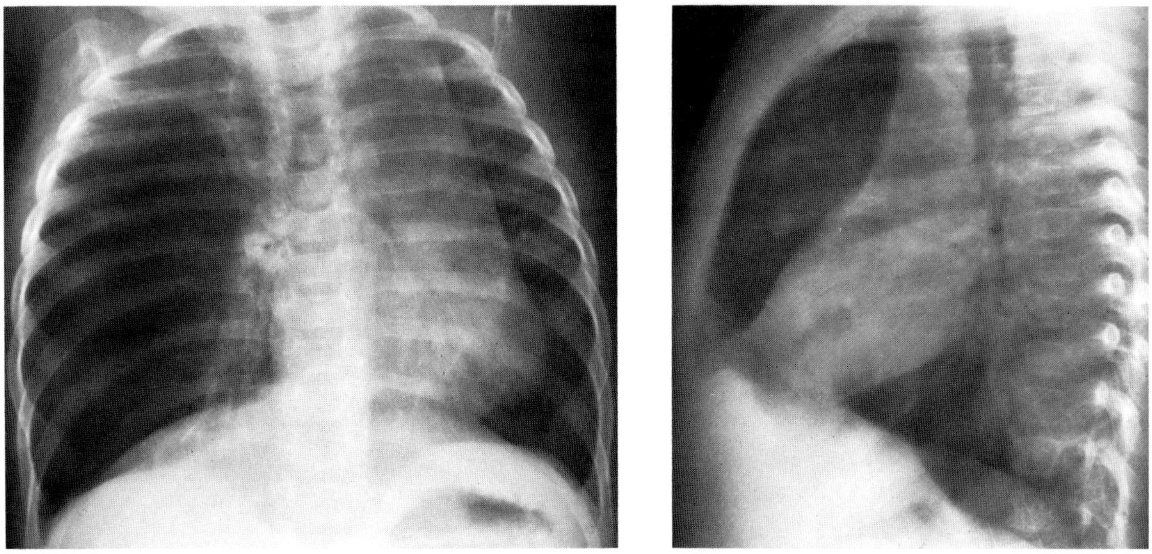

a b

Abb. 10.7 **a, b** **Lobäres Emphysem.** Massives Emphysem des rechten Mittellappens, Kollaps des restlichen rechten Lungenflügels und Verlagerung des Mediastinums. Dieses Kind war bereits 8 Monate alt, aber das Bild entspricht einem neonatalen lobären Emphysem. Bei der Operation fand sich keine zugrundeliegende Ursache.

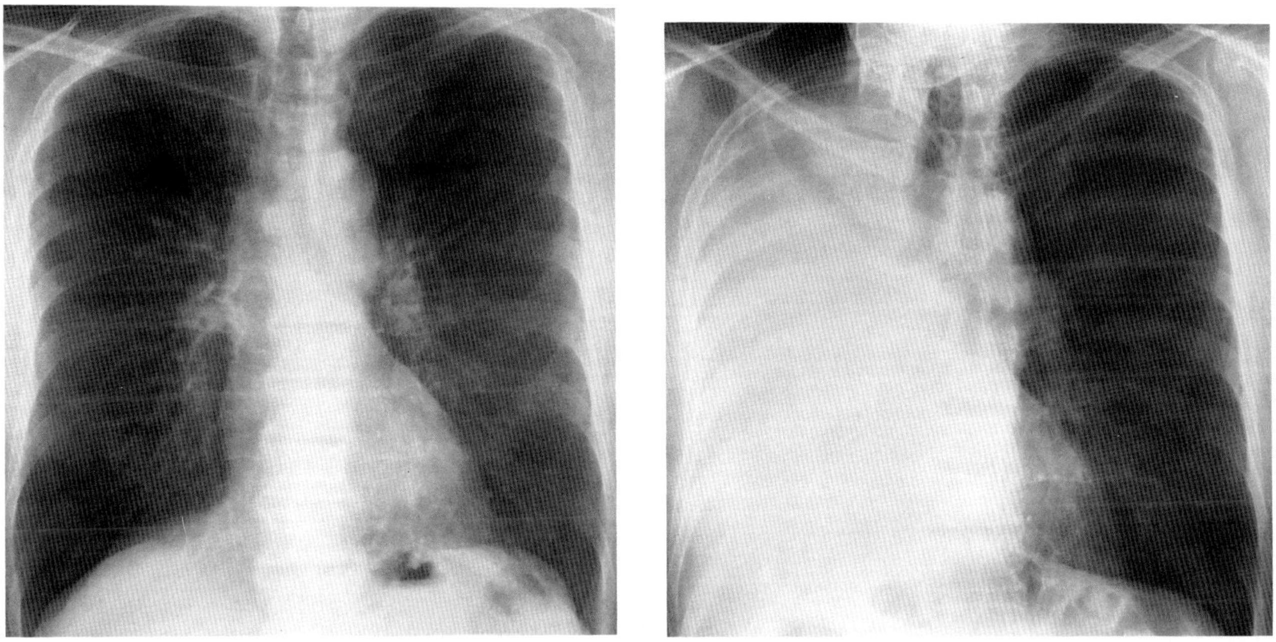

a b

Abb. 10.8 **a, b** **Bronchuskarzinom.** **a** Geringe Überhelligkeit des rechten Lungenflügels. Zarte Verschattung am rechten Hilus. **b** Drei Wochen später besteht eine totale Atelektase des rechten Lungenflügels, eine Verlagerung des Mediastinums nach rechts und eine Überhelligkeit des linken Lungenflügels.

Tabelle 10.2 Unilaterale, lobäre oder örtlich begrenzte Überhelligkeit der Lunge (Fortsetzung)

Krankheit	Radiographischer Befund	Kommentar
Lungenarterien-thromboembolie (Abb. 10.9)	Erweiterung und abrupter Verschluß einer großen Lungenarterie. Örtliche Oligämie (Westermark-Zeichen). Mäßige Volumenverkleinerung des betroffenen Segments, das aber wegen der Oligämie noch vermehrt strahlentransparent sein kann.	Eine Lungenarterienembolie kann eine Vielzahl von radiographischen Veränderungen hervorrufen, und oft ist kein diagnostisch entscheidendes Zeichen vorhanden. Das Westermark-Zeichen ist verwertbar, wenn Aufnahmen vor der Embolie zur Verfügung stehen.
Fremdkörperaspiration (Abb. 10.10, 10.11)	Luftretention in der Exspirationsaufnahme. Eventuell lokale Oligämie. Vorwiegend in einem Unterlappen, meist auf der rechten Seite.	Wenn der Fremdkörper schattengebend ist, kann er identifizierbar sein.
Lokales Obstruktionsemphysem	Veränderungen ähnlich wie beim chronischen diffusen Obstruktionsemphysem (Tab. 10.**1**), aber dem röntgenologischen Befund entsprechend lokalisiert.	Funktionstests zeigen eine generalisierte Krankheit an. Radiographisch sind die Unterlappen häufiger befallen.
Unilaterales (oder lobäres) Emphysem (MacLeod-Syndrom) (Abb. 10.12)	Einseitig helle Lunge (selten nur ein Lappen davon) mit normalem oder reduziertem Volumen. Oligämie des betroffenen Lungenflügels, kleiner Hilus. Luftretention bei Exspiration (diagnostisch beweisend).	Komplikation eines pulmonalen Infektionsprozesses im Kindesalter (Bronchiolitis obliterans), morphologisch ähnlich wie ein Emphysem. Die wichtigste differentialdiagnostische Alternative ist die *angeborene Pulmonalarterienaplasie*. Sie geht nicht mit Luftretention einher.

Fortsetzung auf Seite 180

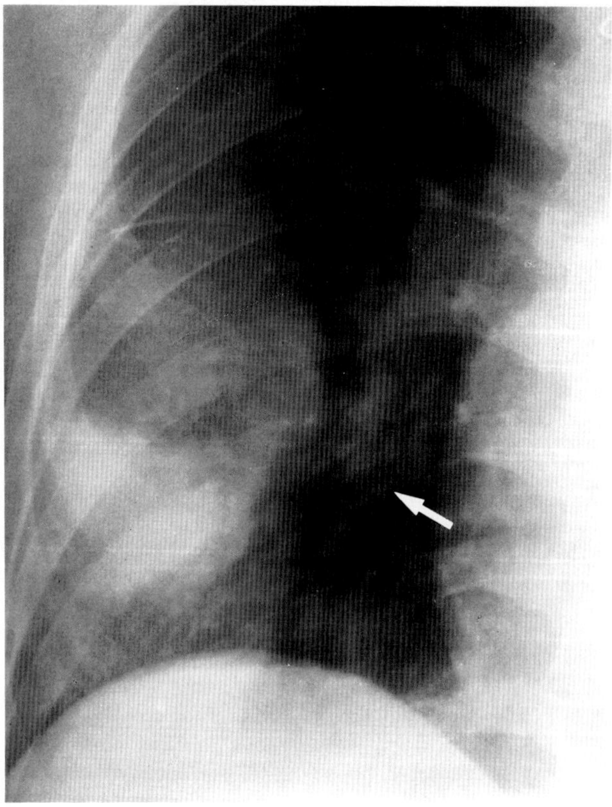

◀ Abb. 10.**9** **Lungenarterienthromboembolie.** Abrupter Verschluß der rechten Unterlappenarterie (Pfeil), unter dem ein überheller, oligämischer Bezirk liegt. Die Verschattung lateral davon ist ein Lungeninfarkt.

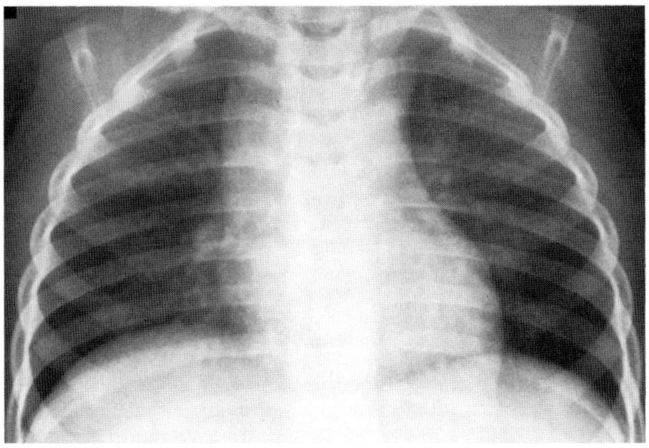
a

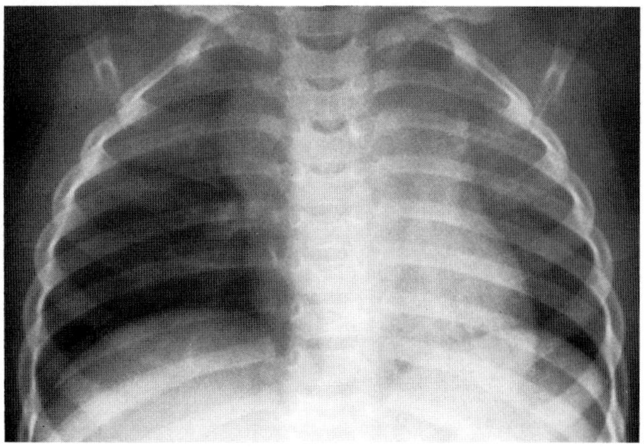
b

Abb. 10.**10 a, b** **Fremdkörperaspiration.** **a** Die Aufnahme in Inspiration ist normal, aber in Exspiration **b** zeigt sich ein Obstruktionsemphysem des rechten Mittel- und Unterlappens, das eine Obstruktion des rechten Bronchus intermedius zwischen den Ästen für den Ober- und Mittellappen anzeigt. Man beachte die Verbreiterung des Mediastinums in Exspiration, ein normaler Befund bei Kleinkindern.

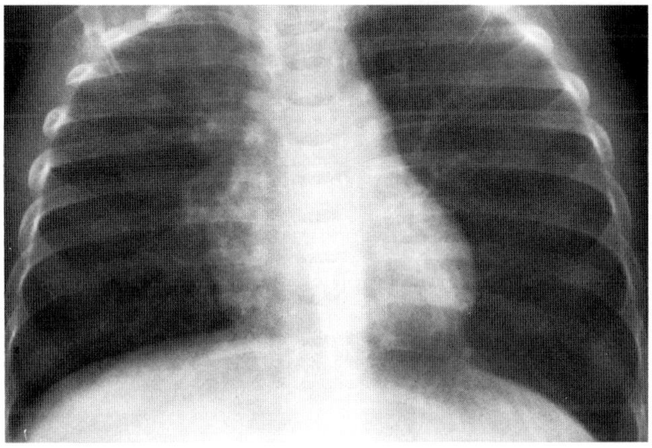
a

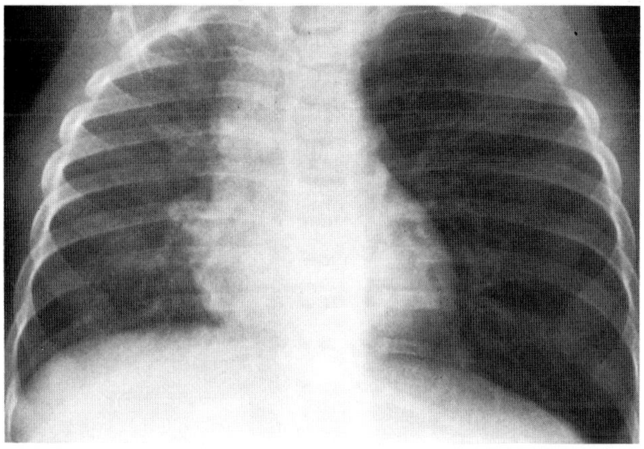
b

Abb. 10.**11 a, b** **Obstruktion des linken Hauptbronchus** (ein Karottenstück). **a** Die Aufnahme in Inspiration zeigt eine geringfügig erhöhte Strahlentransparenz, die **b** in Exspiration akzentuiert wird.

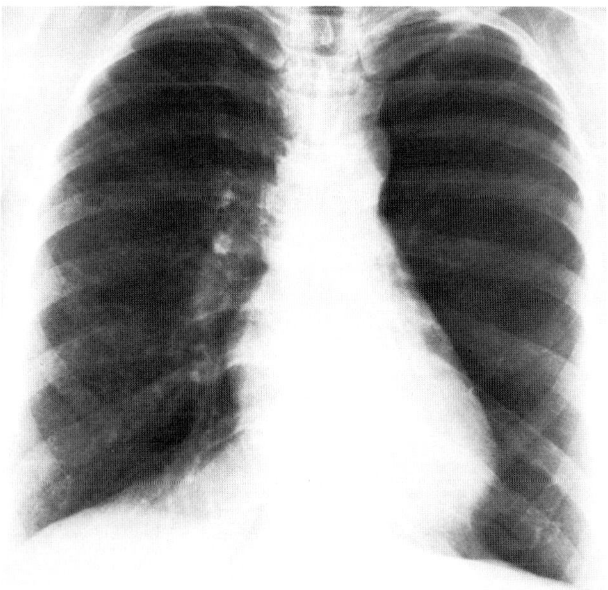

Abb. 10.**12** **Swyer-James- oder MacLeod-Syndrom.** ▶ Leicht erhöhte Helligkeit des linken Lungenflügels, verursacht durch Oligämie des linken Lungenflügels und Luftretention (man beachte das flache Zwerchfell).

Tabelle 10.2 Unilaterale, lobäre oder örtlich begrenzte Überhelligkeit der Lunge
(Fortsetzung)

Krankheit	Radiographischer Befund	Kommentar
Bulla, Pneumozele, Luftblase (Abb. 10.13, 10.14)	Scharf begrenzte lufthaltige Hohlräume mit haarliniendünnen Wänden, die eine Größe von 1 cm bis zum Volumen einer Thoraxhälfte erreichen können. Gefäßzeichnung fehlend. Das benachbarte Lungengewebe wird eventuell komprimiert. Überblähung und Luftretention sind üblich.	Vorherrschend unilateral. Anders als beim unilateralen Emphysem fehlt die Gefäßzeichnung. Kann eine Komplikation einer nekrotisierenden (meist Staphylokokken-)Pneumonie sein, aber auch de novo entstehen. Die Ausdrücke Bulla, Zyste und Pneumatozele beziehen sich in der Regel auf luftgefüllte, dünnwandige Hohlräume innerhalb der Lunge. Eine Luftblase stellt gewöhnlich eine Luftansammlung innerhalb der Schichten der Pleura visceralis dar, oft in Verbindung mit der Entwicklung eines Pneumothorax.
Sarkoidose (fortgeschrittene pulmonale Sarkoidose) (Abb. 10.15)	Erhöhte Strahlendurchlässigkeit der Lunge, retikulonoduläre Lungenparenchymveränderungen, eventuell verbunden mit Luftblasen, Bullae, Bronchiektasen und allgemeinem Emphysem. Cor pulmonale und pulmonale Hypertonie sind u. U. unverkennbar.	Eine überhelle Lunge bei einer Sarkoidose im Frühstadium ist selten. Eine Bronchusobstruktion durch vergrößerte Knoten wurde gelegentlich beobachtet. Die andere seltene Ursache ist die fortgeschrittene pulmonale Fibrose, die in einer Minderzahl der Fälle auftritt und meist bilateral ist.
Fortsetzung auf Seite 182		

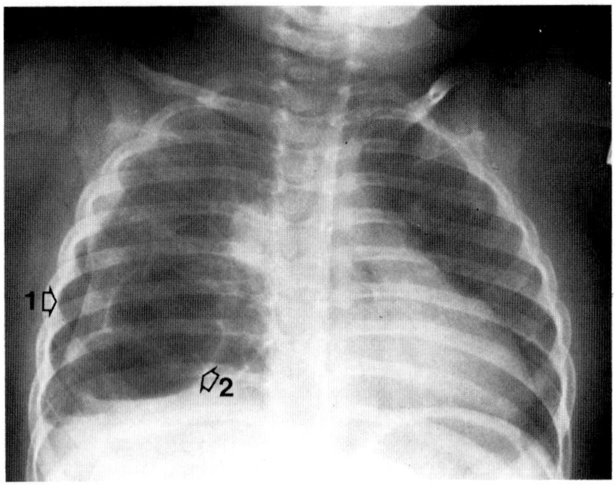

a

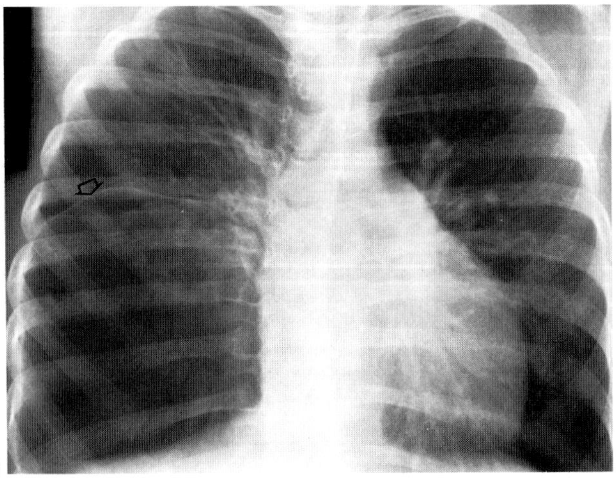

b

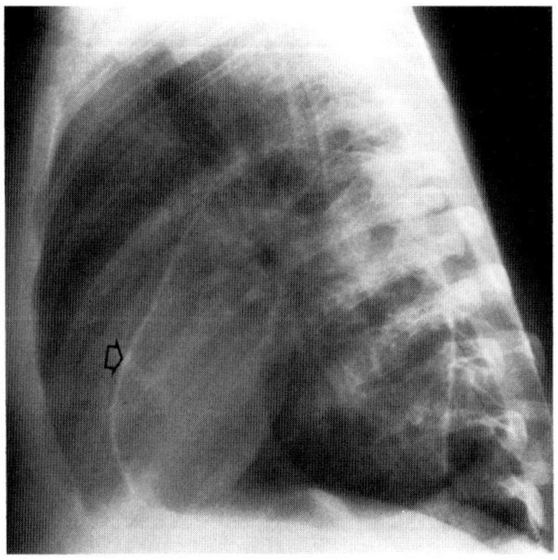

c

Abb. 10.**13 a–c** **Pneumozele und Pneumothorax** im Gefolge einer Staphylokokkenpneumonie. **a** Kleiner Pneumothorax rechts (1) und Pneomozele im rechten Unterlappen (2). **b**, **c** Derselbe Patient zwei Jahre später. Die Pneumozele im rechten Unterlappen ist zu einer riesigen Bulla angewachsen, die die halbe rechte Thoraxhälfte einnimmt.

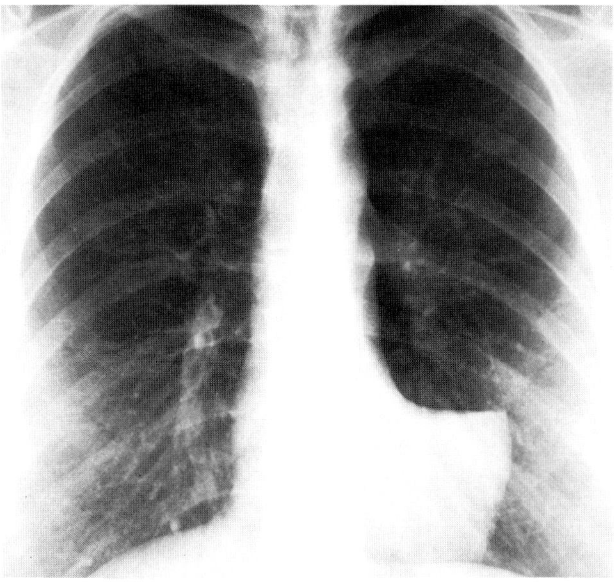
a

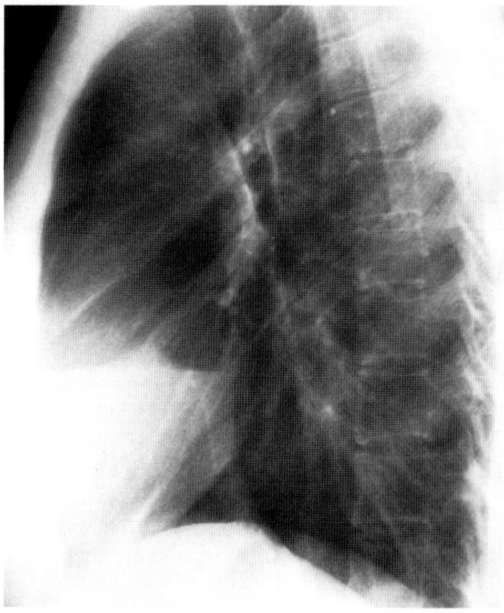
b

Abb. 10.**14 a, b** **Intrapulmonale Zyste.** Die Zyste komprimiert den linken Herzrand und erzeugt in diesem Fall eine eigenartige Form des Herzschattens, weil sie einen Luft-Flüssigkeitsspiegel enthält.

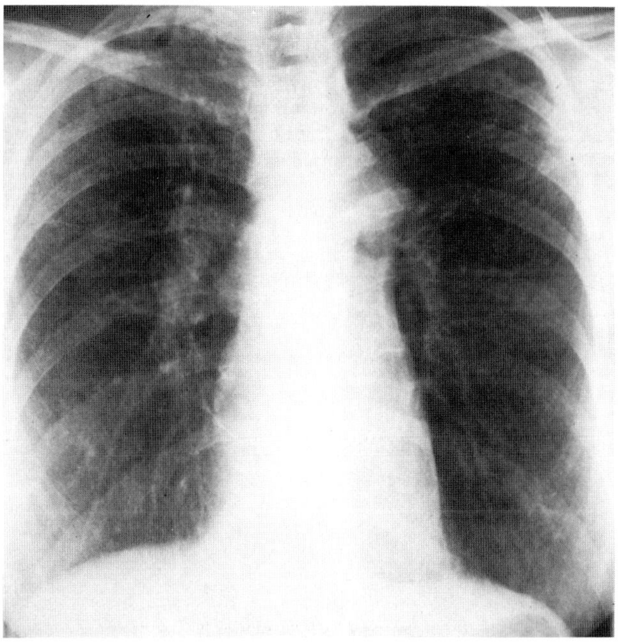
a

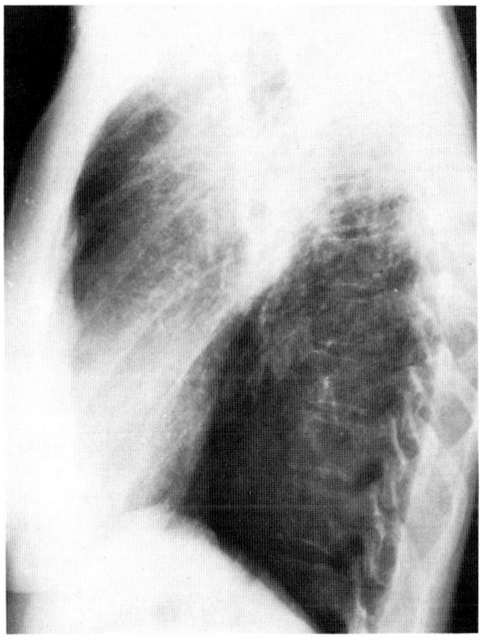
b

Abb. 10.**15 a, b** **Fortgeschrittene Lungenfibrose mit kompensatorischem Emphysem bei Sarkoidose.** Schrumpfung der Oberlappen, Verziehung der Lungenhili nach oben und entsprechendes Emphysem der Unterlappen.

Tabelle 10.2 Unilaterale, lobäre oder örtlich begrenzte Überhelligkeit der Lunge (Fortsetzung)

Krankheit	Radiographischer Befund	Kommentar
Postlobektomie (Postpneumonektomie)	Umorientierung der Gefäße in der operierten Lunge. Reduziertes Volumen der Thoraxhälfte (Zwerchfellhochstand, Mediastinumverschiebung). Verzogener oder kleiner gleichseitiger Hilus. Stumpfer kostodiaphragmatischer Winkel infolge von Adhäsionen (spät).	Bronchopleuralfistel und Empyem sind häufige Komplikationen, oft verbunden mit einer Verlagerung des Herzens und Mediastinums zur Gegenseite. Eine stärkere Flüssigkeitsansammlung kann durch ein Empyem oder eine Spätblutung bedingt sein. Eine Senkung des Pleuraflüssigkeitsspiegels oder ein persistierender Pneumothorax spricht für eine bronchopleurale Fistel. Nach einer *Pneumonektomie* füllt sich die leere Thoraxhälfte langsam (innerhalb von 3 Wochen bis zu 9 Monaten) mit Flüssigkeit. Nach Pneumonektomien beobachtet man oft eine *Herniation des kontralateralen Lungenflügels.*
Kompensatorisches Emphysem (ohne Operation) (Abb. 10.16–10.18)	Der Kollaps eines Lappens führt zur Expansion des (der) benachbarten Lappen(s). Kann durch Bronchusobstruktion oder jede beliebige Ursache eines Lappenkollapses hervorgerufen werden.	Häufige Ursachen sind endobronchiale Tumoren, postinflammatorischer Lappenkollaps oder Atelektase nach Narkose.
Pneumothorax (Abb. 10.19, 10.20)	Fehlende Lungenzeichnung. Die teilweise kollabierte Lunge wird von der scharfen Linie der Pleura visceralis begrenzt. Bei Unklarheit gelingt der Nachweis besser mit einer Aufnahme in Exspiration. Oft besteht ein Luft-Flüssigkeitsspiegel (Hydro- oder Hämatopneumothorax). Durch Pleuranarben kann ein gekammerter Pneumothorax entstehen. Vergrößerung der gleichseitigen Thoraxhälfte und Verlagerung des Mediastinums zur Gegenseite, oft mit ausgedehntem Lungenkollaps, sind Zeichen eines *Spannungspneumothorax.*	Ein Spontanpneumothorax ist meist das Ergebnis der Ruptur einer subpleuralen Zyste, Luftblase oder Bulla und ist bei Männern im dritten und vierten Lebensjahrzehnt am häufigsten. Er kann eine Komplikation bei Tuberkulose, Asthma, eosinophilem Granulom, interstitieller Lungenfibrose, Staphylokokkenpneumonie oder penetrierendem Trauma sein. Ein chronischer Pneumothorax zeigt eine bronchopleurale Fistel an.

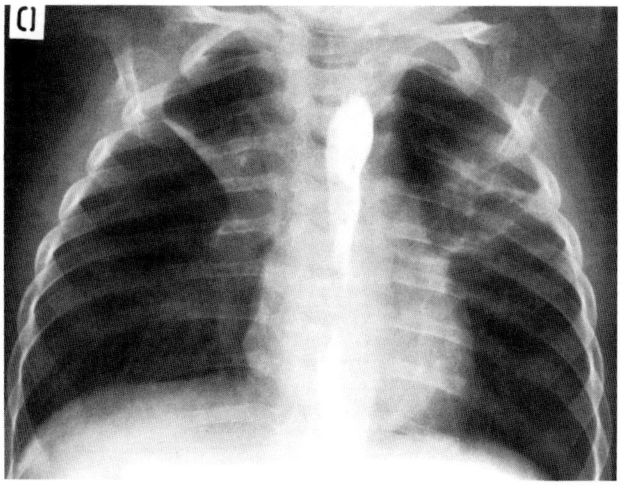

10.**16**

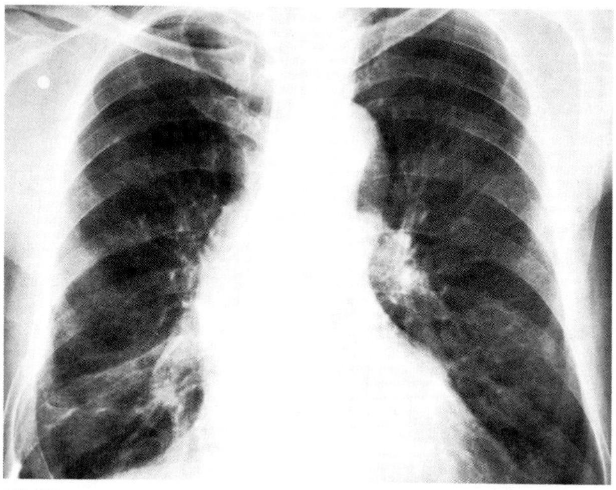

10.**17**

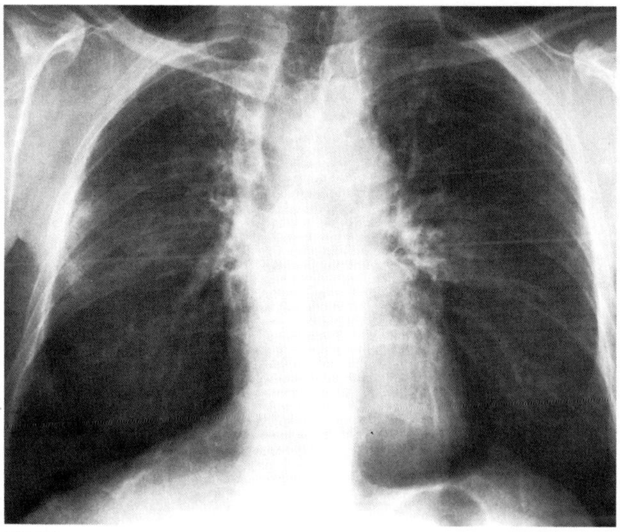

10.**18**

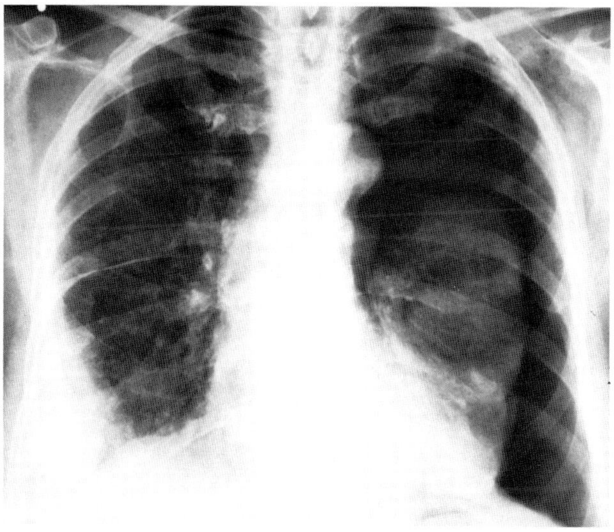

10.**19**

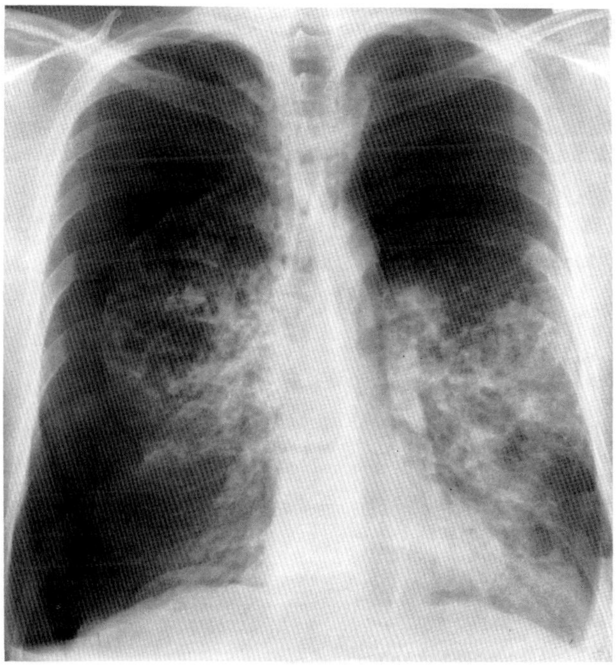

10.**20**

Abb. 10.**16** **Angeborene Stenose des rechten Oberlappenbronchus** (Alter 10 Monate). Partieller Kollaps des rechten Oberlappens mit Expansion und Überhelligkeit des rechten Mittellappens. Links besteht eine Pneumonie.

Abb. 10.**17** **Abgeheilte Tuberkulose** mit partiellem Kollaps und Narben des rechten Mittellappens sowie kompensatorischer Ausdehnung und Überhelligkeit des rechten Oberlappens.

Abb. 10.**18** **Strahlenfibrose** (Ösophaguskarzinom) und teilweiser Kollaps beider Oberlappen mit Verziehung der Hili nach oben und kompensatorischem Emphysem der Unterlappen.

Abb. 10.**19** **Posttraumatischer linksseitiger Pneumothorax** mit rechtsseitigem Pleuraerguß und subkutanem Emphysem links. Die kollabierte Lunge hat eine erhöhte Dichte, im Rest der linken Thoraxhälfte fehlt dagegen die Lungenzeichnung.

Abb. 10.**20** Bilateraler **Pneumothorax** als Komplikation einer Pneumonie (*Pneumocystis carinii* und *atypische Mykobakterien*) bei einem AIDS-Patienten. Der überhelle Pneumothorax umgibt die kollabierten und verdichteten Lungenlappen.

Abdomen

11 Abnorme Gasverteilung

Eine abnorme Gasverteilung im Abdomen steht am häufigsten mit einem akuten Abdomen in Zusammenhang, wobei sich gewöhnlich die Frage erhebt, ob ein dringlicher chirurgischer Eingriff notwendig ist oder nicht. Um einen solchen Fall richtig beurteilen zu können, braucht man folgende Aufnahmen:

1. Anteroposteriore Aufnahme des Abdomens einschließlich des Beckenbodens in Rückenlage.
2. Abdomenaufnahme in aufrechter Körperhaltung, nachdem der Patient einige Minuten sitzende Position eingenommen hat. Dadurch kann freie Luft zum Zwerchfell aufsteigen.
3. Seitliche Aufnahme des Abdomens.
4. Posteroanteriore und seitliche Thoraxaufnahme.
5. Aufnahmen in Seitenlage anstelle der Aufnahme in aufrechter Position (2), wenn der Patient unfähig ist zu stehen. Sie sind auch in Fällen von fraglichen Luft-Flüssigkeitsspiegeln im Kolon besonders nützlich.

Eine Seitenaufnahme in Kopfhängelage verwendet man bei Neugeborenen mit Darmverschluß zum Nachweis von Gas im Rektum.

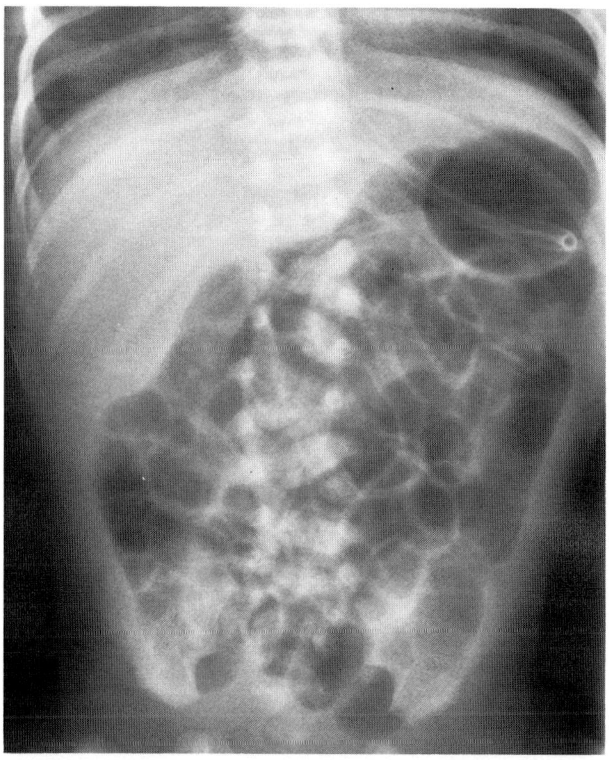

Abb. 11.**1** **Normale Gasverteilung im Abdomen** eines Säuglings: Sowohl der Dünndarm als auch der Dickdarm enthalten Gas. Die Dünndarmschlingen weisen ein Polyeder-Muster auf.

Beim gesunden Erwachsenen ist eine wechselnde Menge von Gas und Stuhl im Dickdarm zu sehen. Zusätzlich findet sich ein Luft-Flüssigkeitsspiegel konstant im Magen und häufig im Bulbus duodeni und/oder terminalen Ileum. Der Dünndarm ist im wesentlichen frei von Gas. Der Großteil des Gases ist verschluckte Luft, aber etwas Gas wird von Bakterien im Dickdarm erzeugt.

Bei der Geburt ist kein Gas im Abdomen, aber normalerweise erreicht Luft in etwa 3 Stunden den Dickdarm, und der ganze Verdauungstrakt ist gewöhnlich innerhalb von 6 – 12 Stunden mit Gas gefüllt. Die normale Gasverteilung beim Säugling ist ganz anders als beim Erwachsenen: Sowohl der Dünndarm als auch der Dickdarm enthalten Gas (Abb. 11.**1**). Größere Gasmengen im Darm sind auch bei zahnlosen Patienten zu beobachten, die sich durch Saugen ernähren müssen. Bei älteren Patienten kann eine beeinträchtigte Blutversorgung des Darms teilweise für einen erhöhten Gasgehalt verantwortlich sein.

Gas im Darm, ob normal oder abnorm, dient als natürliches Kontrastmittel, das die Identifikation der verschiedenen Darmsegmente aufgrund ihrer Wandkonfiguration erlaubt (Abb. 11.**2**). Dünndarmschlingen von mehr als 3 cm Durchmesser gelten als erweitert. Die Unterscheidung zwischen einem stark dilatierten Ileum und dem Kolon kann schwierig sein, doch bilden die fixierte laterale Position des Colon ascendens und descendens

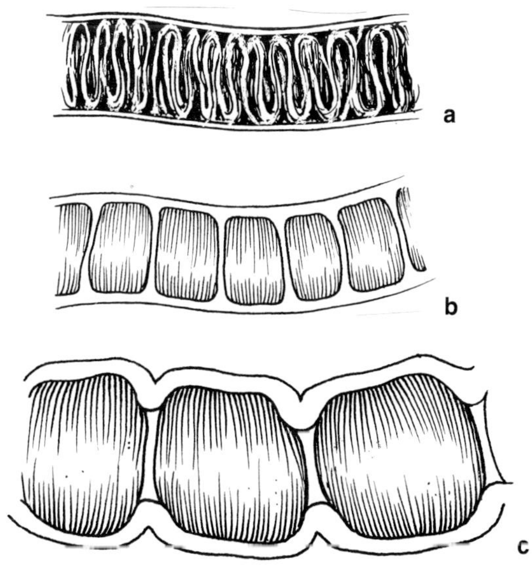

Abb. 11.**2** **Wandkonfiguration** von **a** Jejunum, **b** Ileum und **c** Kolon.

sowie der Stuhl im Kolon eine Hilfe. Das uhrfederartige Aussehen der Plicae circulares des Dünndarms und das unterbrochene Haustrenmuster des Dickdarms, die bei Erwachsenen und älteren Kindern charakteristisch sind, geben sich beim Neugeborenen nicht klar zu erkennen. Bei Neugeborenen sind die strahlentransparenten Luftschatten im Darmlumen relativ komprimiert, so daß ein Polyeder-(Waben-)Muster entsteht, aber normalerweise ist der Darm nicht erweitert, und es lassen sich keine zusammenhängenden Darmschlingen verfolgen.

Die gastrointestinalen Drüsen erzeugen 4–10 l Flüssigkeit pro Tag. Wenn der Transport des Darminhalts zum Erliegen kommt, hält die Flüssigkeitsproduktion an, aber die Resorptionstätigkeit des Darms wird geringer. Eine Flüssigkeitsansammlung im Darm zeigt daher eine Beeinträchtigung des Transports (entweder Verschluß oder Fehlen der Peristaltik) oder eine Schleimhautentzündung an, die für die Flüssigkeitsvermehrung verantwortlich ist. Mehr als zwei Luft-Flüssigkeitsspiegel im aufgetriebenen Dünndarm oder jeder Spiegel im Dickdarm sind daher als abnorm anzusehen, außer sie wären die Folge eines Wassereinlaufs vor der Röntgenaufnahme.

Das Fehlen von Gas bei einem Sistieren des Transports im Darm (z. B. bei Vorhandensein von vermehrter intestinaler Flüssigkeit) bedeutet lediglich, daß nichts geschluckt wurde, falls es nicht auf Erbrechen oder Absaugen mit der Magensonde beruht. Wenn kein Gas vorhanden ist, ist die Beurteilung schwierig. Ein fast gasfreies Abdomen wird häufig bei *Strangulation, akuter Pankreatitis, Mesenterialinfarkt* und *Ösophagus- oder Pylorusverschluß* beobachtet.

Die radiologische Diagnose eines *mechanischen Dick- oder Dünndarmileus* ist davon abhängig, daß man eine Dilatation des Darms bis zu einer Verschlußstelle findet, hinter der der Darm kollabiert ist. Alle anderen Befunde sind daneben sekundär. Ein mechanischer Verschluß kann durch einen *reflektorischen (adynamischen, paralytischen) Ileus* kompliziert werden, der das Bild verändert. Besonders schwer zu interpretieren ist ein *postoperatives Abdomen,* weil ein postoperativer mechanischer Verschluß durch das Bild eines postoperativen paralytischen Ileus maskiert sein kann. Da das Kolon bei dem paralytischen Ileus meist beteiligt ist, wird die Wahrscheinlichkeit eines mechanischen Verschlusses um so größer, je stärker das Kolon kollabiert und je mehr der Dünndarm dilatiert ist.

Die Dilatation des Dünndarms als Folge eines Dickdarmverschlusses hängt von der Aktion der Ileozäkalklappe ab. Wenn die Ileozäkalklappe in beiden Richtungen geschlossen ist oder einen Reflux vom Kolon zuläßt, kommt es zur Dünndarmdilatation mit Luft-Flüssigkeitsspiegeln.

Eine durch eine Entzündung in der Nachbarschaft gelähmte Darmschlinge ohne allgemeine Darmparalyse wird als *„Sentinel loop"* (Wächter-Schlinge) bezeichnet. Sie kann eine Hilfe für die Lokalisation eines Infektionsprozesses im Abdomen sein.

In Tab. 11.**1** u. 11.**2** werden Zustände mit vorwiegender Dünndarm- bzw. Dickdarmdilatation angeführt. Darmstörungen beim Neugeborenen, die mit einer abnormen Gasverteilung verbunden sein können, unterscheiden sich oft von den bei Erwachsenen und älteren Kindern gewohnten Ursachen dieser Bilder. Sie werden daher in Tab. 11.**3** gesondert behandelt. Tabelle 11.**4** ist eine Zusammenstellung von Erkrankungen, die meist mit abnormen Gasansammlungen außerhalb des Darms einhergehen.

Das Auftreten von Gas außerhalb des Darmlumens (in der Darmwand, der Bauchhöhle, dem Extraperitonealraum oder den parenchymatösen Organen) ist immer abnorm, mit der seltenen Ausnahme von freiem intraperitonealem Gas bei Frauen nach ungestümem Koitus. Während sich Gas im Peritonealraum entsprechend der Körperhaltung verlagert, ist intramurales oder retroperitoneales Gas fixiert und bildet oft kleine Bläschen, die nicht zusammenfließen. Extraperitoneales Gas ist ohne CT u. U. schwer zu entdecken.

Ein lokalisierter Luft-Flüssigkeitsspiegel außerhalb des Darmlumens ist Zeichen eines *Abszesses.* Die radiologische Manifestation eines intraabdominalen Abszesses auf der Nativaufnahme kann in folgenden Zeichen bestehen: 1. Weichteildichter Tumor, 2. Extraluminale Gasansammlung(en), 3. Eingeweideverlagerung, 4. Verschwinden von normalerweise sichtbaren Strukturen oder 5. Fixierung eines normalerweise mobilen Organs. Zu den sekundären Zeichen gehören Skoliose, Hochstand oder mangelnde Atemexkursion einer Zwerchfellhälfte, örtlicher oder generalisierter Ileus und Veränderungen in der Lungenbasis. Wenn eine lokalisierte Gasansammlung mit Flüssigkeitsspiegel fehlt, ist die Diagnose eines Abszesses auf der Nativaufnahme schwierig und erfordert gewöhnlich eine Ultraschalluntersuchung oder Computertomographie.

Das Mesocolon transversum (Abb. 11.**3**) bildet die Hauptbarriere, die die Bauchhöhle in ein supramesokolisches und ein inframesokolisches Abteil unterteilt. Die schräg verlaufende Wurzel des Dünndarmmesenteriums unterteilt das inframesokolische Abteil weiter in den kleineren rechten und den größeren linken infrakolischen Raum, der gegen das Becken zu offen ist. Dementsprechend kann man die intraperitonealen Abszesse in supramesokolische (rechts subphrenisch, rechts subhepatisch, links subphrenisch sowie Bursa omentalis) und inframesokolische (rechts und links parakolisch, rechts und links infrakolisch sowie Becken) Abszesse einteilen (Abb. 11.**3**).

Die faszialen Hauptbegrenzungen des Retroperitonealraums (Abb. 11.**4**) umschließen:

1. Den vorderen pararenalen Raum; das ist ein potentieller Raum zwischen dem dorsalen Peritoneum parietale und der vorderen Fascia renalis.
2. Den perirenalen Raum, der die Niere umgibt und das perirenale Fett enthält und der keine Verbindung über die Mittellinie hat.
3. Den hinteren pararenalen Raum, der sich von der hinteren Fascia renalis bis zur Fascia transversalis erstreckt. Dieser Raum steht bilateral über das präperitoneale Fett der vorderen Bauchwand in potentieller Verbindung und wird radiologisch als „Flankenstreifen" sichtbar.

Da einige Abteile des Retroperitonealraums miteinander kommunizieren und andere nicht, kann die Verteilung von retroperitonealem Gas und retroperitonealer Flüssigkeit eine Hilfe für die Diagnose der Lokalisation eines retroperitonealen Prozesses bieten.

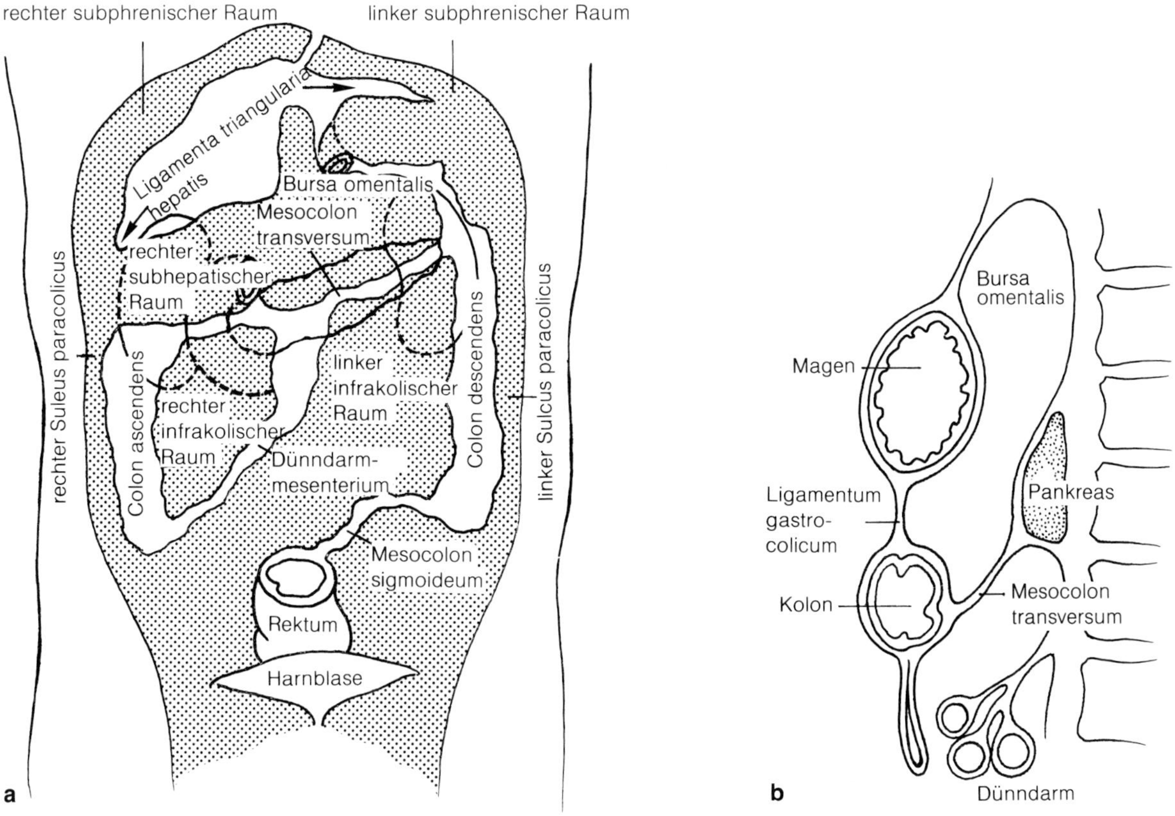

Abb. 11.**3** **Abteile der Bauchhöhle** (nach Meyers 1988).

Extraperitoneales Gas nach einer Perforation erzeugt ein gesprenkeltes Bild, und die Gasblasen verlagern sich nicht der Körperhaltung entsprechend. Die extraperitoneale Ansammlung von Gasblasen ist in einer annähernd vertikalen Achse ausgerichtet, manchmal in Form von linearen Aufhellungen, die den Faszienebenen entlang ziehen. Wenn kein Gas vorhanden ist, sind extraperitoneale Abszesse ohne Ultraschall und CT schwer zu diagnostizieren. Radiologisch galt die Auslöschung des lateralen Psoasrandes für ein Hauptkennzeichen extraperitonealer Ergüsse, doch weisen 25% der gesunden Individuen eine ungleiche Sichtbarkeit der Psoasränder auf. Die radiographischen Zeichen extraperitonealer Abszesse, die auf Nativaufnahmen nachweisbar sind, erscheinen gewöhnlich spät und sind unverläßlich. Nach Möglichkeit sollte die Diagnose immer mit Sonographie, CT oder MRT bestätigt werden. Am häufigsten finden sich extraperitoneale Infektionsprozesse im vorderen pararenalen Raum. Die meisten Abszesse gehen von Primärläsionen des Verdauungstrakts aus, besonders von Kolon, extraperitonealer Appendix, Pankreas und Duodenum. Sie stammen von Perforationen maligner Tumoren, entzündlichen Prozessen, penetrierenden peptischen Geschwüren und unfallsbedingten oder iatrogenen Traumen (einschließlich Endoskopie).

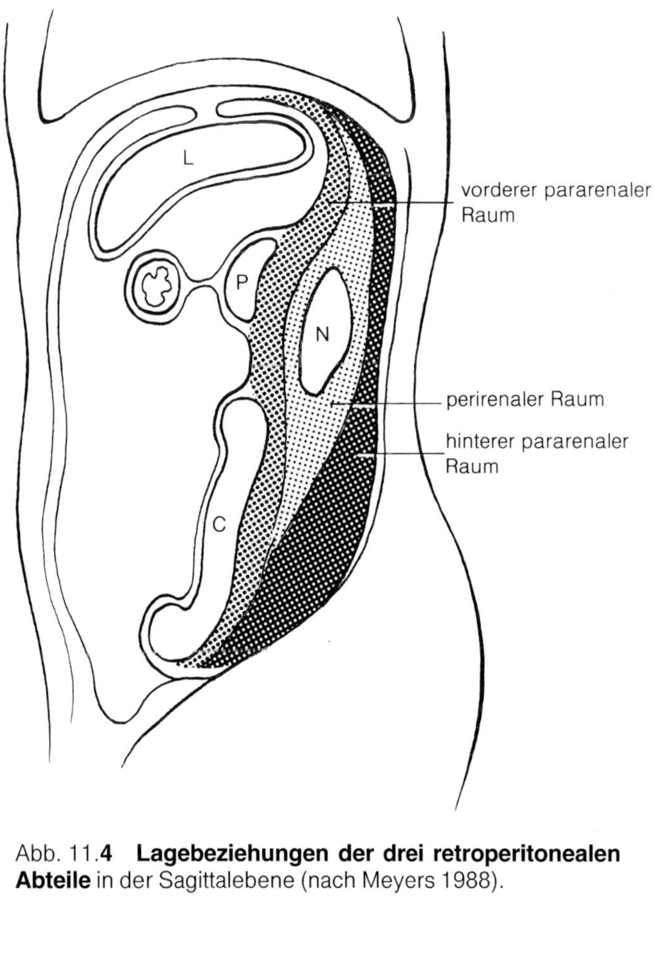

Abb. 11.**4** **Lagebeziehungen der drei retroperitonealen Abteile** in der Sagittalebene (nach Meyers 1988).

Tabelle 11.1 Vorwiegend Dünndarmerweiterung

Krankheit	Radiographischer Befund	Kommentar
Meteorismus (Aerophagie) (Abb. 11.5)	Gasgefüllte Dünn- und Dickdarmschlingen ohne Luft-Flüssigkeitsspiegel. Orthograd getroffene Dünndarmschlingen haben eine eckige (nicht runde) Kontur. Die Schlingen nehmen einen geschlängelten Verlauf durch das Abdomen.	Zu den zugrundeliegenden Ursachen gehören: fehlende Zähne (Säuglinge, zahnlose Patienten). Schmerzen: postoperativ, Frakturen, Harnleitersteine. Weinen. Ängstlichkeit. Postoperativ.
Mechanischer Dünndarmverschluß (Abb. 11.6)	Erweiterte, Gas und Flüssigkeit enthaltende Dünndarmschlingen nehmen den Mittelbauch ein. Die proximalen Schlingen bilden hohe, runde Arkaden, die übereinander angeordnet sind. Im Kolon befindet sich eine minimale Gasmenge ohne Luft-Flüssigkeitsspiegel. Auf nachfolgenden Aufnahmen zeigt sich eine Änderung der Gasverteilung. Bei einem partiellen Verschluß finden sich distal vom Verschluß eventuell bedeutende Gasmengen, aber keine Luft-Flüssigkeitsspiegel.	Die häufigste Ursache sind *Dünndarmadhäsionen,* in der Regel postoperativ. Andere Ursachen: Ein partieller Dünndarmverschluß kommt bei *entzündlicher Darm-(Ileum-)erkrankung* (Morbus Crohn) und Tumoren vor (*Karzinoid,* gewöhnlich im Ileum; *Adenokarzinom,* gewöhnlich im Duodenum oder Jejunum). Wenn sich im Gallentrakt Gas und im Darm sehr viel Flüssigkeit findet, sollte man an einen *Gallensteinileus* denken. Bei der *Invagination* eines Meckel-Divertikels kann sich der Tumor (mit oder ohne eine zugrundeliegende Läsion) als uncharakteristischer Dünndarmverschluß manifestieren. *Hernien* werden auf S. 192 besprochen. Eine Dünndarmauftreibung, die eventuell einen mechanischen Verschluß vortäuscht, kann bei Unterlappenpneumonie, Pankreatitis, Appendizitis, Harnretention, Gastroenteritis, Hypokalämie und nach Einnahme salinischer Abführmittel vorkommen.
Zäkumkarzinom	Zeichen eines vollständigen oder teilweisen Dünndarmverschlusses wie beim mechanischen Dünndarmverschluß.	Ein Karzinom im Zäkum und an der Ileozäkalklappe kann eine Verlegung des Lumens bewirken und ist eine ungewöhnliche Ursache einer Dünndarmerweiterung.
Strangulation (Volvulus) des Dünndarms (Abb. 11.7)	Zu den typischen Röntgensymptomen gehören: *Kaffeebohnenzeichen:* eine Schlinge des dilatierten Dünndarms, die Gas in wechselnder Menge enthält. Wenn sie nur mit Flüssigkeit gefüllt ist, erscheint sie als *Pseudotumor.* *Fixation der Darmschlinge:* unveränderte Lage einer gas- oder flüssigkeitsgefüllten Darmschlinge in mehreren Projektionen. *Fehlen von Plicae circulares* in der abgeklemmten Darmschlinge infolge von Ödem, Blutung oder reduzierter Blutversorgung. *Fehlen von Darmgas* wird oft sogar bei einer Strangulation des unteren Dünndarms beobachtet.	Folge eines *Dünndarmvolvulus* um Adhäsionen oder Folge einer *Herniation,* die zu einer Beeinträchtigung der Blutversorgung des abgeklemmten Darmsegments führen. Bei einem Verschluß der A. und V. mesenterica füllt sich der Darm meist mit Flüssigkeit. Die Röntgendiagnose der Strangulation ist oft schwierig, da zuweilen in den Darmschlingen proximal eines Strangulationsverschlusses sehr wenig Gas vorhanden ist, so daß das Abdomen gasfrei (oder normal) aussieht, während klinisch der Verdacht auf einen Darmverschluß besteht.

Fortsetzung auf Seite 192

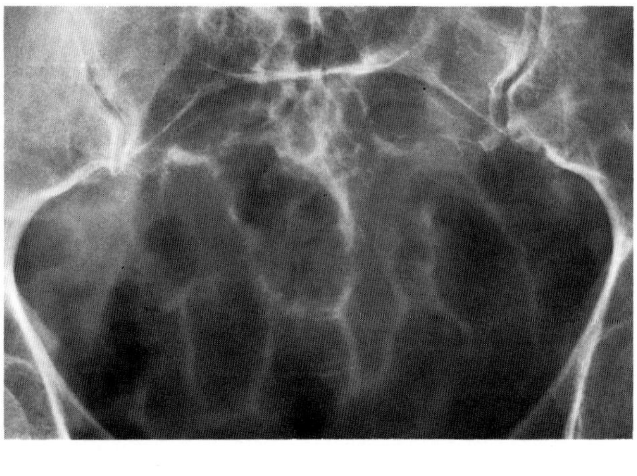

Abb. 11.**5** **Meteorismus.** Eingeblendete Aufnahme von meteoristischen Dünndarmschlingen. Die orthograd getroffenen Schlingen haben eckige Konturen (und keine Luft-Flüssigkeitsspiegel).

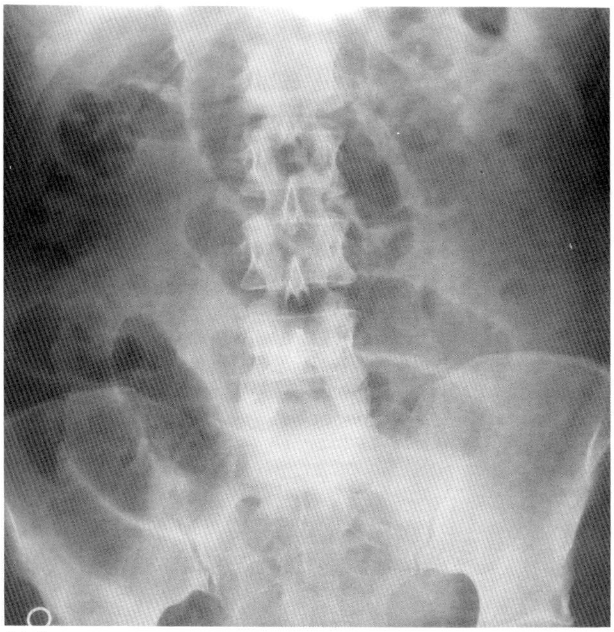

11.6a

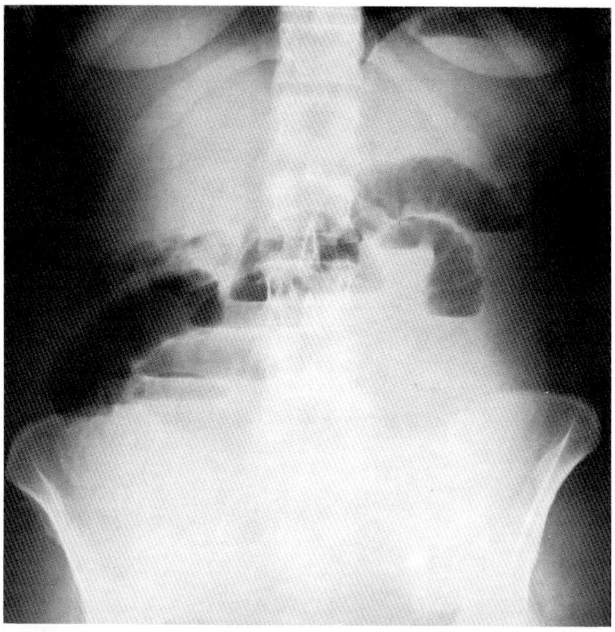

11.6b

Abb. 11.6a–c **Mechanischer Dünndarmverschluß.** Die proximalen Schlingen bilden hohe, runde Arkaden und sind aufgetrieben. Die distalen Dünndarmschlingen enthalten ein paar kurze Luft-Flüssigkeitsspiegel. Das Kolon ist im wesentlichen gasfrei. **a** A.-p. Aufnahme in Rückenlage; **b** A.-p. im Stehen; **c** Seitenbild im Stehen.

Abb. 11.7a, b **Strangulation des Dünndarms. a** Links von der Wirbelsäule sieht man eine strangulierte Jejunumschlinge mit verdickten Falten und Dilatation. Im linken Oberbauch minimale Jejunumdilatation, im übrigen ist der Gasgehalt des Abdomens ohne Besonderheit. **b** Strangulation des Ileums. Es ist ein „Kaffeebohnenzeichen" zu beobachten (Pfeile), im übrigen ist die Gasverteilung normal.

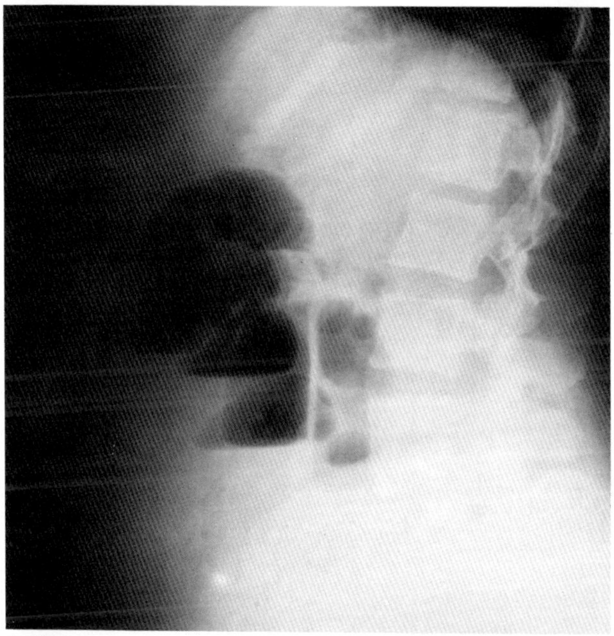

11.6c

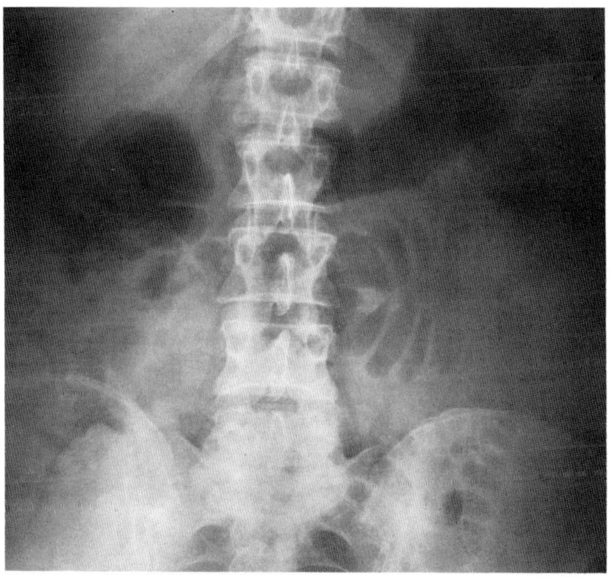

11.7a

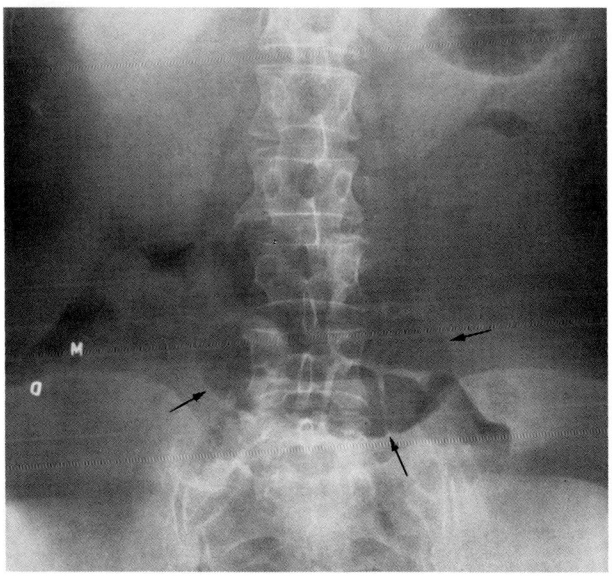

11.7b

Tabelle 11.1 Vorwiegend Dünndarmerweiterung (Fortsetzung)

Krankheit	Radiographischer Befund	Kommentar
Invagination (Intussuszeption) (Abb. 11.8)	*Ileokolisch:* Die normale Kontur des proximalen Kolons, die das Invaginat enthält, ist nicht erkennbar, doch kann eine undeutliche Verschattung auf der rechten Seite zu sehen sein. Beim Erwachsenen wird die Invaginatspitze gelegentlich durch umgebendes Dickdarmgas sichtbar. Der Grad der Dünndarmerweiterung (und Luft-Flüssigkeitsspiegel) hängt vom Ausmaß der Obstruktion ab. Ein Bariumeinlauf ermöglicht die Diagnose und wirkt oft therapeutisch, wenn keine wesentliche Obstruktion besteht. *Ileoileal oder jejunoileal:* Das radiographische Bild ist mit dem anderer Formen des tiefen Dünndarmverschlusses identisch (mechanischer Verschluß).	Am häufigsten in der weißen Bevölkerung bei Knaben (3 : 1) zwischen 6 Monaten und 2 Jahren. 90% sind *ileokolisch* oder ileoileokolisch. Die Wahrscheinlichkeit einer für die Invagination verantwortlichen, chirurgisch anzugehenden Läsion wie Meckel-Divertikel oder Polyp steigt nach dem 2. Lebensjahr bedeutend an, und man sollte bei solchen Patienten keinen Repositionsversuch mittels Einlauf unternehmen. Bei Erwachsenen führen polypöse Tumoren des Duodenums oder Jejunums (besonders Leiomyom, Leiomyosarkom, Polyp) zur Invagination und erzeugen das Bild eines hohen mechanischen Dünndarmverschlusses. Ein mechanischer Dünndarmverschluß als Folge einer Invagination ist häufig das Erscheinungsbild, mit dem sich das *Peutz-Jegher-Syndrom* bemerkbar macht.
Inkarzerierte Hernie (Abb. 11.9)	Gashaltige Dünndarmschlingen in der Hernie. Proximal davon erweiterter Dünndarm mit Luft-Flüssigkeitsspiegeln, d. h. mechanischer Dünndarmverschluß.	Leisten- und vordere Bauchwandhernien sind am häufigsten, sie sind klinisch augenfällig. Röntgenuntersuchungen sind eine erstrangige diagnostische Maßnahme zur Beurteilung von Zwerchfellhernien und inneren Hernien.
Nabelhernie (Abb. 11.9)	Tumorähnliche Dichte der Hernie und Zeichen eines mechanischen Dünndarmverschlusses. Gasgefüllte Schlingen im Bruchsack sprechen für die Wahrscheinlichkeit eines inkompletten Verschlusses.	Umbilikalhernien sind bei Frauen im mittleren Alter häufig, oft bei Adipositas, mehrfachen vorangegangenen Schwangerschaften oder bei Zirrhose und Aszites. Sie neigen besonders zur Inkarzeration und Strangulation.
Indirekte Leistenhernie	Stark aufgetriebene Dünndarmschlingen konvergieren zur Hernie. Die afferente Schlinge der Hernie ist eventuell sichtbar, wie sie sich zur Leiste hin verjüngt und eine relativ fixierte Position einnimmt. Eine dicke Vorwölbung in der Leiste, eventuell mit einem Gas-Flüssigkeitsspiegel, liegt über dem Foramen obturatum.	Häufigste Hernie, 50% aller Hernien, betrifft vorwiegend Männer. Indirekte Leistenhernien sind eine Hauptursache von Dünndarmverschluß und Strangulation. Eine über dem Foramen obturatum liegende gasgefüllte Darmschlinge und begleitende Darmerweiterung weisen auf eine *inkarzerierte* Leistenhernie hin. Wenn das Foramen obturatum auf der betroffenen Seite von einem Weichteiltumor bedeckt ist, muß eine *Strangulation* vermutet werden.
Schenkelhernie	Ähnlich der inkarzerierten oder strangulierten indirekten Leistenhernie.	Femoralhernien kommen vorwiegend (84%) bei Frauen vor. Eine Strangulation kommt 10mal so oft vor wie bei Leistenhernien. Die *Richter-Hernie* enthält nur die antimesenterische Darmwand und führt zu keinen radiographischen Zeichen eines Darmverschlusses.
Innerer Baucheingeweidebruch	Folgende Bilder können bezeichnend sein: *Hernia bursae omentalis* (Foramen epiploicum) (8%): mechanischer Dünndarmverschluß bei Patienten im mittleren Alter. Gashaltige Darmschlingen in der Bursa omentalis medial und dorsal des Magens. *Hernia pericaecalis* (13%): mechanischer Dünndarmverschluß. Unter Umständen sieht man einen Teil des gasgefüllten Ileums im rechten Sulcus paracolicus. *Hernia (trans)mesenterica* (8%): mechanischer Dünndarmverschluß mit einer einzigen geblähten eingeklemmten Schlinge bei Patienten mit schweren periumbilikalen Schmerzen (ähnlich einem Dünndarmvolvulus).	Die Mehrzahl der inneren Hernien steht mit Anomalien der Rotation und der peritonealen Fixierungen in Zusammenhang. Ihre Häufigkeit liegt bei Autopsien unter 1%, aber die meisten Hernien sind klein und leicht reponierbar. Nativaufnahmen werden gemacht, wenn sie durch einen Dünndarmverschluß kompliziert werden. Bei Bariumuntersuchungen werden sie vielleicht als Zufallsbefund beobachtet. Die häufigste ist die *Hernia paraduodenalis (Treitz)* (53%). Sie hat auf Nativaufnahmen keine charakteristischen Merkmale. Wenn eine perizäkale Hernie chronisch inkarzeriert ist, kann klinisch Ähnlichkeit mit einem perityphlitischen Abszeß, Morbus Crohn oder einer Darmobstruktion durch Adhäsionen bestehen. Die mesenterische Hernie ist die häufigste innere Hernie bei Kindern. Der Mesenteriumdefekt kann in der Nähe der Plica duodenojejunalis oder der Ileozäkalklappe liegen. Relativ oft kommt es zur Strangulation, und eine Darmgangrän ist häufig.

Fortsetzung auf Seite 194

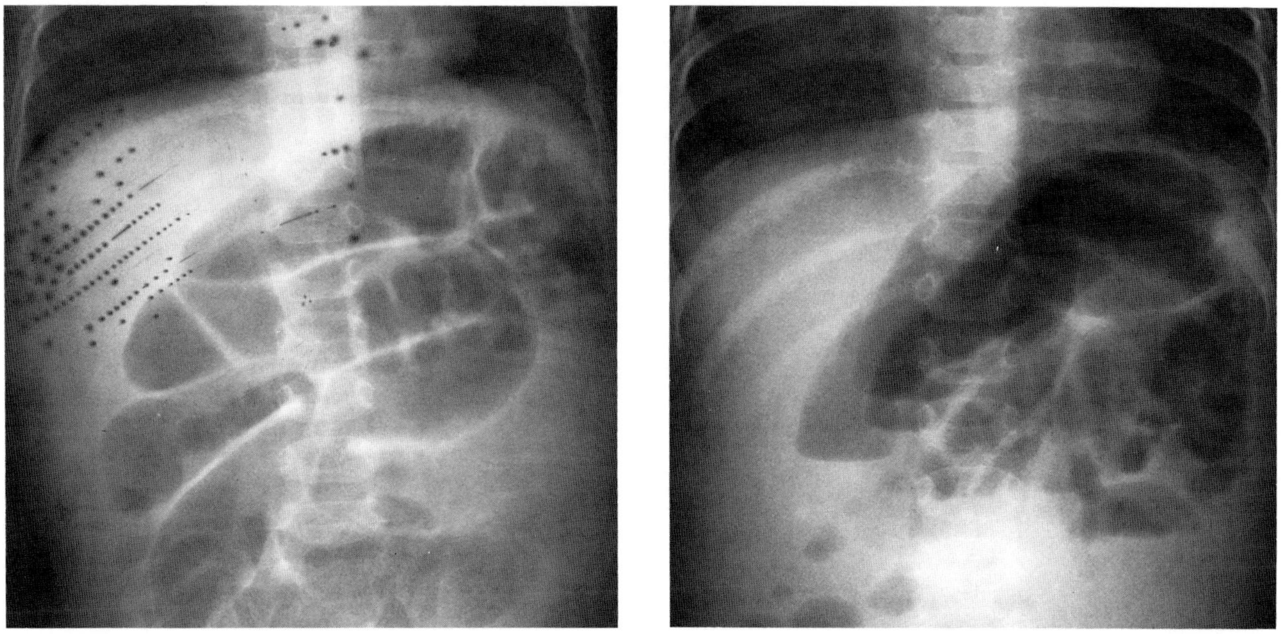

Abb. 11.**8 a, b** **Ileokolische Invagination,** 1jähriges Kind. Die Kontur des proximalen Kolons ist nicht erkennbar, das distale Kolon erscheint normal. Dilatierte Dünndarmschlingen mit Luft-Flüssigkeitsspiegeln. Die Plicae circulares kommen nicht zur Darstellung, ein üblicher Befund bei Säuglingen und Kleinkindern.

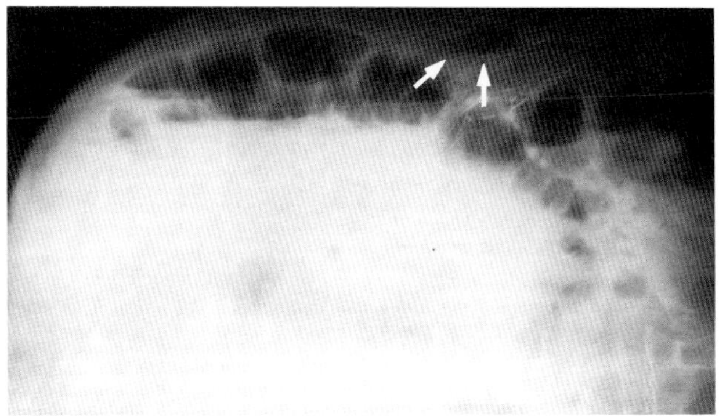

Abb. 11.**9** **Inkarzerierte Nabelhernie.** Multiple Luft-Flüssigkeitsspiegel im Dünndarm. Ein Luft-Flüssigkeitsspiegel im Bruchsack (Pfeil). ▶

Tabelle 11.1 Vorwiegend Dünndarmerweiterung (Fortsetzung)

Krankheit	Radiographischer Befund	Kommentar
Paraösophageale Hernie (Abb. 11.10)	Luft-Flüssigkeitsspiegel hinter dem Herzen. Symptome eines Verschlusses ohne Darmdilatation.	Eine *eingeklemmte paraösophageale Hernie* enthält den erweiterten und oft torquierten Magen, während *Hernien im Foramen Bochdalek* und *Foramen Morgagni* Dickdarm enthalten; bei einer Einklemmung kommt es daher zu einer Dilatation des proximalen Kolons.
Erworbene (traumatische) Zwerchfellhernie (Abb. 11.11)	Zentral oder dorsal gelegene Verschattung auf der linken Seite oberhalb des Zwerchfells, die Magen und Darmschlingen enthält, oder eventuell Zeichen eines Darmverschlusses.	Bochdalek-Hernie und erworbener Zwerchfelldefekt treten am gleichen Ort auf. Eine Bochdalek-Hernie enthält oft die linke Niere und fixierte Kolonabschnitte, während traumatische Hernien Magen und mobilen Darm enthalten. 90% der strangulierten Zwerchfellhernien sind traumatischen Ursprungs.
Intestinale Pseudoobstruktion (Abb. 11.12)	Klinische und radiologische Zeichen einer Dünndarmobstruktion mit durchgängigem Darmlumen. Zur Unterscheidung von einem Verschluß ist eine Bariumuntersuchung erforderlich, wenn nicht Begleitsymptome der Krankheit vorhanden sind.	Kommt bei generalisierten Erkrankungen mit herabgesetzter Darmmotorik vor, z. B. *Pankreatitis, Nierenversagen, Unterlappenpneumonie, Sklerodermie, Myxödem, generalisierte Amyloidose, Stauungsherzinsuffizienz, Trauma, nicht-tropische Sprue,* oder kann idiopathisch sein.
Postoperativ	*Beckenoperationen,* die mit Manipulationen am Dünndarm verbunden sind, verursachen oft radiographische Veränderungen zwischen dem 2. und 5. postoperativen Tag, die von einem mechanischen Dünndarmverschluß nicht zu unterscheiden sind. Eine Komplikation nach *Magenoperationen* kann eine Stase von Speisebrei und Sekreten in der zuführenden Schlinge sein, die mit der Erweiterung einer Jejunumschlinge in Erscheinung tritt. Die Dysfunktion einer *Ileostomie* kann sich mit einer Dilatation des distalen Ileums bemerkbar machen.	Durch die *Narkose* während der Operation kommt es häufig zu einer vorübergehenden Dünndarmerweiterung. Die Darmdilatation kann Folge einer *postoperativen Hypokalämie* sein.
Lokalisierter Ileus (Sentinel loop) (Abb. 11.13)	Isolierte, aufgeblähte Darmschlinge, bedingt durch eine benachbarte Entzündung. *Duodenum:* akute Pankreatitis, akute Cholezystitis, Trauma. *Linker oberer Quadrant:* akute Pankreatitis. *Rechter unterer Quadrant:* akute Pankreatitis. *Terminales Ileum:* akute Appendizitis. *Dünndarm um den Beckenboden:* akute Salpingitis.	Nur die häufigsten Ursachen und Erscheinungsformen werden hier erwähnt. Jedes Darmsegment kann durch eine benachbarte Entzündung gelähmt werden. Bei einer Pankreatitis wird unter Umständen der ganze Dünndarm paralysiert. Auch das Colon ascendens und transversum können bei Pankreatitis dilatiert sein. Das Zäkum ist gewöhnlich bei Appendizitis betroffen. Die Perforation einer Appendizitis kann zu einem echten Dünndarmverschluß oder zu einem paralytischen Ileus infolge Peritonitis führen.

Abb. 11.**10** **Inkarzerierte paraösophageale Hernie,** die torquierten Magen (mesenterioaxialer Volvulus) und einen Luft-Flüssigkeitsspiegel enthält. Die Gasverteilung ist sonst ohne Besonderheiten. Im distalen Ösophagus befindet sich Barium.

Abb. 11.**11 a, b** **Traumatische Zwerchfellhernie links** mit Darmverschluß. Der Magen ist in die linke Thoraxhälfte verlagert. Er ist dilatiert und enthält einen Luft-Flüssigkeitsspiegel.

Abb. 11.**12** **Sklerodermie mit intestinaler Pseudoobstruktion.** Multiple dilatierte Schlingen mit Luft-Flüssigkeitsspiegeln im Dünndarm. Im Kolon reichlich Gas, aber keine Luft-Flüssigkeitsspiegel.

Abb. 11.**13** **Lokalisierter Ileus** (sentinel loop) bei traumatischer Perforation der Pars descendens duodeni, Aufnahme in Linksseitenlage. Die Duodenumschlinge ist leicht erweitert und ödematös. Retroperitoneal ist Gas in Form von kleinen Blasen über dem Duodenum sichtbar (Pfeile).

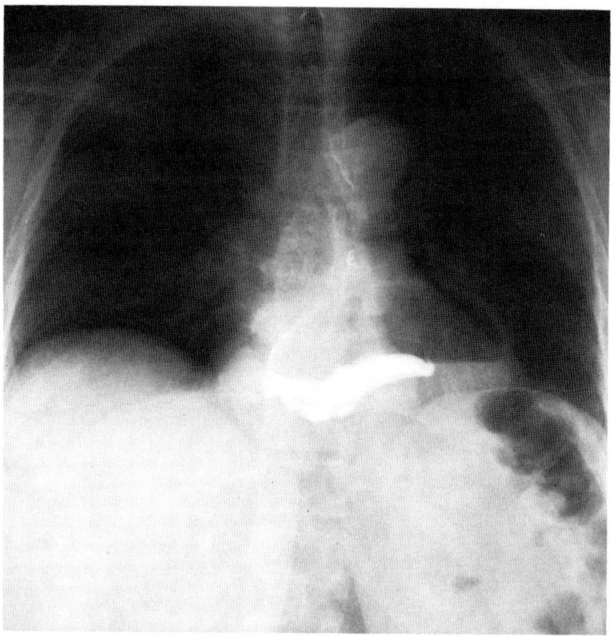

11.**10**

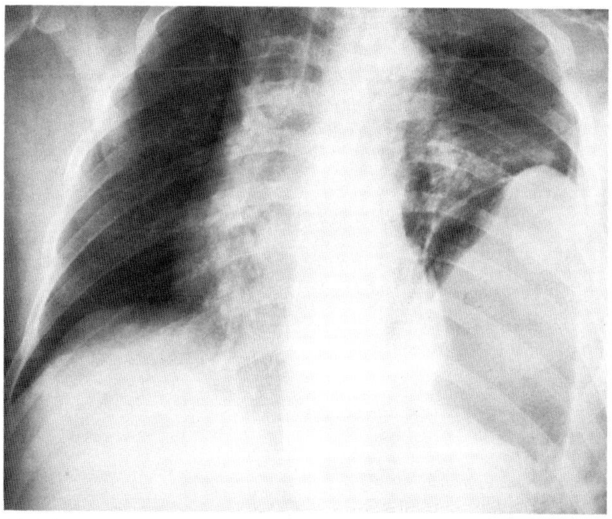

11.**11 a**

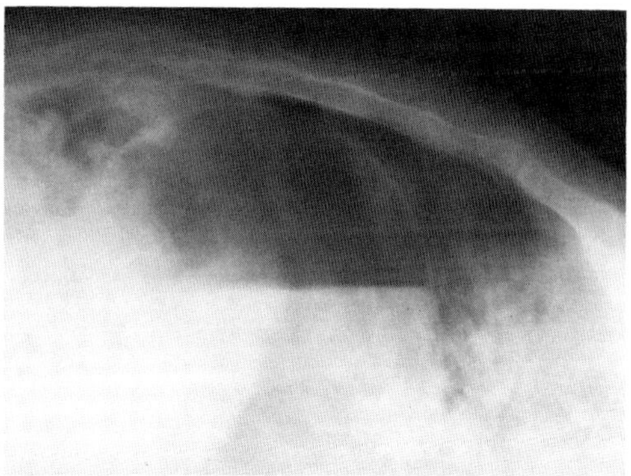

11.**11 b**

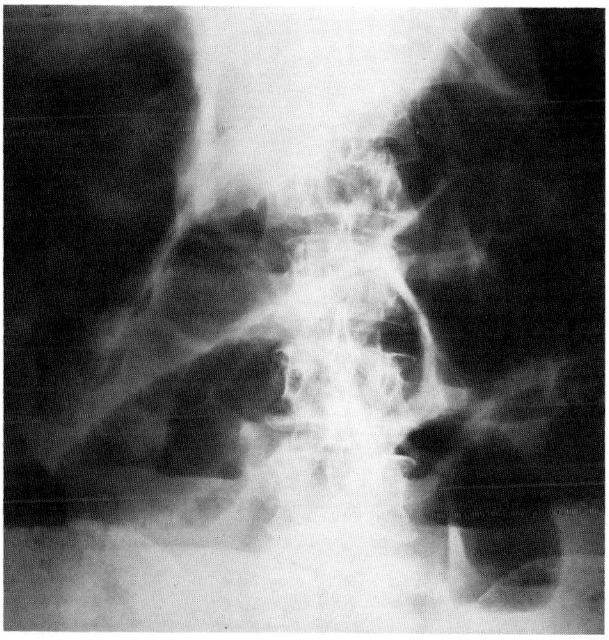

11.**12**

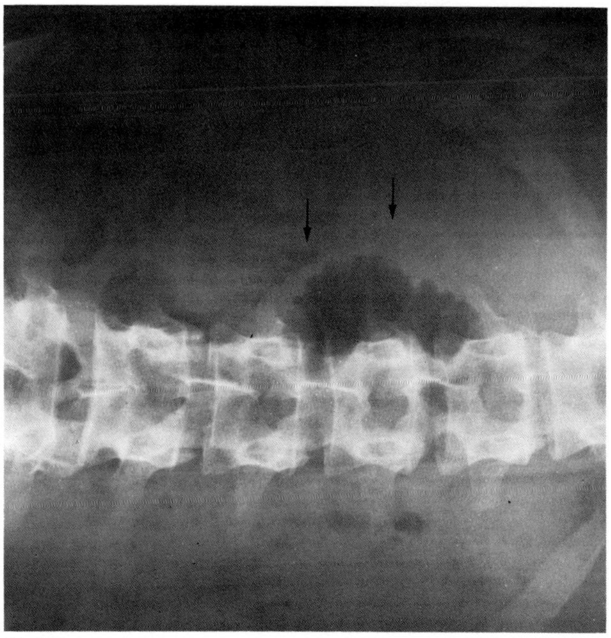

11.**13**

Tabelle 11.2 Dickdarmerweiterung

Krankheit	Radiographischer Befund	Kommentar
Obstruktive Läsionen		
Einfacher mechanischer Verschluß des Kolonlumens (Kolonkarzinom, Divertikulitis, Stenose infolge Kolitis, Radiatio oder Trauma) (Abb. 11.14–11.16)	Es können drei radiographische Erscheinungsformen vorkommen: 1. Passagestop bei funktionstüchtiger Ileozäkalklappe: Kolon bis zur Höhe des Verschlusses dilatiert, minimale oder keine Dilatation der distalen Ileumschlingen. Überdehntes Zäkum. 2. Passagestop bei funktionstüchtiger Ileozäkalklappe mit Ileussymptomatik im Dünndarm: Kolon bis zur Höhe des Verschlusses dilatiert, mit starker Dilatation des Zäkums und Dilatation der Dünndarmschlingen proximal vom Zäkum. 3. Passagestop bei funktionsuntüchtiger Ileozäkalklappe: Kolon bis zur Höhe des Verschlusses dilatiert, mäßig dilatiertes Zäkum, mäßig überdehnte Ileumschlingen. Flüssigkeitsspiegel im Dick- und Dünndarm.	Die Mehrzahl der einfachen Dickdarmverschlüsse beruht auf einem Karzinom. Sowohl bei Karzinom als auch bei Divertikulitis, der zweithäufigsten Ursache, sitzt der Verschluß gewöhnlich in der Sigmaregion. Zu den selteneren Ursachen eines einfachen Dickdarmverschlusses zählen *Sarkom, benigner Tumor, Lymphgranulom, Aktinomykose, Dysenterie, Hämatom, Pankreaspseudozyste, riesige Harnblase.* Wenn der Verschluß unvollständig ist, kann das Erscheinungsbild auf der Nativaufnahme weniger charakteristisch sein.
Sigmavolvulus (Abb. 11.17)	Stark überdehnte Sigmaschlinge mit Verlust der Haustrenränder, die aus dem Becken in vertikaler oder schräger Richtung aufsteigt und vom überdehnten proximalen Kolon überlappt wird. Die Dünndarmerweiterung ist in der Frühphase unbedeutend. Im Colon ascendens und descendens proximal von dem Volvulus bestehen Luft-Flüssigkeitsspiegel. Drei von der Darmwand gebildete Linien konvergieren zu der Stelle der Verdrehung.	Häufigster Dickdarmvolvulus (über 50%). Verdrehung einer langen, frei beweglichen Sigmaschlinge gewöhnlich entgegen dem Uhrzeigersinn von 180 Grad bis 270 Grad. Luft in der Darmwand spricht für Gangrän. Ein *Pseudovolvulus* wird durch ein dilatiertes, redundantes ptotisches Colon transversum bei einfacher Sigmaobstruktion hervorgerufen. Er täuscht radiographisch einen Sigmavolvulus vor.

Fortsetzung auf Seite 198

a
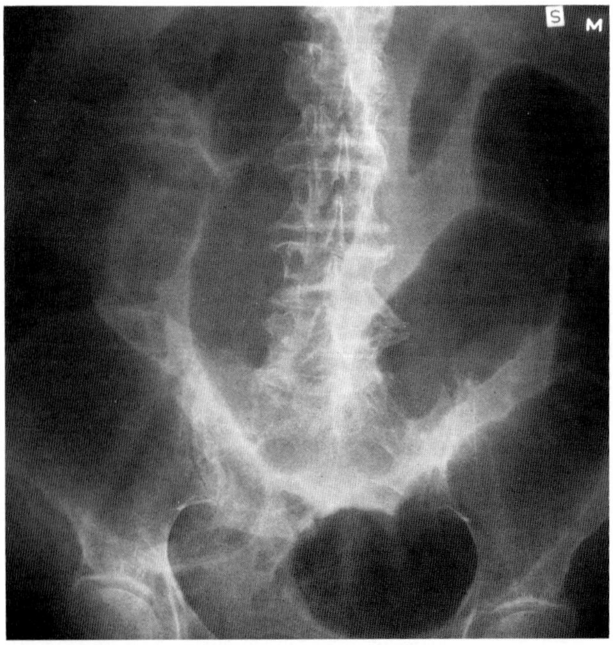

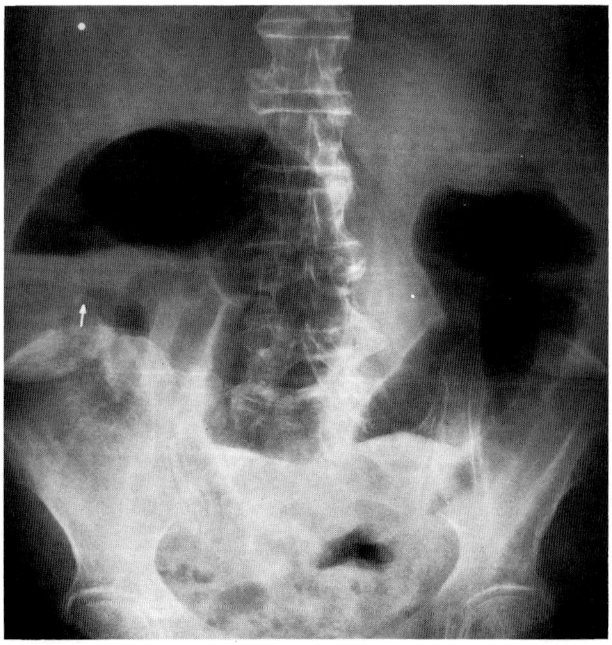
b

Abb. 11.**14 a, b** **Distaler Kolonverschluß** (Karzinom des Colon sigmoideum). Dilatation des Kolons mit Luft-Flüssigkeitsspiegeln. Minimale Dilatation des distalen Ileums. **a** Aufnahme in Rückenlage, **b** im Stehen.

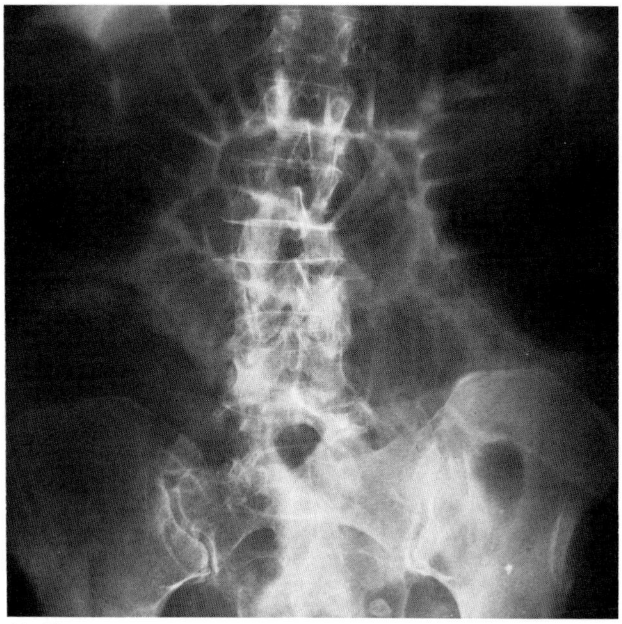

11.15a

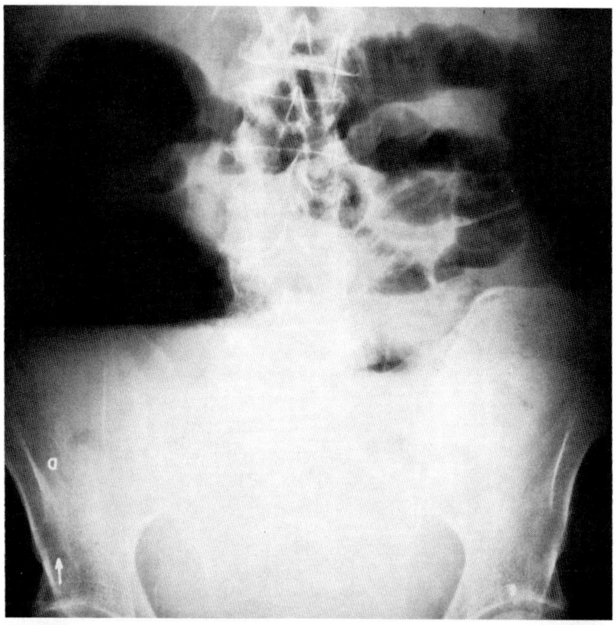

11.15b

Abb. 11.**15 a, b** **Distaler Kolonverschluß** (Karzinom des distalen Colon descendens). **a** In Rückenlage, **b** im Stehen. Dilatiertes Kolon mit Luft-Flüssigkeitsspiegeln proximal vom Verschluß, dilatierte Dünndarmschlingen ebenfalls mit Luft-Flüssigkeitsspiegeln.

Abb. 11.**16** **Karzinom des Colon transversum** mit partiellem Verschluß. Rückenlage. Der rechte Teil des Colon transversum ist dilatiert, links enthält das Colon nur wenig Gas.

Abb. 11.**17 a, b** **Sigmavolvulus.** **a** In Rückenlage, **b** im Stehen. Massiv überdehnte Sigmaschlinge mit Luft-Flüssigkeitsspiegeln und Verlust der Haustrenzeichnung. Geringe Erweiterung des stuhlgefüllten Kolons proximal der Obstruktion. Die Sigmaschlinge bildet ein „Kaffeebohnenzeichen".

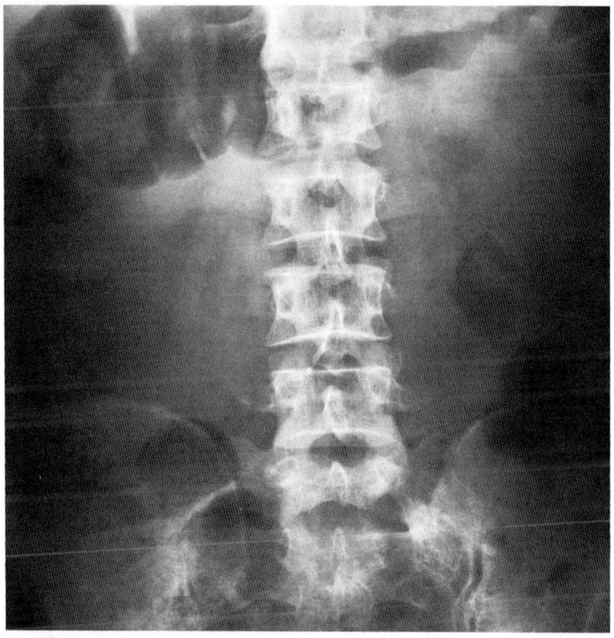

11.16

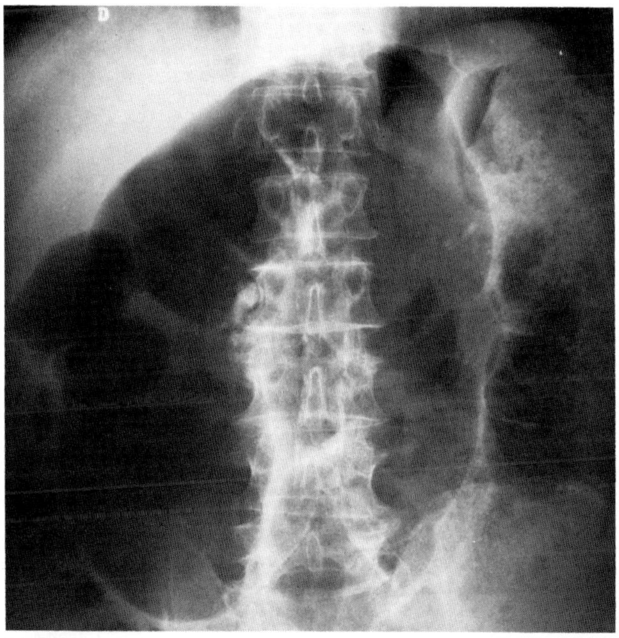

11.17a

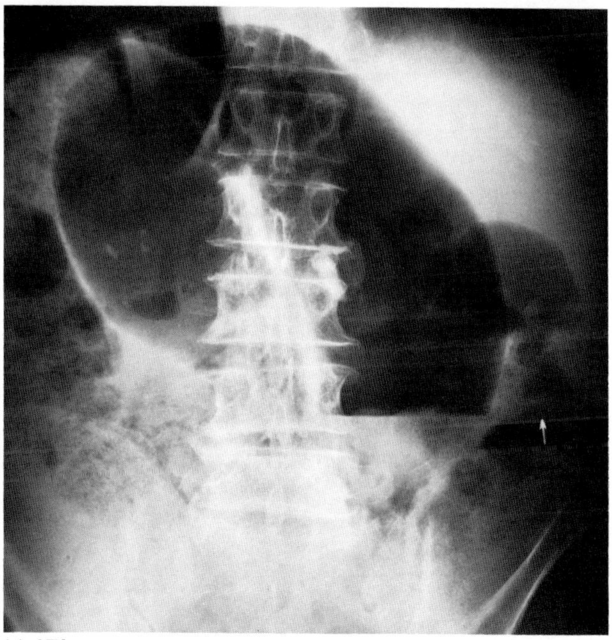

11.17b

Tabelle 11.2 Dickdarmerweiterung (Fortsetzung)

Krankheit	Radiographischer Befund	Kommentar
Zäkumvolvulus (Abb. 11.18)	Das stark überdehnte, nieren- oder bohnenförmige Zäkum ist nach oben geschlagen und kann im Epigastrium oder linken oberen Quadranten liegen. Ein großer Luft-Flüssigkeitsspiegel befindet sich im Zäkum, der Rest des Kolons enthält wenig oder kein Gas oder Fäzes. Der Dünndarm ist erweitert.	Zweithäufigster Volvulus des Kolons (15 bis 44%). Eine Torsion des Zäkums ist nur möglich, wenn es ein Mesenterium hat. Der Volvulus erfolgt gewöhnlich im Uhrzeigersinn.
Darmverknotungssyndrom	Dilatierte Sigmaschlinge wie beim Sigmavolvulus. Der Rest des Dickdarms enthält eine wechselnde Menge Gas und Flüssigkeit. Die obstruierten, verdrehten Ileumschlingen sind gewöhnlich auf der linken Seite des Abdomens zu sehen (vertauschte Position von Sigma und Ileumschlingen).	Eine relativ häufige Erscheinungsform (9%) besteht darin, daß sich das terminale Ileum um das Sigma schlingt, das seinerseits um seine eigene Achse rotiert ist, so daß ein Volvulus entsteht. Sowohl Ileum als auch Sigma müssen ein langes Mesenterium haben. Wenn sich eine schwere Obstruktion des Dünndarms zugleich mit einem typischen Sigmavolvulus findet, sollte man an eine Darmverknotung denken. Sie erfordert eine sofortige chirurgische Intervention.
Volvulus des Colon transversum	Dilatation des proximalen Dickdarms, Anhebung der überdehnten Flexura coli dextra unter die rechte Zwerchfellkuppe. Überdehnter Dünndarm. U. U. ist die Stelle der Verdrehung in Höhe des proximalen Colon transversum sichtbar.	Seltener Typ des Kolonvolvulus (1% oder darunter). Er kommt nur vor, wenn das Colon transversum sehr redundant ist und die Flexuren einander nahekommen.
Koprostase (Abb. 11.19)	Fleckige Aufhellungen in den Stuhlmassen, Dilatation des Kolons oberhalb davon. Häufige Lokalisationen sind Rektum (60%), Sigma (15%) und Zäkum (10%).	Ursache der Koprostase kann der Verlust des Defäkationsreflexes (hohes Alter, Psychose), Verlust der Peristaltik (Rückenmarkverletzung, tertiäre Syphilis) oder eine schmerzhafte Analläsion (Hämorrhoiden, Fissur, Fistel) sein. Zu den anatomischen Ursachen gehören Karzinom, Divertikulitis und Megacolon congenitum. Unter den seltenen Ursachen sind eingeklemmter Gallenstein, Bezoar, Fremdkörper und Koprolith zu nennnen.
Adhäsionen, Hernien, extraintestinale Tumoren (Abb. 11.20)	Zeichen eines partiellen oder kompletten (einfachen) Dickdarmverschlusses.	
Obstruktion bei offenem Lumen		
Jejunoilealer Bypass (wegen krankhafter Fettleibigkeit)	*Pseudoobstruktion des Kolons:* Erweiterung des Kolons mit normaler Darmkontur, Luft-Flüssigkeitsspiegel im Dick-und Dünndarm. Es kann sich auch Gas in der Darmwand finden.	Bei 50% der Patienten besteht eine Dilatation des Dickdarms auf einen Durchmesser von mehr als 7 cm. Fast regelmäßig sieht man eine Vergrößerung des Dünndarmdurchmessers und Verdickung der Plicae circulares.
Megakolon (idiopathisch, erworben, psychogen) Chronische Obstipation	Das ganze Kolon bis hinunter zum unteren Rektum ist dilatiert und mit Stuhlmassen und Gas gefüllt.	Beim *Megacolon congenitum* (Hirschsprung-Krankheit) und bei der *Chagas-Krankheit* (südamerikanische Trypanosomiasis) fehlt gewöhnlich eine Dilatation des Rektums. Eine neurogene Dilatation des Kolons kann eine Komplikation des *Diabetes mellitus* sein. Chronische Obstipation und Megakolon sieht man häufig bei *Parkinsonismus*.

Fortsetzung auf Seite 200

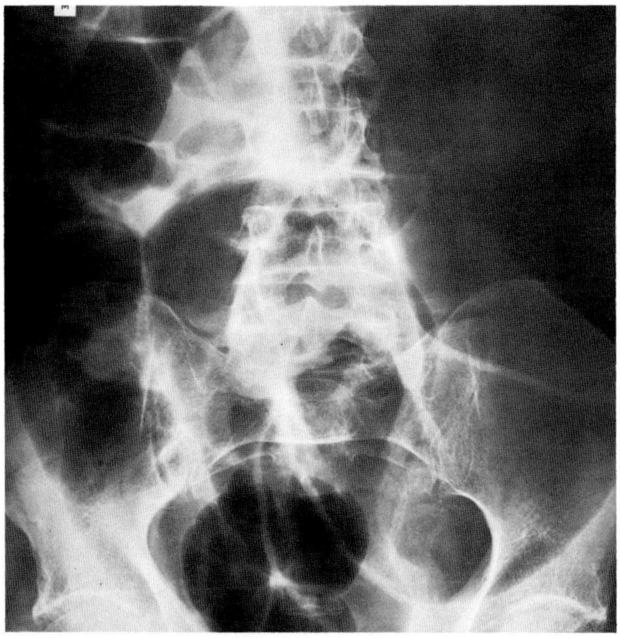

a

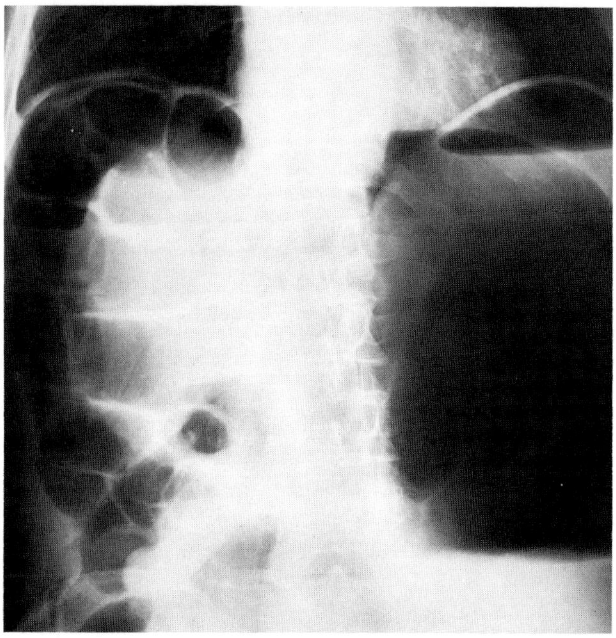

b

Abb. 11.**18 a, b Zäkumvolvulus. a** In Rückenlage, **b** im Stehen. Das massiv dilatierte Zäkum projiziert sich in das linke Epigastrium und enthält einen Luft-Flüssigkeitsspiegel. Das proximale Kolon und der distale Dünndarm sind mäßig erweitert. Die Flexura coli dextra ist zwischen das Zwerchfell und die Leber verlagert **(Chilaiditi-Syndrom).**

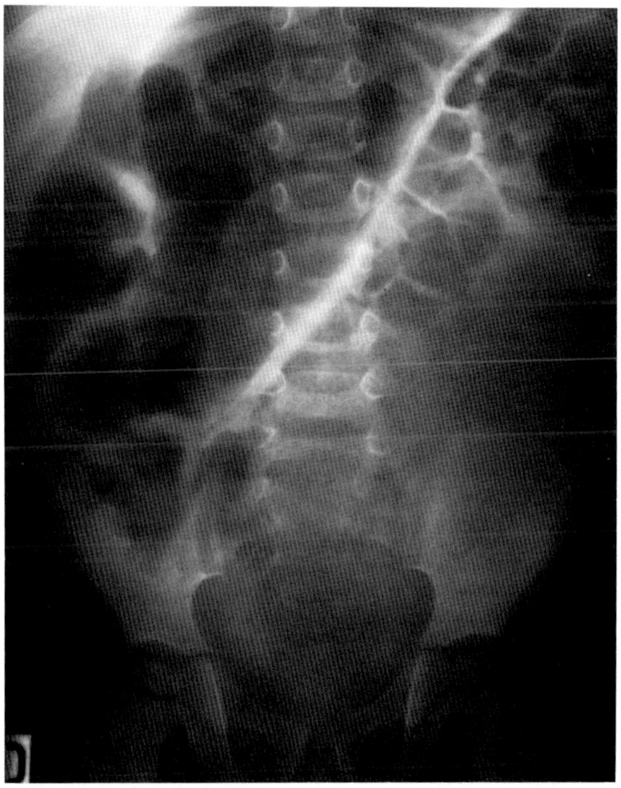

Abb. 11.**19 Koprostase.** Rektum und Kolon sind von Stuhlmassen aufgetrieben. Dilatation des Kolons proximal davon. Dreijähriger Knabe mit **Hirschsprung-Krankheit.**

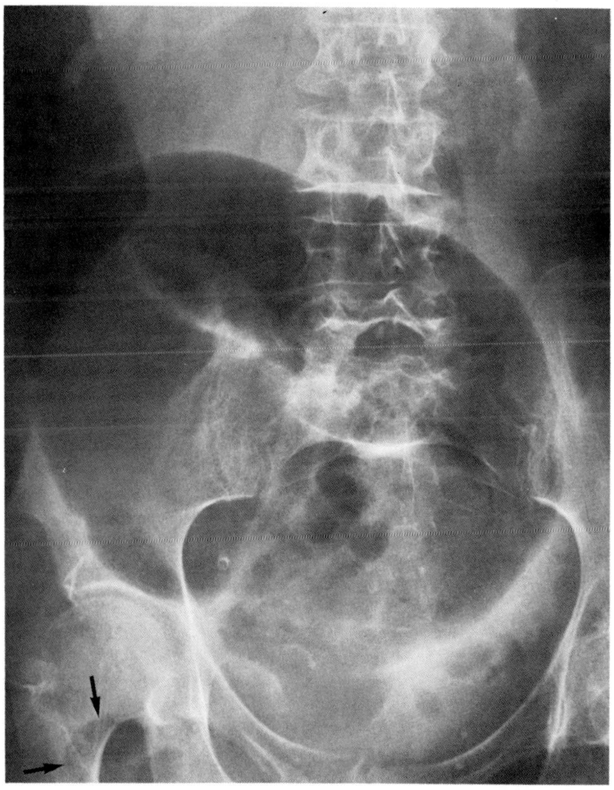

Abb. 11.**20 Inkarzeration des Colon transversum** in einer rechtsseitigen Schenkelhernie. Die zarte Aufhellung über dem rechten Schenkelhals repräsentiert das inkarzerierte Segment (Pfeile). Der dilatierte Dickdarm oberhalb davon imitiert einen Sigmavolvulus.

Tabelle 11.2 Dickdarmerweiterung (Fortsetzung)

Krankheit	Radiographischer Befund	Kommentar
Paralytischer (adynamischer) Ileus, diffuse Peritonitis (Abb. 11.21)	Dilatation von Dick- und Dünndarm mit Luft-Flüssigkeitsspiegeln in beiden. Es besteht keine treppenförmige Anordnung der Dünndarmschlingen und keine wesentliche zwischenzeitliche Veränderung der Gasverteilung von einer Untersuchung zur anderen.	Bei Peritonitis steht die Kolondilatation im Vordergrund.
Pseudoobstruktion des Kolons (Kolonileus, Ogilvie-Syndrom)	Vorwiegend Kolondilatation mit wenig oder keiner Dünndarmdilatation.	Zu den häufigen Ursachen des Kolonileus gehören: *akute Appendizitis* (s. unten), *akute Cholezystitis, akute Pankreatitis, Stauungsherzinsuffizienz, idiopathisch, Hypokaliämie, Läsionen des unteren Rückenmarks und der Cauda equina, Thrombose der A. mesenterica inferior* (s. unten), *Morphinüberdosierung, Peritonitis, Zustand nach Beckenoperationen, Nierenversagen, Harnstein.*
Appendizitis	Mäßig erweitertes Zäkum mit einem Luft-Flüssigkeitsspiegel. Atonisches distales Ileum mit Flüssigkeitsspiegeln. Appendikolithiasis. Flüssigkeit in der perizäkalen Gegend. Gas in der unregelmäßig erweiterten Appendix. Tumor (Abszeß), der das Zäkum eindellt.	Die Dilatation von Zäkum und terminalem Ileum mit Flüssigkeitsspiegeln und einer durch Flüssigkeitsansammlungen bedingten Verschleierung spricht stark für akute Appendizitis. Die Erkennung eines Kotsteins in der Appendix ist der wichtigste Einzelbefund.
Ischämische Kolitis	Leichte bis mäßige Überdehnung des (der) betroffenen Darmsegments(segmente). Eindellungen durch submuköse Blutungen. Querbänderung durch multiple parallele Aufhellungsstreifen, die über das Lumen des betroffenen Kolonsegments ziehen. Verdickte, stumpfe Schleimhautfalten. Verlust der Haustrenzeichnung.	Bei einem Verschluß der A. mesenterica superior sind diese Veränderungen im Dünndarm und proximalen Dickdarm zu beobachten. Bei einem Verschluß der A. mesenterica inferior treten sie im distalen Kolon auf. Intramurales Gas, Gas in den Pfortaderästen und Megakolon sind seltene Komplikationen der Ischämie. Eine dicke Darmwand und ein enges, gasgefülltes Lumen finden sich bei einem Verschluß der V. mesenterica superior. Eine umschriebene ischämische Kolitis kann bei Sklerose der kleinen Gefäße, Herzleiden, Kollagenkrankheiten sowie postoperativ vorkommen und minimale Veränderungen auf der Nativaufnahme verursachen.
Toxisches Megakolon (Abb. 11.22)	Massive, unverändert bleibende Überdehnung des Kolons, am stärksten im Colon transversum, das einen Durchmesser von 6 cm und mehr hat. Luft-Flüssigkeitsspiegel sind besonders im distalen Colon transversum vorhanden. Die normale Haustrenzeichnung und Redundanz fehlen. Weichteildichte Schatten, die Schleimhautfetzen oder Pseudopolypen repräsentieren, können in das Lumen hineinragen. Eventuell verlaufen submuköse Aufhellungslinien parallel zur Kolonwand.	Schwere Dilatation des Kolons in Zusammenhang mit einer Kolitis, am häufigsten Colitis ulcerosa (2–3% der Fälle), gewöhnlich früh im Krankheitsverlauf. Bei Kindern kann die Hirschsprung-Krankheit mit exsudativer Enteropathie ein ähnliches Bild erzeugen.
Typhlitis	Größer werdende, weichteildichte Verschattung in der rechten Flanke, bedingt durch das dilatierte, atonische, flüssigkeitsgefüllte rechte Kolon. Eventuell Dünndarmdilatation.	Komplikation einer *Leukämie* oder *aplastischen Anämie* im Endstadium bei Kindern, verursacht durch eine schwere hämorrhagische Nekrose des Zäkums oder des umgebenden Darms ohne Perforation.

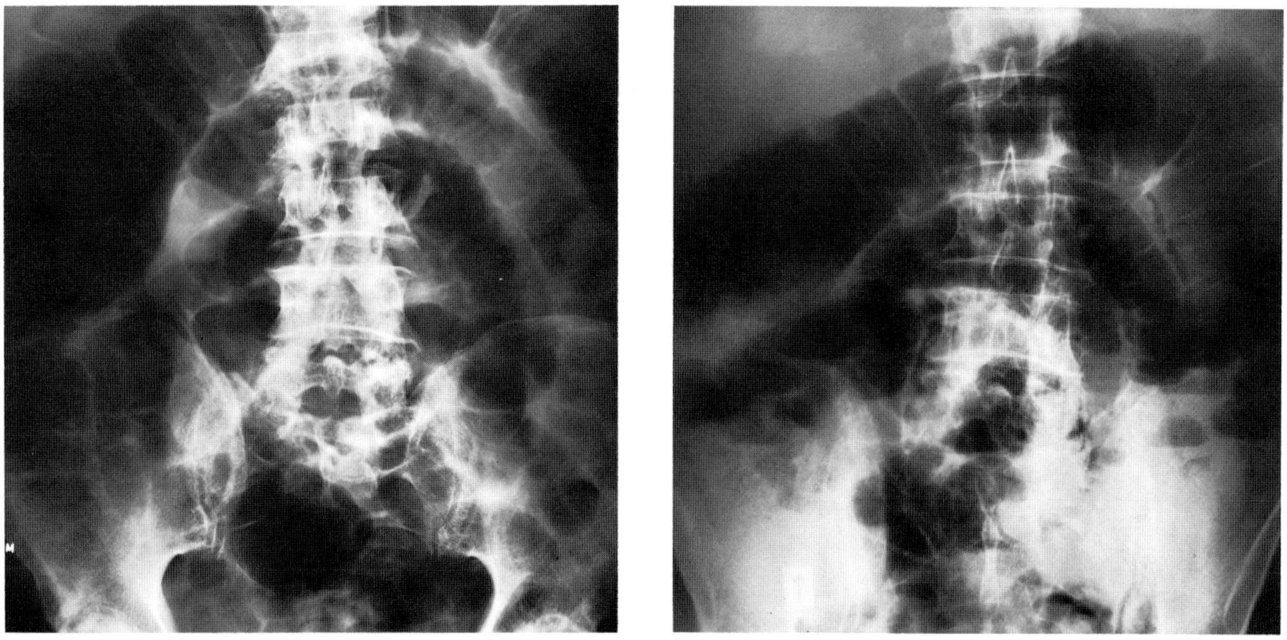

a b

Abb. 11.**21 a, b** **Paralytischer Ileus.** **a** in Rückenlage und **b** im Stehen. Dünn- und Dickdarm sind beide dilatiert und enthalten Luft-Flüssigkeitsspiegel.

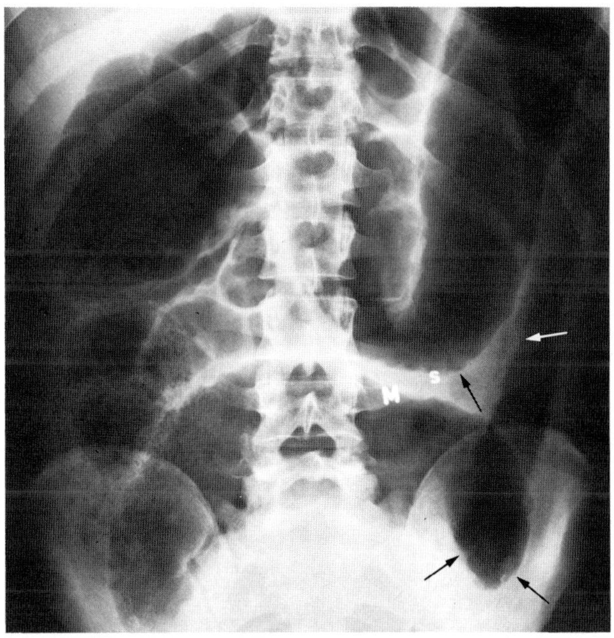

Abb. 11.**22** **Toxisches Megakolon** (Colitis ulcerosa). ▶ Überdehnung des Kolons, am schwersten im Colon transversum. Die normale Haustrierung ist verschwunden. Weichteildichte Schatten (Pseudopolypen, Pfeile) ragen in das Lumen des linken Kolons.

Tabelle 11.3 Abnorme Gasverteilung beim Neugeborenen

Krankheit	Radiographischer Befund	Kommentar
Ösophagusatresie ohne Fistel	Gasfreies Abdomen. Gashaltiger Blindsack in der Halsregion.	In etwa 10% der Fälle von Ösophagusatresie besteht keine Fistel zwischen distalem Segment und Trachea. Begleitanomalien sind häufig.
Duodenumatresie oder -stenose Anuläres Pankreas (Abb. 11.23, 11.24)	„Doppelblase": Luft-Flüssigkeitsspiegel im dilatierten Magen sowie im dilatierten ersten Duodenumabschnitt. Entweder fehlt Gas im distalen Dünndarm (Atresie), oder es ist vermindert (Stenose).	Etwa 30% der Duodenumatresien gehen mit dem Down-Syndrom einher. Andere Anomalien sind häufig. Ein Pancreas anulare bei Säuglingen ist in etwa 50% mit einer Duodenumstenose verbunden.
Atresie oder Stenose des Ileums oder Jejunums	Multiple überdehnte Darmschlingen mit Flüssigkeitsspiegeln. Die distalste Schlinge kann enorm erweitert sein und eine Kolonobstruktion vortäuschen. Bei der Jejunumatresie sind weniger dilatierte Schlingen vorhanden. Die Schlingen können vollständig mit Flüssigkeit gefüllt sein.	Der häufigste Typ der Intestinalatresie ist die Ileumatresie oder -stenose (50%), die multipel sein kann. Der Kontrasteinlauf wird ein Mikrokolon und eventuell eine begleitende Malrotation zeigen. Eine *Kolonatresie* ist von einer Ileumatresie auf Nativaufnahmen nicht zu unterscheiden.
Anus imperforatus Rektumatresie (Abb. 11.25)	Bild des tiefen Dickdarmverschlusses: Gasblähung des Dick- und Dünndarms mit Flüssigkeitsspiegeln. Gas in der Harnblase zeigt eine hochsitzende Läsion mit Darm-Blasen-Fistel an. Das Seitenbild in Kopftieflage zeigt die Höhe der Obstruktion.	Häufig begleitende Mißbildungen und Fisteln. Die Fisteln verhindern eventuell einen Darmverschluß.
Malrotation Peritoneale Bänder Mitteldarmvolvulus	Magen und Duodenum dilatiert mit Luft-Flüssigkeitsspiegeln. Tiefere Obstruktion des Duodenums als bei Duodenumatresie oder anulärem Pankreas. Eventuell sieht man kleine Gasmengen im distalen Darm.	Unvollständige Rotation der Nabelschleife. Das Zäkum liegt daher vor dem Duodenum und wird durch Bänder fixiert, die den dritten Duodenumabschnitt komprimieren *(Ladd-Syndrom);* es besteht auch eine Tendenz zu einem Mitteldarmvolvulus. Ein dilatierter Dünndarm zeigt einen Verschluß der V. mesenterica superior und eine Devitalisierung des Darms an.
Pylorusstenose (Abb. 11.26)	Erweiterter Magen mit Luft-Flüssigkeitsspiegel. Relative Gasarmut im Darm. Eventuell ist eine Hyperperistaltik zu beobachten.	Mit Bariummahlzeit oder Ultraschalluntersuchung nachweisbar.

Fortsetzung auf Seite 204

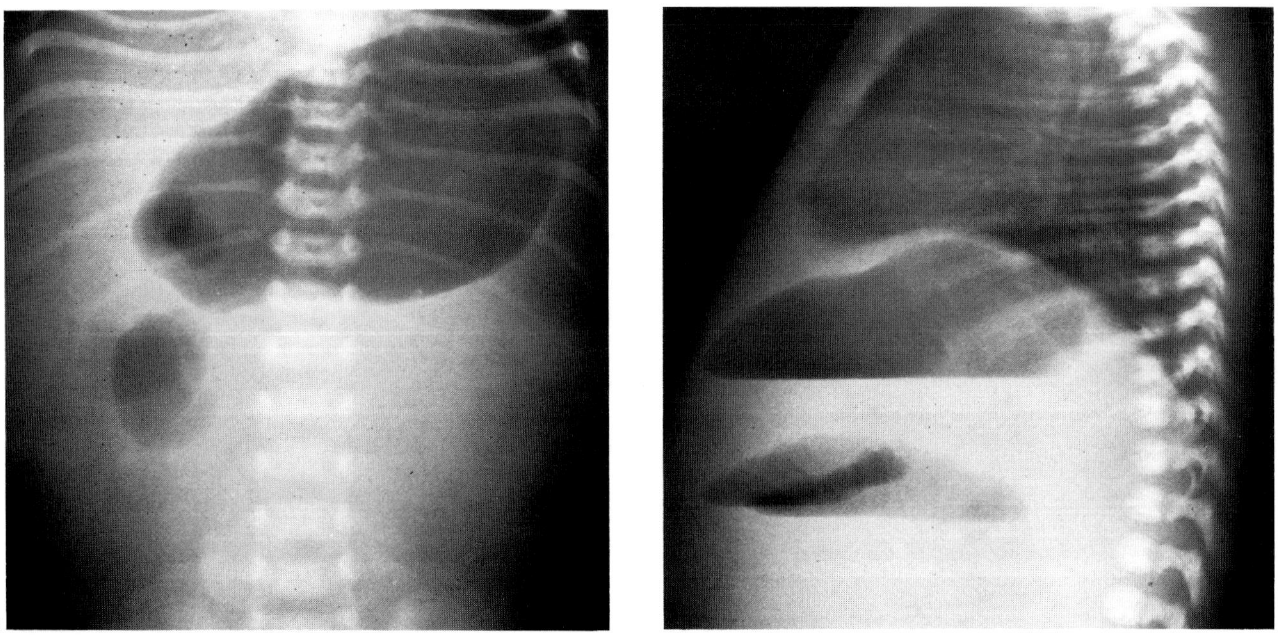

a b

Abb. 11.**23 a, b** **Duodenumatresie.** Charakteristische Gasverteilung im Abdomen in Form einer „Doppelblase".

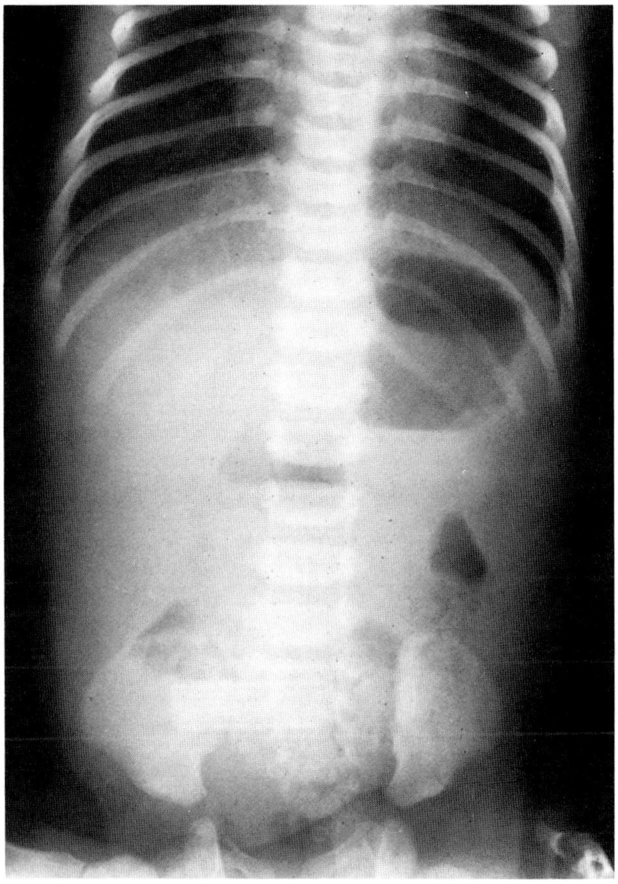

Abb. 11.**24** **Partielle Obstruktion des Duodenums** (Pancreas anulare) in Verbindung mit Down-Syndrom. Relativ gasfreies Abdomen, Luft-Flüssigkeitsspiegel im Magen und Duodenum. Weit ausladende Darmbeinschaufeln. ▶

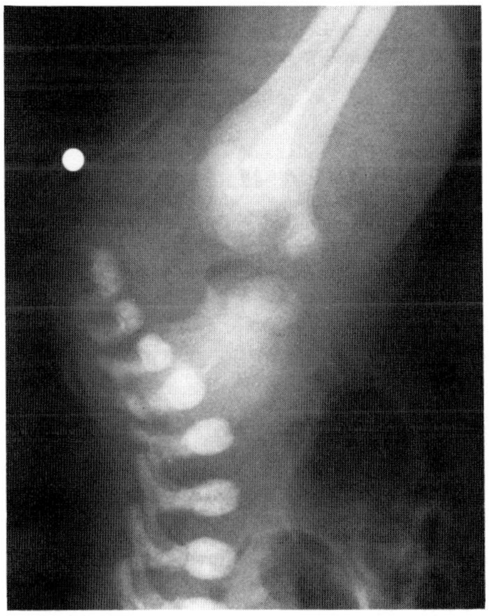

Abb. 11.**25** **Rektumatresie.** Das Seitenbild in Kopfhängelage zeigt ein langes, undurchgängiges Darmsegment.

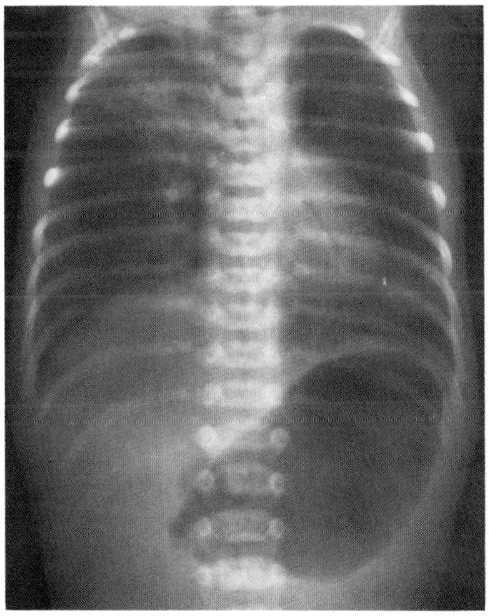

Abb. 11.**26** **Pylorusstenose.** Aufgetriebener Magen, gasfreies Abdomen.

Tabelle 11.3 Abnorme Gasverteilung beim Neugeborenen (Fortsetzung)

Krankheit	Radiographischer Befund	Kommentar
Bochdalek-Zwerchfellhernie (Abb. 11.27)	Herniation lufthaltiger Darmschlingen in den Thorax, gewöhnlich in die linke Hälfte. Das Mediastinum ist verlagert, und das Abdomen ist relativ gasfrei.	Wenn eine Einklemmung der Hernie besteht, finden sich Luft-Flüssigkeitsspiegel und eine Überdehnung des Darms.
Intramurale Duplikationzyste des terminalen Ileums	Multiple überdehnte Darmschlingen mit Flüssigkeitsspiegeln (uncharakteristischer Darmverschluß).	Duplikationen können so groß werden, daß man sie tasten kann. Wenn sie groß genug ist, kann eine Duplikation einen Darmverschluß verursachen.
Mekoniumpfropfsyndrom (Mekoniumblockade)	Mäßige Dünn- und Dickdarmerweiterung, eventuell mit Flüssigkeitsspiegeln. Ein Einlauf mit wasserlöslichem Kontrastmittel wird den Pfropf und den normal dimensionierten Dickdarm zeigen und den Pfropf lösen.	Normalerweise geht das Mekonium während der ersten 12–24 Stunden nach der Geburt ab. Das Bild kann ein Megacolon congenitum imitieren.
Hirschsprung-Krankheit (Aganglionäres Megacolon congenitum)	Bild der distalen Dickdarmobstruktion: dilatierter Darm mit multiplen Flüssigkeitsspiegeln. Wenn nur ein kurzes Segment betroffen ist, kann das aufgetriebene Sigma einem Sigmavolvulus ähneln. Ein Seitenbild in Kopfhängelage zeigt eventuell das verengte luftgefüllte Rektum und das aufgetriebene Abdomen mit der Form eines stehenden Eies. Mit einem Bariumeinlauf läßt sich die Länge des aganglionären (engen) Segments feststellen.	Angeborenes Fehlen der Ganglien im Plexus submucosus und Plexus myentericus des distalen Kolonabschnitts. Die Fehlbildung ist in 80% auf das Rektosigmoid beschränkt. Kann zu alarmierenden Symptomen (Obstruktion oder Diarrhoe) beim Neugeborenen führen. Bei 50% der an Aganglionose leidenden Kinder tritt eine Enterokolitis auf.
Mekoniumileus (Abb. 11.28)	Multiple dilatierte Darmschlingen von sehr unterschiedlicher Größe. Das Fehlen von Flüssigkeitsspiegeln ist pathognomonisch. Oft sind Massen von granulärem Mekonium sichtbar.	Das terminale Ileum ist von Massen des abnormen Mekoniums verstopft – eine Frühmanifestation der *zystischen Fibrose*. Mekoniummassen können sich auch bei der *Hirschsprung-Krankheit* und bei *anorektalen Mißbildungen* finden.
Mekoniumperitonitis (s. Abb. 12.40, S. 239)	Intraabdominale extraluminale Verkalkungen. Multiple überdehnte Darmschlingen mit Flüssigkeitsspiegeln (bedingt durch den zugrundeliegenden Darmverschluß). Gekammertes Pneumoperitoneum.	Intrauterine Darmperforation infolge irgendeiner obstruierenden Läsion (Atresie, Mekoniumileus, Volvulus, Meckel-Divertikel, innere Hernie oder Briden) oder ohne offensichtlichen Grund. Wenn die Perforation bei der Geburt nicht schon verschlossen ist, entwickelt sich eine sekundäre septische Peritonitis.
Funktioneller Verschluß	Schattendichte amorphe intraluminale Massen im Darm, häufig umgeben von einem Gashof. Flüssigkeitsspiegel sind spärlich vorhanden.	Gestörte Darmmotilität ohne faßbare Ursache. Kommt besonders bei Frühgeborenen vor. Im Kolon und terminalen Ileum sammeln sich Klümpchen von eingedickter Milch an.
Nekrotisierende Enterokolitis (ischämische Darmerkrankung) (Abb. 11.29)	Entweder weniger Darmgas oder Gasblähung des Darms, eventuell mit Luft-Flüssigkeitsspiegeln. Charakteristisch ist Gas in der Darmwand, das in Form feiner Bläschen oder Aufhellungslinien in der Wand des Dünn- und/oder Dickdarms sichtbar sind.	Eine Enterokolitis kommt vorwiegend bei Frühgeborenen vor und wird durch verschiedene Ursachen von perinatalem Streß ausgelöst. Ein Pneumoperitoneum zeigt eine Perforation an, außer es wurde eine assistierte Beatmung durchgeführt; Gas in den Pfortaderästen ist dagegen ein Vorzeichen für einen wahrscheinlich tödlichen Ausgang. Als Komplikation können sich Darmstrikturen entwickeln.

Fortsetzung auf Seite 206

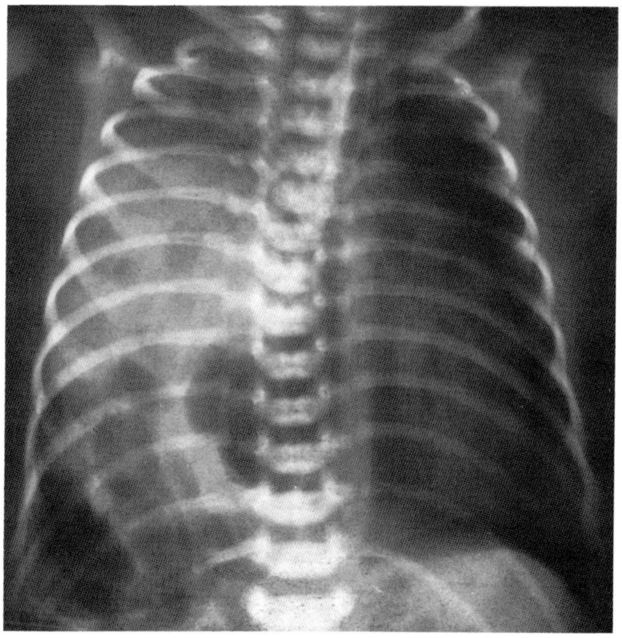

Abb. 11.**27** **Bochdalek-Zwerchfellhernie,** die den rechten Leberlappen, das Zäkum, das Colon ascendens und Teile des Ileums enthält. Die rechte Thoraxhälfte ist verschattet und enthält Aufhellungen, die vom Darmgas stammen. Das Mediastinum ist nach links verschoben. ▶

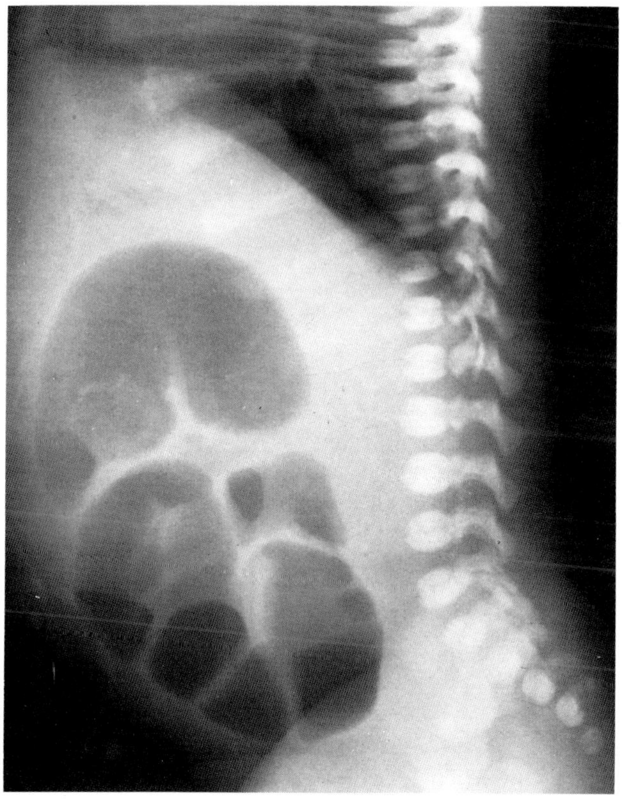

Abb. 11.**28** **Mekoniumileus.** Dilatierte Darmschlingen ohne Luft-Flüssigkeitsspiegel auf einer Aufnahme im horizontalen Strahlengang sind pathognomonisch.

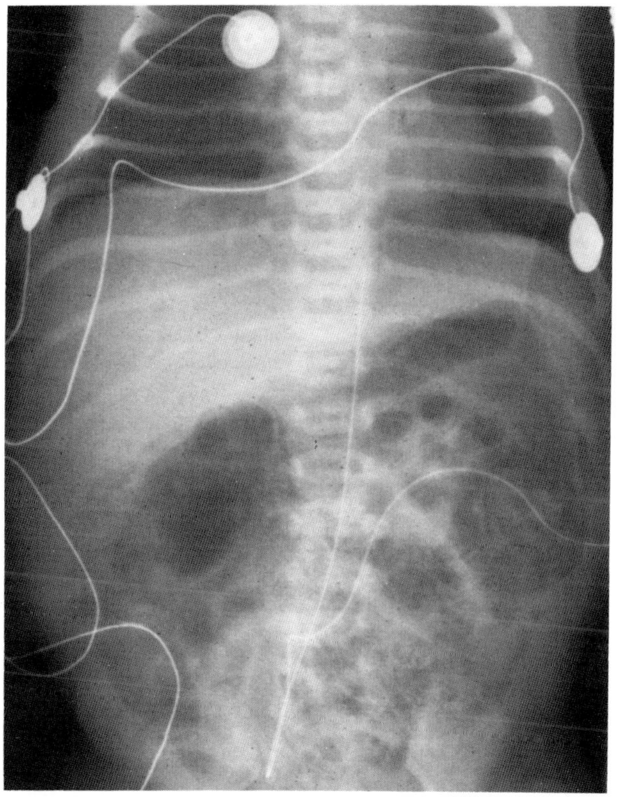

Abb. 11.**29** **Nekrotisierende Enterokolitis.** Darmgasmenge etwas vermindert. Gas in der Darmwand, kenntlich an kleinen Aufhellungsstreifen und -blasen.

Tabelle 11.3 Abnorme Gasverteilung beim Neugeborenen (Fortsetzung)

Krankheit	Radiographischer Befund	Kommentar
Eingeklemmte Leistenhernie	Bild des Dünndarmverschlusses.	Gewöhnlich der Typ der indirekten Leistenhernie, häufiger links.
Gastroenteritis	Dilatierte Darmschlingen und Luft-Flüssigkeitsspiegel täuschen eine tiefe Kolonobstruktion vor.	Bei starkem Erbrechen wird die Gasmenge geringer.
Schwere Dehydratation **Fehlendes Schluckvermögen** **Flüssigkeit in der Bauchhöhle**	Bei diesen Zuständen beobachtet man gewöhnlich eine Verminderung des Darmgases.	Als Folge von: Schwerer Gastroenteritis mit Erbrechen. Hirnschaden. Respiratorischer Insuffizienz. Obstruktion im unteren Harntrakt (Urethralklappe). Vitamin-K-Mangel.
Pneumoperitoneum (infolge Eingeweideperforation, assistierter Beatmung oder postoperativer Dehiszenz) (Abb. 11.30)	Freie Luft im Abdomen bei Fehlen der normalen Magenblase spricht für Magenperforation. Ein gekammertes Pneumoperitoneum kann bei Mekoniumperitonitis vorkommen.	Häufigste Ursache ist eine Magenperforation, die gewöhnlich spontan ist. Dünndarmperforationen stehen gewöhnlich mit obstruierenden Läsionen in Zusammenhang. Dickdarmperforationen treten bei nekrotisierender Enterokolitis, Hirschsprung-Krankheit oder Strangulationsvolvulus auf. Eine postoperative Gasansammlung im Abdomen eines Neugeborenen ohne Dehiszenz ist selten.

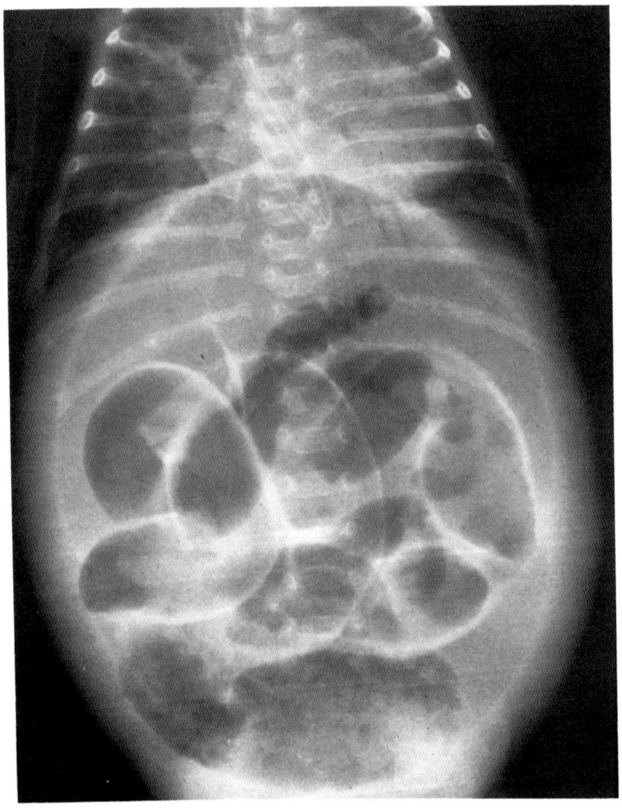

Abb. 11.**30** **Pneumoperitoneum nach Zäkumperforation.** Große Gasansammlung in der Bauchhöhle, die Darmschlingen sind aufgetrieben – ein Zeichen der Darmparalyse. Bei diesem Säugling bestand auch ein offener Ductus arteriosus.

Tabelle 11.4 Extraluminale Gasansammlungen im Abdomen oder Becken

Krankheit	Radiographischer Befund	Kommentar
A Pneumoperitoneum		
Postoperativ (Laparotomie, abdominale Drainrohre, Peritonealdialyse)	Gas im obersten Teil der Bauchhöhle ohne Luft-Flüssigkeitsspiegel. Beste Sichtbarkeit in aufrechter Position unter dem rechten Zwerchfell und in Linksseitenlage zwischen Leber und lateraler rechter Bauchwand. Gas kann bis zu 24 Tage nach der Operation nachweisbar sein; meistens verschwindet es binnen 3–6 Tagen.	Die Röntgenaufnahme sollte 5–10 Minuten, nachdem der Patient in die entsprechende Position gebracht worden ist, angefertigt werden. Postoperative Gasansammlungen sind bei asthenischen Patienten (80%) häufiger als bei adipösen (25%) und quantitativ größer nach Operationen im Oberbauch oder Becken. Eine Peritonitis hat keinen Einfluß auf das Verschwinden des Gases. Verdacht auf eine Nahtdehiszenz besteht, wenn Gas bei einem adipösen Patienten oder einem Kind nach dem 3. Tag vorhanden ist. Eine Interposition des Kolons zwischen Leber und Zwerchfell (Chilaiditi-Syndrom) kann irrtümlich für intraperitoneales Gas gehalten werden.
Eingeweideperforation (Abb. 11.31, 11.32)	Freies intraperitoneales Gas, gewöhnlich mit klinischen und radiographischen Peritonitissymptomen (Flüssigkeit in der Bauchhöhle, paralytischer Ileus, schmerzbedingte Skoliose). Gas kann auch als dreieckige subhepatische, die rechte Niere überlagernde Ansammlung sichtbar werden.	Die häufigsten Ursachen sind: *perforiertes peptisches Geschwür* und *perforiertes Kolondivertikel,* besonders bei Nierentransplantationspatienten, selten *Bauchtrauma, perforierte Appendizitis* oder rupturierte *Pneumatosis cystoides interstinalis.* Freies intraperitoneales Gas ist bei 67% der perforierten Ulzera vorhanden. Bei Kolonperforationen entstehen meist große Gasansammlungen.
Wiederbelebung, Anästhesie oder endoskopische Instrumentation	Intraperitoneales Gas in geringer Menge mit oder ohne Magendilatation oder Pneumomediastinum.	Das Gas tritt aus dem Mediastinum oder einem verdünnten, dilatierten Darmsegment ohne Perforation und Peritonitis aus.
Spontanes Pneumoperitoneum ohne Peritonitis (idiopathisch)	Freies intraperitoneales Gas ohne Krankheit, entsprechende Anamnese oder Symptome.	Die häufigste Ursache ist die Ansaugung von Luft durch den weiblichen Genitaltrakt. Eine *Forme-fruste*-Perforation eines peptischen Geschwürs sollte in Betracht gezogen werden.

Fortsetzung auf Seite 208

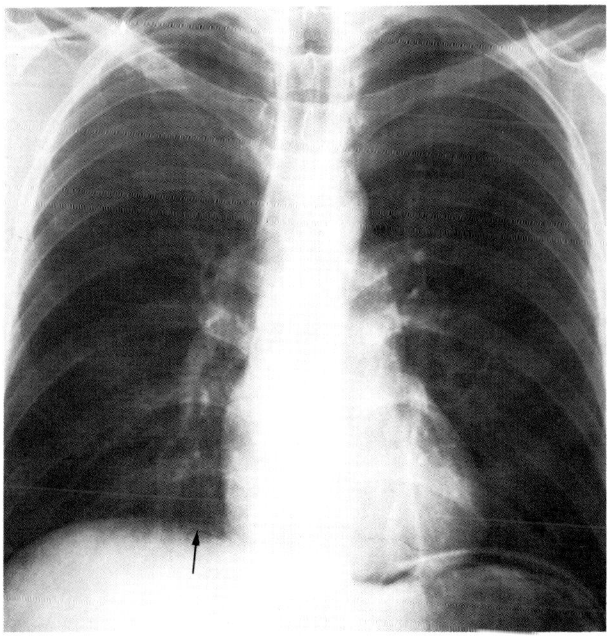

Abb. 11.**31** **Freies intraperitoneales Gas** beiderseits unter dem Zwerchfell. Perforiertes Ulcus duodeni.

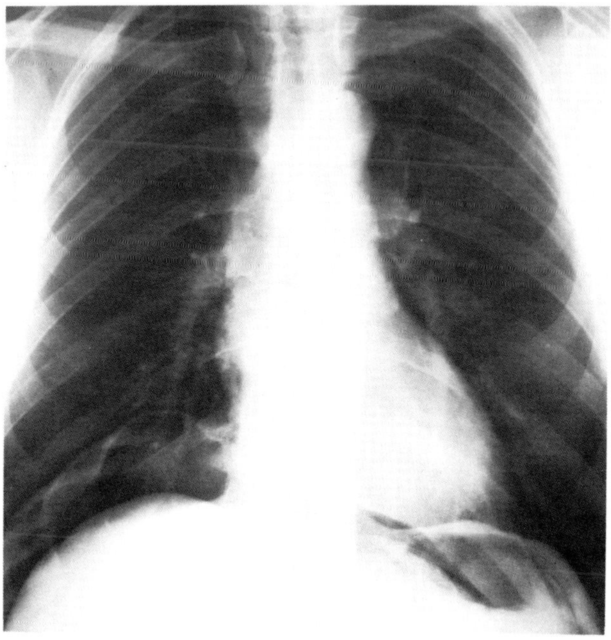

Abb. 11.**32** **Große intraperitoneale Ansammlungen von freiem Gas.** Kolonperforation als Komplikation einer Colitis ulcerosa.

Tabelle 11.4 Extraluminale Gasansammlungen im Abdomen oder Becken (Fortsetzung)

Krankheit	Radiographischer Befund	Kommentar
B Gas in der Darmwand		
Pneumatosis cystoides intestinalis (Abb. 11.33)	Runde, äußere und innere gashaltige Zysten in der Darmwand, gewöhnlich am besten sichtbar im Kolon.	Durch Ausbreitung der Luft vom Mediastinum oder in Zusammenhang mit ulzerierender Erkrankung, akuter oder chronischer Überdehnung oder ischämischer Nekrose der Darmschleimhaut. Kann postoperativ oder idiopathisch vorkommen.
Darmnekrose	Durch Gas bedingte Aufhellungslinie in dem erkrankten Darmsegment.	Eine Nekrose der Darmwand kann eine Komplikation bei Gefäßverschluß, toxischem Megakolon, nekrotisierender Enterokolitis oder benachbartem Abszeß sein.
Intramuraler Gasübertritt nach Verletzung (Abb. 11.34)	Kleine intramurale Gasansammlungen in der Umgebung einer intramuralen Perforation eines peptischen Geschwürs oder im Bereich eines vorangegangenen chirurgischen Eingriffs (Anastomose).	Seltene Komplikation einer örtlichen Schleimhautverletzung, die zu einem transmuralen Gasaustritt führt. Sehr selten ist das intramurale Gas die Folge einer *Infektion bei Diabetes* oder einer *zystischen Fibrose.*
C Gas im Gallengangsystem		
Abnorme Kommunikation (postoperativer Reflux, Gallenblasen-Darm-Fistel) (Abb. 11.35)	Aufhellungslinien von Gasdichte über der Leber mit oder ohne Gasdichte der Gallenblase. Das Gas befindet sich gewöhnlich nahe der Porta hepatis und in extrahepatischen Gallengängen. DD: Gas in den Pfortaderästen.	Die häufigste Ursache von intrabiliärem Gas ist ein chirurgischer Eingriff (Choledochoduodenostomie, Cholezystoenterostomie, Sphinkterotomie). Ohne vorangegangene Operation ist die Ursache gewöhnlich der Durchbruch eines Gallensteins in den Darm, manchmal mit komplizierendem Gallensteinileus. Selten ist ein Karzinom Ursache einer Fistel.
Emphysematöse Cholezystitis (Abb. 11.36)	Gas in dem Lumen und/oder der Wand der vergrößerten Gallenblase, eventuell mit Luft-Gallespiegel. Es kann sich Gas in den Gallengängen befinden. DD: Subhepatischer Abszeß oder Leberabszeß, Gas im Bulbus duodeni.	Blockierung des Ductus cysticus und nachfolgende starke Vermehrung gasbildender Erreger, gewöhnlich *Clostridium welchii* und *Escherichia coli.* Kommt meist bei älteren männlichen Diabetikern vor.
D Gas in den Pfortaderästen		
Darmnekrose	Lineare, zur Leberperipherie ziehende Streifen von Gas in den intrahepatischen Pfortaderästen bei einem Schwerkranken. DD: Gas in den Gallenwegen.	Gewöhnlich in Verbindung mit *Mesenterialinfarkt* oder *nekrotisierender Enterokolitis.* Es kann Gas in der Darmwand sichtbar sein. Selten ist es bei einer schweren Darmdilatation oder entzündlichen Darmerkrankung und bei emphysematöser oder korrosiver Gastritis zu beobachten.
Katheterisierung der Nabelvene	Wie oben.	Unbeabsichtigt, als Folge einer diagnostischen oder therapeutischen Katheterisierung bei einem Neugeborenen.

Fortsetzung auf Seite 210

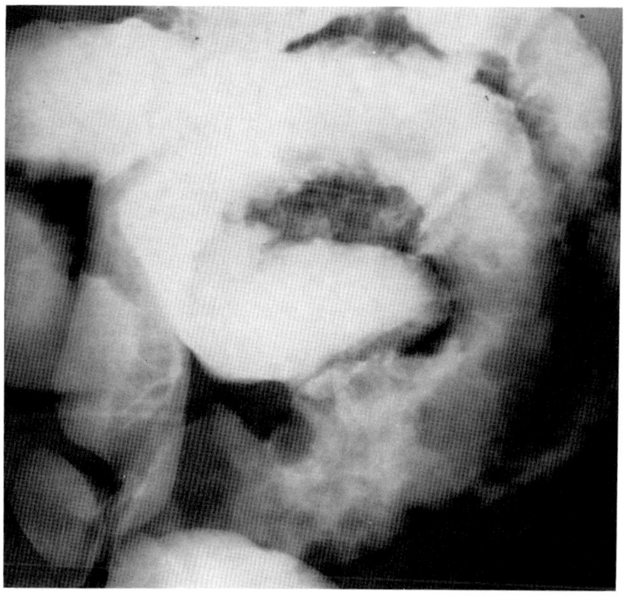

Abb. 11.**33** **Pneumatosis cystoides intestinalis.** Gashaltige Zysten in der Dickdarmwand.

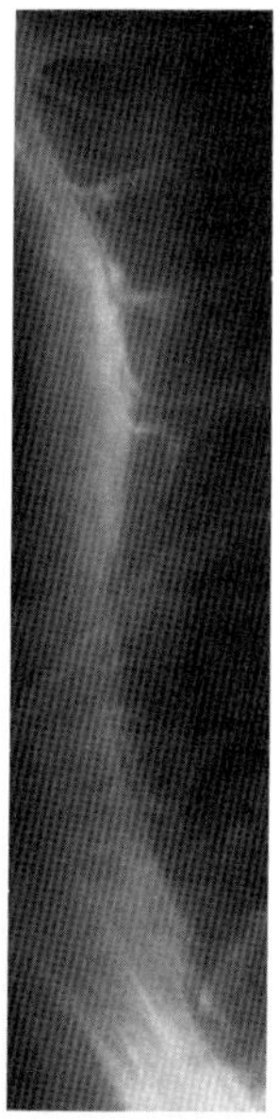

Abb. 11.**34** **Intramurales Gas** in der Dickdarmwand. Es ist als dünner Streifen sichtbar, der der Haustrenzeichnung folgt. Es handelt sich um einen postoperativen Zustand.

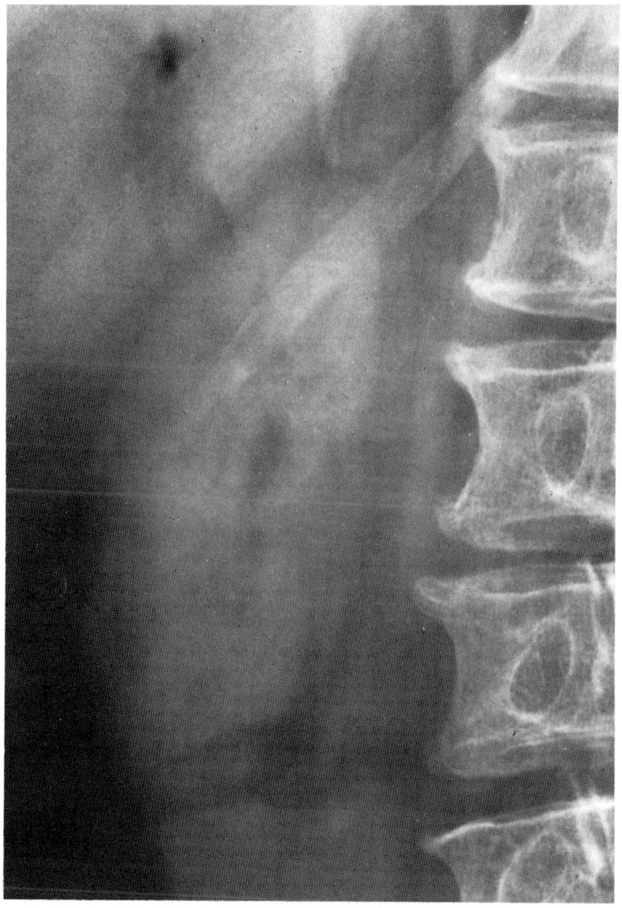

Abb. 11.**35** **Gas im Gallengangsystem** bei Gallenblasen-Darmfistel (Perforation eines Gallensteins in das Duodenum).

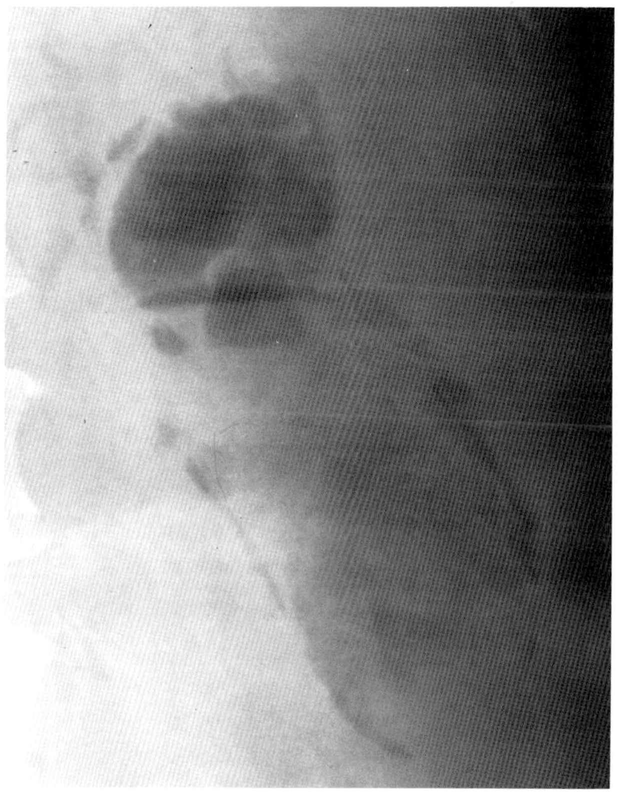

Abb. 11.**36** **Emphysematöse Cholezystitis.** Sowohl in der Wand als auch im Lumen der vergrößerten Gallenblase ist Gas sichtbar. Auch ein Luft-Flüssigkeitsspiegel ist vorhanden. Dünne Gasstreifen gehen zu den Gallengängen.

Tabelle 11.4 Extraluminale Gasansammlungen im Abdomen oder Becken (Fortsetzung)

Krankheit	Radiographischer Befund	Kommentar
E Diffus verteiltes Gas im Retroperitonealraum		
Ruptur oder Perforation des deszendierenden Duodenumabschnitts (Abb. 11.37)	Gas erstreckt sich medial über den lateralen Rand des rechten Psoasschattens hinaus in den vorderen pararenalen Raum in Richtung Wirbelsäule.	Eine Perforation des Duodenums in den extraperitonealen Raum entsteht gewöhnlich durch ein stumpfes Trauma. Symptome treten eventuell erst später auf. Es kann eine begleitende traumatische Pankreatitis bestehen. Eine seltene Ursache ist ein penetrierendes postbulbäres Ulkus. Nur in einem Drittel der Fälle von retroperitonealer Duodenalruptur findet sich rechts retroperitoneales Gas.
Extraperitoneale Perforation von Kolon oder Appendix (Abb. 11.38)	Gefleckte gasdichte Aufhellungen überlappen den Psoas auf der rechten Seite, reichen bis nahe zur Wirbelsäule und verdecken lateral den Flankenstreifen nicht.	Bei Kindern ist eine extraperitoneale, mit einem Abszeß verbundene Appendizitis eine relativ häufige Ursache. Bei Erwachsenen ist der Gasaustritt eventuell Komplikation einer Koloskopie, eines perforierten Karzinoms, einer Divertikulitis des rechten Kolons, oder er ist Folge einer granulomatösen Ileokolitis. Eine Abszeßbildung ist bei diesen Erkrankungen häufig.
Retroperitoneale Sigmaperforation	Extraperitoneales Gas steigt auf der linken Seite auf und dehnt sich medial über den Psoasschatten aus. Die Ausbreitung in den posterioren Teil des Retroperitonealraums beherrscht das radiologische Bild.	Wenn die Sigmaperforation zwischen den Blättern des Mesokolons erfolgt, kann das extraperitoneale Gas beiderseits innerhalb der vorderen pararenalen Räume aufsteigen. Die Perforation kann Folge einer Divertikulose oder einer Endoskopie sein.
Rektumperforation	Beiderseitige Ausbreitung von extraperitonealem Gas parallel zur lateralen Psoaskontur; das Gas macht die suprarenalen und subdiaphragmatischen Gebilde sichtbar.	Gewöhnlich traumatisch oder iatrogen bedingt (postoperative Undichtigkeit einer Anastomose oder Folge einer Endoskopie und Biopsie).
Retroperitoneales Gas, von einem Pneumomediastinum ausgehend (Abb. 11.39)	Aufhellungen von Gasdichte, die sich vorzugsweise innerhalb des Flankenfetts in den posterioren pararenalen Raum ausbreiten.	Extraperitoneales Gas innerhalb des posterioren pararenalen Raums kann in die unmittelbar subdiaphragmatischen Gewebeschichten eindringen. Es ist von freier Luft in der Bauchhöhle unterscheidbar, weil es unter der Zwerchfellkuppel eine parallele sichelförmige Kontur in einer tieferen Lage bildet, medial oder lateral vom höchsten Punkt des Peritonealkavums liegen kann und bei Exspiration mehr, bei Inspiration weniger zu werden scheint.
Äußeres penetrierendes Trauma	Die Lokalisation der fleckigen Aufhellungen mit Gasdichte hängt vom Ort des Traumas ab.	

Fortsetzung auf Seite 212

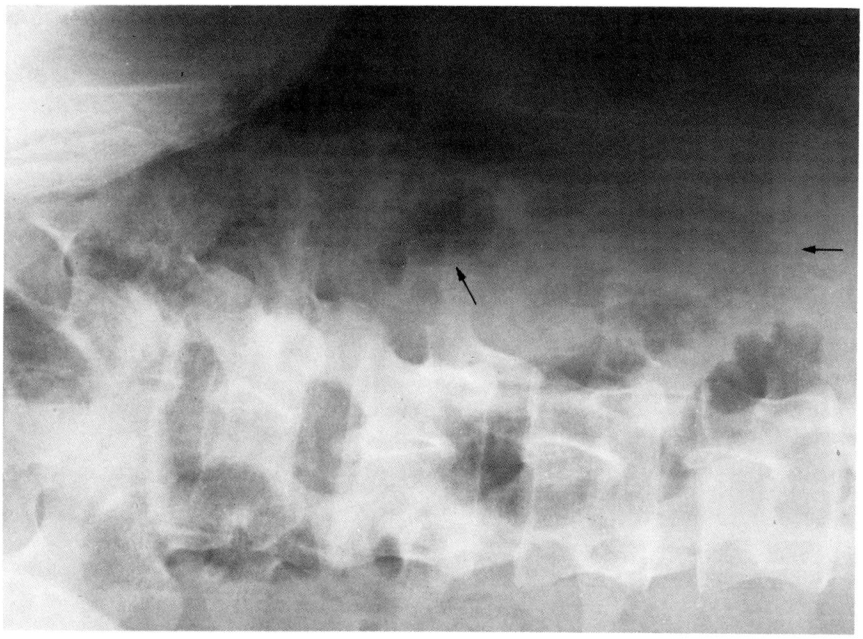

Abb. 11.**37** **Traumatisch bedingte Duodenumruptur.** Gefleckte gasdichte Aufhellungen im Retroperitonealraum (Pfeile), die nicht zusammenfließen. (Aufnahme in Linksseitenlage.)

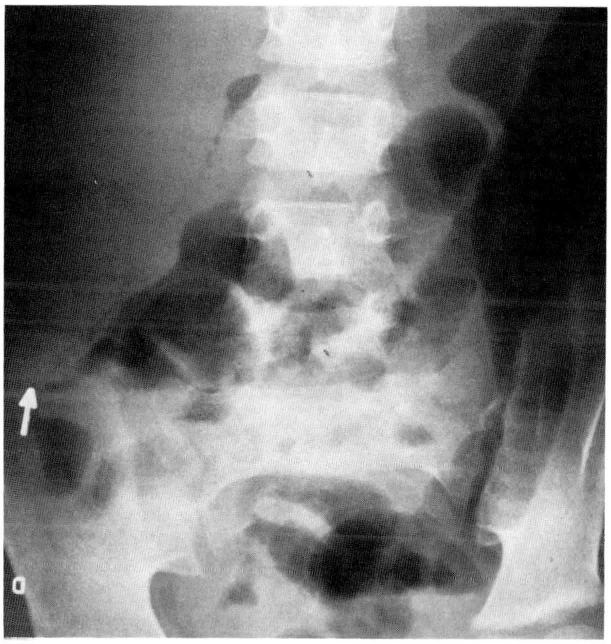

Abb. 11.**38** **Perforation einer retrozäkalen Appendix.** Eine Gasansammlung in Form einer „Perlenkette" steigt entlang dem lateralen Rand des Musculus psoas auf und zeigt damit die retroperitoneale Lage des Gases an (Pfeil).

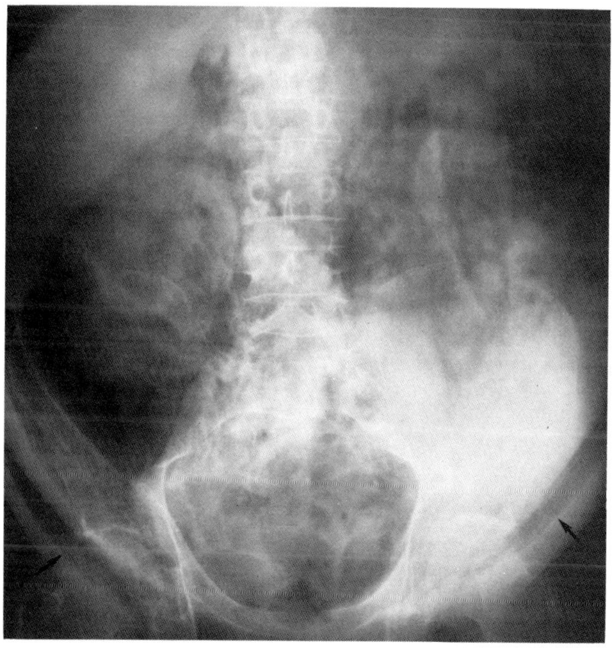

Abb. 11.**39** **Retroperitoneales Gas von einem Pneumomediastinum.** Das Pneumomediastinum war bei der Respiratorbehandlung eines Asthmaanfalls entstanden. Innerhalb des Flankenfetts breiten sich Gasaufhellungen aus (Pfeile).

Tabelle 11.4 Extraluminale Gasansammlungen im Abdomen oder Becken (Fortsetzung)

Krankheit	Radiographischer Befund	Kommentar
F Extraluminale Gasansammlung(en) im Becken		
Beckenabszeß	Extraluminales Gas und/oder Luft-Flüssigkeitsspiegel. Deformierung der Harnblasenkuppel von außen. Verlagerung des Colon sigmoideum, meist nach hinten oder oben.	Gewöhnlich in Verbindung mit Peritonitis, nach Beckenoperation, Genitalinfektion oder Kolondivertikulitis.
Pneumatosis cystoides intestinalis	Gas in der Wand des Kolons.	Siehe Abschnitt B dieser Tabelle (S. 208).
Emphysematöse Zystitis (Abb. 11.40)	Gasblasen in der Harnblasenwand mit oder ohne Gas im Blasenlumen. DD: Koprostase großer Stuhlmassen mit zahlreichen eingeschlossenen Gasblasen.	Gewöhnlich verbunden mit Diabetes, Harnstase oder Obstruktion des Blasenausgangs mit Harninfektion.
Blasen-Kolon-Fistel	Gas in der Harnblase, aber nicht in der Blasenwand.	Kann angeboren oder Folge einer Divertikulitis oder eines malignen Prozesses im Kolon sein.
Primäre Pneumaturie	Gas in der Harnblase ohne Fistel, vorangegangene Instrumentation oder andere prädisponierende Faktoren (z. B. Pilzklumpen).	
Emphysematöse Kolpitis	Fokale Ansammlung von Gasblasen mit wechselndem Durchmesser – von ein paar Millimetern bis zu 3 cm. Beschränkt auf die oberen zwei Drittel der Vagina und/oder die Zervix. DD: Normales rektales Gas, Gasgangrän des Uterus, emphysematöse Zystitis.	Von selbst verschwindende, gutartige Störung, meist bei Schwangeren. Abgesehen vom vaginalen Ausfluß gewöhnlich symptomlos. In Verbindung mit *Trichomonas-vaginalis-* oder *Haemophilus-vaginalis-*Infektion.
Gasgangrän des Uterus	Große Verschattung (Uterus) im Becken, die fleckige Aufhellungen enthält. Gas befindet sich in der Uteruswand und oft in der Uterushöhle sowie im Fetus, falls vorhanden. U. U. paralytischer Ileus und Gas im Retroperitonealraum.	Es handelt sich um eine *Clostridium-perfringens-*Infektion, die gewöhnlich durch eine Manipulation zur Beseitigung einer Schwangerschaft bedingt ist. Selten ist ein *infiziertes Fibromyom* des Uterus Ursache von Gasaufhellungen im Uterus. Gas in der Bauchwand (postoperativ) kann eine Gasansammlung im Uterus vortäuschen.
G Gas in einem Abszeß (intra- oder extraperitoneale lokalisierte Gasansammlung mit oder ohne Flüssigkeitsspiegel)		
Subphrenischer Abszeß (Abb. 11.41)	Luft-Flüssigkeitsspiegel oder fleckige Aufhellungen von Gasdichte, vermischt mit nekrotischem Material. Hochstand und eingeschränkte Exkursion der Zwerchfellhälfte. Pleuraerguß (begleitend). Wenn der Abszeß links liegt, kann er die Magenfundusblase vom Zwerchfell abdrängen.	Gewöhnlich Komplikation einer intraabdominalen Operation. Kann Folge einer *perforierten Appendix,* eines *peptischen Geschwürs,* einer *Divertikulitis* oder *Cholezystitis* sein. Ein linksseitiger subphrenischer Abszeß ist meist Komplikation einer Splenektomie, Magenoperation, Colon-descendens-Operation oder Hiatushernienkorrektur. Ein rechtsseitiger subphrenischer Abszeß kann einer Gallen-, Magen-, Duodenum- oder Colon-ascendens-Operation folgen.
Perirenaler Abszeß (Abb. 11.42)	Extraluminales Gas um die Niere herum und im Retroperitonealraum. Die untere Nierenkontur ist nicht mehr abgrenzbar. Verlagerung und manchmal axiale Rotation der Niere. Der untere Pol ist nach medial, oben und vorn verlagert. Verschwinden des oberen Segments der Psoasränder. Fixation der Niere. Eventuell Einschränkung der Zwerchfellmotilität und Skoliose.	Gewöhnlich Folge einer Niereninfektion *(Pyelonephritis, Tuberkulose, Karbunkel)* und *Perforation* der Nierenkapsel. Oft verbunden mit Diabetes. Die Eiteransammlung kann den benachbarten Darm verdrängen. Selten entsteht ein Abszeß im hinteren pararenalen Raum durch eine *Osteomyelitis* der Wirbelsäule. Ein *Urinom* enthält kein Gas, drängt den unteren Pol nach oben und lateral, geht mit einer Hydronephrose einher und bringt den unteren Teil des Psoasschattens zum Verschwinden.
Nierenabszeß (subkapsulär)	Sichtbarwerden der abgehobenen Nierenkapsel oder -faszie. Abflachung oder Kompression der Niere.	Bei Fehlen von Gas kann ein subkapsuläres Hämatom genauso aussehen.

Fortsetzung auf Seite 214

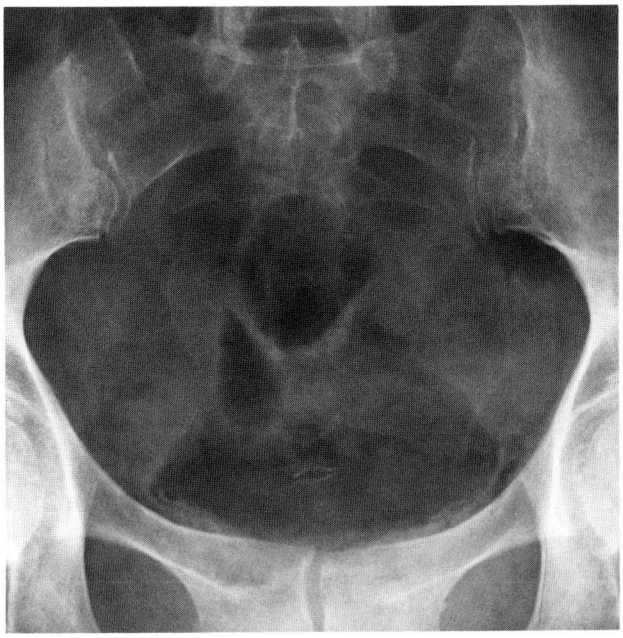

11.**40**

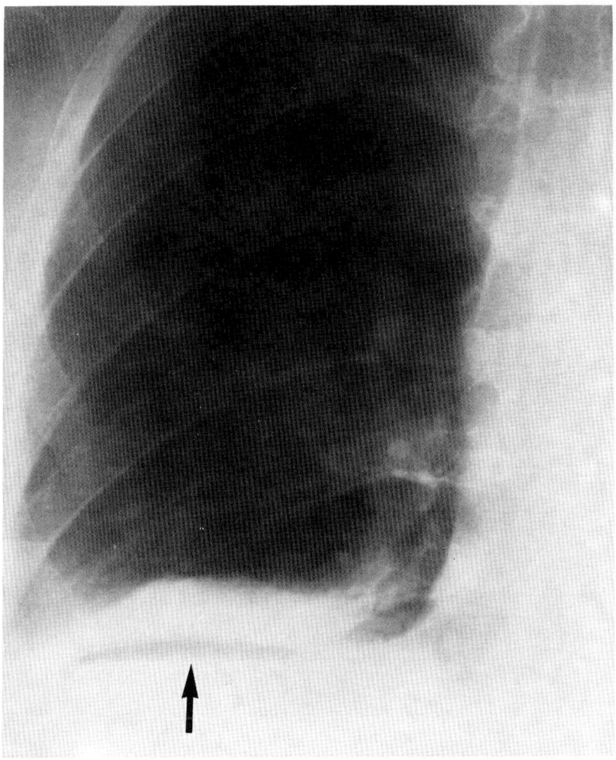

11.**41 a**

Abb. 11.**40** **Emphysematöse Zystitis** bei einem Diabetiker. Gas findet sich sowohl in der Wand als auch im Lumen der Harnblase.

Abb. 11.**41 a, b** **Subphrenischer Abszeß rechts.** Luft-Flüssigkeitsspiegel unter der rechten Zwerchfellhälfte (Pfeil), der von der Lunge weiter entfernt ist, als es freie Luft wäre. Begleitender Zwerchfellhochstand rechts.

Abb. 11.**42** **Perirenaler Abszeß links.** Extraluminales Gas an der medialen Seite der lateral verlagerten linken Niere.

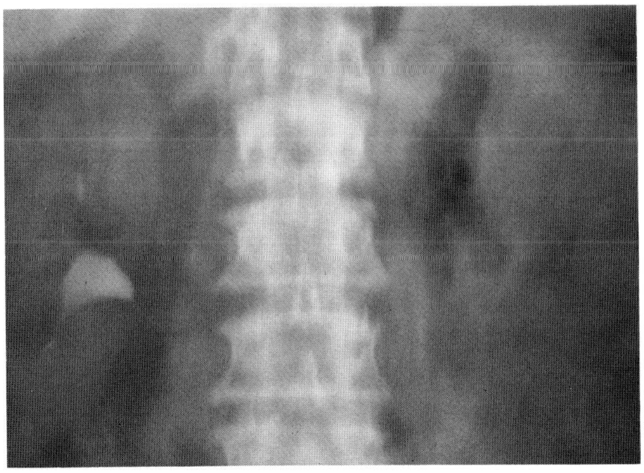

11.**42**

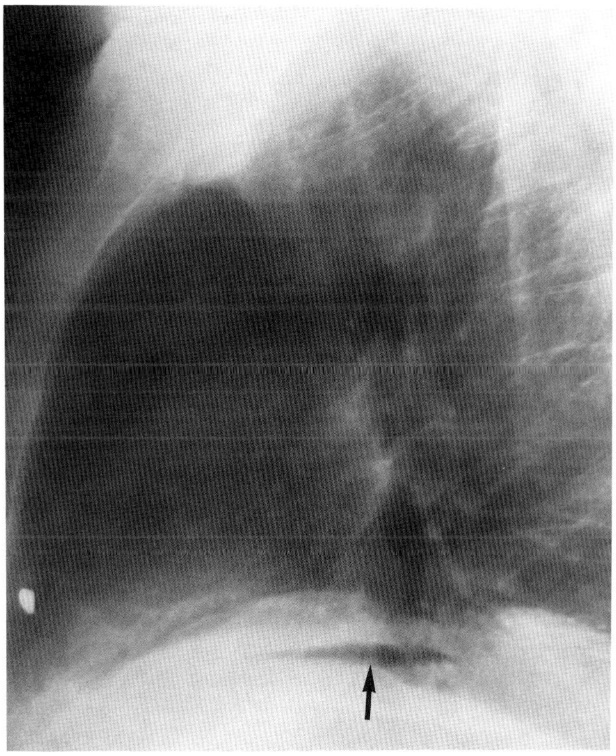

11.**41 b**

Tabelle 11.4 Extraluminale Gasansammlungen im Abdomen oder Becken (Fortsetzung)

Krankheit	Radiographischer Befund	Kommentar
Leberabszeß	Gelegentlich kann bei einem Leberabszeß Gas vorhanden sein, entweder bedingt durch gasbildende Erreger oder durch eine Verbindung mit dem Gallengangsystem. Eventuell Lebervergrößerung und Aszites oder Pleuraerguß.	Kann auf pyogene Erreger oder auf einen Amöbenbefall bei Schwerkranken zurückzuführen sein. Wenn sich kein Gas findet, ist der Befund der Nativaufnahme uncharakteristisch.
Pankreasabszeß	Eine peritoneale Fettnekrose erzeugt ein pathognomonisches geflecktes Bild von normalem Fett, das von Herden mit Wasserdichte (am besten im CT beurteilbar) durchsetzt ist. Es können auch echte Gasaufhellungen sichtbar sein. Eine vom Pankreaskopf ausgehende Ausbreitung erfolgt meist nach unten und rechts. Eine emphysematöse oder fulminante Pankreatitis kann sich beidseitig nach unten in den vorderen pararenalen Raum ausdehnen, so daß Gas und fleckige Fettnekrosen über den Psoasschatten liegen.	Ein Pankreasabszeß kann sich innerhalb der Faszienebenen bis zum hinteren pararenalen Raum ausbreiten, die Niere und das Kolon nach vorn drängen und die Begrenzung des Psoasschattens und Flankenstreifens verwischen.
Bursa-omentalis-Abszeß (Abb. 11.43, 11.44)	Gas-Flüssigkeitsspiegel im linken Oberbauch, der etwas über die Mittellinie reicht, aber das Zwerchfell nicht erreicht. Der Magen wird nach vorn und das Kolon nach unten verdrängt.	Eine Gasansammlung in der Bursa omentalis kann auf einer Darmperforation oder einer Hernie der Bursa omentalis beruhen. Ein nekrotischer, einen Luft-Flüssigkeitsspiegel enthaltender Tumor kann einen Abszeß vortäuschen.
Intraperitonealer Abszeß (Abb. 11.45)	Abhängig von der Lokalisation: *Rechter parakolischer Abszeß:* Gasschatten und Raumforderung lateral vom Colon ascendens unter der Flexura coli dextra. *Subhepatischer Abszeß:* Verdrängung des proximalen Colon transversum und der seitlichen Duodenumwand; Leberwinkel und rechte Niere sind nicht mehr sichtbar, abhängig von der anteroposterioren Position des Abszesses. *Abszeß im gastrohepatischen Rezessus:* Verdrängung des Magens nach hinten und links. *Abszeß im gastrosplenischen Rezessus:* Verdrängung des Magens nach medial und dorsal. *Abszeß im renosplenischen Rezessus:* Verdrängung des Magens nach medial und ventral.	Ein supramesokolischer Abszeß kann auf Aufnahmen im Stehen ähnlich wie ein Bursa-omentalis-Abszeß aussehen, liegt aber in der Mittellinie unterhalb vom Centrum tendineum des Zwerchfells.
Perityphlitischer Abszeß	Externer Defekt des Zäkums, eventuell mit Verdrängung des terminalen Ileums und multiplen Gasblasen über dem Psoasschatten.	

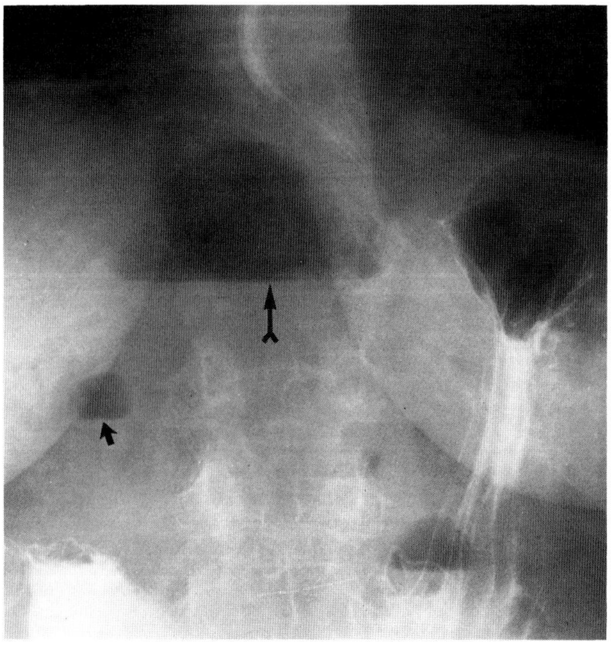

Abb. 11.**43** **Bursa-omentalis-Abszeß** (Pfeil) und Gallenblasen-Duodenum-Fistel (kurzer Pfeil) beim selben Patienten. Der große, in der Mittellinie gleich unter dem Zwerchfellniveau sichtbare Gas-Flüssigkeitsspiegel repräsentiert den Bursa-omentalis-Abszeß. Der kleinere Gas-Flüssigkeitsspiegel liegt in der Gallenblase.

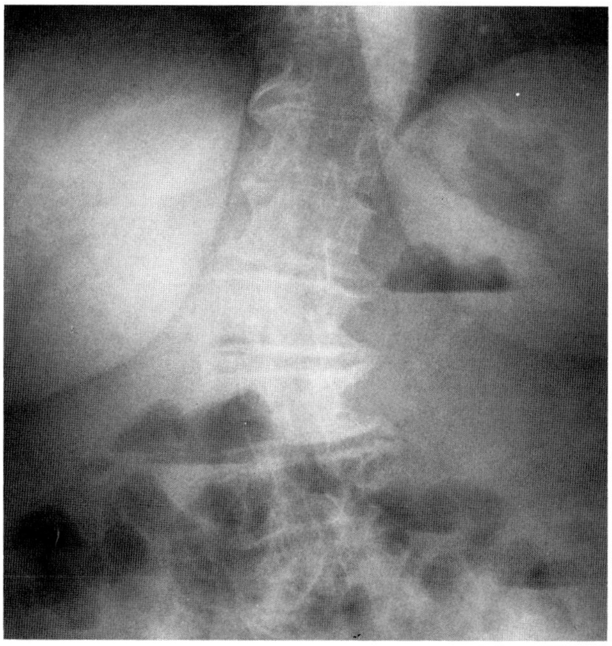

11.**44a**

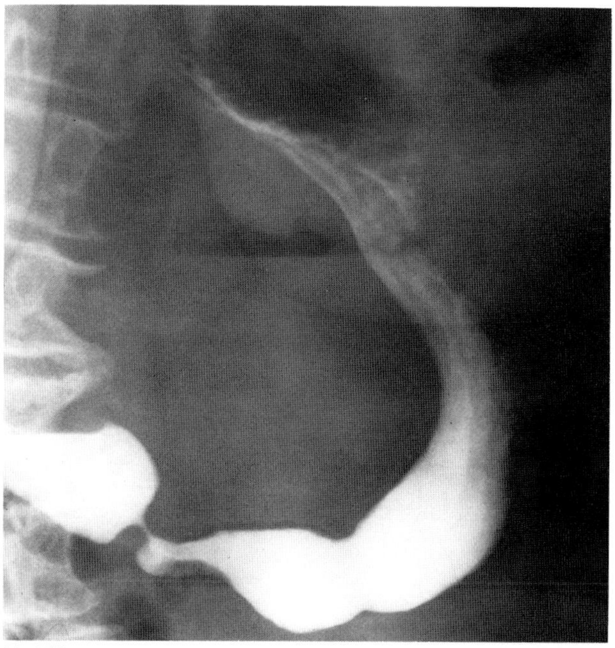

11.**44b**

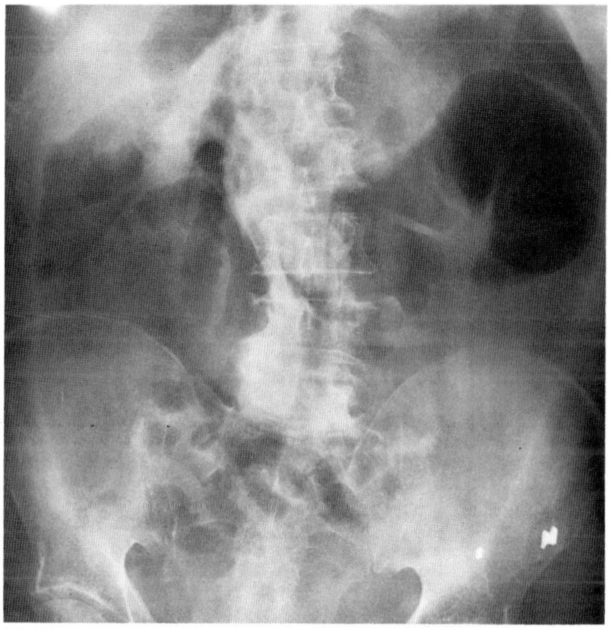

11.**45a**

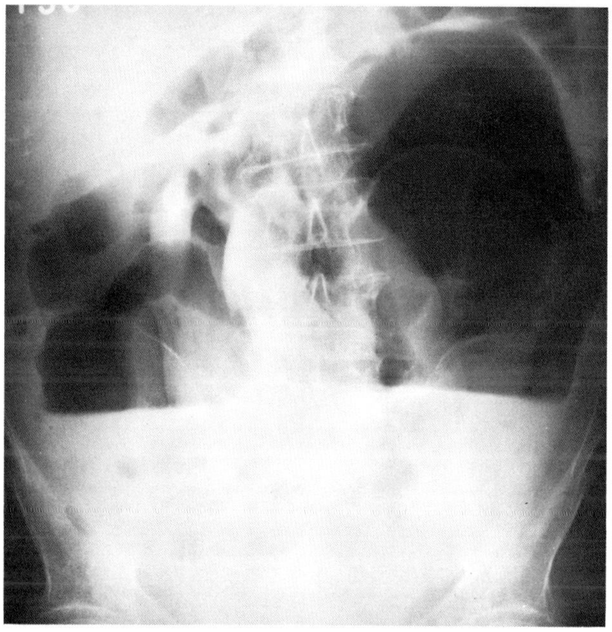

11.**45b**

Abb. 11.**44a, b** **Leiomyosarkom der Magenwand** mit Luft-Flüssigkeitsspiegel. **a** Es imitiert einen Bursa-omentalis-Abszeß, liegt aber weiter unten und mehr links. **b** Die Bariumuntersuchung zeigt, daß es enge Beziehung zum Magen statt zur Bursa omentalis hat, die in dieser Projektion weiter dorsal ist.

Abb. 11.**45a–c** **a** in Rückenlage, **b** im Stehen a.-p. und **c** im Stehen seitlich. **Großer inframesokolischer intraperitonealer Abszeß.** Riesiges gashaltiges Kavum, das das Colon transversum nach oben verdrängt. Die Sigmaschlinge liegt innerhalb des Abszesses, durch das Gas werden ihre Wandkonturen sichtbar (im Colon sigmoideum befindet sich ein Luft-Flüssigkeitsspiegel). Der Luft-Flüssigkeitsspiegel innerhalb des Abszesses verläuft aufgrund von Abkammerungen im Abszeß nicht durch den ganzen Abszeß.

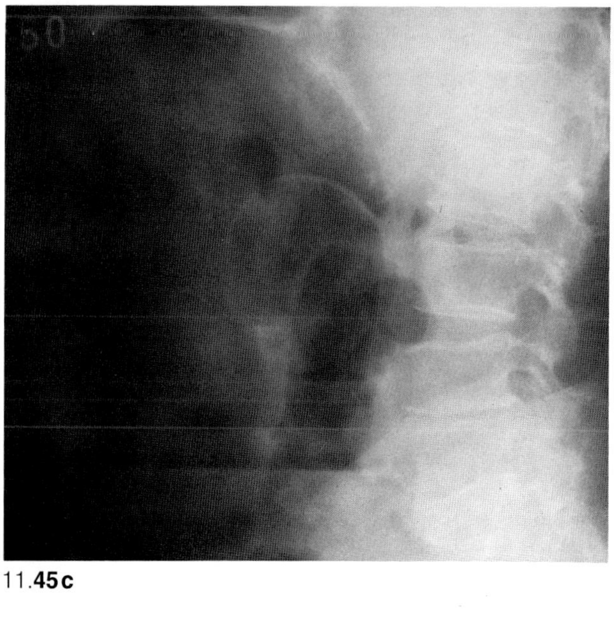

11.**45c**

12 Verkalkungen im Abdomen

Wie andernorts im Körper können Verkalkungen im Abdomen *dystrophischer* Natur sein, als Folge des Ausfalls von Kalziumsalzen im nekrotischen Gewebe (z. B. Pankreatitis, Nierenrindennekrose), oder durch *chemische Wechselwirkung* entstehen (z. B. Hyperkalzämie, Ernährung). Manche Verkalkungen entwickeln sich ohne bekanntes Grundleiden (z. B. Prostatasteine).

Die Mehrzahl der auf Abdomenaufnahmen sichtbaren Verkalkungen hat geringe klinische Bedeutung, manche aber sind ein Hinweis auf Krankheitsvorgänge in dem Gebiet oder erlauben sogar eine genaue histologische Diagnose. Manche Verkalkungen lassen sich aufgrund ihres radiologischen Erscheinungsbildes klassifizieren (Ort, Anzahl, Größe, Form, Verteilung oder Dichte). Folgende Verkalkungen können bei der Beurteilung eines akuten Abdomens von Bedeutung sein:

- Verkalkungen im Gallentrakt,
- verkalktes Aneurysma der Aorta abdominalis oder der A. hepatica oder lienalis,
- Appendixsteine (Hinweis auf Appendizitis),
- Verkalkung einer Mukozele der Appendix, ringförmig oder amorph,
- bandförmige Verkalkungen in einem Meckel-Divertikel,
- Pankreassteine,
- Ureterstein,
- Kalkablagerungen in einer Dermoidzyste.

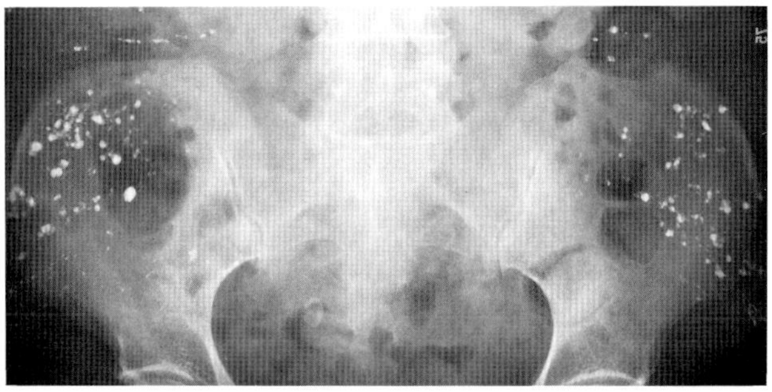

Abb. 12.**1** **Bilaterale Metall-(Wismut-)Ablagerungen** in Stichkanälen – Injektionsrückstände einer Syphilistherapie. Man beachte die hohe Dichte der Ablagerungen im Vergleich zum Knochen.

Schräge oder seitliche Projektionen sind wertvoll für die Unterscheidung zwischen Bauchwandverkalkungen und Verkalkungen im Intra- oder Retroperitonealraum. Steine von weniger als 1 mm Durchmesser sind auf Nativaufnahmen nicht erkennbar.

Intramuskuläre Injektionen von Chinin, Kalziumglukonat oder Kalziumpenizillin können zu Verkalkungen führen, meist in der Glutäalregion. Injiziertes Wismut hat eine höhere Dichte (Abb. 12.**1**). Die Injektionsstellen sind gewöhnlich bilateral. Sie sind leicht von intraabdominalen Verkalkungen zu unterscheiden.

Tabelle 12.1 Differentialdiagnose abdominaler Verkalkungen

Ort und Anordnung der Verkalkung	Übliche Ursachen	Radiographischer Befund und Kommentar
Verkalkung in der Leber		
a) Disseminiert	Histoplasmose, Tuberkulose	Klein (bis zu 3 cm), multipel, dicht, in der ganzen Leber verstreut. Wenn begleitende Verkalkungen in Milz und Lunge bestehen, ist das Bild praktisch beweisend für Histoplasmose.
	Bruzellose	Schneeflockenartige, flaumige Verkalkungen. Ähnliche Veränderungen eventuell in der Milz.
	Zungenwurm *Armillifer armillatus*	Typische komma- oder halbmondförmige Verkalkungen kommen in Leber, Lunge, Pleura, Peritoneum und Milz vor.
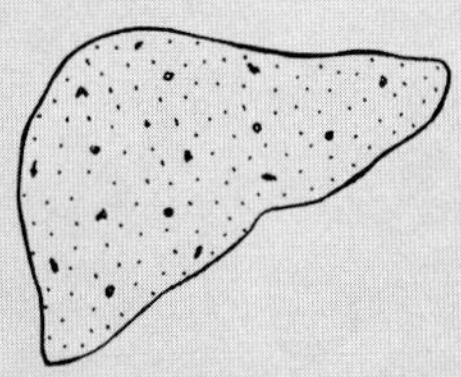	Metastase eines muzinösen Karzinoms (von Kolon oder Rektum, seltener Ovar, Mamma, Magen)	Feingranuläre Verkalkungen mit einem Durchmesser von 2–4 mm und mohnsamenartigem Aussehen.
	Metastasen von anderen Primärtumoren (Nebennieren-, Bronchustumor, Melanom, Mesotheliom, Neuroblastom, osteogenes Sarkom, Pankreas-, Nieren-, Hoden-, Schilddrüsentumor)	Eine Verkalkung von Metastasen dieser Tumoren ist viel seltener als bei muzinösen Karzinomen. Sie sind auch eher größer und dichter. Ein Wachstum ist ein Hinweis auf Malignität.
b) Zystisch 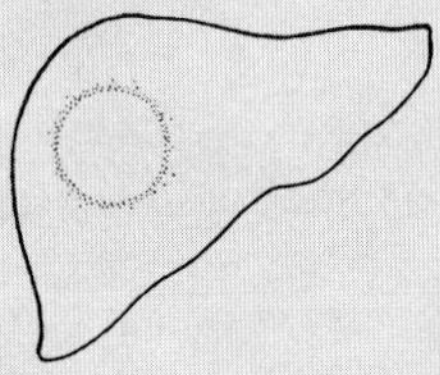	Hydatidenzysten *(Echinococcus granulosus)* (Abb. 12.**2a**)	Ovale oder kreisförmige Verkalkungen sind kennzeichnend. Es können auch bogenförmige Verkalkungen der Tochterzysten innerhalb der Mutterzyste vorkommen. Meist symptomlos.
	Alveolarechinokokkose *(Echinococcus multilocularis)*	Multiple kleine (2–4 mm) Zysten mit verkalkten Wänden liegen in großen Bezirken mit amorphen Verkalkungen; werden in 70% der Fälle beobachtet. Mit Krankheitserscheinungen verbunden; eventuell fulminanter, sogar tödlicher Verlauf.
	Leberzyste (nicht parasitär) (Abb. 12.**2b**)	Eine Verkalkung der Zystenwand ist selten.

Fortsetzung auf Seite 219

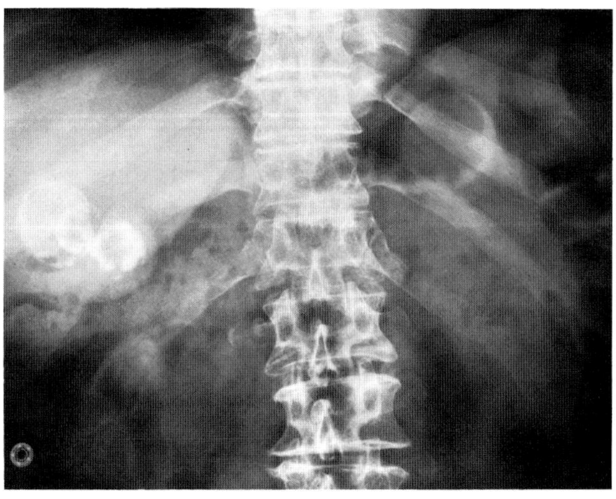

Abb. 12.**2a** **Verkalkte Hydatidenzysten in der Leber.**

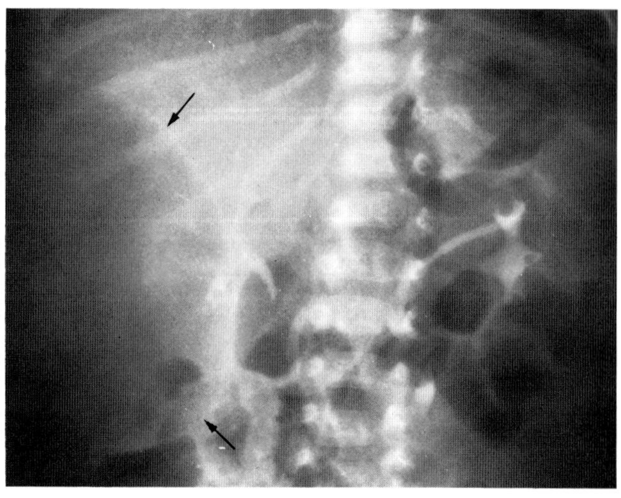

Abb. 12.**2b** **Verkalktes zystisches Hämatom in der Leber.** Bei diesem Säugling ist ein zarter Kalksaum zu sehen (Pfeile).

Tabelle 12.1 Differentialdiagnose abdominaler Verkalkungen (Fortsetzung)

Ort und Anordnung der Verkalkung	Übliche Ursachen	Radiographischer Befund und Kommentar
c) Solitär 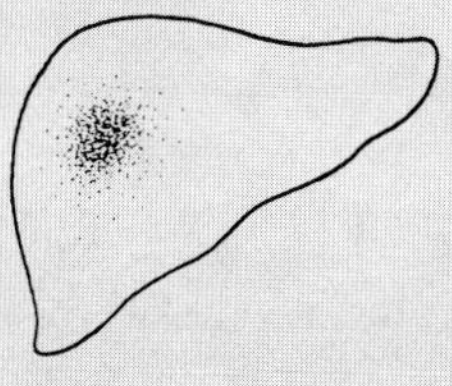	Abgeheilter Leberabszeß (durch pyogene Erreger oder durch Amöben bedingt)	Dichte, gesprenkelte Verkalkung, gewöhnlich solitär. Die Verkalkung eines Amöbenabszesses steht oft mit einer Sekundärinfektion im Zusammenhang.
	Kokzidioidomykose Gumma (tertiäre Syphilis)	Dies sind seltene Ursachen einer Leberparenchymverkalkung.
	Guineawurm *(Dracunculus medinensis)*	Häufiger sieht man verkalkte große Würmer in den Extremitäten, selten in der Leber.
	Filariasis	Gewundene Kalkschatten sind selten in der Leber zu beobachten, häufiger in den Weichteilen.
	Toxoplasmose Zystizerkose Askaridiasis Clonorchiasis	Leberverkalkungen sind bei diesen Krankheiten ungewöhnlich.
	Kavernöses Hämangiom	Es können lichtbündelartig angeordnete verkalkte Spikula zu beobachten sein. Die meisten Hämangiome sind nicht verkalkt. Anders als bei Weichteilhämangiomen an anderen Stellen sind in Leberhämangiomen verkalkte Phlebolithen ungewöhnlich.
	Primäres Leberkarzinom	Es kann eine dystrophische Verkalkung von nekrotischem Tumorgewebe vorkommen, besonders bei Kindern, und zwar in Form von kleinen Fleckchen oder runden Steinen ähnlich wie Gallensteine.
	Hämatom	Ein traumatisches Leberhämatom kann später verkalken.
d) Vaskulär 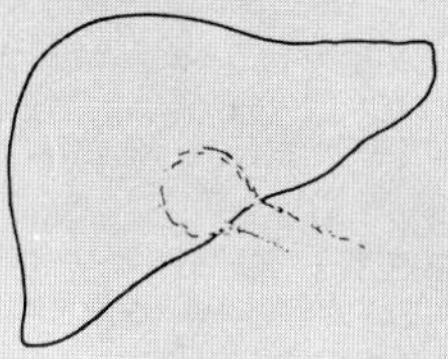	Verkalkter Thrombus der Pfortader	Lineare, über die Wirbelsäule ziehende Verschattung. Selten, gewöhnlich bei Zirrhose und portaler Hypertonie.
	Aneurysma der A. hepatica	Das für Aneurysmen typische Bild der gesprungenen Eierschale ist in der A. hepatica selten, in der A. lienalis viel häufiger. Kann wie eine verkalkte Zyste aussehen.
e) Gallensteine	Siehe biliäre Verkalkungen, S. 222.	
f) Kapsulär 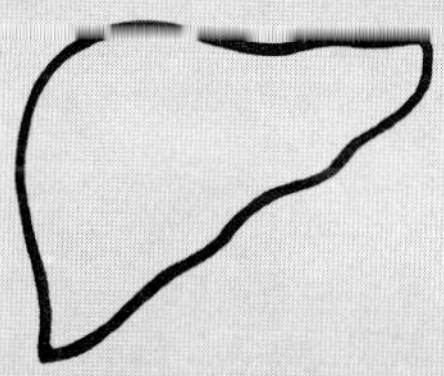	Kann bei Alkoholzirrhose, pyogener Infektion, Mekoniumperitonitis oder Pseudomyxoma peritonei vorkommen.	
g) Allgemeine Dichtezunahme der Leber 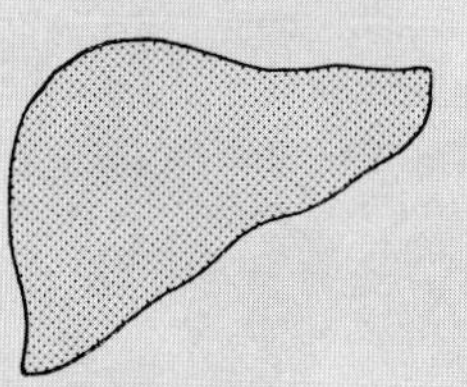	Eventuell Folge von Hämochromatose, Hämosiderose, zirrhotischer Schrumpfung, Thorotrastinjektion oder Lipiodol-(Ethiodol-) Embolisation der Leber nach Lymphographie.	

Fortsetzung auf Seite 192

Tabelle 12.1 Differentialdiagnose abdominaler Verkalkungen (Fortsetzung)

Ort und Anordnung der Verkalkung	Übliche Ursachen	Radiographischer Befund und Kommentar
Verkalkung in der Milz		
a) Disseminiert 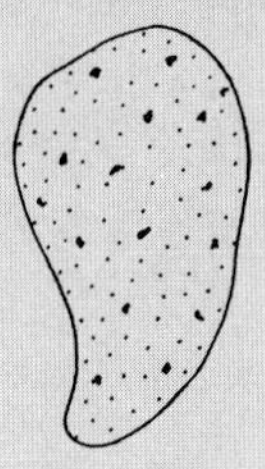	Phlebolithen	Zahlreiche kleine, runde verkalkte Knötchen in der ganzen Milz.
	Granulomatöse Erkrankungen (Histoplasmose, Tuberkulose, Bruzellose) (Abb. 12.**3**)	Die Histoplasmose ist die häufigste Ursache in Endemiegebieten. Ähnliche Veränderungen bestehen oft in der ganzen Lunge, mitunter in der Leber. Verkalkungen bei Bruzellose sind größer als bei Histoplasmose oder Tuberkulose, Durchmesser etwa 1–3 cm. Sie bestehen aus flockigen zentralen Verkalkungen und einem umgebenden Kalksaum. Die Bruzellose kann noch aktiv sein, wenn Verkalkungen auftreten.
b) Zystisch 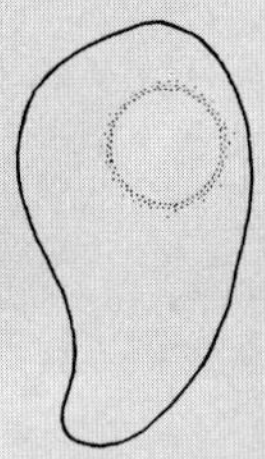	Echinokokkenzysten (Abb. 12.**4**)	Hydatidenzysten sind oft multipel und im Gegensatz zu anderen Zysten stark verkalkt.
	Hämatom	Ein Milzhämatom kann gelegentlich zystisch werden und verkalken.
	Angeborene Zyste Dermoidzyste Epidermoid	Diese Läsionen verkalken sehr selten.
c) Kapsel- und/oder Parenchymverkalkung 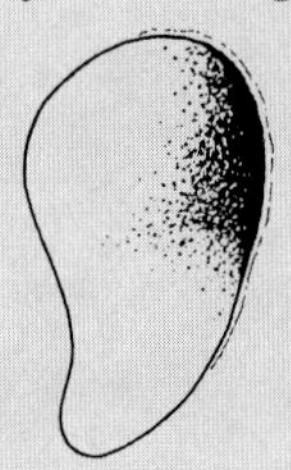	Milzinfarkt (Abb. 12.**5**)	Einzeln, selten multipel. Selten Verkalkung in Form einer dreieckigen Verschattung, deren Spitze zur Mitte des Organs gerichtet ist.
	Hämatom Abszeß (pyogen oder tuberkulös)	Kalkplatten in der Milzkapsel können die Folge eines Abszesses sein, doch ist eine Verkalkung von Milzabszessen selten.
d) Vaskulär 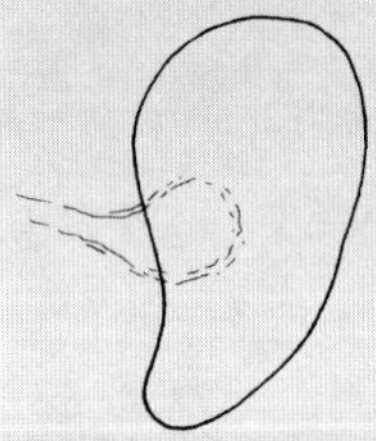	Verkalkte Milzarterie (s. Abb. 12.**3**)	Häufiger Befund ohne klinische Bedeutung. Kennzeichnend ist ein gewundener, korkenzieherartiger Verlauf der linearen Verkalkung.
	Milzarterienaneurysma	Zirkuläre oder bizarre Verkalkung mit größerem Durchmesser als die normale Arterie.
e) Allgemeine Dichtezunahme der Milz 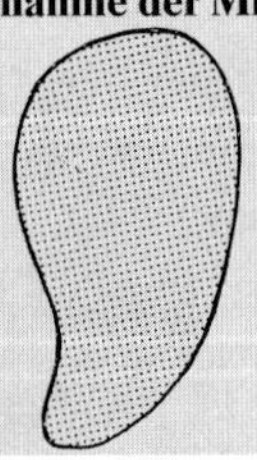	Sichelzellenanämie	Entsteht durch feine miliare Verkalkungen und Eisenablagerungen.
	Hämochromatose	Eisenablagerung. Kann auch bei übermäßiger Eisenzufuhr mit der Nahrung, bei Thalassämie, Fanconi-Anämie oder selten nach mehrfachen Transfusionen vorkommen.
	Thorotrast-Ablagerung	Thoriumdioxidpartikel werden im retikuloendothelialen System gespeichert. Vielleicht sind Angaben über eine Thorotrast-Angiographie in der Vorgeschichte zu erhalten. Seit den frühen Fünfzigerjahren wird dieses Kontrastmittel nicht mehr verwendet.
Verkalkungen im Pankreas		
a) Disseminiert 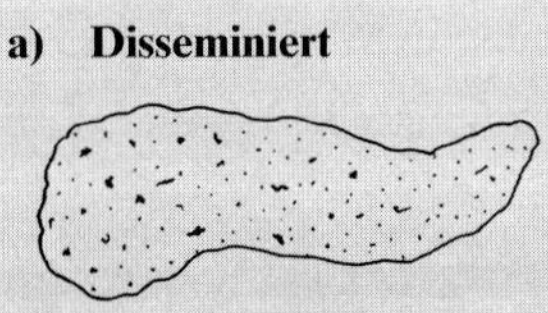	Pankreatitis bei Alkoholismus Pankreatitis bei Gallensteinen (Abb. 12.**6**)	Die Pankreatitis der Alkoholiker ist die häufigste Ursache von Pankreassteinen. In der ganzen Drüse liegen zahlreiche unregelmäßige kleine Konkremente weit verstreut in den Pankreasgängen. Sie sind in 20–40% der Fälle von chronischer Pankreatitis bei Alkoholismus vorhanden. Die Häufigkeit von Verkalkungen bei Gallenstein-Pankreatitis beträgt nur 2%, aber das radiographische Bild ist ähnlich.

Fortsetzung auf Seite 221

Tabelle 12.1 Differentialdiagnose abdominaler Verkalkungen (Fortsetzung)

Ort und Anordnung der Verkalkung	Übliche Ursachen	Radiographischer Befund und Kommentar
	Hyperparathyreoidismus	Bedingt durch die Pankreatitis, die sich in bis zu 20% der Hyperparathyreoidismusfälle entwickelt. Oft zugleich mit Nierenverkalkungen.
	Hereditäre Pankreatitis	Rundliche, oft relativ große Verkalkungen im Pankreas, die bereits im Kindesalter bestehen.
	Zystische Fibrose	Feingranuläre Pankreasverkalkungen bei einem Kind.
	Kwashiorkor (Proteinmangelernährung)	Typische Verkalkungen einer chronischen Pankreatitis im frühen Kindesalter.
Fortsetzung auf Seite 222	Kavernöses Lymphangiom	Sehr seltener Tumor, der multiple Phlebolithen enthalten kann.

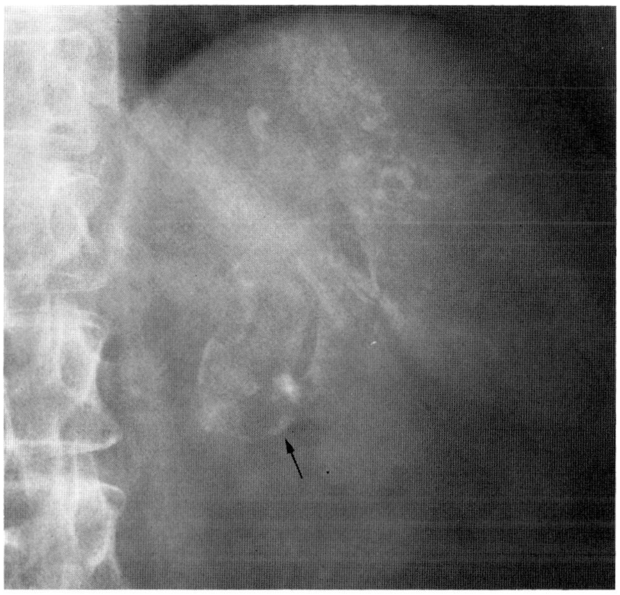

Abb. 12.3 **Tuberkulose.** Disseminierte granulomatöse Verkalkungen in der Milz. Zugleich Verkalkung der Milzarterie (Pfeil).

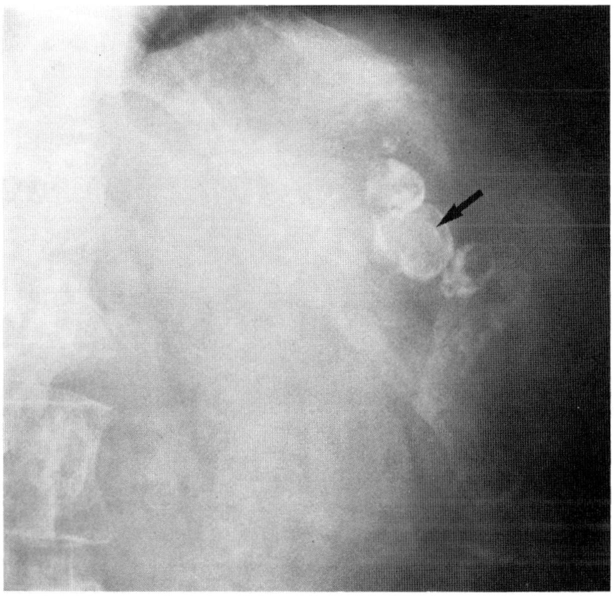

Abb. 12.4 **Echinokokkenzyste der Milz.** Die bogenförmigen Verkalkungen (Pfeil) innerhalb der verkalkten Mutterzyste stellen verkalkte Tochterzysten dar.

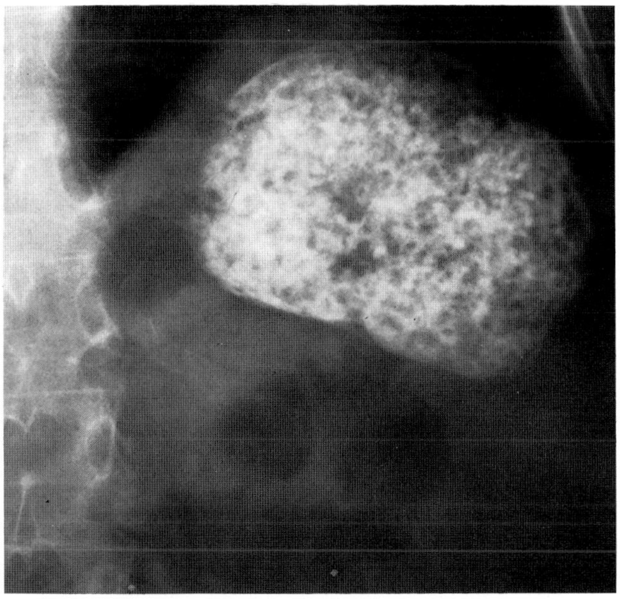

Abb. 12.5 **Milzinfarkt.** Diffuse Verkalkung in der ganzen Milz nach Infarzierung.

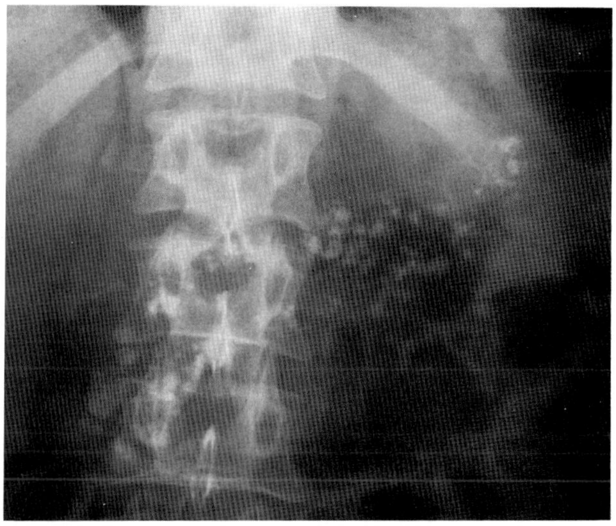

Abb. 12.6 Pankreasverkalkungen infolge **chronischer Pankreatitis** (mit freundlicher Genehmigung von Dr. Leena Kivisaari, Universitätszentralkrankenhaus Helsinki).

Tabelle 12.1 Differentialdiagnose abdominaler Verkalkungen (Fortsetzung)

Ort und Anordnung der Verkalkung	Übliche Ursachen	Radiographischer Befund und Kommentar
b) Zystisch 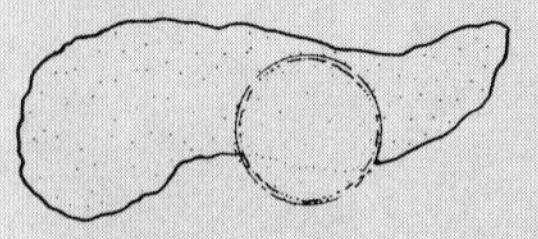	Pankreaspseudozyste	Gelegentlich wird die Wand der Pseudozyste durch einen Kalksaum sichtbar. Gewöhnlich finden sich zugleich Pankreassteine.
c) Solitär 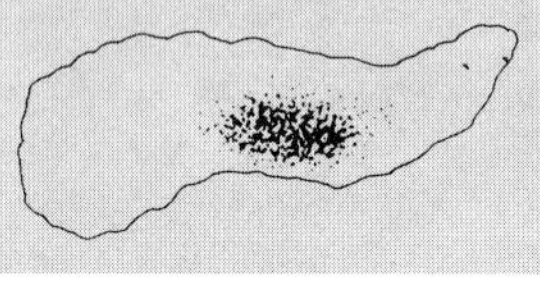	Zystadenom Zystadenokarzinom	10% dieser Tumoren enthalten radiographisch nachweisbare Verkalkungen. Das lichtbündelartige Bild der Verkalkungen ist pathognomonisch, wenn es vorhanden ist. Adenokarzinome verkalken nicht.
	Hämatom	Intraparenchymatöse Blutung infolge Trauma, Infarkt oder blutendem intraparenchymatösem Aneurysma.
Verkalkungen im Gallentrakt		
a) Steinbildung 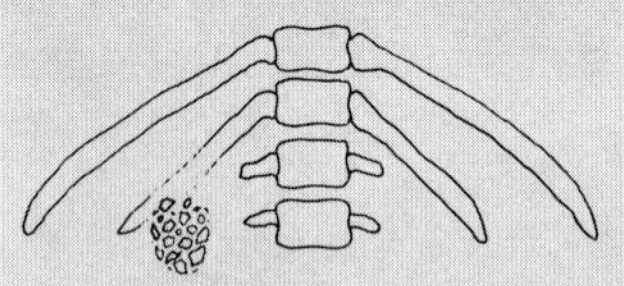	Gallenstein(e) (Abb. 12.**7**)	20% der Gallensteine sind schattengebend. Sie haben meist einen dichten Außenrand aus Kalziumsalzen. Ein Nierenstein oder ein Appendikolith in einer langen retrozäkalen Appendix kann sich in den rechten oberen Quadranten projizieren, läßt sich aber auf Schrägaufnahmen von Gallensteinen unterscheiden. Steine im Gallengang sind eventuell schwer zu beurteilen und von Nierensteinen abzugrenzen.
b) Zystisch 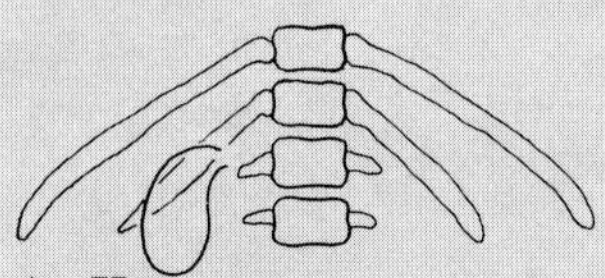	Porzellangallenblase	Ausgedehnte Wandverkalkung der Gallenblase bei chronischer Cholezystitis. Sehr häufig entwickelt sich ein Gallenblasenkarzinom, daher ist eine prophylaktische Cholezystektomie erforderlich.
c) Homogen 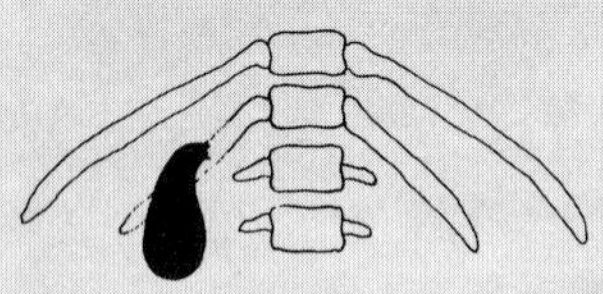	Kalkmilchgalle	Hohe Konzentration von Kalziumkarbonat in der Galle infolge chronischer Cholezystitis und Obstruktion des Ductus cysticus. Täuscht eine kontrastmittelgefüllte normale Gallenblase vor.
d) Punktiert 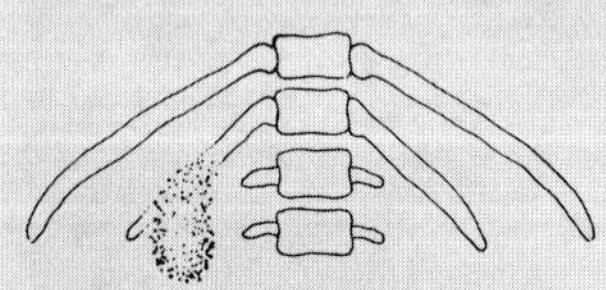	Muzinöses Adenokarzinom der Gallenblase	Seltene Ursache einer umschriebenen feingranulären Verkalkung in der Gallenblase.

Fortsetzung auf Seite 223

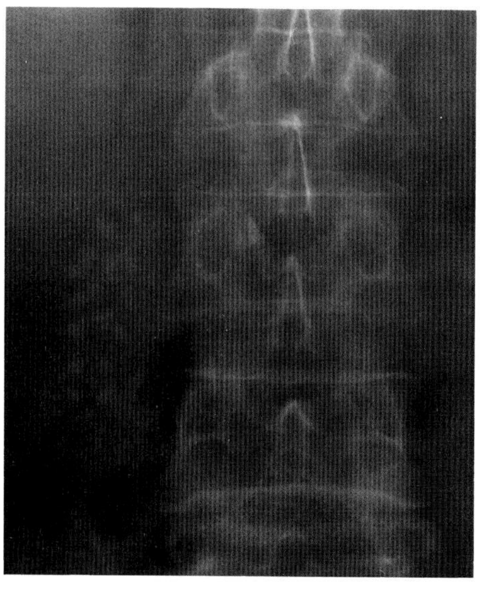

Abb. 12.**7** **Multiple schattengebende Gallensteine.**

Tabelle 12.1 Differentialdiagnose abdominaler Verkalkungen (Fortsetzung)

Ort und Anordnung der Verkalkung	Übliche Ursachen	Radiographischer Befund und Kommentar
Verkalkung im Verdauungstrakt		
a) Steinbildung 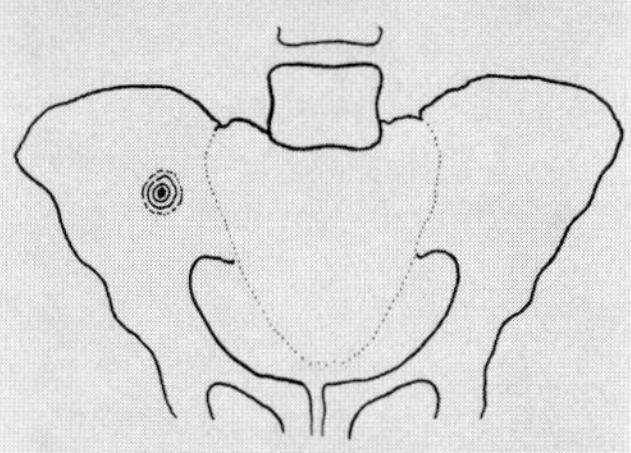	Appendixstein (Abb. 12.**8**)	Runder, geschichteter Enterolith, der gewöhnlich im rechten unteren Quadranten liegt. Der Nachweis eines Appendixsteins bei einem Patienten mit Fieber, Leukozytose und Schmerzen im rechten unteren Quadranten spricht sehr für eine akute Appendizitis, wahrscheinlich eine gangränöse. Kann einen Gallenstein oder Harnleiterstein vortäuschen.
	Stein in Meckel-Divertikel	Gelegentlich sieht man einen fazettierten Enterolithen in einem Meckel-Divertikel, der in der unteren Mittellinie oder im rechten unteren Quadranten liegt. Eventuell Komplikation durch Entzündung, Blutung oder Perforation.
	Rektumstein	Enterolith in der unteren Mittellinie, eventuell mit Rektumbeschwerden oder sogar Koprostase.
	Divertikelstein	Enterolith in einem Kolondivertikel.
b) Zystisch 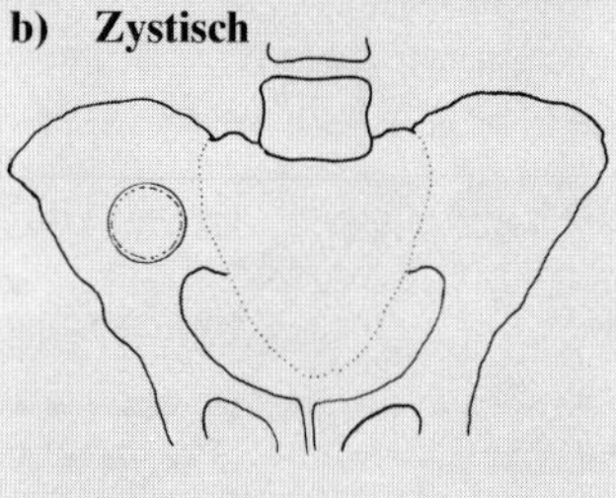	Verkalkte Mukozele der Appendix	Große sichel- oder kreisförmige Verkalkung im rechten unteren Quadranten. Kann das Zäkum verlagern.
	Verkalkte Appendix epiploica	Eine infarzierte Appendix epiploica wird als zystische Verkalkung neben dem gasgefüllten Kolon sichtbar, meist am Colon ascendens. Kann abfallen und mobil werden.
	Mesenterium- oder Peritoneumzysten	Besonders chylöse Zysten und Hydatidenzysten des Mesenteriums neigen zur Wandverkalkung.

Fortsetzung auf Seite 224

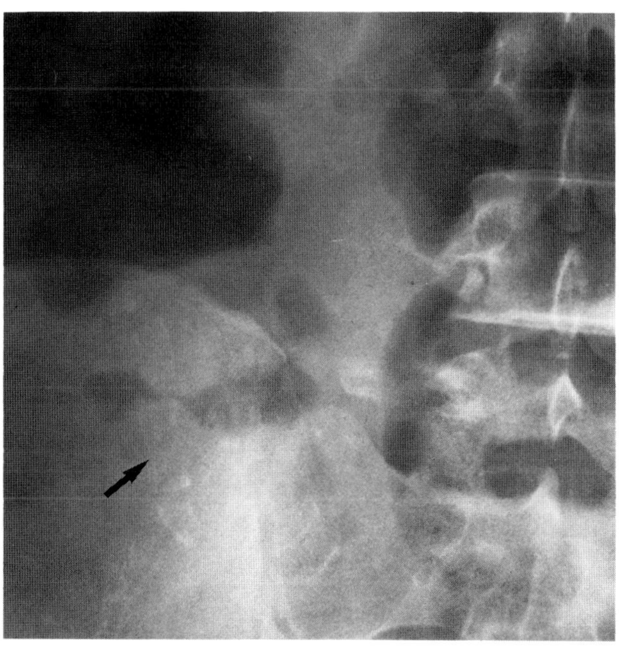
a

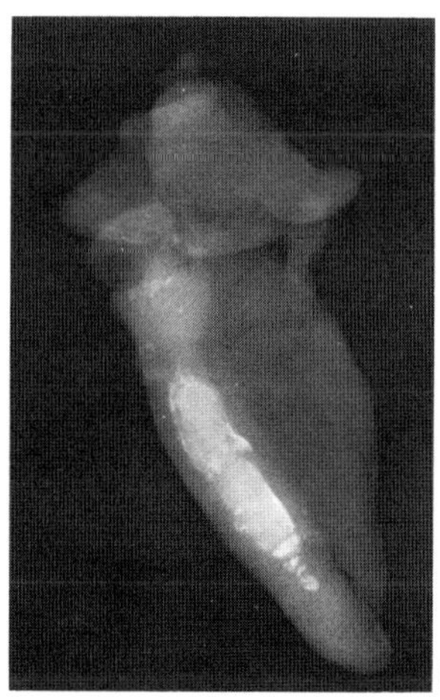
b

Abb. 12.**8 a, b** **Appendikolith. a** Walzenförmige Verkalkung im rechten unteren Quadranten (Pfeil) auf der Aufnahme im Liegen. **b** Radiogramm des Operationspräparats.

Tabelle 12.1 Differentialdiagnose abdominaler Verkalkungen (Fortsetzung)

Ort und Anordnung der Verkalkung	Übliche Ursachen	Radiographischer Befund und Kommentar
c) Parenchymatös 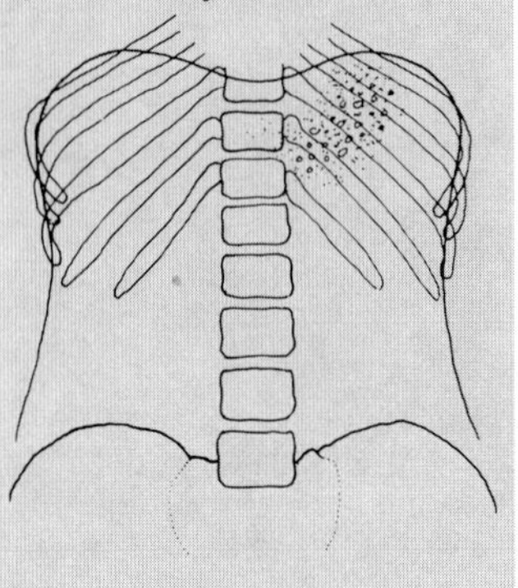	Muzinöses Adenokarzinom des Magens oder Kolons	Kleine, gesprenkelte oder punktierte Verkalkungen eines muzinösen Karzinoms kommen vorwiegend bei Patienten unter 40 Jahren vor.
	Leiomyom Leiomyosarkom	Kalkablagerungen kommen bei 4% der Leiomyome des Magens vor, im übrigen Gastrointestinaltrakt sogar noch weniger häufig. Eine sehr große Läsion spricht für ein Leiomyosarkom.
	Mesenteriumlipom Fettnekrose im Omentum	Seltene Ursachen einer Verkalkung im Verdauungstrakt.
d) Verschlucktes Material	Steckengebliebene nicht-schattengebende Fremdkörper	Sie haben meist ein ringförmiges Aussehen, bedingt durch periphere Kalkablagerungen.
Verkalkung in der Niere		
a) Nephrolithiasis (Abb. 12.9, 12.10) 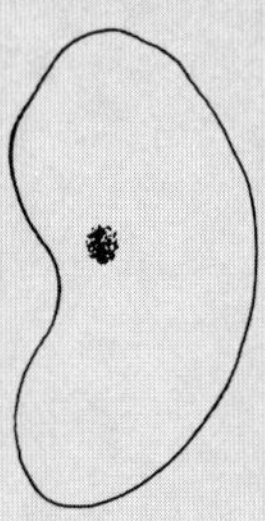	Oft idiopathisch, aber gewöhnlich verbunden mit: – chronischer Harninfektion – Hyperparathyreoidismus – Kalziumverlust der Knochen durch Immobilisation, Menopause, Senium oder aus metabolischen Gründen – Harnstase infolge Obstruktion oder neurogener Blase *Kalziumphosphatsteine* sind gleichmäßig dicht. Sie finden sich gewöhnlich bei: – idiopathischer Hyperkalzurie – idiopathischer Hyperurikosurie – hyperkalzämischen Zuständen – distaler renaler tubulärer Azidose *Kalziumoxalatsteine* sind sehr dicht. Sie kommen vor bei: – intestinaler Malabsorption, Bypass, Morbus Crohn – primärer Hyperoxalurie *Struvitsteine (Magnesium-Ammoniumphosphat)* sind mäßig schattendicht, oft Hirschgeweihsteine (Korallensteine) und finden sich oft bei: – anhaltender Harntraktinfektion – neurogener Blase *Zystinsteine* (leicht schattengebend) kommen vor bei: – Zystinurie, bei Kindern und jungen Erwachsenen zu beobachten, können Hirschgeweihsteine bilden *Harnsäuresteine* sind nicht schattengebend. Sie finden sich oft bei: – Gicht – purinreicher Kost – raschem Zellzerfall (z. B. bei Lymphombehandlung)	90% der Harnsteine sind ausreichend schattengebend, um auf der Nativaufnahme sichtbar zu werden. Aufnahmen in Exspiration und Inspiration helfen, die Verkalkung richtig zu lokalisieren. Urat- und Matrixsteine sind strahlentransparent. Hirschgeweihsteine bilden einen Ausguß des Nierenbeckenkelchsystems und sind eher relativ strahlentransparent.

Fortsetzung auf Seite 226

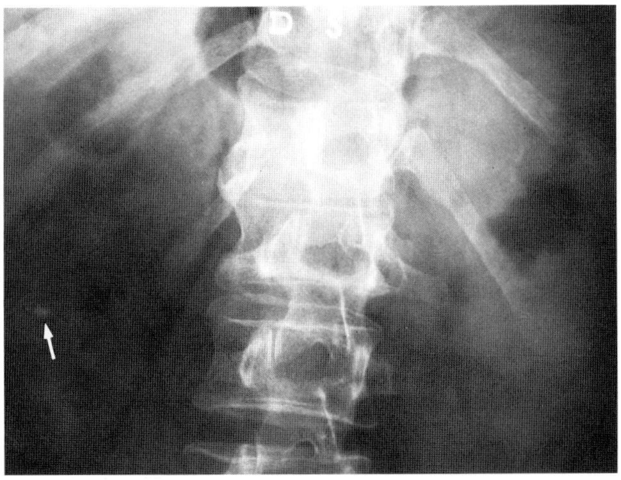

Abb. 12.**9** **Kelchstein.** Die intrarenale Lokalisation wird mit der Schrägprojektion demonstriert.

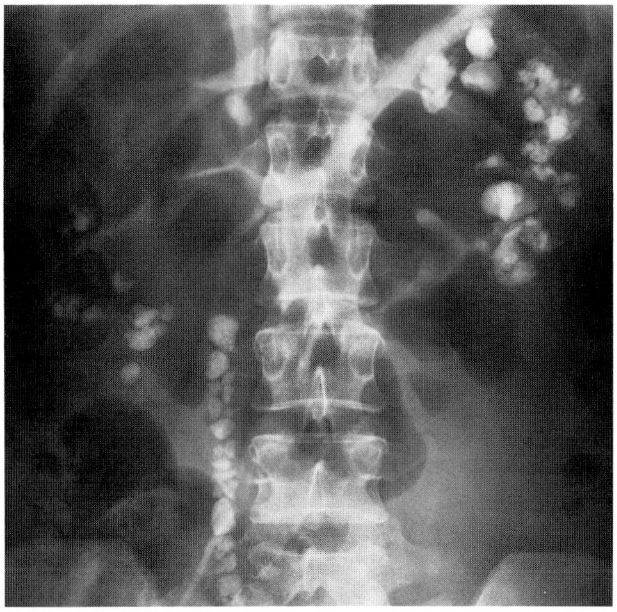

Abb. 12.**10** **Renale tubuläre Azidose.** Ausgedehnte Nephroureterolithiasis sowie Verkalkungen im Nierenparenchym.

Tabelle 12.1 Differentialdiagnose abdominaler Verkalkungen (Fortsetzung)

Ort und Anordnung der Verkalkung	Übliche Ursachen	Radiographischer Befund und Kommentar
b) Nephrokalzinose vorwiegend in den Pyramiden 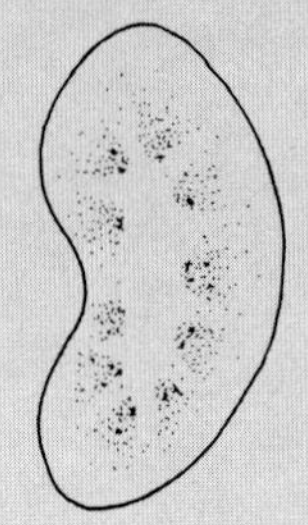	Markschwammniere (Abb. 12.**11**)	Kleine Verkalkungen in zystischen Erweiterungen der distalen Sammelrohre, in 75% der Fälle bilateral; u. U. ist nur eine einzige Pyramide befallen.
	Hyperparathyreoidismus (Abb. 12.**12**)	In etwa 25% der Fälle sind kleine noduläre oder streifige Verkalkungen in Nierenpyramiden zu beobachten. Oft mit Steinen und Knochenveränderungen vergesellschaftet.
	Renale tubuläre Azidose: – primär (idiopathisch) – oder in Verbindung mit Systemkrankheiten: – Ehlers-Danlos-Syndrom, Sichelzellenanämie, Thyreoiditis, primärer Hyperparathyreoidismus, Vitamin-D-Intoxikation, idiopathische Hyperkalzurie, Markschwammniere, toxische Nephropathie, chronische Pyelonephritis bei Urolithiasis und Hyperoxalurie (Abb. 12.**10,** 12.**13**)	Unvermögen des distalen Nephroabschnitts, Wasserstoffionen wirksam zur Senkung des Harn-pH-Werts zu sezernieren. In der Mehrzahl der Fälle von primärer renaler Azidose kommt es zur Nephrolithiasis und Nephrokalzinose. Hirschgeweihsteine sind häufig.
	Skelettdemineralisation infolge von: – Knochenmetastasen von Karzinomen – paraneoplastischer Hyperkalzämie – schwerer Osteoporose – Morbus Cushing – Steroidtherapie – Morbus Paget	Knochendestruktionen durch Metastasen sind häufig, führen aber selten zur Nephrokalzinose. Eine paraneoplastishe Hyperkalzämie kommt besonders bei Lungen- und Nierenkarzinomen vor. Immobilisation kann zu einer akuten Demineralisation mit Hyperkalzämie und Nephrokalzinose führen.
	Erhöhte Kalziumresorption im Darm bei: – Sarkoidose – D-Hypervitaminose – Milch-Alkali-Syndrom	Bei Sarkoidose ist die Empfindlichkeit des Darms gegenüber Vitamin D und damit die Kalziumresorption gesteigert. Der erhöhte tubuläre Kalzium- und Phosphattransport führt zur Nephrokalzinose.
	Hyperoxalurie (Abb. 12.**14**): – primär – sekundär nach entzündlicher Darmerkrankung, Darmbypass oder Pankreasinsuffizienz	Die primäre Oxalose ist eine seltene angeborene Krankheit, bei der Harnsteine und Nephrokalzinose früh im Kindesalter auftreten. Die sekundäre Hyperoxalurie entsteht durch vermehrte Oxalatresorption im Darm, meist bei Morbus Crohn.
	Nierenpapillennekrose infolge von: – Analgetikamißbrauch (z. B. Phenazetin) – Diabetes mellitus – obstruktiver Uropathie – Pyelonephritis – Sichelzellenanämie	Eine dreieckige Aufhellung, umgeben von einem dichten Ringschatten, ist ein charakteristischer radiographischer Befund. Das Bild ist variabel und kann eine Nierentuberkulose oder Markschwammniere nachahmen. Eine abgestoßene Papille kann einen Nierenstein bilden. Die Häufigkeit des uroepithelialen Karzinoms ist bei Analgetikanephropathie erhöht.
c) Vorwiegend medullär	Nierentuberkulose (Abb. 12.**15**)	Kann einzelne oder multiple Nephrokalzinosefleckchen, grobe amorphe und unregelmäßige Verkalkungen oder eine massive Verkalkung der ganzen Niere verursachen (Autonephrektomie). In den meisten Fällen bestand Jahre davor eine Lungentuberkulose in der Vorgeschichte.
	Chronische Pyelonephritis	Radiographisch nachweisbare Verkalkungen sind selten, wenn nicht eine Papillennekrose hinzugekommen ist.

Fortsetzung auf Seite 228

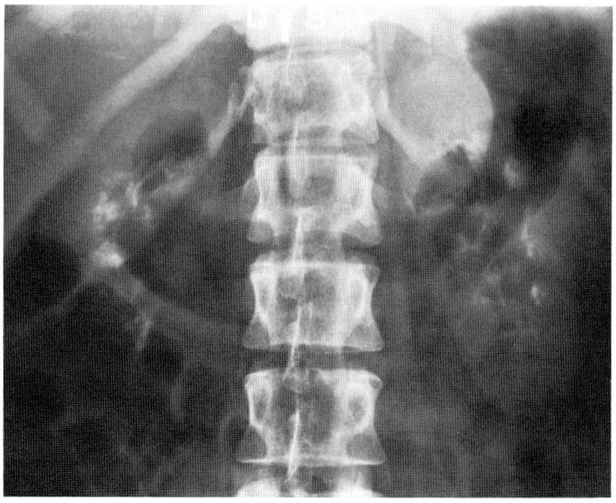

Abb. 12.**11** **Markschwammniere.** Beiderseits sind kleine Verkalkungen in zystischen Erweiterungen der distalen Sammelrohre sichtbar.

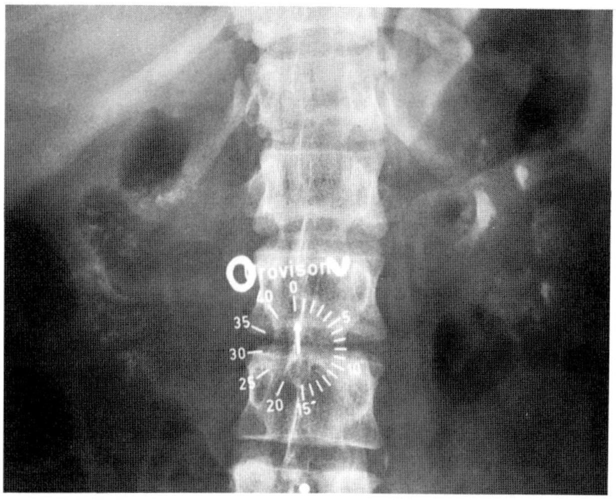

Abb. 12.**12** **Hyperparathyreoidismus.** Beiderseits kleine noduläre Verkalkungen überall in den Nierenpyramiden.

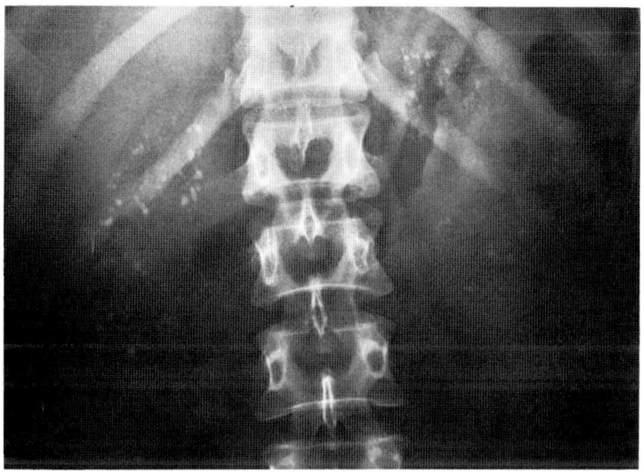

Abb. 12.**13** **Renale tubuläre Azidose.** Multiple kleine Verkalkungen im ganzen Markanteil des Nierenparenchyms.

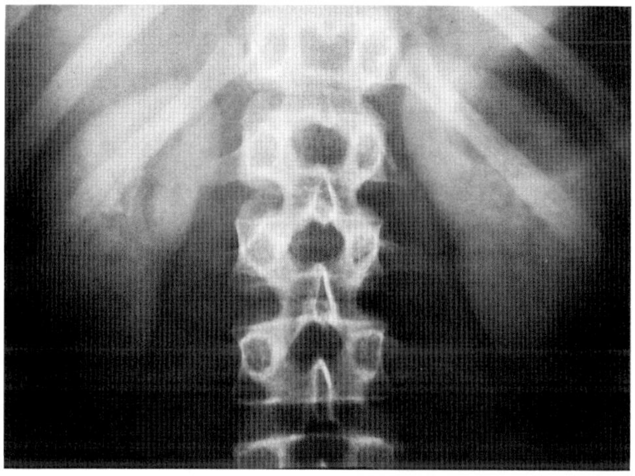

Abb. 12.**14** **Hyperoxalurie.** Beide Nieren sind abnorm schattendicht. Die Nierenrinde hat homogene Dichte, und die Pyramiden enthalten dichte Kalkfleckchen.

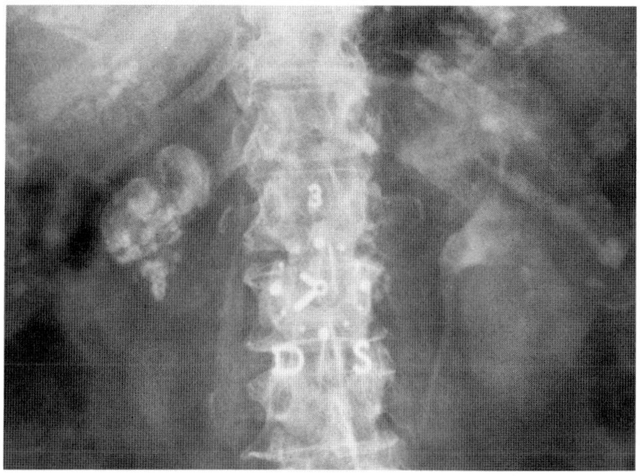

Abb. 12.**15** **Nierentuberkulose** mit massiver Parenchymverkalkung der geschrumpften rechten Niere. Keine Kontrastmittelausscheidung auf der rechten Seite. ▶

Tabelle 12.1 **Differentialdiagnose abdominaler Verkalkungen** (Fortsetzung)

Ort und Anordnung der Verkalkung	Übliche Ursachen	Radiographischer Befund und Kommentar
d) Disseminierte Verkalkungen der Nierenrinde 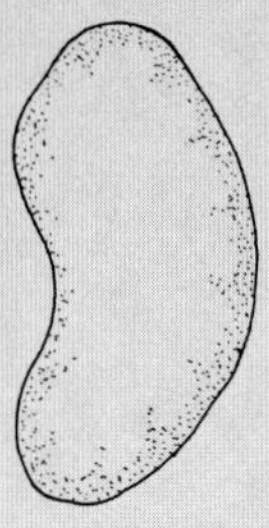	Akute kortikale Nekrose infolge von: – Schock – toxischen Substanzen – akuter tubulärer Nekrose – akuter Pyelonephritis	Innerhalb eines Monats nach dem Beginn treten punktierte oder lineare kortikale Verkalkungen auf.
	– Hyperoxalurie	Die Verkalkungen können vorwiegend die Rinde betreffen. Siehe oben.
	Hereditäre Nephritis (Alport-Syndrom)	Rezidivierende Mikrohämaturie, langsam fortschreitende Niereninsuffizienz und später oft Taubheit. Ist vielleicht eine Störung der Basalmembransynthese. Voll expressiv nur bei männlichen Individuen (X-gekoppelte Penetranz), die gewöhnlich vor dem 5. Lebensjahrzehnt sterben.
	Chronische Glomerulonephritis Dialysetherapie Zystenniere Sichelzellenkrankheit Fabry-Syndrom Nagel-Patella-Syndrom (Osteoonychodysplasie)	Dies sind seltene Ursachen einer Nierenrindenverkalkung. Radiologisch kennzeichnend für das *Fabry-Syndrom* oder *Angiokeratoma corporis diffusum universale* (Ansammlung von Ceramidhexosid) ist eine Herzvergrößerung mit Stauungsherzinsuffizienz und Nierenfunktionsstörung.
	Verkalktes subkapsuläres Hämatom	Lineare Verkalkung rund um die Niere, oft verbunden mit Hypertonie.
e) Fokale Verkalkung im Nierenparenchym 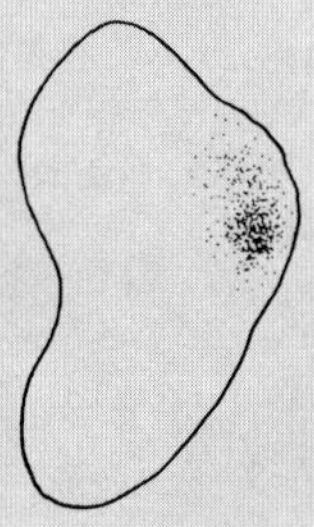	Tuberkulose (Abb. 12.**16**)	Kann als einzelne noduläre oder unregelmäßige Verkalkung auftreten (s. oben).
	Adenokarzinom (Abb. 12.**17**)	Etwa 10% der renalen Adenokarzinome verkalken. Wenn ein Nierentumor Kalk in einer nichtperipheren Lokalisation enthält, ist er sehr wahrscheinlich bösartig. Auch eine bogenförmige, zystische periphere Verkalkung eines Tumors schließt Malignität nicht aus.
	Nephroblastom (Wilms-Tumor) (Abb. 12.**18**)	Eine zystische, streifige oder amorphe Verkalkung des Tumors ist ungewöhnlich, kann aber bei älteren Kindern und erwachsenen Nephroblastompatienten vorkommen.
	Xanthogranulomatöse Pyelonephritis (Abb. 12.**19**)	Täuscht ein Karzinom vor, die entzündlichen Tumoren können aber multipel und diffus verkalkt sein. In der Mehrzahl der Fälle findet sich ein großer Nierenbeckenstein, der eine Kelchhalsobstruktion verursacht.

Fortsetzung auf Seite 230

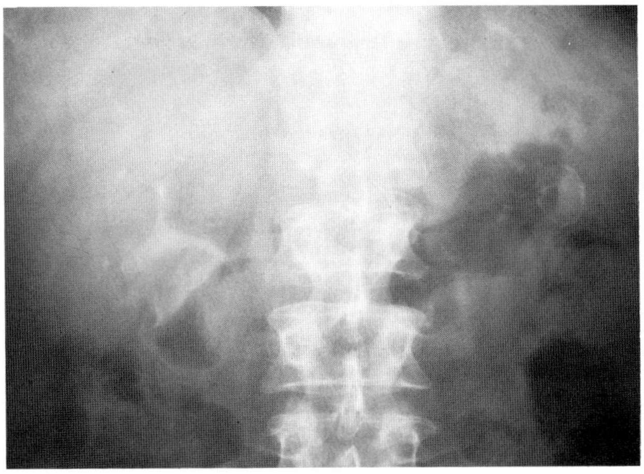

Abb. 12.**16** **Tuberkulose** der linken Niere mit fokaler Verkalkung. Die Verkalkung sieht zystisch aus, aber interne Kalkablagerungen sind ebenfalls vorhanden.

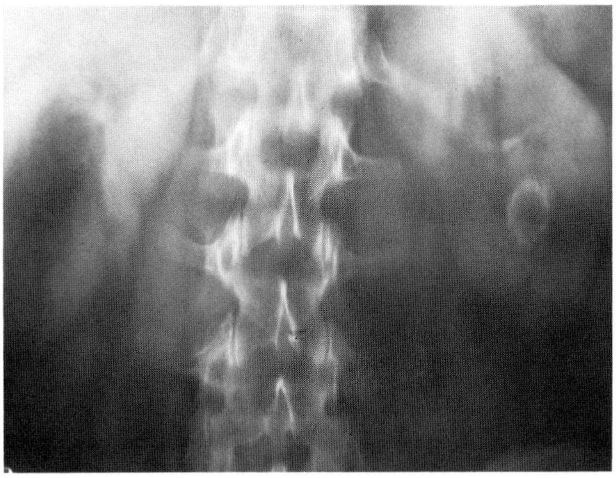

Abb. 12.**17** **Adenokarzinom** der linken Niere mit Verkalkung – eine dickwandige, etwas zystische Verkalkung mit unregelmäßigen inneren Kalkablagerungen.

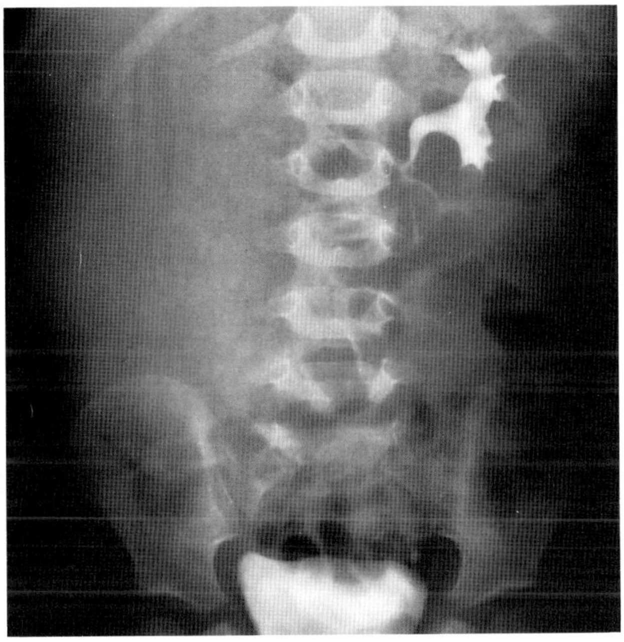

Abb. 12.**18** **Großer Wilms-Tumor** in der rechten Niere eines 3jährigen Knaben: Die Niere ist vergrößert, scheidet nicht aus und enthält Kalkfleckchen.

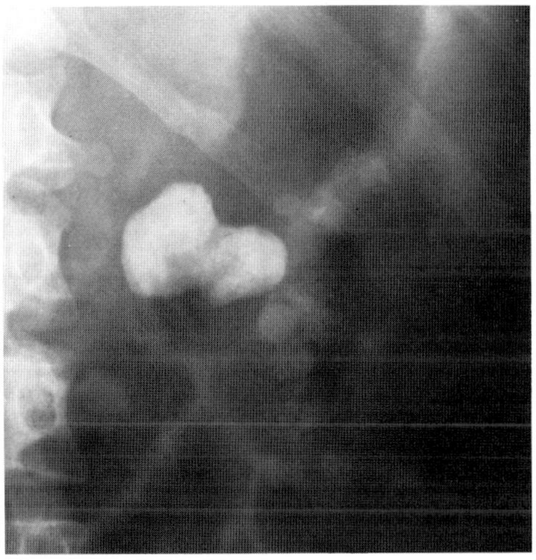

Abb. 12.**19** **Xanthogranulomatöse Pyelonephritis.** Die Übersichtsaufnahme zeigt Nierenbeckensteine und Parenchymverkalkungen.

Tabelle 12.1 Differentialdiagnose abdominaler Verkalkungen (Fortsetzung)

Ort und Anordnung der Verkalkung	Übliche Ursachen	Radiographischer Befund und Kommentar
f) Zystische (bogenförmige) Nierenverkalkung 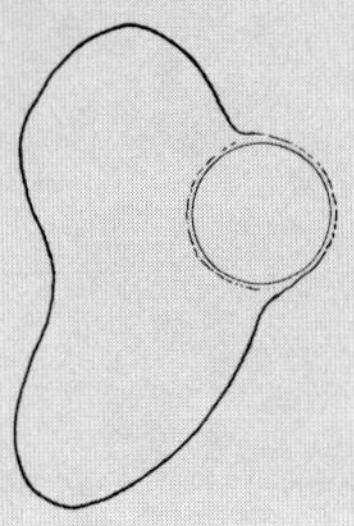	Einfache Nierenzyste (Abb. 12.**20**)	In 3% der Fälle ist eine dünne bogenförmige Verkalkung nachweisbar.
	Adenokarzinom (Abb. 12.**21**)	In 20% der Fälle der dünnen bogenförmigen Verkalkungen handelt es sich um eine verkalkte fibröse Pseudokapsel eines renalen Adenokarzinoms.
	Poly- oder multizystische Nierendegeneration (Zystenniere) (Abb. 12.**22**)	Es können bogenförmige Verkalkungen wie bei einer einfachen Zyste vorkommen.
	Echinokokkenzyste	Die Mehrzahl der Zysten ist verkalkt. Ein um die ganze Zirkumferenz gehender vollständiger Kalkring ist charakteristisch, aber nicht immer vorhanden.
	Organisiertes perirenales Hämatom (Abb. 12.**23**) Alter perirenaler Abszeß	Kann wie große verkalkte Zyste aussehen.
	Nephroblastom (Wilms-Tumor)	Kann aufgrund peripherer Verkalkungen zystisch erscheinen.
	Nierenarterienaneurysma	Bei etwa einem Drittel der Nierenarterienaneurysmen ist am Nierenhilus eine zirkuläre Verkalkung in der Art einer gesprungenen Eierschale zu beobachten.
	Kalkmilch in der Niere; DD: zurückgebliebenes Pantopaque von vorangegangener Zystenfüllung	Kalkenthaltendes Sediment in Zyste, Kelchdivertikel oder Nierenbecken mit Abflußbehinderung. Sieht auf Aufnahmen im Liegen wie ein Stein aus. Im Stehen sinkt das Kalksediment auf den Zystenboden.
Verkalkung im Harnleiter 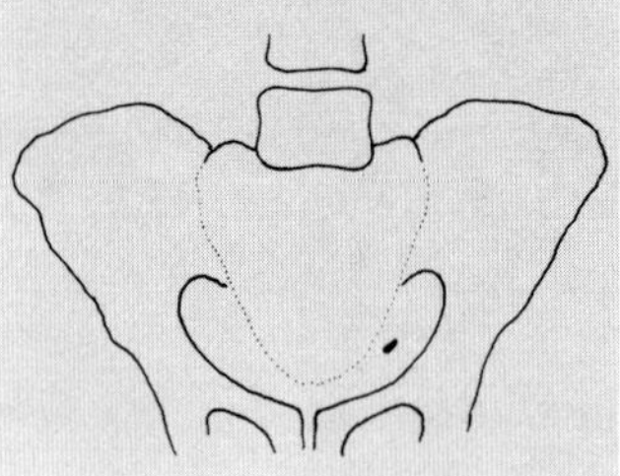	Harnleiterstein: meist idiopathisch, aber folgende Gegebenheiten prädisponieren: – herabgesetzte Mobilität – präexistente Ureterobstruktion – Stoffwechselkrankheiten (s. Nephrokalzinose) – präexistente Infektion – postoperativer Ureterstumpf DD: Phlebolithen (rund, lateral liegend, unter der Interspinallinie)	Typischerweise unregelmäßige, oft ovale Steine, die in drei Höhen steckenbleiben: Nierenbeckenausgang (große Steine), Beckeneingang, Harnleitermündung (kleine Steine). Steine, die kleiner als 4 mm sind, gehen in über 80% der Fälle schließlich spontan ab. 4–6 mm große Steine gehen spontan in 50% der Fälle ab, verursachen aber oft eine Abfluß- und Ausscheidungsstörung. Mehr als 6 mm große Steine gehen selten spontan ab und verursachen sehr häufig schwere Komplikationen.
	Schistosomiasis	In etwa 15% der Fälle kommt es zu einer tubulären Verkalkung des distalen Harnleiters.
	Tuberkulose (Abb. 12.**24**)	Der Harnleiter verkalkt seltener als die Niere, das Erscheinungsbild ist variabel. Oft bestehen gleichseitige Nierenverkalkungen.
Nebennieren- und retroperitoneale Verkalkungen		
a) Dreieckig 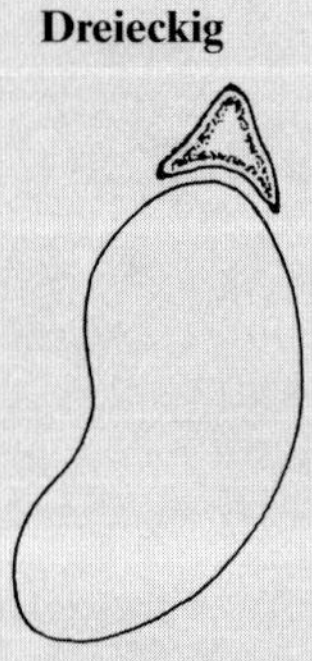	Nebennierenblutung bei Neugeborenen	Kommt bei Kindern von Müttern mit Diabetes und/oder gestörtem Schwangerschaftsverlauf vor. Die Peripherie der Nebenniere verkalkt einige Wochen nach der Blutung. Kann ein Zufallsbefund sein.
	Nebennierentuberkulose (Morbus Addison)	Bei etwa einem Viertel der Patienten werden die ganzen Nebennierenkonturen durch diskrete, getüpfelte Kalkschatten sichtbar. Die Verkalkungen können auch konfluierend und dicht sein.

Fortsetzung auf Seite 232

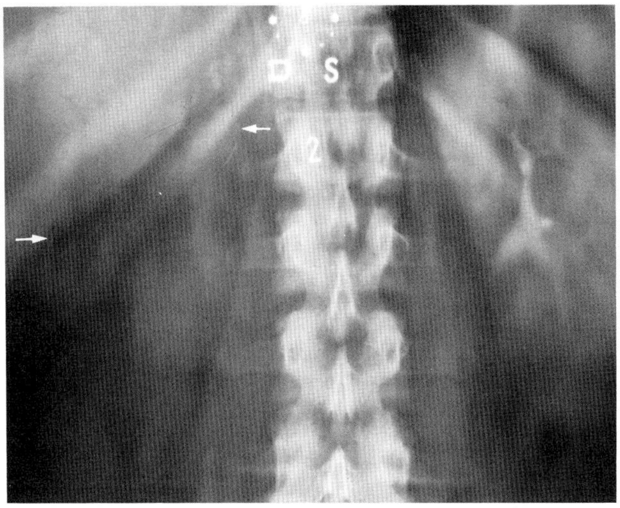

Abb. 12.**20** **Zwei verkalkte einfache Nierenzysten** in der ▶ rechten Niere (Pfeile). Es wird ein Tomogramm gezeigt, in dem die Veränderungen besser zur Darstellung kommen.

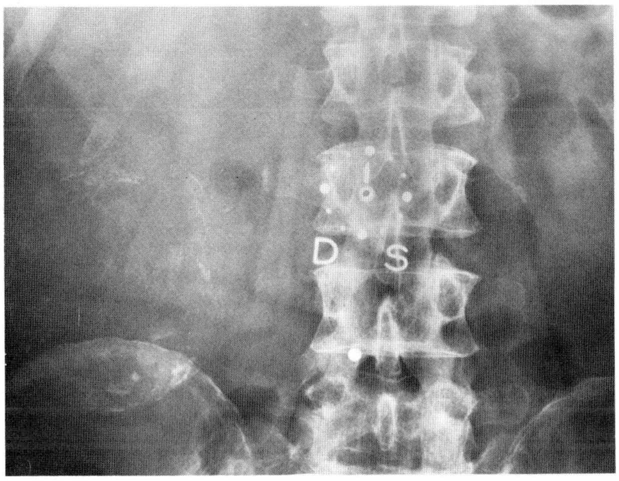

Abb. 12.**21** **Adenokarzinom der Niere.** Bogenförmige Verkalkung (mit möglichen internen Verkalkungen) in einem großen Tumor am unteren Pol der rechten Niere.

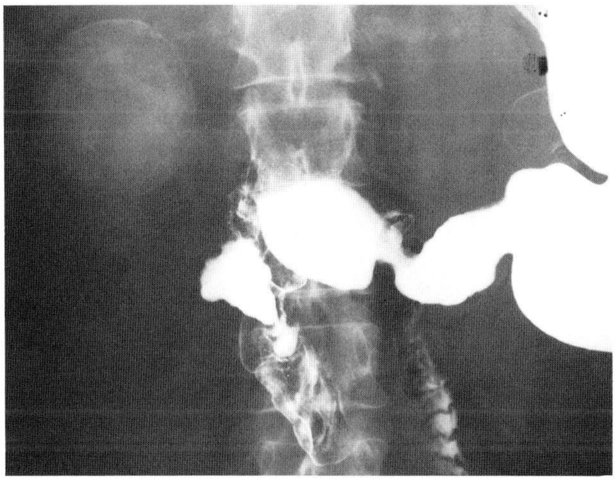

Abb. 12.**22** Beiderseits **Zystenniere** mit Niereninsuffizienz und Verkalkung der Zystenwände.

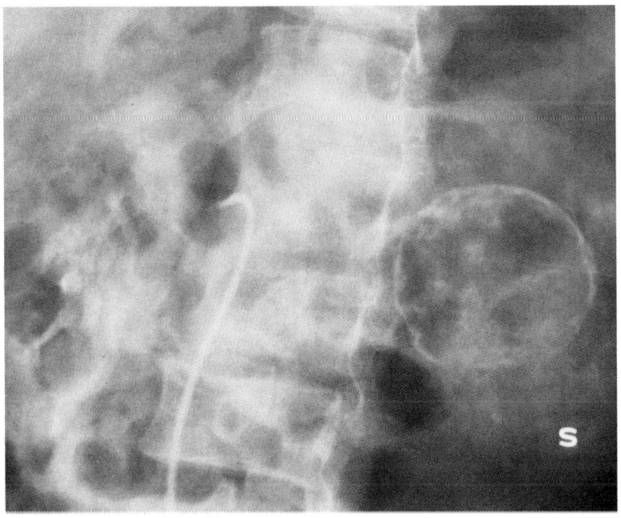

Abb. 12.**23** **Verkalkung eines organisierten perirenalen Hämatoms** links.

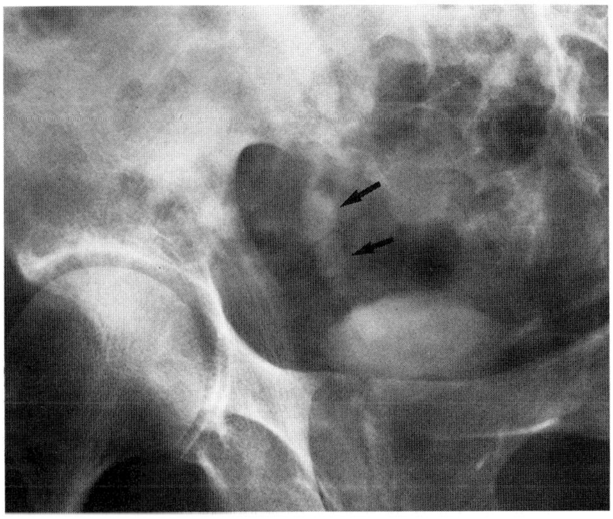

Abb. 12.**24** **Tuberkulose des rechten distalen Ureters** mit charakteristischen bandartigen Verkalkungen (Pfeile).

Tabelle 12.1 Differentialdiagnose abdominaler Verkalkungen (Fortsetzung)

Ort und Anordnung der Verkalkung	Übliche Ursachen	Radiographischer Befund und Kommentar
b) Zystisch (bogenförmig) 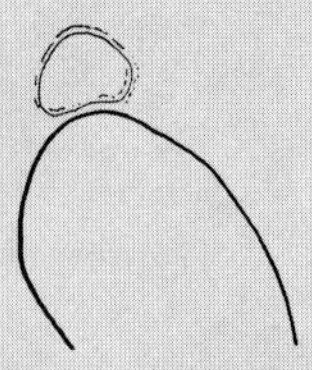	Nebennierenzyste: - lymphatisch - nekrotische Pseudozyste (Abb. 12.**25**) - zystisches Adenom - Echinokokkose - alte Blutung (Abb. 12.**26**)	Dünner bogenförmiger Kalksaum oberhalb der Niere.
c) Kleinfleckige Tumorverkalkung 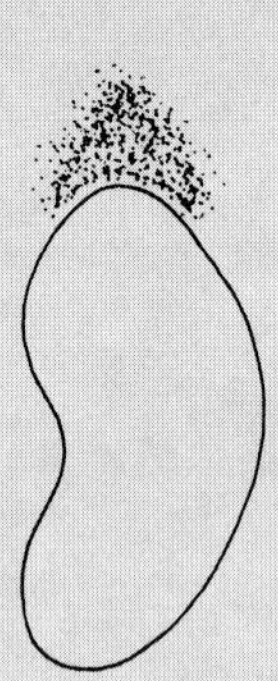	Nebennierenrindenkarzinom Phäochromozytom (selten) Nebennierenrindenadenom (selten) Nebennierenchoristom (kleiner Tumor aus Knochenmark und Fett, sehr selten)	Verstreute Kalkfleckchen im ganzen Tumor.
	Neuroblastom	Bei etwa 50% der Neuroblastome kommt es zu einer feinkörnigen oder getüpfelten, selten massiven Verkalkung. Es ist die zweithäufigste maligne Neubildung bei Kindern (nach dem Wilms-Tumor).
	Retroperitoneales Teratom	Es finden sich verkalkte Knorpel- oder Knochenbalken in Mittelliniennähe im Oberbauch. Eventuell sind eingeschlossene Zähne zu erkennen.
	Retroperitoneales kavernöses Hämangiom (Abb. 12.**27**)	Großer Tumor mit multiplen Phlebolithen.
	Andere retroperitoneale Tumoren (Abb. 12.**28**)	Verkalkungen sind extrem selten.
	Verkalkter Lymphknoten	1–1,5 cm große dichte Verkalkung, die in verschiedenen Körperpositionen eventuell ihre Lage entsprechend ändert.
	Retroperitoneales Hämatom Tuberkulöser Psoasabszeß	Kann als große Verkalkung in Erscheinung treten.
d) Longitudinale tubuläre Verkalkung 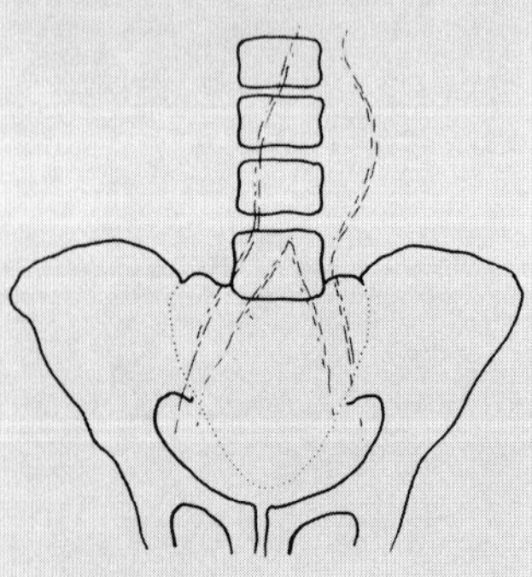	Atherosklerose	Bei älteren Menschen sind sklerotische Plaques in der Aortenwand häufig. Die Aorta wird in charakteristischer Weise zur Bifurkation hin enger. Sie kann bogig sein und ein Aneurysma imitieren.
	Aneurysma der Aorta abdominalis (Abb. 12.**29**)	Das Aneurysma neigt mehr zur Wandverkalkung als die normale Aorta. Durch verkalkte Plaques werden die Umrisse des Aneurysmas sichtbar, das am häufigsten unterhalb der Nierenarterien vorkommt. Zur Vermeidung einer Überlagerung der Wirbelsäule sind Schrägaufnahmen geeignet.

Fortsetzung auf Seite 234

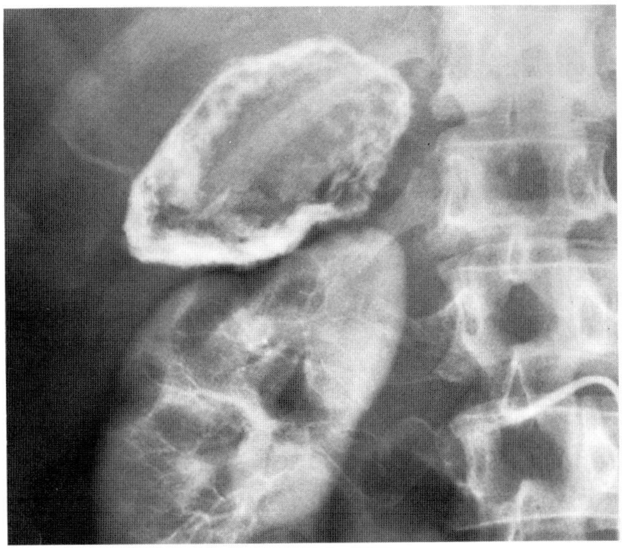

12.25

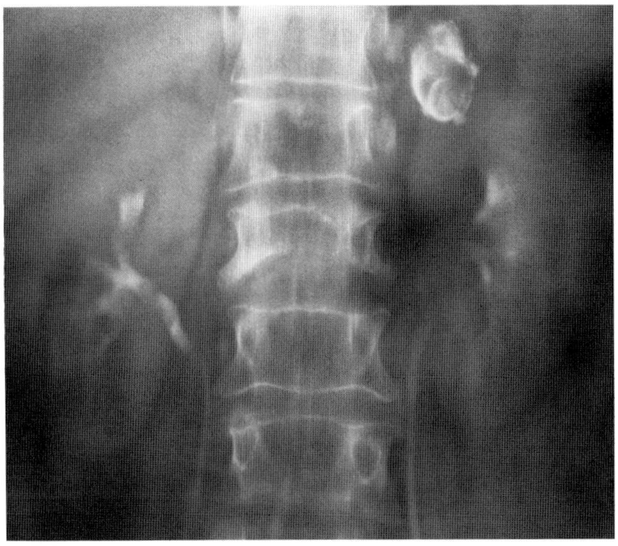

12.26

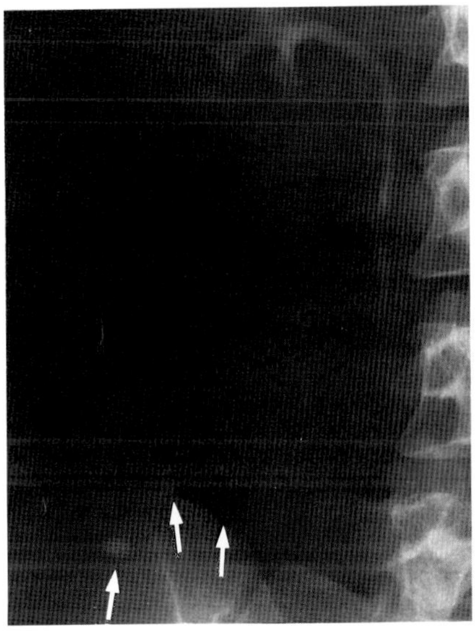

12.27

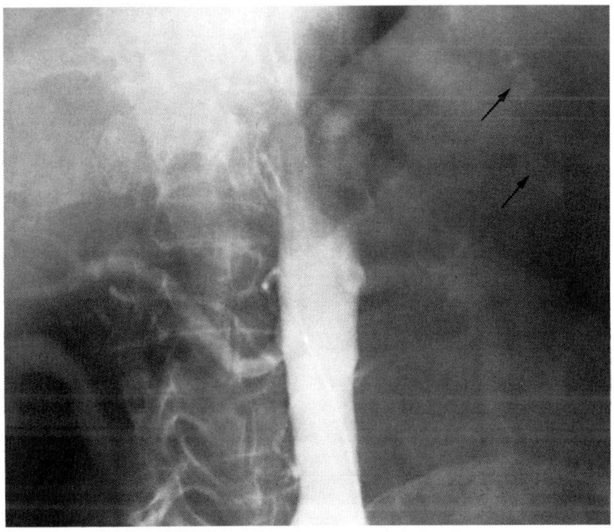

12.28

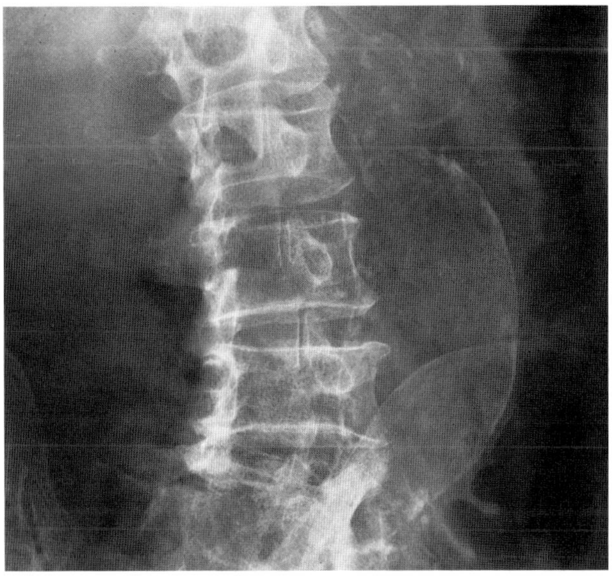

12.29

Abb. 12.**25** **Nekrotische Pseudozyste der rechten Nebenniere.** Großes zystisches verkalktes Gebilde, das von der Niere getrennt ist.

Abb. 12.**26** **Verkalkte alte Nebennierenblutung** oberhalb der linken Niere.

Abb. 12.**27** **Retroperitoneales kavernöses Hämangiom rechts,** das drei Phlebolithe enthält. Aufgrund ihrer Lokalisation täuschen sie Appendixsteine vor.

Abb. 12.**28** **Retroperitoneales Leiomyosarkom.** Im Tumor sind zarte Verkalkungen sichtbar (Pfeile). Die Aufnahme wurde bei einer Aortographie gemacht.

Abb. 12.**29** **Verkalktes Aneurysma der Aorta abdominalis.**

Tabelle 12.1 Differentialdiagnose abdominaler Verkalkungen (Fortsetzung)

Ort und Anordnung der Verkalkung	Übliche Ursachen	Radiographischer Befund und Kommentar
Verkalkung im Becken		
a) Tubuläre Verkalkung 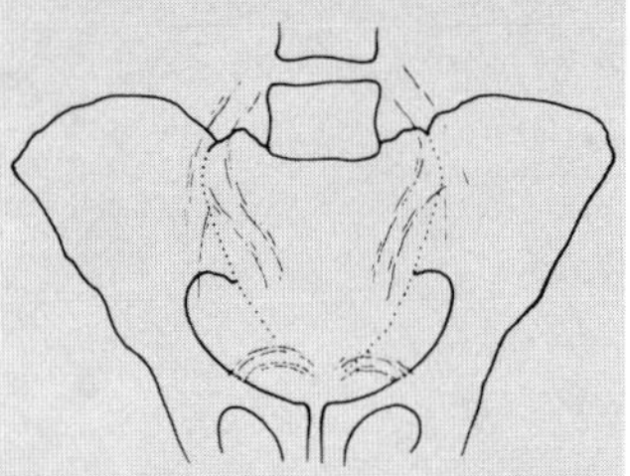	Arteriosklerose	Aorta und Aa. iliacae sind häufig verkalkt und zeigen unregelmäßige plaqueartige Verschattungen. Kann bei jungen Diabetikern beobachtet werden.
	Ductus deferens Begleitkrankheiten: – Diabetes mellitus – Tuberkulose – degenerative Veränderungen (Abb. 12.**30**)	Bilateral symmetrische tubuläre Verschattungen, die nach medial und kaudal zur Prostatabasis ziehen und einigermaßen ähnlich wie eine mittelgroße atherosklerotische Arterie aussehen. Eine durch chronische Entzündung bedingte Samenleiterverkalkung (Tuberkulose, Syphilis) ist intraluminal und zeigt ein unregelmäßiges Bild.
b) Verkalkte Blasenwand 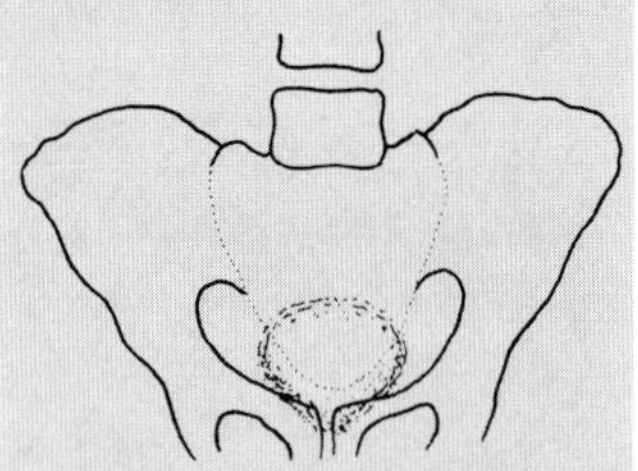	Schistosomiasis (Abb. 12.**31**)	In etwa 50% der Fälle von Blasenschistosomiasis bestehen sichtbare Blasenverkalkungen, am deutlichsten an der Basis. Ein linearer Kalkschatten kann eine Harnblase von relativ normaler Größe umgeben. Eine Kontinuitätsunterbrechung in der homogenen Verkalkungslinie spricht für ein Blasenkarzinom, eine häufige Komplikation.
	Tuberkulöse Zystitis	Seltene Ursache einer Blasenwandverkalkung. Gewöhnlich ist ein zarter Kalksaum in einer geschrumpften Blase zu sehen, begleitet von Verkalkungen in einer Niere und ihrem Harnleiter.
	Inkrustierte Zystitis: – unspezifische Infektion – nach Strahlenbehandlung	Sehr seltene Ursache einer Blasenwandverkalkung.
c) Steine 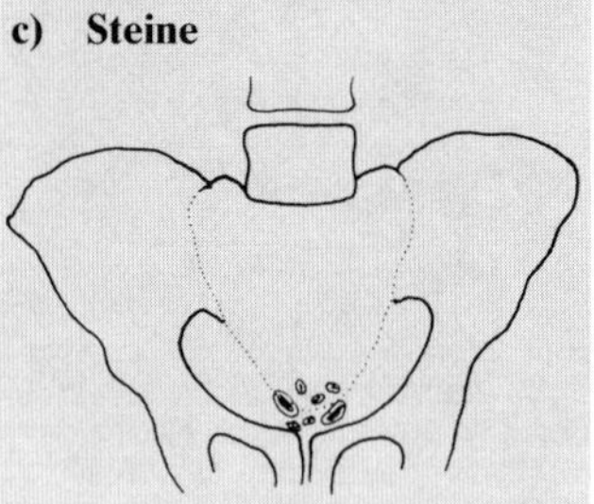	Blasensteine (Abb. 12.**32**) – durch den Ureter herabgewandert – in der Blase gebildet infolge Obstruktion oder Infektion des unteren Harntrakts oder um einen Fremdkörpernidus herum gebildet	Gewöhnlich rund oder oval mit variabler innerer Struktur. Kleine Konkremente können mit Phlebolithen in der Nachbarschaft der Blase verwechselt werden.
	Harnröhrensteine (Abb. 12.**33**) – deszendiert oder primär	Steine in der Mittellinie, meist im subpubischen Winkel. Bei Männern stehen sie mit Harnröhrenstrikturen in Verbindung, bei Frauen mit Divertikeln und Infektion.
	Urachusstein	Ventral gelegene ovale oder hantelförmige Verschattung, die sich auf das Sakrum projiziert. Im Zystogramm ist der obere Teil der Blase zum Stein hin birnförmig ausgezogen.
	Phlebolithe	Ein Phlebolith ist ein verkalkter Thrombus in einer Vene; bei den meisten Erwachsenen vorkommend. Rund, homogen oder ringförmig, am häufigsten im lateralen Bereich des Beckens. Wenn zahlreiche Phlebolithe in einem umschriebenen Gebiet zu beobachten sind, sprechen sie für ein *Hämangiom*.

Fortsetzung auf Seite 236

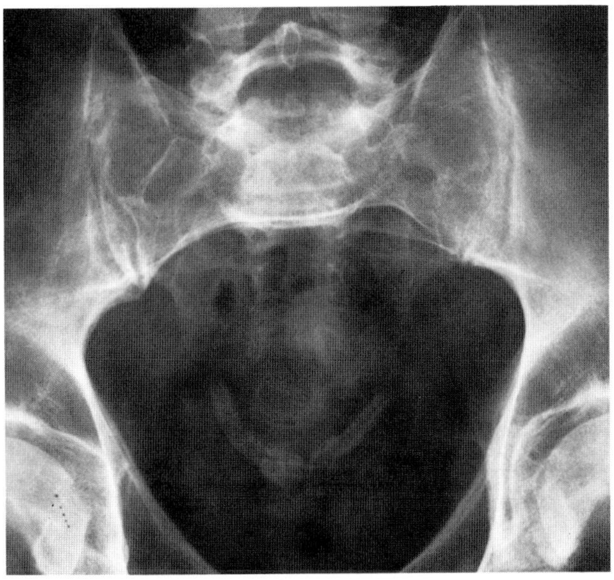

Abb. 12.**30** **Verkalkter Ductus deferens** bei einem 65jährigen Mann, ein Zufallsbefund.

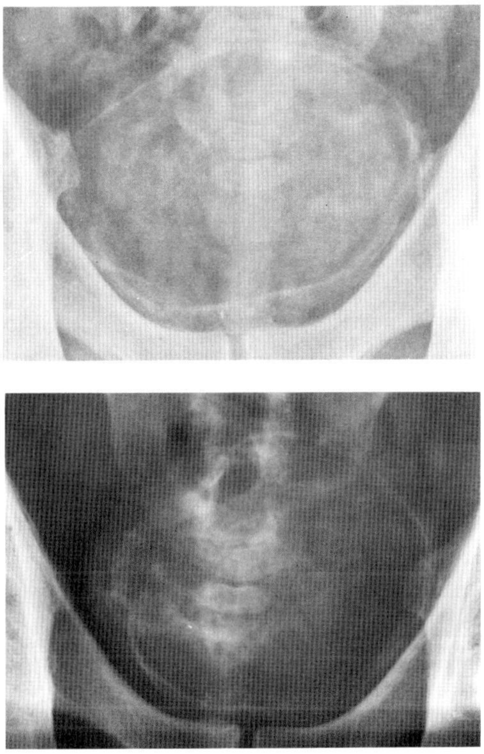

a

b

Abb. 12.**31** **a Schistosomiasis** der Harnblase. Die ringförmige Verkalkungslinie repräsentiert die Blasenwand. **b** Derselbe Patient 2 Jahre später. Die Unterbrechung in der rechten Blasenwand zeigt ein Blasenkarzinom an.

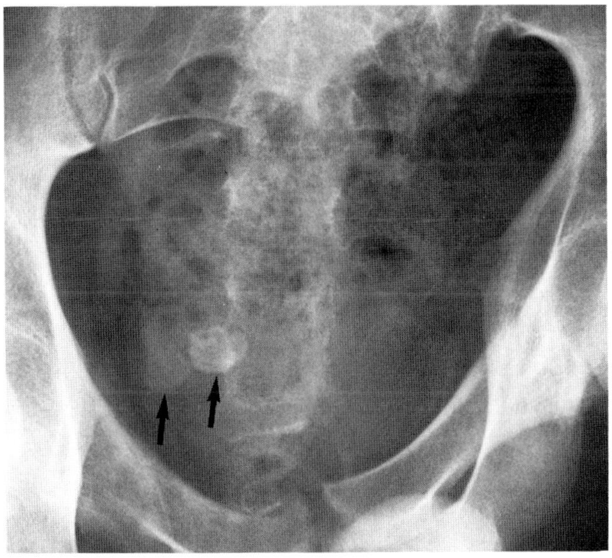

Abb. 12.**32** **Blasensteine** (Pfeile) bei einem jungen Mann (22 Jahre) nach Trauma, langdauernder Immobilisation und Harntraktinfektion.

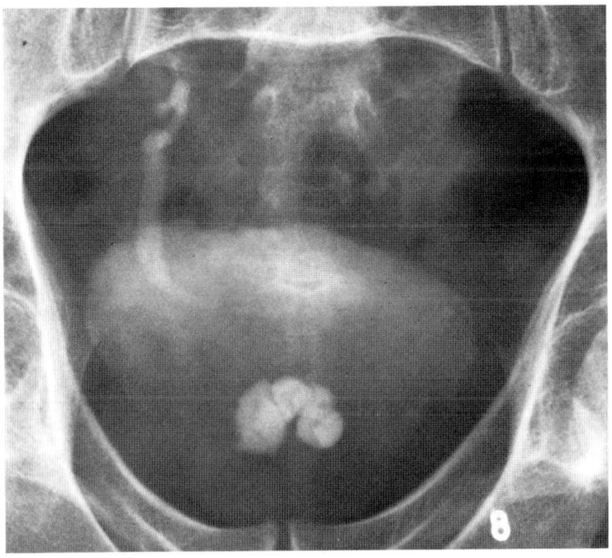

Abb. 12.**33** **Harnröhrensteine** in der proximalen Urethra. Mann mit gonorrhoischer Urethrastriktur.

Tabelle 12.1 Differentialdiagnose abdominaler Verkalkungen (Fortsetzung)

Ort und Anordnung der Verkalkung	Übliche Ursachen	Radiographischer Befund und Kommentar
d) Tumorverkalkungen (getüpfelt oder konglomeriert) bei der Frau 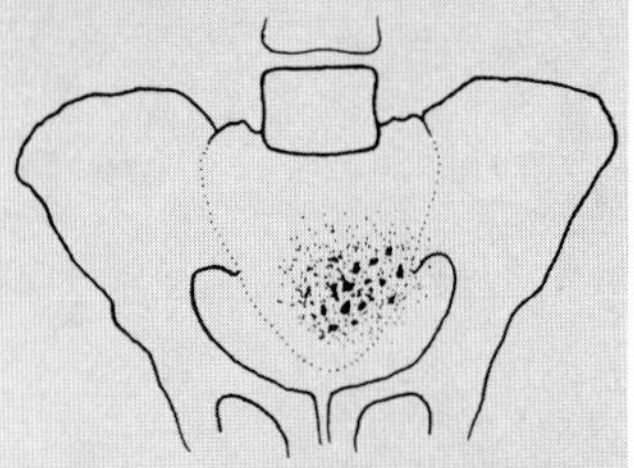	Gebärmuttermyom (Abb. 12.**34**)	Häufigste verkalkte Läsion im weiblichen Genitaltrakt. Charakteristisch ist ein gesprenkelter oder „maulbeerartiger" Typ der Verkalkung.
	Dermoidzyste des Ovars (Abb. 12.**35**)	Etwa die Hälfte davon enthält eine Verkalkung, entweder partielle oder vollständige Zähne, oder es ist die Zystenwand verkalkt.
	Papilläres Zystadenom oder papilläres Zystadenokarzinom des Ovars (Abb. 12.**36**)	Psammomatöse Verkalkungen dieser Tumoren sind verstreut und amorph. Sie werden auf Nativaufnahmen leicht übersehen. Implantate in der Bauchhöhle können ähnliche Verkalkungen aufweisen, werden aber eventuell irrtümlich für Fäzes gehalten.
	Gonadoblastom	Umschriebene gesprenkelte Verkalkungen im Becken sind häufig, doch der Tumor ist selten.
	Spontanamputation des Ovars	Wahrscheinlich die Folge einer Torsion und Infarzierung der Adnexe. Kleine, grob getüpfelte verkalkte Masse im Becken, die sich mit wechselnder Körperposition verlagert.
	Schwangerschaft (Abb. 12.**37**)	Eventuell sieht man Knochen des Fetus.
	Plazentaverkalkung	Kommt nach der 32. Schwangerschaftswoche vor, hat eine durchschnittliche Breite von 15–20 cm und Dicke von 3 cm. Die Verkalkung ist in der Peripherie am stärksten.
	Lithopädion	Fetale Skeletteile gemischt mit Kalkeinlagerungen. Entweder intrauterin (alter verhaltener Abort) oder extrauterin (nach ektopischer Schwangerschaft).
Tumorverkalkungen (getüpfelt oder konglomeriert) beim Mann 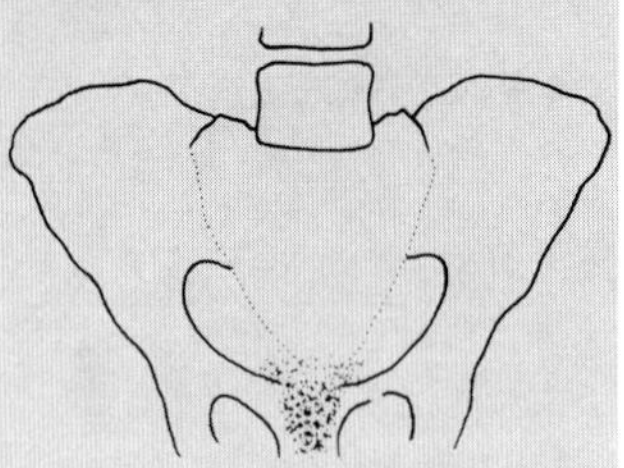	Prostatasteine: – primär (idiopathisch) – sekundär bei Obstruktion, Stase oder Infektion – postoperativ (in der Prostatanische, selten)	Häufig bei Männern über 40. Es können diskrete 2 bis 4 mm große Verkalkungen in der ganzen Prostata verteilt sein oder hufeisen- oder ringförmige Anordnung zeigen. Je nach der Größe der Prostata werden sie oberhalb, hinter oder selten unterhalb der Symphyse sichtbar. Die häufigste Ursache von sekundären Prostatasteinen ist eine Harnröhrenstriktur. Eine *Prostatatuberkulose* kann das gleiche Bild erzeugen. Postoperative Steine sind gewöhnlich groß und finden sich meist nach einer offenen Prostatektomie.
	Samenblasensteine	Sehr selten, variabler Durchmesser, einzeln oder multipel.

Fortsetzung auf Seite 238

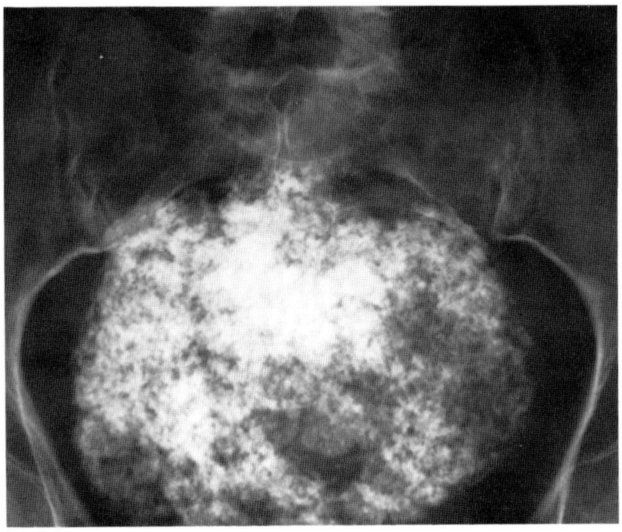

12.**34**

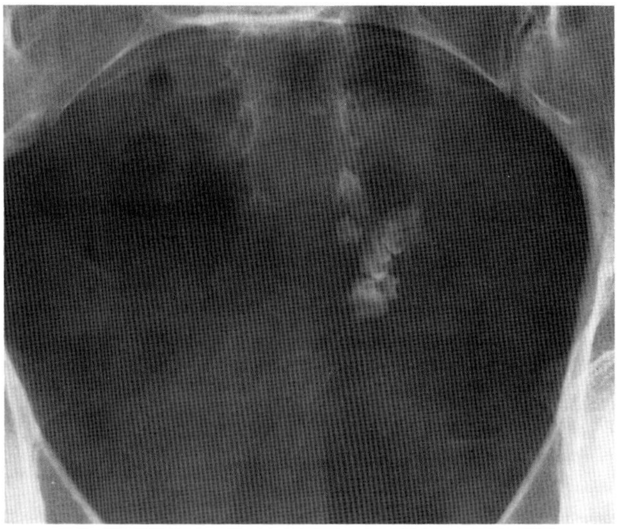

12.**35a**

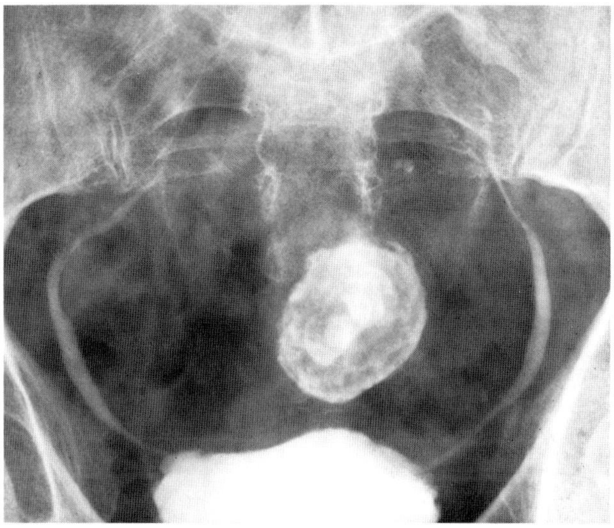

12.**35b**

Abb. 12.**34** **Großes verkalktes Gebärmuttermyom.**

Abb. 12.**35a, b** **a Dermoidzyste des Ovars,** das mehrere Zähne enthält. **b** Ovardermoid mit geschichteter Verkalkung.

Abb. 12.**36** **Papilläres Zystadenokarzinom** des rechten Ovars, das durch die Beobachtung der feinen amorphen psammomatösen Verkalkungen (Pfeile) zufällig entdeckt wurde.

Abb. 12.**37** **Normale Schwangerschaft,** bei der Knochen des Fetus sichtbar sind. Ein verkalktes, in den linken oberen Quadranten verlagertes Gebärmuttermyom (Pfeil) ist als Nebenbefund zu sehen.

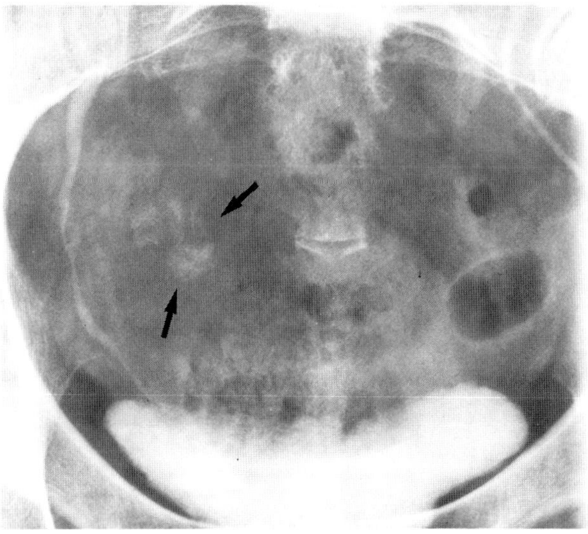

12.**36**

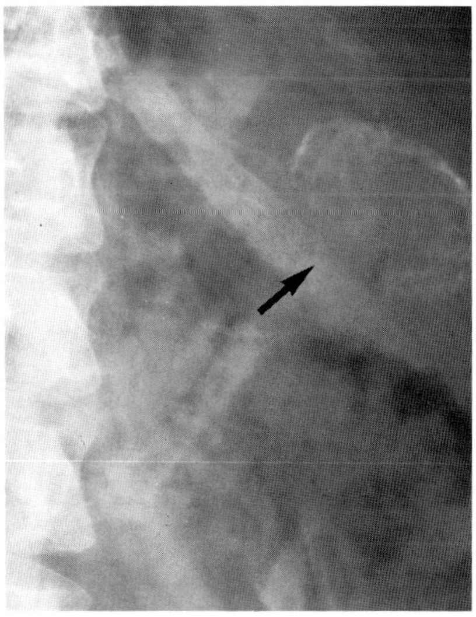

12.**37**

Tabelle 12.1 Differentialdiagnose abdominaler Verkalkungen (Fortsetzung)

Ort und Anordnung der Verkalkung	Übliche Ursachen	Radiographischer Befund und Kommentar
e) Tumorverkalkungen (getüpfelt oder konglomeriert) bei beiden Geschlechtern 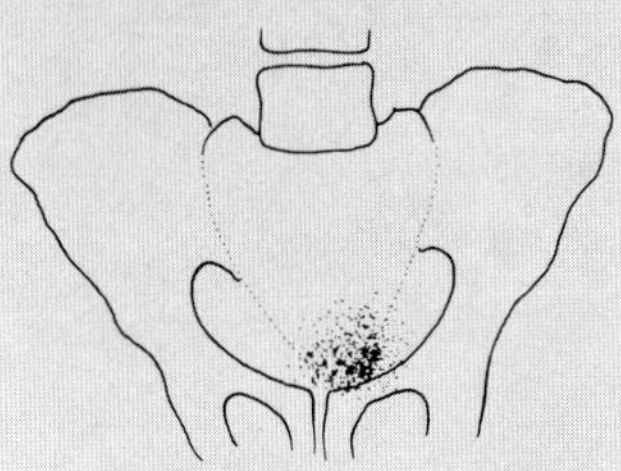	Blasenneoplasma: – Übergangszellkarzinom – Plattenepithelkarzinom – mesenchymale Tumoren (selten)	Eine Verkalkung in Verbindung mit einem Tumor in der Blase weist gewöhnlich auf das Vorliegen eines Blasenneoplasmas hin. Die Tumorverkalkung kann punktiert, grobschollig oder linear sein und befindet sich oft an der Oberfläche des Tumors.
	Verkalkter Lymphknoten	Ist Ausdruck einer alten granulomatösen Entzündung und hat einen Durchmesser von 1–1,5 cm. Die Verkalkung ist gewöhnlich gröber als in Phlebolithen oder in Konkrementen.
„Perlschnurartige" Verkalkung 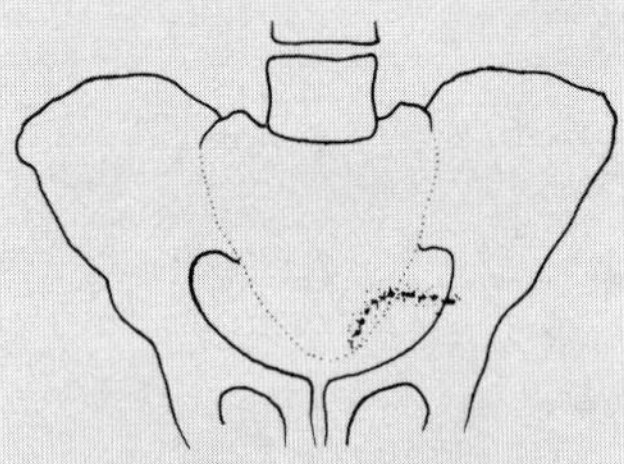	Tuberkulöse Salpingitis	Eventuell bilateral im weiblichen Becken.
	Tuberkulose des Ductus deferens	Intraluminale Verkalkungen können eine unregelmäßige Reihe von Kalkschatten mit typischem Verlauf erzeugen.
Weit verteilte Verkalkungen im Abdomen 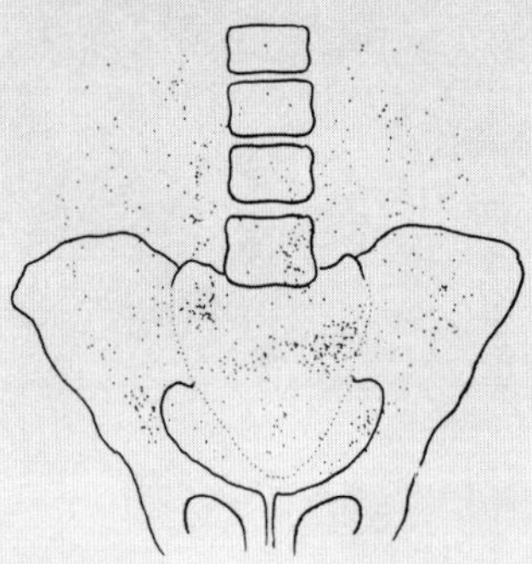	Zystadenokarzinom des Ovars mit Metastasen im Abdomen (Abb. 12.**38**)	Kennzeichnend sind granuläre oder sandartige (psammomatöse) Verkalkungen, angrenzend an den peritonealen Fettstreifen.
	Pseudomyxoma peritonei (rupturiertes pseudomuzinöses Zystadenom des Ovars oder rupturierte Mukozele der Appendix)	Anuläre bogenförmige Verkalkungen können als Folge einer Fremdkörperreaktion im Peritoneum auftreten.
	Undifferenzierter maligner Prozeß im Abdomen	Selten kommt es zu Verkalkungen in variablen Formen.
	Tuberkulöse Peritonitis (Abb. 12.**39**)	Gesprenkelte, weit verteilte Verkalkungen können Bariumreste vortäuschen.
	Mekoniumperitonitis (Abb. 12.**40**)	Zahlreiche kleine Verkalkungen als Folge einer intrauterinen Darmperforation.

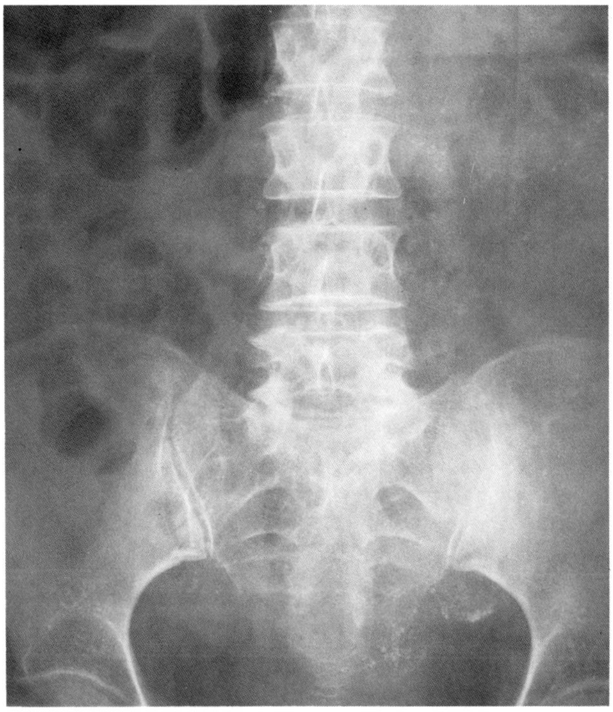

Abb. 12.**38** **Zystadenokarzinom des Ovars** mit Metastasen im Abdomen. Zarte, granuläre psammomatöse Verkalkungen, wie sie im Becken nachweisbar sind, waren in der ganzen Bauchhöhle sichtbar.

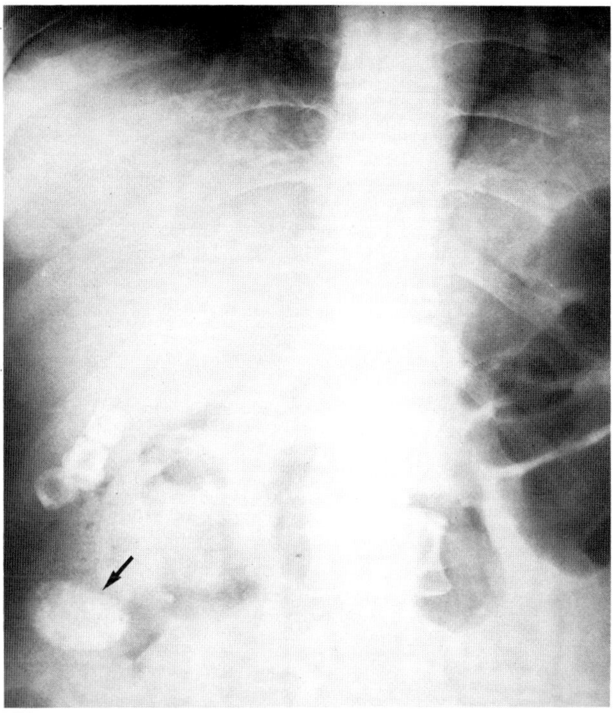

Abb. 12.**39** **Tuberkulöse Peritonitis** (geheilt) mit Verkalkung (Pfeil). Auf dieser Aufnahme sind oberhalb der peritonealen Verkalkung auch Gallensteine zu sehen.

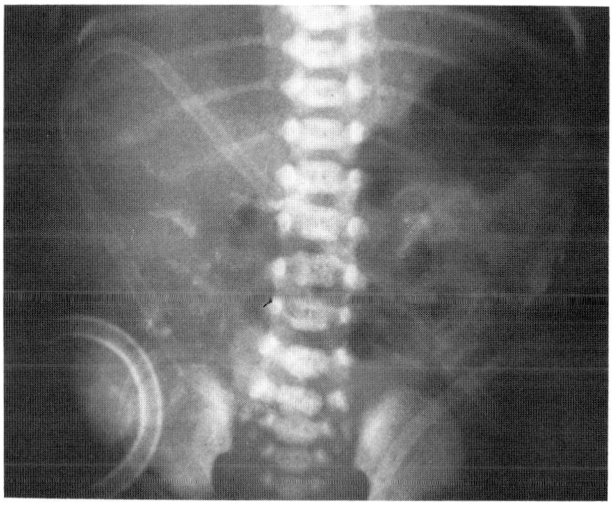

Abb. 12.**40** **Mekoniumperitonitis** mit Verkalkung infolge ▶ Ileumatresie. Es sind verbreitete peritoneale Verkalkungen sichtbar.

Literatur

Allgemeines

Federle, M. P., A. J. Megibow, D. P. Naidich: Radiology of AIDS. Raven Press, New York 1988

Freeman, B. A.: Textbook of Microbiology, 22nd ed. Saunders, Philadelphia 1985

Kissane, J. M.: Andersons's Pathology, 8th ed. Mosby, St Louis 1985

Kreel, L.: Outline of Radiology. Heinemann, London 1971

Lusted, L. B., T. E. Keats: Atlas of Roentgenographic Measurement, 5th ed. Year Book, Chicago 1985

Meschan, I.: Analysis of Roentgen Signs in General Radiology. Saunders, Philadelphia 1984

Reeder, M. M., B. Felson: Gamuts in Radiology, 2nd ed. Audiovisual Radiology of Cincinnati, Cincinnati 1987

Robbins, S. L.: Pathologic Basis of Disease, 4th ed. Saunders, Philadelphia 1989

Sabiston jr., D. C.: Textbook of Surgery: the Biological Basis of Modern Surgical Practice, 13th ed. Saunders, Philadelphia 1986

Schinz: Radiologische Diagnostik in Klinik und Praxis. In 6 Bänden, 7. Aufl. Thieme, Stuttgart 1983–1991

Silverman, F.: Caffey's Pediatric X-Ray Diagnosis: A Textbook for Students and Practitioners of Pediatrics, Surgery and Radiology, 8th ed. Year Book, Chicago 1985

Sutton, D.: A Textbook of Radiology and Imaging, 4th ed. Churchill Livingstone, Edinburgh 1987

Swischuk, L. E.: Imaging of the Newborn, Infant and Young Child, 3rd ed. Williams & Wilkins, Baltimore 1989

Taveras, J. M., J. T. Ferrucci: Radiology: Diagnosis, Imaging, Intervention. Lippincott, Philadelphia 1989

Taybi, H.: Radiology of Syndromes and Metabolic Disorders, 3rd ed. Year Book, Chicago 1990

Teplick, J. G., M. E. Haskin: Surgical Radiology. Saunders, Philadelphia 1981

Teschendorf, W., H. Anacker, P. Thurn: Radiologische Differentialdiagnostik, 6. Aufl. Thieme, Stuttgart 1991

Williams, P. L., R. Warwick, M. Dyson, L. H. Bannister: Gray's Anatomy, 37th ed. Churchill Livingstone, Edinburgh 1989

Wyngaarden, J. B., L. H. Smith jr.: Cecil's Textbook of Medicine, 18th ed. Saunders, Philadelphia 1988

Thorax

Felson, B.: Chest Roentgenology. Saunders, Philadelphia 1973

Fraser, R. G., J. A. P. Paré, P. D. Paré, R. S. Fraser, G. D. Generaux: Diagnosis of Diseases of the Chest, 3rd ed. Saunders, Philadelphia 1989–1990

Meszaros, W. T.: Cardiac Roentgenology. Thomas, Springfield/Ill. 1969

Paré, J. A. P., R. G. Fraser: Synopsis of the Diseases of the Chest. Saunders, Philadelphia 1983

Reed, J. C.: Chest Radiology: Patterns and Differential Diagnosis. Year Book, Chicago 1981

Singleton, E. B., M. L. Wagner, R. V. Dutton: Radiologic Atlas of Pulmonary Abnormalities in Children, 2nd ed. Saunders, Philadelphia 1988

Wright, F. W.: The Radiological Diagnosis of Lung and Mediastinal Tumors. Butterworths, London 1973

Abdomen

Cummack, D. H.: Gastrointestinal X-Ray Diagnosis. Livingstone, Edinburgh 1969

Frimann-Dahl, J.: Roentgen Examinations in Acute Abdominal Diseases, 3rd ed. Thomas, Springfield/Ill. 1974

Margulis, A. R., H. J. Burhenne: Alimentary Tract Radiology, 4th ed. Mosby, St Louis 1989

Marshak, R. H., A. E. Lindner: Radiology of the Small Intestine, 2nd ed. Saunders, Philadelphia 1976

Marshak, R. H., A. E. Lindner, D. Maklansky: Radiology of the Colon. Saunders, Philadelphia 1980

Marshak, R. H., A. E. Lindner, D. Maklansky: Radiology of the Stomach. Saunders, Philadelphia 1983

McCort, J. J., R. E. Mindelzun, R. G. Filpi, C. Rennell: Abdominal Radiology. Williams & Wilkins, Baltimore 1981

Meyers, M. A.: Dynamic Radiology of the Abdomen: Normal and Pathologic Anatomy, 3rd ed. Springer, Heidelberg 1988

Radiological Clinics of North America 14 (1976) Nr. 3. Saunders, Philadelphia

Seminars in Roentgenology 13 (1973) Nr. 3–4; 17 (1982) Nr. 2. Grune & Stratton, New York

Singleton, E. B., M. L. Wagner, R. V. Dutton: Radiology of the Alimentary Tract in Infants and Children. Saunders, Philadelphia 1977

Sachverzeichnis

A

E

F

G

H

I

J

K

L